Python新手学
Django 2.0
架站的 *16* 堂课 第2版

何敏煌 林亮昀 编著

清华大学出版社
北 京

内 容 简 介

Python是目前非常受欢迎的程序设计语言,本书通过对Python语言使用最多的Django 2.0 Web Framework的介绍,让读者可以轻松制作出全功能的动态网站。

本书分4部分,以16堂课来介绍Python新手使用Django架站的要点。第一部分(第1~3堂)以一个小型的个人博客网站为主轴,介绍如何快速建立一个实用的Django网站;第二部分(第4~7堂)是Django架构深入剖析,详细分析Django的MVC/MTV架构;第三部分(第8~11堂)为实用网站开发技巧;第四部分(第12~16堂)为实用网站开发教学,从设计、规划到实践,逐步指导读者在自己的主机环境下构建出有趣实用的内容。

本书既可作为希望快速上手Python+Django的初学者的参考书籍,也可作为Python培训学校在Python+Django方面的培训教程。

本书为荣钦科技股份有限公司授权出版发行的中文简体字版本。
北京市版权局著作权合同登记号　图字: 01-2018-8435

本书封面贴有清华大学出版社防伪标签,无标签者不得销售。
版权所有,侵权必究。侵权举报电话: 010-62782989　13701121933

图书在版编目(CIP)数据

Python 新手学Django 2.0架站的16堂课 / 何敏煌,林亮昀编著. —2版. —北京:清华大学出版社,2019
(2019.12重印)
ISBN 978-7-302-52332-1

Ⅰ.①P…　Ⅱ.①何…②林…　Ⅲ.①软件工具—程序设计　Ⅳ.①TP311.561

中国版本图书馆CIP数据核字(2019)第029083号

责任编辑: 夏毓彦
封面设计: 王　翔
责任校对: 闫秀华
责任印制: 丛怀宇

出版发行: 清华大学出版社
  网　　址: http://www.tup.com.cn, http://www.wqbook.com
  地　　址: 北京清华大学学研大厦A座　　　邮　编: 100084
  社 总 机: 010-62770175　　　　　　　　　邮　购: 010-62786544
  投稿与读者服务: 010-62776969, c-service@tup.tsinghua.edu.cn
  质 量 反 馈: 010-62772015, zhiliang@tup.tsinghua.edu.cn
印 装 者: 三河市铭诚印务有限公司
经　　销: 全国新华书店
开　　本: 190mm×260mm　　印　张: 31.5　　字　数: 806千字
版　　次: 2017年5月第1版　　2019年4月第2版　　印　次: 2019年12月第3次印刷
定　　价: 99.00元

产品编号: 081777-01

第 2 版序言

信息技术总是以飞快的脚步向前迈进着，世界各地的程序设计人员也一直兢兢业业持续不断地努力，使得各种软件的版本快速地演变，几乎到了目不暇接的程度。

在本书第 1 版上市不久，马上就面临了所有计算机书籍的宿命，书中用来示范的软件陆续开始升级成更新更高的版本。原本作者通过回复读者电子邮件以及在个人网页上新增文章说明的方式还算可以顺利地协助读者们解决问题，不过到 2017 年底，在一次教授《Python 数据分析》的课后，一位同学拿着本书的第 1 版前来询问 Django 部署问题时，我才真正意识到必须好好改版的这个事实。

平时的教学及研究生活较为繁重，好在有计算机与通信工程系林亮昀同学的协助，我才可以在比较短的时间内好好地更新、整理以及验证在 Python 3 和 Django 2.0 新架构下的教学材料，让这本书的"寿命"得以延长，有幸可以协助更多使用 Python/Django 架站的朋友们省去许多学习和摸索的时间。

在新改版的内容中，所有的程序代码都以 Python 3 重新编写，除了部分的章节因为模块的版本跟不上而继续保持使用 Django 1.11 版的架构外，其余内容均以 Django 2.0 版本为主。此外由于二级网络域名管理网站的构建对许多初学者来说实用性不高，所以就把第 14 堂课的内容置换为近来颇受欢迎的 WordPress-liked Python/Django CMS 框架 Mezzanine，相信读者们看完之后对于 Django 会有更多想法与期待。

笔者已经尽力维持书上所有程序代码及操作示范过程的正确性，然而就像是所有的计算机书籍一样，许多第三方的服务网站以及模块套件各自有其改版的时间表，有些网站在对于已注册用户和初次登录的用户使用的界面并不完全相同，操作过程也不容易复制，因此在内容上也难免和各位读者自行学习时会有所差异，请大家在练习时稍加留意。

最后，感谢荣钦科技胡昭民总经理以及吴灿铭副总经理的厚爱与协助，使得本书得以如期改版发行。

前　言

本书的主要目的在于介绍如何使用 Django 这个 Web Framework 在网络主机上架设一个全功能的网站。Django 是一个由 Python 编写的具有完整架站能力的 Web 网站框架，通过这个框架，只要短短几条指令，Python 的程序设计人员就可以轻松地建立一个正式网站所需要的骨架（框架），再从这个框架中开发出全功能的网站。

Python 语言充满了令人津津乐道的加速技巧，为了方便读者学习，本书尽量使用初学者容易理解的讲述方式，以期阅读本书的读者能够在最短的时间内跨过使用程序设计语言制作网站的门槛，马上以 Python 建立自己的特色网站，并在熟悉流程以及架构后，进一步提升网站的性能。

所以，只要你有 Python 的基本程序设计能力以及网站架构和运行的基本概念，基本上就有足够的能力通过本书来建立属于自己的动态网站——一个可以让你充分利用 Python 语言所有能力、连接数据库、使用社交网站账号验证机制、实时运算处理数据、充分实现所有"点子"的网站。

由于网站系统的版本更新迅速，因而本书所有网站范例均在更新的 Python 3.6 以及 Django 2.0 中测试无误（部分章节因为模块版本的问题，仍然是使用 Django 1.11 版），为了避免学习上的困扰，建议读者在学习时尽量以同样的版本练习（相同的主版本号即可），等熟练之后再根据需求升级版本。此外，一开始建立基本范例时也以本书提供的范例程序代码为主，等到有了一定的基础，再把读者自己的程序代码拿来使用，"在实践中学习"永远是学习程序设计的最佳方法。

改编说明

Python + Django 确实是迅速开发、设计、架设和部署网站的最佳组合。Django 是用如日中天的"胶水"语言 Python 写成的，是一个完全开放源代码的网站架构或网页框架（Web Framework）。Django 本身基于 MVC 模型，即 Model（模型）＋ View（视图）＋ Controller（控制器），因此天然具有 MVC 的出色基因：开发迅速、部署快、可重用性高、维护成本低等。

本书并非讲述如何使用 Python 程序设计语言进行网页的程序设计，也不是单独介绍 Django 框架及其核心组件，而是通过 16 堂课让读者迅速掌握使用 Python + Django 的最佳组合开发、设计和架设自己的网站，并部署到真实世界的因特网主机上，尽快投入实际运营。

本书跳过了一般 Python 程序设计语言教科书"事无巨细"的烦琐，也摒弃了普通 Django 参考书"细枝末节"的繁复，而是直截了当地教授读者逐步架设和部署一些实用的范例网站，如个人博客、投票网站、子域管理网站、名言佳句网站、电子商店网站等。读者可以在本书的指导下让这些实际可以投入使用的网站"鲜活"地出现在因特网上。

这些范例网站的源码和网站文件夹结构及其文件都打包在一个压缩文件中，下载网址为 https://pan.baidu.com/s/1ma5k98tdK7m8uUi73SQ3kg（注意区分数字和英文字母大小写）或者扫描右侧的二维码。如果下载有问题，请发送电子邮件至 booksaga@126.com，邮件主题设置为"求 Python 新手学 Django 架站的 16 堂课第 2 版代码"。

读者可以参照这些范例网站，按照本书各堂课的内容直接使用或者以它们为蓝本进行扩展设计和开发，最后将自己心仪的网站架设和部署到因特网上去。

因为涉及网站的部署，所以读者需要用自己的电子邮箱或者其他知名网站的 ID 去注册或申请网络域名以及网址，在实际部署本书的范例网站时替换掉范例中的网络域名或网址，这样才能让这些网站真正部署成功并且属于读者自己。具体步骤可以参考书中各堂课的相关内容。

最后祝大家学习顺利，早日成为使用 Python + Django 领域的"大师"！

资深架构师 赵军
2019 年 1 月

目 录

第1堂 网站开发环境的建立 1

1.1 网站的基础知识 1
1.1.1 网站的运行流程 1
1.1.2 Python/Django 扮演的角色 3
1.1.3 使用 Python/Django 建立网站的优势 4

1.2 建立网站开发流程 4
1.2.1 开发流程简介 4
1.2.2 在 Windows 建立 Linux 虚拟机 5
1.2.3 在 Mac OS 安装 Linux 虚拟机 12
1.2.4 在 Linux 虚拟机中创建 Python Django 开发环境 18
1.2.5 设置 SSH、PuTTY 以及 FTP 服务器 19
1.2.6 安装 Notepad++程序编辑器 23

1.3 活用版本控制系统 27
1.3.1 版本控制系统 Git 简介 27
1.3.2 申请 Bitbucket 账号 28
1.3.3 在虚拟机中连接 Bitbucket 30
1.3.4 在不同的计算机之间开发同一个网站 32

1.4 其他网站项目开发环境的安装建议 33
1.4.1 在 Windows 10 创建开发环境 33
1.4.2 在 MacOS 中创建开发环境 35
1.4.3 在 Cloud9 中创建开发环境 37
1.4.4 在 DigitalOcean VPS 中创建开发环境 39

1.5 习题 40

第2堂 Django 网站快速入门 41

2.1 个人博客网站规划 41
2.1.1 博客网站的需求与规划 41
2.1.2 产生第一个网站框架 42
2.1.3 Django 文件夹与文件解析 44

2.2 创建博客数据表 46
2.2.1 数据库与 Django 的关系 46

2.2.2 定义数据模型 46
2.2.3 启动 admin 管理界面 47
2.2.4 读取数据库中的内容 52
2.3 网址对应与页面输出 54
2.3.1 创建网页输出模板 Template 54
2.3.2 网址对应 urls.py 58
2.3.3 共享模板的使用 60
2.4 高级网站功能的运用 63
2.4.1 JavaScript 以及 CSS 文件的引用 63
2.4.2 图像文件的应用 67
2.4.3 在主网页显示文章摘要 68
2.4.4 博客文章的 HTML 内容处理 70
2.4.5 Markdown 语句解析与应用 73
2.5 习题 75

第 3 堂 让网站上线 76
3.1 DigitalOcean 部署 76
3.1.1 申请账号与创建虚拟主机 76
3.1.2 安装 Apache 网页服务器及 Django 执行环境 80
3.1.3 修改 settings.py、000-default.conf 等相关设置 82
3.1.4 创建域名以及多平台设置 84
3.2 在 Heroku 上部署 87
3.2.1 Heroku 账号申请与环境设置 87
3.2.2 修改网站的相关设置 89
3.2.3 上传网站到 Heroku 主机 90
3.2.4 Heroku 主机的操作 93
3.3 在 Google Cloud Platform 上部署 94
3.3.1 Google Cloud Platform 的介绍 94
3.3.2 Google Computing 启用与设置 98
3.3.3 Google App Engine 的说明与设置 101
3.4 习题 110

第 4 堂 深入了解 Django 的 MVC 架构 111
4.1 Django 的 MVC 架构简介 111
4.1.1 MVC 架构简介 111
4.1.2 Django 的 MTV 架构 112
4.1.3 Django 网站的构成以及配合 113
4.1.4 在 Django MTV 架构下的网站开发步骤 114
4.2 Model 简介 115

4.2.1　在 models.py 中创建数据表 116
　　4.2.2　在 admin.py 中创建数据表管理界面 118
　　4.2.3　在 Python Shell 中操作数据表 121
　　4.2.4　数据的查询与编辑 123
4.3　View 简介 125
　　4.3.1　建立简易的 HttpResponse 网页 126
　　4.3.2　在 views.py 中显示查询数据列表 127
　　4.3.3　网址栏参数处理的方式 128
4.4　Template 简介 131
　　4.4.1　创建 Template 文件夹与文件 131
　　4.4.2　传送变量到 Template 文件中 132
　　4.4.3　在 Template 中处理列表变量 135
4.5　最终版本摘要 135
4.6　习题 138

第 5 堂　网址的对应与委派 139

5.1　Django 网址架构 139
　　5.1.1　URLconf 简介 139
　　5.1.2　委派各个的网址到处理函数 141
　　5.1.3　urlpatterns 的正则表达式语法说明（适用于 Django 2.0 以前的版本） 144
　　5.1.4　验证正则表达式设计 URL 的正确性 147
5.2　高级设置技巧 148
　　5.2.1　参数的传送 148
　　5.2.2　include 其他整组的 urlpatterns 设置 149
　　5.2.3　URLconf 的反解功能 149
5.3　习题 150

第 6 堂　Template 深入探讨 151

6.1　Template 的设置与运行 151
　　6.1.1　settings.py 设置 151
　　6.1.2　创建 Template 文件 153
　　6.1.3　在 Template 文件中使用现有的网页框架 154
　　6.1.4　直播电视网站应用范例 155
　　6.1.5　在 Template 中使用 static 文件 158
6.2　高级 Template 技巧 160
　　6.2.1　Template 模板的继承 160
　　6.2.2　共享模板的使用范例 162
6.3　Template 语言 163
　　6.3.1　判断指令 163

6.3.2 循环指令 164
  6.3.3 过滤器与其他的语法标记 168
 6.4 习题 171

第 7 堂 Models 与数据库 172

 7.1 网站与数据库 172
  7.1.1 数据库简介 172
  7.1.2 规划网站需要的数据库 173
  7.1.3 数据表内容设计 176
  7.1.4 models.py 设计 177
 7.2 活用 Model 制作网站 178
  7.2.1 建立网站 178
  7.2.2 制作网站模板 180
  7.2.3 制作多数据表整合查询网页 182
  7.2.4 调整 admin 管理网页的外观 186
 7.3 在 Django 使用 MySQL 数据库系统 188
  7.3.1 安装开发环境中的 MySQL 连接环境（Ubuntu）............................ 188
  7.3.2 安装开发环境中的 MySQL 连接环境 (Windows).......................... 189
  7.3.3 使用 Google 云端主机的商用 SQL 服务器 192
 7.4 习题 196

第 8 堂 网站窗体的应用 197

 8.1 网站与窗体 197
  8.1.1 HTML <form>窗体简介 197
  8.1.2 活用窗体的标签 200
  8.1.3 建立本堂课范例网站的数据模型 202
  8.1.4 网站窗体的建立与数据显示 204
  8.1.5 接收窗体数据存储于数据库中 206
  8.1.6 加上删除帖文的功能 207
 8.2 基础窗体类的应用 209
  8.2.1 使用 POST 传送窗体数据 209
  8.2.2 结合窗体和数据库 213
  8.2.3 数据接收与字段的验证方法 216
  8.2.4 使用第三方服务发送电子邮件 219
 8.3 模型窗体类 ModelForm 的应用 223
  8.3.1 ModelForm 的使用 223
  8.3.2 通过 ModelForm 产生的窗体存储数据 225
  8.3.3 为窗体加上防机器人验证机制 226
 8.4 习题 231

第 9 堂 网站的 Session 功能 232

9.1 Session 简介 232
9.2.1 复制 Django 网站 232
9.1.2 Cookie 简介 233
9.1.3 建立网站登录功能 234
9.1.4 Session 的相关函数介绍 239

9.2 活用 Session 240
9.2.1 建立用户数据表 240
9.2.3 整合 Django 的信息显示框架 Messages Framework 246

9.3 Django auth 用户验证 249
9.3.1 使用 Django 的用户验证系统 249
9.3.2 增加 User 的字段 252
9.3.3 显示新增加的 User 字段 254
9.3.4 应用 auth 用户验证存取数据库 256

9.4 习题 261

第 10 堂 网站用户的注册与管理 262

10.1 建立网站用户的自动化注册功能 262
10.1.1 django-registration-redux 安装与设置 262
10.1.2 创建 django-registration-redux 所需的模板 263
10.1.3 整合用户注册功能到分享日记网站 267

10.2 Pythonanywhere.com 免费 Python 网站开发环境 271
10.2.1 注册 Pythonanywhere.com 账号 271
10.2.2 在 Pythonanywhere 免费网站中建立虚拟环境以及 Django 网站 278
10.2.3 建立投票网站的基本架构 283

10.3 使用 Facebook 验证账号操作实践 290
10.3.1 在 Pythonanywhere 中安装 django-allauth 与设置 290
10.3.2 到 Facebook 开发者网页申请验证机制 293
10.3.3 在网站中识别用户的登录状态 298
10.3.4 客户化 django-allauth 页面 301

10.4 习题 303

第 11 堂 社交网站应用实践 304

11.1 投票网站的规划与调整 304
11.1.1 网站功能与需求 304
11.1.2 数据表与页面设计 306
11.1.3 网站的转移 309
11.2.4 移动设备的考虑 311

11.2 深入探讨 django-allauth 312
    11.2.1 django-allauth 的 Template 标签 313
    11.2.2 django-allauth 的 Template 页面 314
    11.2.3 获取 Facebook 用户的信息 316
11.3 投票网站功能解析 317
    11.3.1 首页的分页显示功能 318
    11.3.2 自定义标签并在首页显示目前的投票数 319
    11.3.3 使用 AJAX 和 jQuery 改进投票的效果 322
    11.3.4 避免重复投票的方法 327
    11.3.6 新建 Twitter 账号链接 329
11.4 习题 334

第 12 堂 电子商店网站实践 335

12.1 打造迷你电商网站 335
    12.1.1 复制网站，不要从零开始 335
    12.1.2 建立网站所需要的数据表 337
    12.1.3 上传照片的方法 django-filer 341
    12.1.4 把 django-filer 的图像文件加到数据表中 345
12.2 增加网站功能 348
    12.2.1 分类查看产品 348
    12.2.2 显示详细的产品内容 352
    12.2.3 购物车功能 353
    12.2.4 建立订单功能 357
12.3 电子支付功能 365
    12.3.1 建立付款流程 366
    12.3.2 建立 PayPal 付款链接 368
    12.3.3 接收 PayPal 付款完成通知 374
    12.3.4 测试 PayPal 付款功能 375
12.4 习题 381

第 13 堂 全功能电子商店网站 django-oscar 实践 382

13.1 Django 购物网站 Oscar 的安装与使用 382
    13.1.1 电子购物网站模板 382
    13.1.2 Django Oscar 购物车系统测试网站安装 383
13.2 建立 Oscar 的应用网站 386
    13.2.1 安装前的准备 386
    13.2.2 建立网站的域名 387
    13.2.3 调整 Apache2 配置文件 388
    13.2.4 建立 Django Oscar 购物网站项目 389

		13.2.5	加上电子邮件的发送功能	397
		13.2.6	简单地修改 Oscar 网站的设置	398
		13.2.7	增加 PayPal 在线付款功能	401
	13.3	自定义 Oscar 网站		406
		13.3.1	建立自己的 templates，打造客户化的外观	407
		13.3.2	网站的中文翻译	416
	13.4	习题		417

第 14 堂　使用 Mezzanine 快速打造 CMS 网站 …… 418

	14.1	快速安装 Mezzanine CMS 网站		418
		14.1.1	什么是 Mezzanine	418
		14.1.2	安装 Mezzanine	419
		14.1.3	安装 Mezzanine 主题	425
		14.1.4	Mezzanine 网站的设置与调整	427
	14.2	使用 Mezzanine 建立电子商店网站		429
		14.2.1	安装电子购物车套件与建立网站	429
		14.2.2	自定义 Mezzanine 网站的外观	431
	14.3	在 Heroku 部署 Mezzanine 网站		435
	14.4	习题		440

第 15 堂　名言佳句产生器网站实践 …… 441

	15.1	建立网站前的准备		441
		15.1.1	准备网站所需的素材	441
		15.1.2	图文整合练习	442
		15.1.3	建立可随机显示图像的网站	444
	15.2	产生器功能的实现		446
		15.2.1	建立产生器界面	447
		15.2.2	产生唯一的文件名	449
		15.2.3	开始合并随后产生图像文件	449
		15.2.4	准备多个背景图像文件以供选择	453
	15.3	自定义图像文件功能		458
		15.3.1	加入会员注册功能	458
		15.3.2	建立上传文件的界面	458
		15.3.3	上传文件的方法	462
		15.3.4	实时产生结果	464
	15.4	习题		466

第 16 堂　课程回顾与你的下一步 …… 467

	16.1	善加运用网站资源		467

16.2 部署上线的注意事项 470
16.3 SSL 设置实践 472
16.4 程序代码和网站测试的重要性 483
16.5 其他 Python 框架 486
16.6 你的下一步 486

第 1 堂

网站开发环境的建立

本堂课将介绍如何通过版本控制系统 Git 以及虚拟机（Virtual Machine）来建立一个可以随时开发 Python Django 网站的环境。不管个人计算机的操作系统是 Windows、Mac OS 还是 Linux，也不管有几台计算机，只要掌握本堂课的教学内容，并充分加以练习，熟悉开发环境的建立以及流程，就会对日后开发和设计网站项目有很大帮助。

在本书的大部分内容中，我们都是以新版的 Django 2.0 进行示范，然而由于一些 Django 的第三方模块的适用版本还没有跟上新版的 Django 2.0，如果在相关章节中使用的是 1.x 版的 Django 框架时，作者会在适当的地方加以说明。

1.1 网站的基础知识

Web 网站可以简单到只要找到主机空间，把.html 和.jpg 文件放在适当的位置即可，也可以使用类似 WordPress 的 Open Source CMS 系统，通过安装以及设置的方式，全部以浏览器所提供的界面管理其内容，完全不用担心系统实际执行的程序是哪些，甚至可以使用 Python 这类程序设计语言自己设计一个完全客户化的动态网站内容。不管使用哪一种方式，只有了解 Web 网站运行的流程，才能够知道如何决定适合自己的网站构建方式。

1.1.1 网站的运行流程

架设网站的方式有许多种，最简单的方式就是把文件放在网络主机上，当浏览者通过浏览器连接进来的时候，网络服务器把这个文件提供给浏览器加以解析，再呈现或显示给浏览者，如图 1-1 所示。

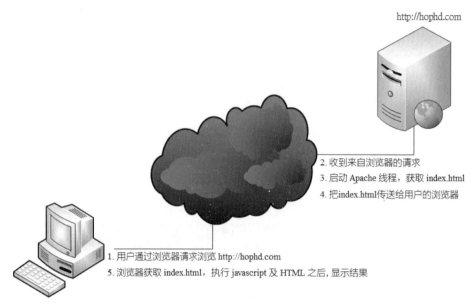

图 1-1　用户浏览网站的基本流程

图 1-1 除了给出硬件的网站主机外，另一个重点是在主机上运行的 Web 网站服务器系统软件。常见的 Web 网站服务软件有 Apache、Nignx 以及 Windows Server 上的 IIS。也就是大家所知道的：要让网站得以正常运行需要有一台网络主机，而真正响应远程浏览器访问请求的是在主机中运行的服务软件。幸运的是，Apache 和 Nignx 在许多地方是兼容的，而可供部署的主机操作系统还是以 Linux 为主，因此本书之后的所有说明都是以 Linux 加上 Apache 环境为主。

前面所说的网站被称为静态网站。所有文件以及数据都不会针对用户的需求而临时产生，都是事先准备好的。如果需要应对不同的访问而产生不同的数据，甚至在显示数据前还要从数据库或其他数据源获取数据，加以整合、计算、分析后再显示给浏览者，这种情况下就有一些工作必须在网站主机上先执行，这就是所谓的动态网站，如图 1-2 所示。

图 1-2　动态网站的运行流程

一个好的动态网站会通过浏览器给浏览者提供一个完整的输入界面，通常都是以窗体的方式呈现，并在浏览者设置数据、选择内容、按下提交（Submit）按钮之后，将得到的数据在网站主机上进行处理，再把筛选过的数据提供给浏览者查看。对于那些在主机上执行的程序，我们一般把它们称为后端程序或后端服务程序。

能在后端执行的程序，它们可以用多种程序设计语言来编写，常见的有 PHP、Java、JavaScript、Perl、Ruby 以及本书的主角 Python。

1.1.2　Python/Django 扮演的角色

从 1.1.1 小节的介绍可以了解到，浏览者输入一个网址，网站主机的软件服务器（下面都以 Apache 为例）在收到此请求后会先按照配置文件的内容决定把此网址请求交由哪一个文件来处理。如果没有特别的设置，一般的 Linux 虚拟主机环境都会以执行 PHP 程序为主。也就是说，如果想要以别的程序设计语言来执行网页的请求，就必须做好 Apache 的设置，安装所需的接口程序，在设置完毕后，理论上所有可以在服务器上执行的程序设计语言都可以当作后端程序的设计语言。只是在开始处理浏览器的请求时，表示处理的程序也要自行处理 HTTP（Hyper Text Transfer Protocol，WWW 网站的专用通信协议）的相关细节，对于没有相关模块可用的程序设计语言来说，其实是非常麻烦的。

所幸的是，这些常被用来处理网站的程序设计语言（如 Python、Ruby、Perl 等）已经有了许多相关模块可以使用，因而在设置这些网站后端程序设计语言的服务环境时就容易多了。进一步讲，针对许多现代网站的必备功能（如用户账号管理、窗体输入、网页输出样式、网站和数据库链接等），出现了所谓的 Web Framework（网站框架），让这些程序设计语言的网站开发者可以使用一些简单的命令生成一个网站的基本架构（或框架），然后遵循其框架的设计，系统且结构化地设计出正式的、可商用的多功能网站。其中，Ruby 程序设计语言有名气的当属 Ruby on Rails，Python 程序设计语言以 Flask 和 Django 的使用量多一些。

Django 是为网站开发人员设计并使用 Python 语言编写的网站框架。简单地说，它是可以协助程序设计人员迅速建立全功能网站的一组 Python 程序，通过 MVC（Model View Controller）概念把视图和控制逻辑分割开来，让程序设计人员可以尽量不用担心网站通信协议的琐碎细节而专心于要建立的网站功能。此组程序放在主机某一个特定的文件夹下，通过 Apache 的配置文件指定此组程序所在的位置，当有网页被存取时再次执行并返回结果给 Apache，最后传送到用户的浏览器中。

也就是说，每当主机接收到来自浏览器的连接请求时，Django 中的某一个程序文件就可以得到被执行的机会，我们就可以在这个程序文件中以 Python 语言来编写需要处理、运算、存取数据库等的程序代码，让网页的请求可以更加客户化，实时响应用户的需求，提供更多网站的服务。

因此，对于想要使用 Python 来建立网站服务的程序设计人员来说，只要学会了 Django 的架构内容以及运行原理，就可以充分运用 Python 实现字符串处理、数据库、图像绘图、商业统计、科学运算、数据分析、数据可视化、网页提取等相关功能，以及处理网站的相关细节，并提供更多网站服务功能。

1.1.3 使用 Python/Django 建立网站的优势

如 1.1.2 小节所述，Django 的框架可以省去处理通信协议的相关细节，把精力都放在网站相关的服务设计上，而且 Django 本身就提供了一个网站所需要的程序代码，所以只要按照这些流程编写程序就可以轻松地完成许多原本非常复杂的事情。

另外，Django 在设计的时候均有遵循模块化的设计概念，又把数据库和 Python 的连接做了抽象化设计，以用户数据库为主的模型化技巧让一些第三方网站功能模块也可以轻松地加入我们的网站，无形之间让扩充网站功能变得更加容易。由于数据库是抽象化的，因此在网站的设计中基本不需要使用 SQL 查询语言，而是使用 Python 的方式来处理数据库中的数据，日后如果需要更换数据库种类，也不至于大量修改程序代码。

因此，对于使用 Python 来架设网站的初学者来说，一旦熟悉了 Django 的运行逻辑，就可以在非常短的时间内构建一个出色的专业网站。

1.2 建立网站开发流程

古人有云："工欲善其事，必先利其器"。要完成一个全功能的网站需要注意的细节和具体工作很多，通常不是忙一两天就可以完成的，有时候在学校或公司做不完，可能还需要拿回家做，在节假日拿着笔记本电脑在咖啡厅制作网站也不是不可能。一个网站往往是由很多文件组成的，不像文本类的文件，简单地丢到云端主机上就算完成了共享的工作，因为不同的计算机之间有不同的环境设置，如果没有留意，在不同场所的工作成果可能没有办法在另一台计算机上执行。因此，如何建立开发环境和工作流程是设计网站之前一个很重要的工作。

1.2.1 开发流程简介

笔者有许多台计算机，在工作场所有几台 Windows 和 Linux，在家里也有 Windows 台式机和笔记本电脑，外出以及上课时则经常以 MacBook Air 为主要的设备。也就是说，在任何时间点，使用哪一台计算机都有可能。为了实现可以随时在不同计算机继续未完成的工作，除了在不同的计算机都安装需要的应用程序外（例如 Office 有 Windows 版本和 Mac 版本，在 Linux 中尽量不做文字处理的工作，因为笔者总是用不习惯 Linux 操作系统中的中文输入法，这也算是原因之一），所有工作文件都应放在 Dropbox 文件夹中，只要在开始编辑文件前确定了该文件是否已经完成同步，基本上就不会有什么问题了。

不过，开发网站或大型程序项目可没有这么简单，主要原因是需要同步的文件较多，而且有些系统安装后会产生非常多的系统文件，同步速度也非常慢，不小心很容易在完成同步前又编辑了新的版本，导致出现同步错误。此外，不同环境之间的开发系统环境（例如 Windows 和 Linux 系统）因为目录系统的基本结构不同而导致的问题也不少，这就会造成开发上的困扰（例如虚拟机环境 virtualenv 在 Windows 和 Linux 上是完全不一样的程序代码）。

为了避免在不同的计算机上开发网站出现问题,建议使用以下开发环境(当然也有人会以远程桌面系统功能的方式来解决这个问题):

- 在每台计算机中建立 Linux 虚拟机,并建立相同的开发环境。
- 以 virtualenv 来设置 Python 的虚拟机环境。
- 建立一个远程文档库。
- 使用 Git 分布式版本控制在本地建立版本管控的文档库。
- 随时保持本地和远程文档库的同步。

在不同的计算机之间使用相同的操作系统,可以避免不同系统之间程序设计语言及模块版本不同的问题。在远程建立一个用来存储程序代码的文档库可以让我们在不同的计算机间随时同步,获取最新的程序代码版本,避免程序代码因为没有同步而造成冲突,即便程序代码文件不幸冲突了,Git 也有解决冲突的合并方案。在建立上述环境后,不管在哪一台计算机上开发或修改网站内容,只要遵循以下的步骤就可以了。

步骤01 第一次建立网站时,先以 git 的 push 命令把所有目录及文件放到远程文档库中(在此例中为 BitBucket 的 Repository 中)。

步骤02 每一次要编辑网站前都先以 git fetch 或 git pull 将远程文档库中最新的内容提取到本地计算机中。

步骤03 进行开发、编辑及测试网站的工作。

步骤04 每次工作告一段落且要关机前,使用 git 的 push 命令把所有变更更新到远程文档库中。

使用以上步骤,在世界的任意角落,只要是有网络的地方,无论使用哪一台计算机都可以自由地开发网站(不过要注意网络安全的问题)。

要使用哪一种虚拟主机呢?由于现在大部分部署网站的主机都以 Linux 为主流,因此笔者推荐使用 Ubuntu 16.04 LTS 版本。详细的安装和设置步骤可参考接下来的说明。

1.2.2 在 Windows 建立 Linux 虚拟机

不管是 Windows 7、8 还是 10,只要在操作系统中安装 VMware Workstation Player 或 VirtualBox,就可以安装任何想要的操作系统。我们以 VMware Player 为例说明如何在 Windows 7 操作系统中安装 Ubuntu 16.04 LTS。首先,到 VMware 网站免费下载 VMware Workstation Player,网址为 https://my.vmware.com/web/vmware/downloads。请注意,大部分软件都是要收费的,只有 VMware Workstation Player 个人使用是免费的,不要下载错了。下载的网页如图 1-3 所示。

图 1-3　VMware Workstation Player 下载页面

在笔者编写本书的时候，VMware Workstation Player 支持两种操作系统，分别是 Windows 和 Linux，如图 1-4 所示。

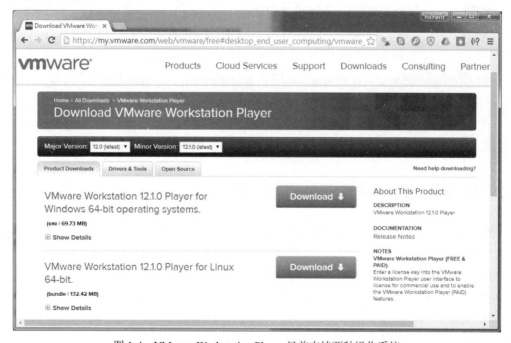

图 1-4　VMware Workstation Player 目前支持两种操作系统

接下来下载 Ubuntu 的光盘映像文件，网址为 http://www.ubuntu.com/download，如图 1-5 所示。

图 1-5　Ubuntu 的下载主页面，有许多不同的选择

在下载页面中有许多不同的版本可以选择，直接选用 Ubuntu Desktop 版本就可以了。用鼠标单击链接后就会出现图 1-6 所示的页面。

图 1-6　不同版本的 Ubuntu 可供下载

我们选用 16.04.3 LTS 64 位版本，即使在不同的计算机中，也请使用同一版本，这样在测试网

站时才不会出现问题。单击"Download"按钮后会显示一个选择页面，如图1-7所示。

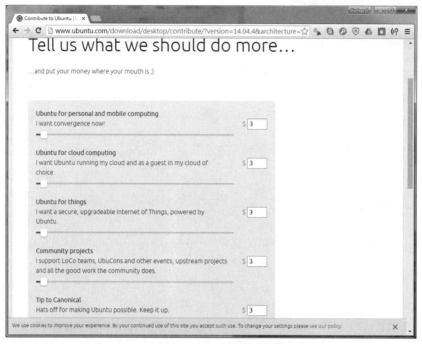

图1-7 下载Ubuntu时赞助金额的页面

在如图1-7所示的网页中，可以选择赞助多少金额给Ubuntu，此金额可以使用PayPal支付。设置完成后，向下滚动页面，可以看到"Download"按钮，如图1-8所示。

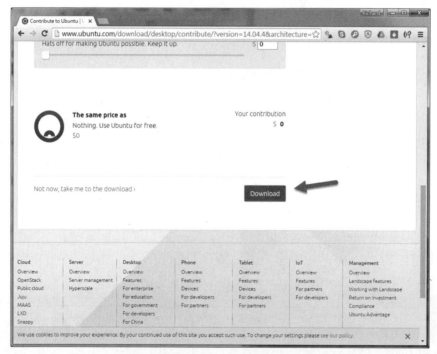

图1-8 在设置完捐款金额之后，单击"Download"按钮

单击这个按钮后即可开始下载。下载完成后执行 VMware Workstation Player 的安装。安装完毕后进入 VMware Workstation Player 的应用程序，可以看到图 1-9 所示的界面。

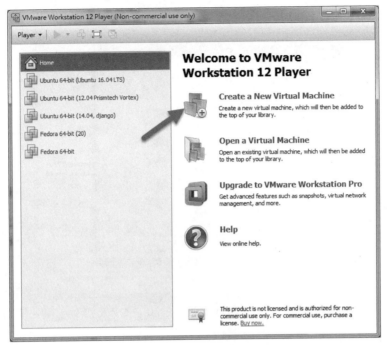

图 1-9　VMware 建立新虚拟机时的界面

界面的左侧是已经安装过的虚拟机，右侧箭头所指的地方是建立新虚拟机的开始链接。单击该链接后即可看到如图 1-10 所示的界面。

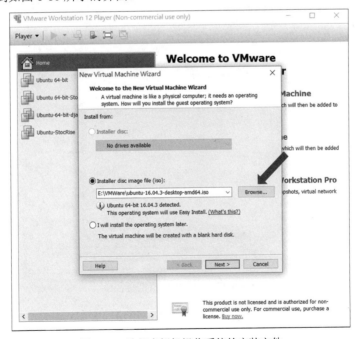

图 1-10　选择虚拟机操作系统的安装文件

在图 1-10 所示的屏幕显示界面中，可以通过"Browse"按钮选好已下载的 Ubuntu 16.04 光盘映像文件，然后单击"Next"按钮进入下一步，打开如图 1-11 所示的界面。

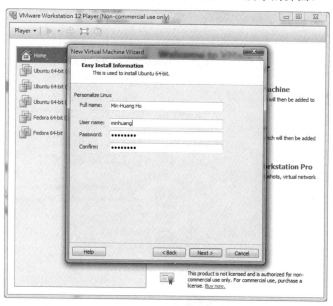

图 1-11　创建 Ubuntu 操作系统的用户账号及密码

在图 1-11 中，输入新安装的操作系统所要使用的用户信息，包括全名以及用户账号，并设置密码。需要注意的是，User name（用户名）一定要使用英文单词，并且不能有空格以及特殊符号。单击"Next"按钮，随后就会显示如图 1-12 所示的界面。

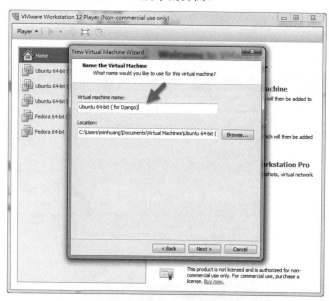

图 1-12　为新的虚拟机命名

在图 1-12 中为这个虚拟机取一个名字，以便于日后识别。命名的内容要尽量明确，因为一般来说一台计算机中会安装一个以上的虚拟机。

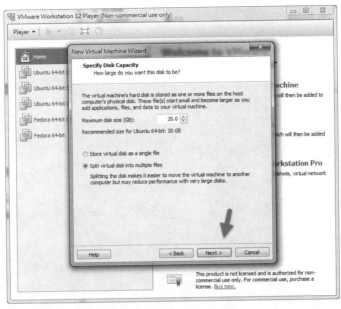

图 1-13　设置虚拟机的硬盘大小

虚拟机其实就是一台建立在现有操作系统（宿主操作系统：Host Operating System）上的另一个操作系统，也可以把它看成是一台独立的计算机。每一台计算机主要的硬件设备信息或参数包括 CPU 的种类、内存的大小以及硬盘空间的大小。在图 1-13 中，默认会将 20GB 的空间划分给虚拟机，我们也可以调整划给虚拟机的存储空间。除非你的计算机硬盘空间不足，需要把它调小一些，不然使用默认值就可以了。

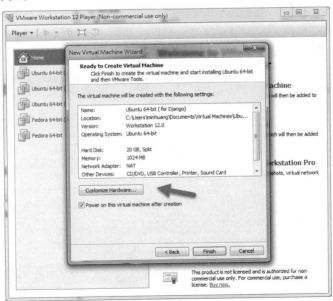

图 1-14　调整虚拟机的所有硬件配置参数

在开始安装之前，还可以通过"Customize Hardware"按钮（见图 1-4）为虚拟机的硬件进行最后的调整（其实安装完毕后也可以调整），主要调整的对象是 CPU 的分配数量以及内存的大小。

一般使用默认值就可以了。最后，单击"Finish"按钮，进入操作系统的安装状态，安装时间视计算机性能高低而定，至少需要 30 分钟。当出现图 1-15 所示的界面时，操作系统就安装完成了，登录之后即可使用。

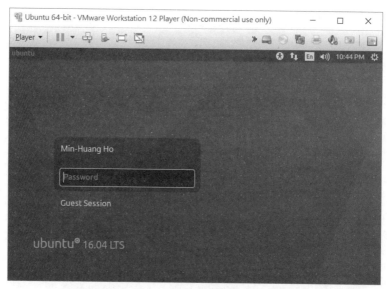

图 1-15　Ubuntu 16.04 的安装完成后的界面

1.2.3　在 Mac OS 安装 Linux 虚拟机

由于笔者在撰写本书时，VMware 还未提供 Mac OS 版本，因此在 Mac OS 中要安装虚拟机，大多数人使用的还是 VirtualBox，下载的网址为 https://www.virtualbox.org/，如图 1-16 所示。

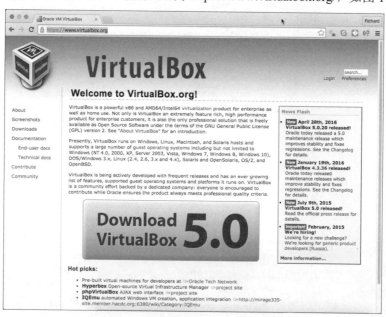

图 1-16　VirtualBox 的网页主页面

在如图 1-16 所示的网页中单击"Download VirtualBox 5.0"按钮,即可进入如图 1-17 所示的下载页面。和 VMware 不同的是,VirtualBox 需要下载两个文件,一个是主程序,另一个是扩展包(Extension Pack),有了这个扩展包,安装后的虚拟机才能够有比较好的桌面显示环境。

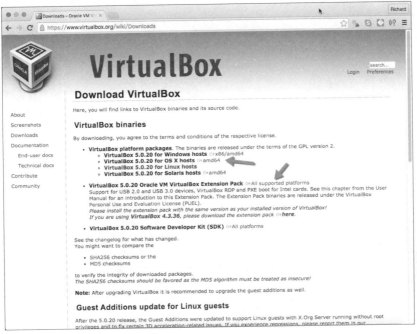

图 1-17　VirtualBox 的下载页面

安装完毕后,在 Mac OS 中执行 VirtualBox,可以看到如图 1-18 所示的界面。第一次使用时要单击"新建"按钮。注意:笔者在 Mac 笔记本电脑中安装的虚拟机以 Ubuntu 14.04 版本为例。

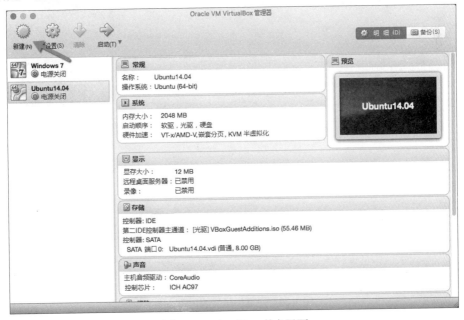

图 1-18　VirtualBox 的主界面

设置要使用的虚拟机名称,并指定操作系统的类型以及版本,如图 1-19 所示。名称可以自定义,中英文皆可,一般会直接指定操作系统的名称和版本,以便日后识别。

图 1-19　新建一个虚拟机

单击"继续"按钮,设置分配内存的大小,如图 1-20 所示。建议内存至少在 1GB(1024MB)以上,如果计算机的内存在 4GB 以上,那么设置为 2GB 运行起来性能会更佳。

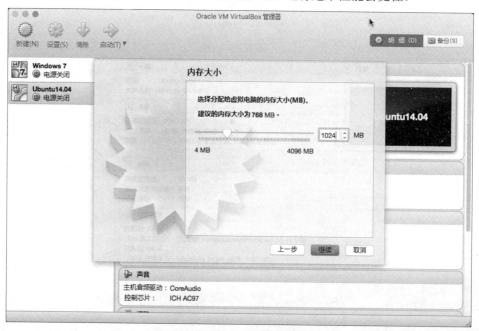

图 1-20　设置虚拟机的内存大小

下一步分配硬盘大小,默认是 8GB,一般使用默认值即可,如图 1-21 所示。

图 1-21　设置虚拟机所使用的硬盘空间

接着设置虚拟机要使用的硬盘文件类型，使用默认值即可，如图 1-22 所示。

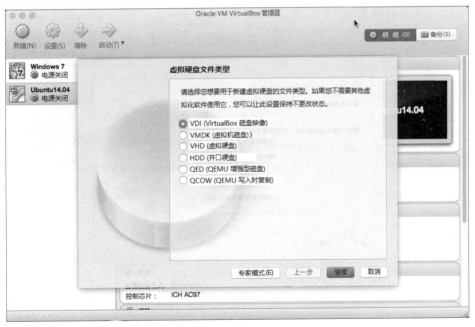

图 1-22　设置虚拟机的硬盘文件类型

在图 1-23 中设置硬盘文件空间的配置方式，这里选择"动态分配"方式，有需要时再进行配置，在空间的应用上富有弹性，因为一般 Mac 笔记本电脑的硬盘空间非常有限，如笔者用的 MacBook Air 就只有 128GB 的主硬盘空间。

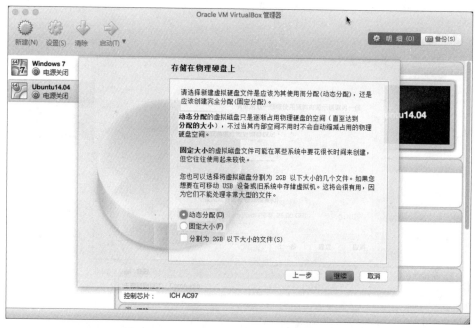

图 1-23　设置虚拟机硬盘文件空间的分配方式

如图 1-24 所示,设置虚拟机的映像文件要存放的实体计算机的磁盘位置。除了放在主硬盘外,如果像笔者一样使用外接 Flash 硬盘,也可以放在外接硬盘中,以避免占用主硬盘的空间。

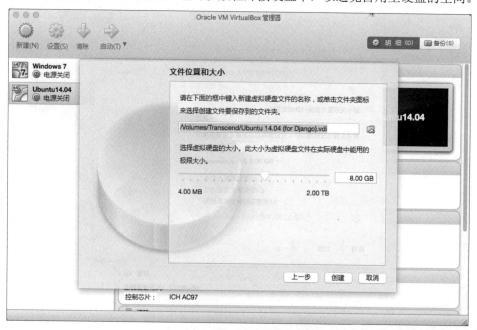

图 1-24　指定虚拟机文件存储的位置

在图 1-24 所示的界面中完成设置后,就可以单击"创建"按钮完成虚拟机的创建工作了,如图 1-25 所示。

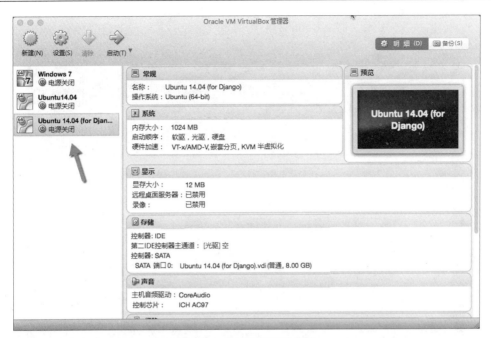

图 1-25　完成虚拟机的创建

与在 Windows 中使用的 VMware Workstation Player 不同的是，在 VirtualBox 中要先创建一个空的虚拟机，然后才能够在图 1-25 所示的界面中启动此虚拟机，执行操作系统的安装工作。因此，在图 1-25 中，我们要在箭头所指的地方双击鼠标，开启虚拟机的电源，打开如图 1-26 所示的安装询问界面。

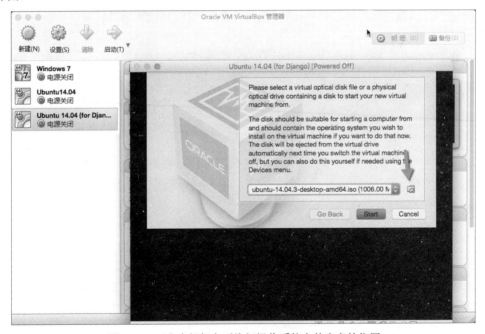

图 1-26　开启虚拟机之后询问操作系统安装光盘的位置

如图 1-26 所示，找出原先下载的操作系统光盘映像文件（*.iso），进行安装操作系统的工作，就像 1.2.2 小节所执行的操作一样。Ubuntu 14.04 的系统安装界面如图 1-27 所示。

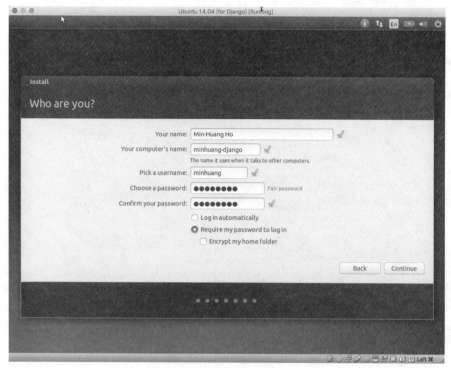

图 1-27　Ubuntu 14.04 的系统安装界面

1.2.4　在 Linux 虚拟机中创建 Python Django 开发环境

不管读者使用的是 Windows 还是 Mac OS，在安装虚拟机以及 Ubuntu 后，所用的系统就是一样的了。使用虚拟机执行 Ubuntu 操作系统，找到终端程序 Terminal，然后在命令行中执行下列两行指令（在 16.04 版之后的 Ubuntu 也可以使用 apt 命令代替原来的 apt-get 命令）：

```
$ sudo apt-get update
$ sudo apt-get -y upgrade
```

上述两行命令用于更新安装好的系统信息，获取所有需要更新或升级的项目，这个过程需要一点时间。别忘了安装在 Python 中管理套件的最佳指令 pip 也是通过 apt-get 来安装的，命令如下：

```
$ sudo apt-get -y install python-pip
```

然后是最重要的虚拟机环境 virtualenv 的安装，语句如下：

```
$ sudo pip install virtualenv
```

安装完毕后，可以使用命令"ip a"查看当前这台虚拟机的 IP 地址，结果如图 1-28 所示。

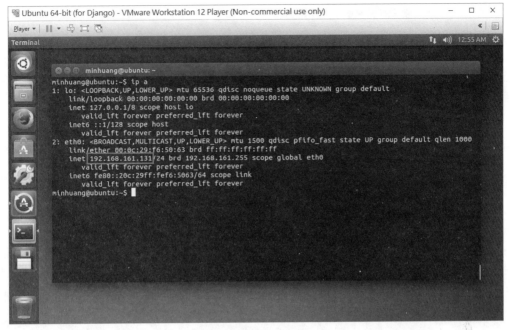

图 1-28 查询虚拟机的 IP 地址

有了 IP 地址（这台虚拟机的 IP 地址为 192.168.161.131，每台虚拟机的 IP 地址可能不一样），就可以设置 SSH 和 PuTTY 了，可以在 Windows（或 Mac OS）的环境中连接至此虚拟机，然后在我们熟悉的操作环境中进行网站设计的工作。

1.2.5　设置 SSH、PuTTY 以及 FTP 服务器

在 Ubuntu 中，要让外界的计算机可以连接到操作系统，就要安装 OpenSSH 服务器。安装的方法很简单，使用以下命令即可：

```
$ sudo apt-get -y install openssh-server
```

为了让外界的计算机也可以使用 FTP 上传和下载虚拟机上的数据，还要使用以下命令安装 FTP 服务器：

```
$ sudo apt-get -y install vsftpd
```

由于虚拟机是在自己的计算机上运行的，使用的是本地计算机和虚拟机之间沟通的内部 IP，因此可以先不考虑安全性的设置，直接使用默认的设置即可。在上述两个服务器顺利安装完成后，就可以使用 PuTTY 了，通过 SSH 在 Windows 上连接虚拟机（Mac OS 可直接在终端程序中使用 ssh 命令连接）。PuTTY 程序的下载网址为 http://www.chiark.greenend.org.uk/~sgtatham/putty/download.html，该程序只有一个执行文件，不需要安装，直接执行即可。笔者把这个程序放在了桌面上。执行之后，可以看到如图 1-29 所示的界面。

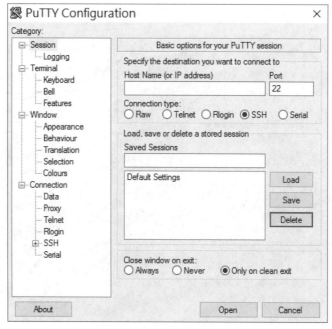

图 1-29 PuTTY 的程序界面

我们可以简单地把虚拟机的 IP 地址填写在"Host Name (or IP address)"中，单击"Open"按钮即可进行连接。为了方便起见，一般我们还会进行一些设置。首先填写 IP 地址（例如 192.168.161.131），并设置 Session 连接的名称（例如 Django Project，也可以使用中文），如图 1-30 所示。

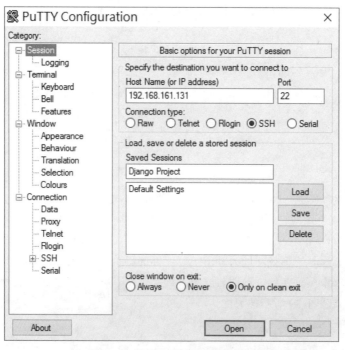

图 1-30 填写 IP 地址和连接名称

接下来设置字体，如图 1-31 所示。因为默认的字体太小了。

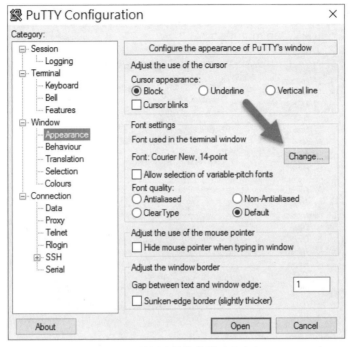

图 1-31　设置字体的种类以及大小

接着设置定时发送一些连接数据封包（这里设置为 60 秒），以避免因为一段时间没有输入字符而被强迫结束连接，如图 1-32 所示。

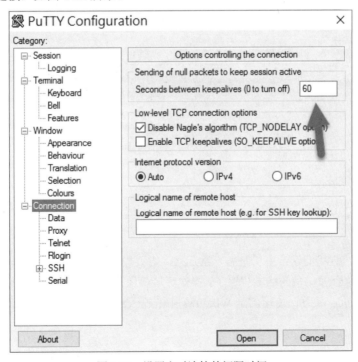

图 1-32　设置定时连接的间隔时间

最后回到 Session 的界面，将这些设置存盘，以后只要选取这个 Session 名称，然后单击"Open"按钮即可，如图 1-33 所示。

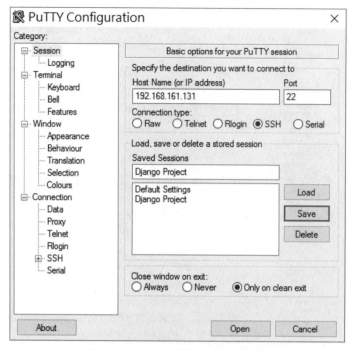

图 1-33　PuTTY 设置完成时的界面

单击"Open"按钮，第一次连接还会看到如图 1-34 所示的信息。

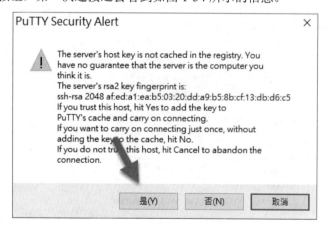

图 1-34　首次连接时显示的信息

这个信息用来提醒我们这台主机是第一次连接，需要设置 key 的交换操作。单击"是"按钮后就可以顺利进入这台虚拟机的终端程序了，操作环境就像是在虚拟器中启动终端程序一样，但是此时整体环境在 Windows 下，使用的是 Windows 中的输入法，如图 1-35 所示。

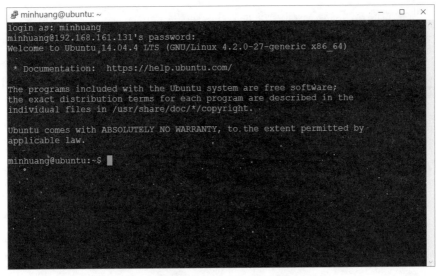

图 1-35　使用 PuTTY 登录虚拟机的界面

1.2.6　安装 Notepad++程序编辑器

对于初学者来说，Notepad++是一款非常容易上手的程序代码编辑器，其下载网址为 https://notepad-plus-plus.org/，在网站首页单击"Download"按钮，即可看到如图 1-36 所示的下载页面。

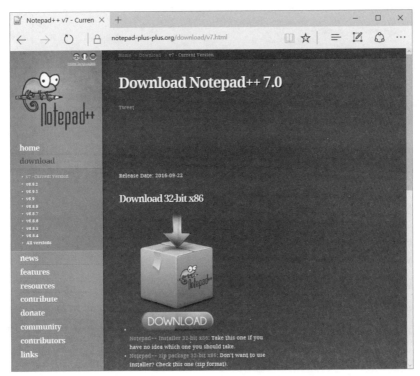

图 1-36　Notepad++的下载页面

单击箭头所指的地方，下载 Installer 安装文件。安装完毕后，为了让 Notepad++可以顺利读取虚拟机内的文件，还需要安装一个 FTP 插件。在插件的菜单中选择"Show Plugin Manager"选项（注：Notepad++只有在 7.5 版之前的 32-bit 版本才有 Plugin Manager 选项，读者请下载安装 7.5 以前的版本，在一些技术网站上提供了相关的文章来说明如何安装 Plugin Manager），如图 1-37 所示。

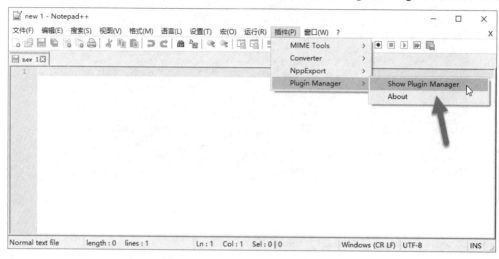

图 1-37　Notepad++添加插件的地方

Notepad++本身就有很多支持的插件可以直接安装，我们这次选用的是 NppFTP，如图 1-38 所示。

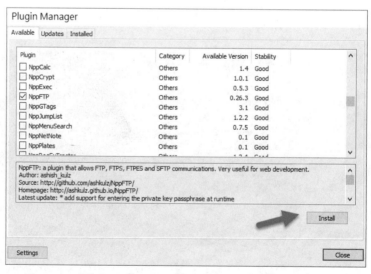

图 1-38　在 Notepad++中安装 NppFTP 插件

单击"Install"按钮后很快就可以完成安装。回到主程序界面的插件菜单，可以看到多了一个"NppFTP"选项，如图 1-39 所示。我们可以选择"Show NppFTP Window"选项，把 FTP 所使用的窗口显示出来。

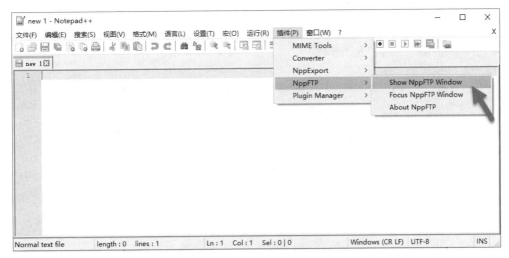

图 1-39　打开 NppFTP 的窗口

在右侧的 NppFTP 窗口中单击齿轮图标，并选用"Profile settings"选项，即可打开要连接的 FTP 主机的设置对话框，如图 1-40 所示。

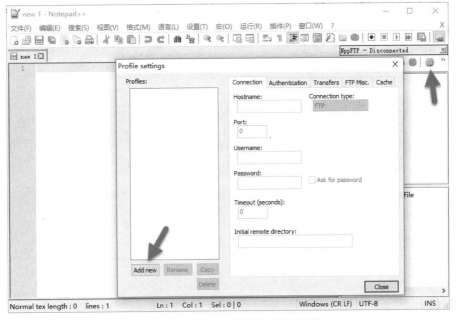

图 1-40　添加 FTP 连接设置的对话框

在此对话框中单击"Add new"按钮，即可进行 IP 以及账号、密码的设置，进行和虚拟机的连接，如图 1-41 所示。

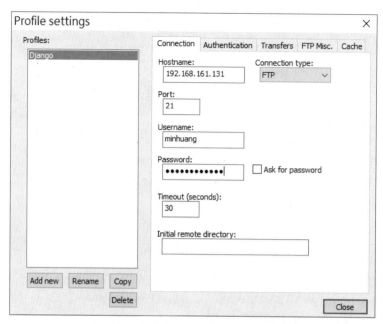

图 1-41　建立和虚拟机之间的 FTP 连接

全部设置完成后，就像一般的 FTP 客户端软件一样，Notepad++会和我们设置的 IP 地址进行连接操作，并把该账号下的所有目录以及文件都列出来，如图 1-42 所示。

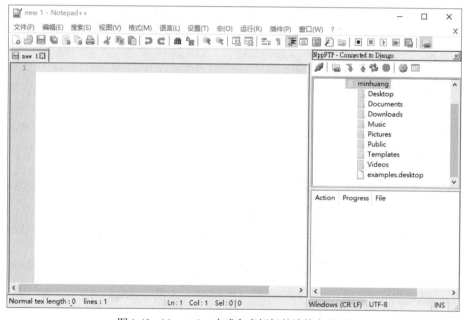

图 1-42　Notepad++完成和虚拟机的连接之界面

有了这个文件夹，我们就可以轻松地在 Windows 操作系统环境下的 Notepad++程序代码编辑器中打开虚拟机 Ubuntu 操作系统中的文件并进行程序编辑的工作了。

日后使用 VMware（或 VirtualBox）运行虚拟机后不需要进行登录的操作，只要将其最小化即可。任何关于系统的设置操作（如使用 pip 安装套件、执行程序等）都可以通过 PuTTY 在终端程序中进行，修改程序文件内容则使用 Notepad++ 进行编辑，并不需要面对不熟悉的 Ubuntu 操作系统的环境。

1.3 活用版本控制系统

在程序文件越来越多、在不同的计算机上开发同一个网站，甚至一群人共同开发同一个网站项目的情况下，如何才能够协调所有开发成员并协同各台计算机共同维护同一个版本的程序代码是一个非常重要的课题。版本控制是用来解决这些问题的核心技术。然而由于篇幅上的限制，在本小节中只介绍一些与个人开发网站流程的相关版本控制命令，详细的内容在因特网的许多网站上已有相当多的教学文章以及教学视频，有兴趣深入了解版本控制的读者们，请自行前往参考。

1.3.1 版本控制系统 Git 简介

想要一个人在不同的计算机中开发相同的网站项目，或由许多人一起开发同一个项目，版本控制是非常重要的技巧。版本控制有许多不同的方法，主要的精神就是让所有人了解整个项目的全貌，以及自己手上这份程序代码在整个项目中的位置和扮演的角色。版本控制系统随着运行的逻辑和程序代码数据保存位置的不同，主要分为集中式和分布式两类，Git 是分布式版本控制系统中最受欢迎的工具。由于 Git 是 Linux 的发明人所开发的，而且是 Linux 用来控制版本的工具，因此几乎每个版本的 Linux 操作系统（也包括我们之前安装的 Ubuntu）默认都有 Git 了，只要直接使用即可（或是使用 apt-get install git 命令来安装 Git 版本控制系统）。

如何应用 Git 进行详细的版本控制不在本书的探讨范围中，事实上，就像学习游泳一样，只是纸上谈兵却没有实战经验，就不可能完全掌握 Git 版本控制的精髓。下面以一个人执行本书开发项目所会运用到的 Git 技巧进行简要的说明，更高级的学习内容请自行参阅其他 Git 相关的书籍。

本书以一个人在不同的计算机中开发同一个网站项目为例进行介绍，所以我们要做的设置主要有以下几点。

- 在本地虚拟机环境中创建 Git 的本地文档库（其实就是一个 Git 所管理的目录）。
- 在 Git 的文档库中进行项目的开发，然后使用 Git 命令维护这些程序代码的相关文件。
- 创建一个远程（Bitbucket）文档库。
- 在每次结束本地项目编辑时，同步本地的文档库和远程的文档库。
- 日后每次在任一台计算机中开始编辑项目前，通过 Git 命令把远程文档库中的内容同步到本地文档库中。

只要每次开始项目的编辑时都秉持以上原则，就不用再担心不同计算机之间网站程序代码内容不一致的情况了。再加上我们使用虚拟机建立相同的操作系统版本，自然可以做到在不同的计算机中开发同一个项目网站。

在练习使用 Git 命令前，先来申请并创建一个免费的 Git 远程文档库。

1.3.2 申请 Bitbucket 账号

支持 Git 并可以作为存储程序代码的远程文档库的服务不少，不过免费的 Bitbucket 最受初学者欢迎。其网址是 http://bitbucket.org，网站首页如图 1-43 所示。

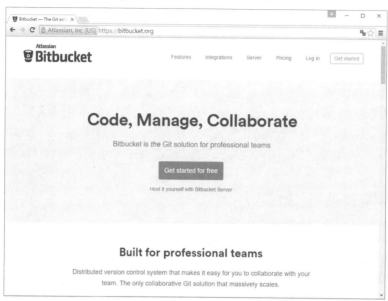

图 1-43　Bitbucket 网站的首页

第一次使用 Bitbucket 需要先注册，注册的方式很简单，甚至可以使用原有的 Google 账号进行连接。不过为了方便日后的设置，笔者建议使用电子邮件账号来注册，并设置好用户名。注册方法非常简单，此处不再多加叙述。登录后的页面如图 1-44 所示。

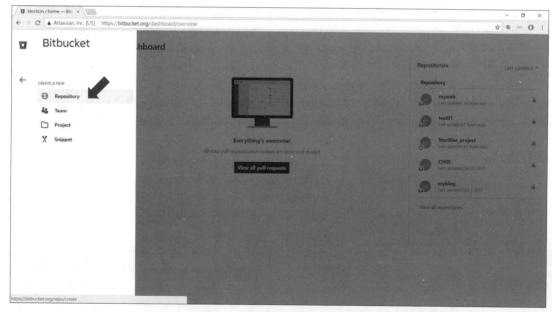

图 1-44　Bitbucket 登录后的页面

如图 1-44 所示，通过"Repositories"菜单选项创建一个新的文档库（Repository），出现如图 1-45 所示的页面后，进行相应的设置，最后单击"Create repository"按钮。

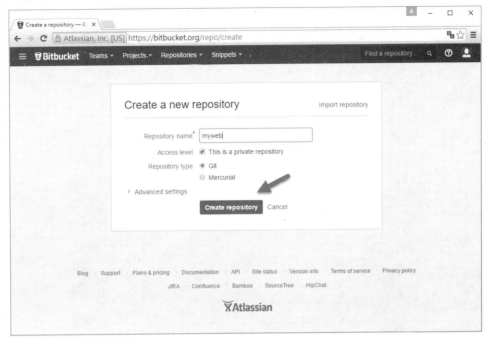

图 1-45　在 Bitbucket 中创建一个新的文档库

创建文档库很简单，只要输入一个名称（例如 myweb），再单击"Create repository"按钮即可，如图 1-46 所示。

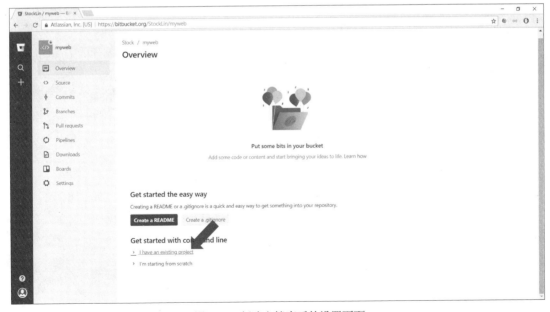

图 1-46　创建文档库后的设置页面

1.3.3 在虚拟机中连接 Bitbucket

如何在虚拟机中建立和 Bitbucket 的连接呢？只要在图 1-46 箭头所指的地方单击"I'm starting from scratch"就会有详细的提示，如图 1-47 所示。

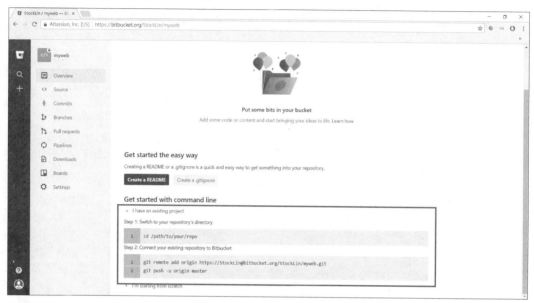

图 1-47　连接 Bitbucket 的操作提示和说明

我们把它节录如下：

```
$ cd /path/to/your/repo
$ git remote add origin https://wpgoin@bitbucket.org/wpgoin/myweb.git
$ git push -u origin master
```

这几行命令的主要功能分别是，切换到计算机本地的文档库（它是自己所创建的 Django 项目，所以需要在项目内使用 git init 命令先初始化这个数据库的本地文档库），然后建立本地文档库和此远程文档库（此例网址为：https://wpgoin@bitbucket.org/wpgoin/myweb.git，但每个人的账号不一样，所以网址的内容也会有所不同。本书有两位作者，所以在范例中使用的账号有可能会交替出现，不过读者只要从自己的 Bitbucket 账号中复制下来的网址就是最正确的网址）之间的连接，建立连接后使用 git push 命令将本地文档库的数据推送到远程文档库中，日后即可用 git 命令来执行本地文档库和远程文档库的同步操作。

回到我们的虚拟机（使用 PuTTY 连接，或直接在虚拟机的 Terminal 中操作），先进行 Git 的全局设置操作，设置好自己的用户名称和电子邮件账号（在任何目录中都可执行）。如果不确定 Git 是否已经安装在虚拟机中，可先执行以下命令进行安装。

```
$ sudo apt-get install -y git
```

然后执行以下设置：

```
$ git config --global user.name "wpgoin"
$ git config --global user.email "skynet@wpgo.in"
```

请注意，此设置要和你在 Bitbucket 账号中所使用的用户名称和电子邮件账号一样才行。接下来使用 virtualenv 创建一个虚拟机环境，然后使用此虚拟机环境建立我们要开发的网站文件夹，再把此文件夹和 Bitbucket 同步，操作如下：

```
$ sudo apt-get install -y python-pip
$ sudo pip install virtualenv
$ virtualenv VENV
$ source VENV/bin/activate
(VENV) $ pip install django
(VENV) $ django-admin startproject myweb
(VENV) $ cd myweb
(VENV) $ git init
(VENV) $ git remote add origin https://wpgoin@bitbucket.org/wpgoin/myweb.git
(VENV) $ git add .
(VENV) $ git commit -m 'first commit'
(VENV) $ git push origin master
Password for 'https://wpgoin@bitbucket.org':
Counting objects: 8, done.Compressing objects: 100% (7/7), done.
Writing objects: 100% (8/8), 2.34 KiB | 0 bytes/s, done.
Total 8 (delta 0), reused 0 (delta 0)
To https://wpgoin@bitbucket.org/wpgoin/myweb.git
 * [new branch]      master -> master
```

输入密码后，看到上述信息表示在 myweb 文件夹下的所有资料已被上传一份到远程的文档库上。回到 Bitbucket 账号即可看到上传的内容，如图 1-48 所示。

图 1-48　上传文件后的文档库内容摘要页面

有一点必须要注意，我们上传的内容是要编辑的开发中的 Django 网站项目（此例为 myweb），所以上传的内容只有网站本身，并不包含 Python 虚拟机环境。当然也表示没有在此项目中使用 pip 安装的套件，这些在虚拟机环境中安装的套件也都会被记录在虚拟机环境目录中（此例为 VENV）。因此，我们还必须使用 pip freeze 建立套件列表才行。习惯上，我会把这些套件列表以 pip freeze 创建到网站项目的同一个目录中（此例为 myweb），命令如下（在目录 myweb 下操作）：

```
(VENV) $ pip freeze > requirements.txt
(VENV) $ git add .
(VENV) $ git commit -m 'add requirements.txt'
(VENV) $ git push
```

如上述命令所示，把所有使用到的套件更新一份记录在 requirements.txt 文本文件中，然后把这个文件作为项目的一份子，也 commit 到文档库中，并使用 git push 同步到远程文档库中。

1.3.4　在不同的计算机之间开发同一个网站

在 1.3.3 小节中，我们使用 git push 指令把本地文档库的文件内容（在此例中是在 myweb 文件夹中的所有文件以及文件夹）都存放在位于 Bitbucket 的远程文档库中。而且，只要一开始的设置是正确的，之后在本地文件夹中的内容一旦有所变动，再一次使用 git push 指令就可以完成更新的操作（当然，在 push 之前要先执行 git add 以及 git commit 这两个指令才可以）。

如果这时我们使用的是另一台计算机，而且还没有在这台计算机中编辑过网站项目（myweb），要如何开始呢？同样地，也是先把 Git 安装好，并假设我们在另一台计算机中也使用虚拟主机，并安装了同样版本的操作系统，第一次使用时不需要再重新创建目录以及安装，只要把这个项目克隆（clone，即复制）下来即可。这个操作对于每一台新使用的计算机执行一次即可。指令如下：

```
(VENV) $ git clone https://wpgoin@bitbucket.org/wpgoin/myweb.git
```

也就是我们的远程文档库的位置。同样地，在输入正确的密码后，Git 就会在本地创建一个 myweb 文件夹，把所有该文件夹中的内容全部克隆一份到 myweb 文件夹中。由于 Python 的虚拟机环境以及额外安装的套件并没有存储在文档库中，因此虚拟机环境要在自行创建后再使用 git clone 指令，同时在 clone 下来后，还要使用 pip install 指令把使用到的套件在本地计算机再安装（或更新）一遍，指令如下：

```
(VENV) $ cd myweb
(VENV) $ pip install -r 'requirements.txt'
```

接下来就可以放心地编辑这个网站项目了。在结束编辑工作时，如果有新安装的 Python 套件，使用 pip freeze 更新 requirements.txt，再使用 git push 同步本地和远程的文档库即可。

git clone 的操作只需要执行一次，以后在不同的计算机（已设置过的）开始编辑工作，基本程序如下：

- 使用 source VENV/bin/activate 进入虚拟机环境。
- 切换到项目目录下。
- 使用 git pull 从远程文档库拉取最新版本的网站信息到本地文档库。
- 使用 pip install –r 'requirements.txt'，安装所有使用到的套件。
- 开始编辑工作。
- 测试完毕，要结束此计算机的操作时，再使用 pip freeze > requirements.txt 确定当前使用到的所有套件。
- 执行 git add。
- 执行 git commit -m '这一次更新的内容说明'。

- 使用 git push 上传所有的更新操作。

当然，Git 还有很多指令可以使用，如果许多概念可以事先建立，在项目开发上会更加得心应手。读者可以参考相关的在线资源，多了解一些分布式版本控制的概念与实践。

1.4 其他网站项目开发环境的安装建议

要开发网站项目，除了前面几节介绍的在自己的计算机中建立虚拟机外，其实也有其他选择，如在自己的计算机操作系统中直接安装环境，对于只在单台计算机中开发项目的朋友来说，就够用了。如果自己的计算机功能不足，也可以通过 Cloud9 在网页中直接开发。此外，花点钱租用一台 VPS（虚拟专用服务器或虚拟专用主机），直接在自己的计算机中通过远程连接来开发网站也是一种选择。

1.4.1 在 Windows 10 创建开发环境

由于 Windows 本身默认没有 Python 环境，因此要到 Python 网站（https://www.python.org/）下载应用程序安装才行，安装界面如图 1-49 所示。

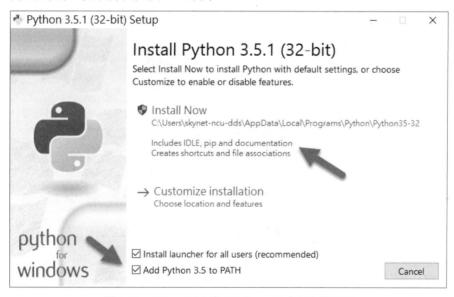

图 1-49　Python 3.5.1 在 Windows 10 中的安装页面

别忘了把路径加入 PATH 中，然后单击箭头所指的 Install Now 链接处。安装完毕后，可以在程序集中看到安装的内容，如图 1-50 所示。

如此，我们就可以在 Windows 10 中编写 Python 程序了。图 1-51 所示为 Windows 版本的 IDLE 执行环境的屏幕显示界面。

图 1-50　Windows 程序集中的 Python 项目以及之前安装的 Notepad++

图 1-51　Windows 版本的 Python 3.5.1 Shell 界面

要开发 Django，则在"命令提示符"处输入一些套件安装指令，操作过程如下（笔者以在 Windows 10 中安装 Anaconda3 套件之后的 Anaconda Prompt 命令提示符窗口的操作为例）：

```
(d:\Anaconda3_5.0) C:\Users\USER\Documents>pip install virtualenv
Collecting virtualenv
  Downloading
https://files.pythonhosted.org/packages/6f/86/3dc328ee7b1a6419ebfac7896d882fba
83c48e3561d22ddddf38294d3e83/virtualenv-15.1.0-py2.py3-none-any.whl (1.8MB)
    100% |████████████████████████████████| 1.8MB 1.0MB/s
Installing collected packages: virtualenv
Successfully installed virtualenv-15.1.0
(d:\Anaconda3_5.0) C:\Users\USER\Documents>virtualenv VENV
Using base prefix 'd:\\anaconda3_5.0'
New python executable in C:\Users\USER\Documents\VENV\Scripts\python.exe
Installing setuptools, pip, wheel...done.
(d:\Anaconda3_5.0) C:\Users\USER\Documents>cd VENV
(d:\Anaconda3_5.0) C:\Users\USER\Documents\VENV>Scripts\activate
(VENV) (d:\Anaconda3_5.0) C:\Users\USER\Documents\VENV>pip install django
Collecting django
  Cache entry deserialization failed, entry ignored
  Downloading
```

```
https://files.pythonhosted.org/packages/3d/81/7e6cf5cb6f0f333946b5d3ee22e17c3c
3f329d3bfeb86943a2a3cd861092/Django-2.0.3-py3-none-any.whl (7.1MB)
    100% |████████████████████████████████| 7.1MB
181kB/s
  Collecting pytz (from django)
    Downloading
https://files.pythonhosted.org/packages/3c/80/32e98784a8647880dedf1f6bf8e2c91b
195fe18fdecc6767dcf5104598d6/pytz-2018.3-py2.py3-none-any.whl (509kB)
    100% |████████████████████████████████| 512kB
939kB/s
  Installing collected packages: pytz, django
  Successfully installed django-2.0.3 pytz-2018.3
(VENV) (d:\Anaconda3_5.0) C:\Users\USER\Documents\VENV>
```

上述几个指令是通过 pip 安装 Python 的虚拟机环境 virtualenv，进入虚拟机环境 VENV 后，安装 Django。之后，大部分开发编辑工作就可以在命令提示符和 Notepad++程序代码编辑器中完成（使用较专业的 Sublime Text 等程序开发用的编辑器会更佳）。

此外，很多初学者在 Windows 的"命令提示符"中无法顺利执行，几乎都是路径没有设置正确造成的。如果发现无法顺利执行 Python 程序，就在控制面板中设置 PATH 环境变量，假设 Python 安装在 C:\Python35 文件夹，就把 C:\Python35、C:\Python35\Scripts 这两个路径加进去，重新执行一次命令提示符就可以了。不过，根据笔者的经验，如果你的计算机性能不算太差的话，建议把 Python 世界中非常著名的 Anaconda 套件安装到计算机中，安装之后再使用 Anaconda Prompt 就不会再出现找不到 Python 解释器的问题了。

我们也可以把开发中的网站放在便携的移动硬盘内，"游走"于不同的 Windows 10 计算机，此种方式建议在练习的时候使用，开发正式网站时避免采用。笔者是把虚拟机环境的文件夹（例如 VENV）一并复制到便携的移动硬盘中：

```
D:\MYDJANGO\
    ├─ch01www
    └─VENV
```

每次在另一台 Windows 计算机上开始练习网站，也就是进入 VENV\Scripts 文件夹，执行 activate.bat 进入虚拟机环境，然后就可以进行网站的编辑操作了，非常方便。

1.4.2 在 MacOS 中创建开发环境

在 Mac OS 中内置有 Python 2.7 版本，如果需要使用 3.5 版本，可以在 Python 网站中下载 Mac OS 专用的安装程序（如 1.4.1 节中的说明，可以直接安装 Anaconda 的 MacOS 版本，其中也包含 Python 解释器）。图 1-52 所示为 Mac OS 版本的 Python 的安装界面。

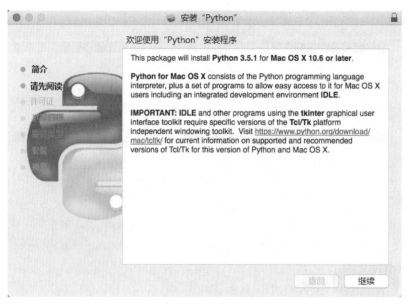

图 1-52　MacOS 版本的 Python 3.5 安装界面

安装完毕后，在 Launcher 中有专用的 IDLE（Python Shell）可以使用，如图 1-53 所示。

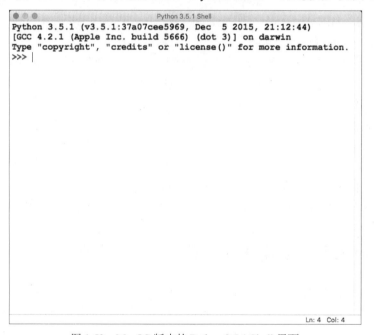

图 1-53　MacOS 版本的 Python 3.5.1 Shell 界面

由于 Mac OS 的终端程序功能和 Linux 操作系统类似，因此大部分操作还是直接在 Mac OS 的终端程序中执行，就像在 Linux 中操作一样。但是要注意，和 Linux 系统一样，直接输入 python 会运行 2.7 版本，如果要运行 Python 3.5 版本，就要执行 python3。python3 存放在 /usr/local/bin/python3 中，我们在设置 Python 的虚拟机环境时可以在 virtualenv 后面加上 --python 的参数，设置成为 Python 3.5 版本，操作过程如图 1-54 所示。

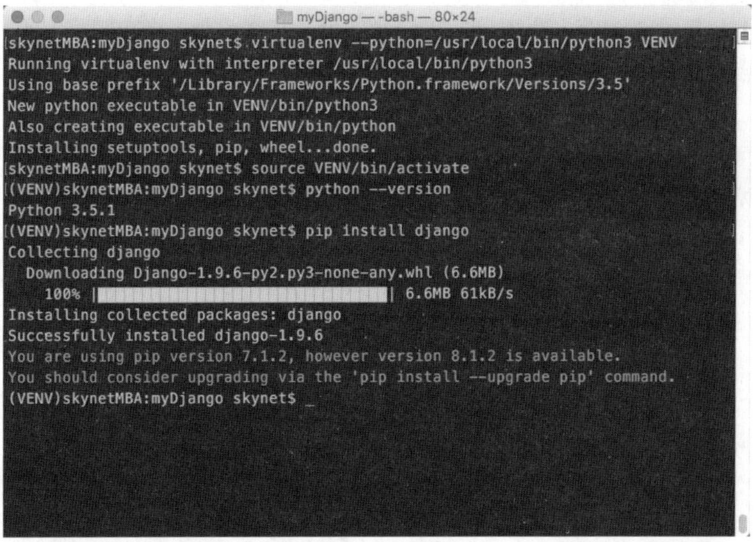

图 1-54　在 MacOS 终端程序中创建 Python 3.5 的 Django 开发环境

1.4.3　在 Cloud9 中创建开发环境

Cloud9（网址为 https://c9.io/）是一个轻量化协助系统开发者开发项目的云端工具。如果不想在自己的计算机中费时费事地安装虚拟机，想要马上就拥有可以开发 Python/Django 的项目，Cloud9 是一个不错的选择。进入 Cloud9 的网址后，先注册一个免费的账号，通过电子邮件账号申请即可。使用自己的账号登录之后，可以看到账号摘要页面，如图 1-55 所示。

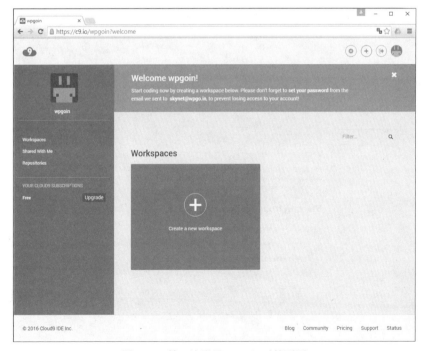

图 1-55　第一次登录 Cloud9 时的页面

单击中间的"+"号创建第一个项目，在创建项目（其实就是一台虚拟机）前，有一些设置可以选择，如图 1-56 所示。

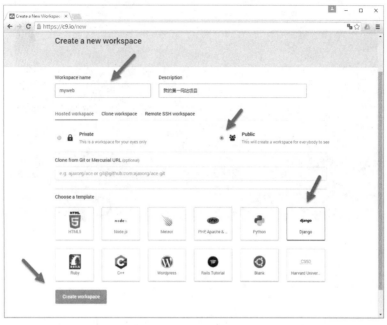

图 1-56　在 Cloud9 中选择要创建的项目类型

在这个例子中，我们把项目名称命名为 myweb，选择 Django，再单击"Create workspace"按钮，即可完成设置操作。过一小段时间就会出现此项目的编辑环境页面，如图 1-57 所示。

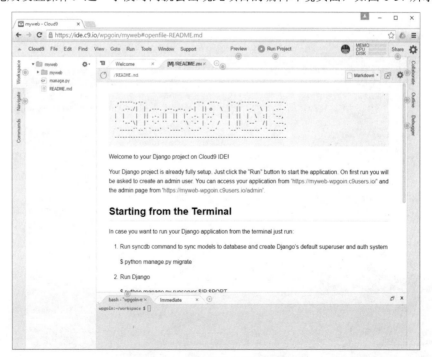

图 1-57　Cloud9 的开发环境界面

如图 1-57 所示，在下方可以输入 Linux 指令，左侧是所有的文件列表，中间是程序代码编辑器。因为此工作环境就是一台虚拟机，所以大部分 Linux 指令均可在下方的命令提示符处输入执行，非常方便。

1.4.4　在 DigitalOcean VPS 中创建开发环境

Cloud9 是以开发者的角度创建的环境，完成开发后，网站还是要找一个地方来发布，不能直接把 Cloud9 作为网站的正式服务主机空间。所以在 Cloud9 开发时，我们的项目网站并没有专用的 IP，也没有简单的办法把一个自有的网址指定到这个项目网站中。但是 DigitalOcean（网址为 http://tar.so/do）不同，它除了可以作为开发环境外，也为每一个在上面的虚拟机提供一个固定的 IP 以及 DNS 的托管服务。在开发完成后，可以直接在同一个环境中把网站项目上线并正式公开使用，是比较方便的做法，但可惜的是 DigitalOcean 并没有免费的方案可供练习使用。

因为 DigitalOcean 是 VPS 主机，所以在建立的时候要选择操作系统以及执行的机器等级，不同等级的机器价格会有很大的差别，如图 1-58 所示。

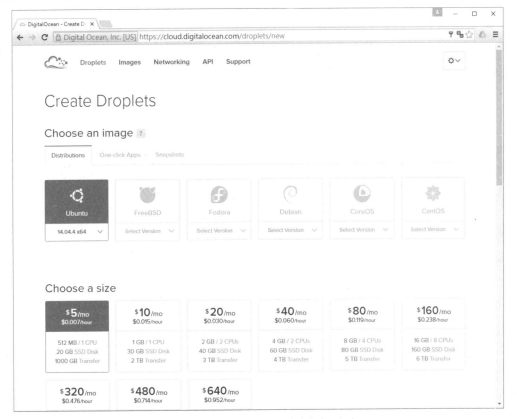

图 1-58　DigitalOcean 创建虚拟机页面

在选定并创建完成后，可以为此虚拟机设置一个 IP，DigitalOcean 会提供一个 SSH 的方式，可以使用远程连接甚至是远程桌面的方式操作这台虚拟机，所有工作就像我们在 1.4.3 小节所介绍的一样。

1.5 习　　题

1. 在操作系统中创建一个 Python/Django 的开发环境。
2. 申请一个 Bitbucket 账号，并进行远程文档库的操作练习。
3. 在自己的计算机中创建两个虚拟机：VMA 和 VMB。在 VMA 中创建一个 Django 项目，同步到 Bitbucket 账号中，然后在 VMB 中使用 git clone 指令把在 VMA 中的 Django 项目克隆（或复制）到 VMB 中。
4. 接着上一题，在 VMB 中加入一个 README.md 文件，然后通过 Bitbucket 把 VMB 现在的内容同步到 VMA 中。
5. 试着把 Windows 环境中的项目同步到 VM 中，观察中间发生的问题并说明你的解决方法。

第 2 堂

Django 网站快速入门

在本堂课中，我们将以 Django 快速产生的网站框架为主，进行一些客户化的修改，让这个网站马上成为一个可以发表私人博客的地方。本堂课通过修改网站设置以及编辑各个相关文件的操作，让读者可以快速掌握 Django 网站开发的精要，作为接下来章节的基础。

2.1 个人博客网站规划

在本堂课中，我们将以一个简单的个人使用（不导入用户管理功能）的博客网站 mblog 作为说明，引领读者学习如何通过 Django Web Framework 现有的框架在最短的时间内了解 Django 运行的机制。

2.1.1 博客网站的需求与规划

在本节中，我们先对本堂课中要完成的个人博客网站的需求与功能作一个简单的描述，然后在后续章节中逐步完成。我们为个人博客设置了以下功能。

- 项目名称 mblog。
- 通过 admin 管理界面张贴（或称为发帖）、编辑以及删除帖文，且此界面支持 Markdown 语句。
- 使用 Bootstrap 网页框架。
- 在主页中显示每篇文章的标题、简短摘要以及发帖日期。
- 在主页中加入侧边栏，可以加入自定义的 HTML 以及 JavaScript 网页代码。
- 在输出文章时，可以解析 Markdown 语句并正确显示排版后的样子。

由于是简单的入门示范网站，所以在设置上只有管理员一人可以张贴以及管理文章，因此不需要有用户的注册、登录等权限管理的接口。此外，在数据库中仅存储文章的原始数据，但此数据内容支持 Markdown 语法，可以在文章显示时作为简易排版的依据（也就是使用 Markdown 语法来作为排版样式的设置），不提供所见即所得（WYSIWYG）的文章编辑界面。另外，所有的图形文件采用第三方网站存储的方式，本博客要显示的图片是存储在第三方的网站中（在本堂课的例子中是放在 https://imgur.com 中），需要以外部网址链接的方式通过 Markdown 语法设置在文章中，并在显示该篇文章时显示在指定的文章位置。

2.1.2 产生第一个网站框架

在本堂课中，我们要创建的个人博客名称为 mblog，按照在上一堂课学习到的内容，先在 BitBucket 中创建一个同名的文档库，以供未来在不同计算机间开发时使用。接下来，所有的范例均是以前一堂课中创建的 Ubuntu 16.04 虚拟机作为操作平台。

启动虚拟机之后，先到一个专用的文件夹中（本例为 myDjango）使用 source VENV/bin/activate 指令进入虚拟机环境。在此，我们假设所有网站均使用同一个虚拟机环境，直接使用在上一堂课中创建的虚拟机环境即可。如果打算每个网站都使用自己独立的虚拟机环境（实际操作中比较常见的做法），每个网站就必须创建一个自己的虚拟机环境名称（文件夹）。按照以下步骤创建第一个网站框架（以 Django 2.0 版为例）。

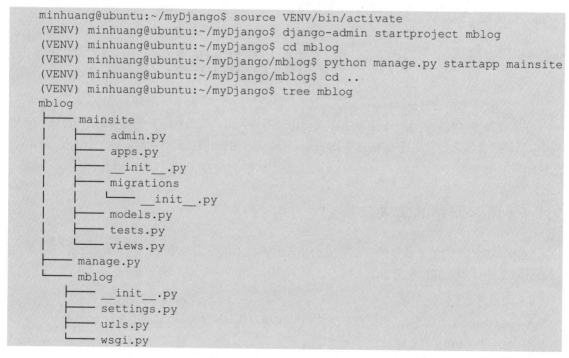

完成上述操作后，网站的基本框架大致上就完成了。接着，回到 mblog 文件夹下，执行以下指令测试一下（要使用 ip a 查询一下此台虚拟机的网络地址，此例中为 192.168.161.131）。由于指定了特定 ip 而不是使用 localhost，所以需要在 mblog 文件夹内的 mblog 文件夹中启用 settings.py 修改设置 ALLOWED_HOSTS = ['192.168.161.131',] 或是 ALLOWED_HOSTS = ['*',] 以允许所有的

连接）：

```
(VENV) minhuang@ubuntu:~/myDjango$ cd mblog
(VENV) minhuang@ubuntu:~/myDjango/mblog$ python manage.py runserver 192.168.161.131:8000
Performing system checks...

System check identified no issues (0 silenced).

You have unapplied migrations; your app may not work properly until they are applied.
Run 'python manage.py migrate' to apply them.

December 11, 2017 - 02:43:34
Django version 2.0, using settings 'mblog.settings'
Starting development server at http://192.168.161.131:8000/
Quit the server with CONTROL-C.
```

接着，在浏览器中输入网址 http://192.168.161.131:8000，就可以看到图 2-1 所示的 Django 网站的第一个页面。

图 2-1　Django 2.0 版本网站框架的初始页面

测试网站执行时，如果我们对网页的内容有任何改动（更改到系统的设置除外），Django 都会主动进行检测并重载更新，网站的内容马上就会呈现出更新后的结果，所以在开发的过程中不需要一直重新执行这条指令。

在此还有一点要特别注意的地方，直接使用 python manage.py runserver 启动测试网站的功能而没有在后面指定 IP 地址和连接端口号，默认是连接到 http://127.0.0.1:8000。假设此时是在虚拟机中执行此网站，但是要在外部的操作系统（如 Windows 或 Mac OS）中启动浏览器，是没有办法浏览此网站的（笔者的测试方式是启动虚拟机，确定此虚拟机的 IP 地址，然后把虚拟机最小化，之后在 Windows 操作系统中以 PuTTY 连接到该虚拟机执行指令，以 Notepad++ 中的 FTP 文件编辑方式启动虚拟机中的文件进行编辑，并使用 Windows 中的 Chrome 浏览器查看成果。也就是说，把虚拟机当作远程的主机进行操作，所有工作都是在 Windows 操作系统中使用 Windows 的应用程序开发网站项目）。

别忘了创建 Git 文档库，语句如下：

```
(VENV) minhuang@ubuntu:~/myDjango/mblog$ git init
Initialized empty Git repository in /home/minhuang/myDjango/mblog/.git/
(VENV) minhuang@ubuntu:~/myDjango/mblog$ git add .
(VENV) minhuang@ubuntu:~/myDjango/mblog$ git commit -m 'first commit'
[master (root-commit) 7bf2e35] first commit
 17 files changed, 189 insertions(+)
 create mode 100644 db.sqlite3
 create mode 100644 mainsite/__init__.py
 create mode 100644 mainsite/admin.py
 create mode 100644 mainsite/apps.py
 create mode 100644 mainsite/migrations/__init__.py
 create mode 100644 mainsite/models.py
 create mode 100644 mainsite/tests.py
 create mode 100644 mainsite/views.py
 create mode 100755 manage.py
 create mode 100644 mblog/__init__.py
 create mode 100644 mblog/__init__.pyc
 create mode 100644 mblog/settings.py
 create mode 100644 mblog/settings.pyc
 create mode 100644 mblog/urls.py
 create mode 100644 mblog/urls.pyc
 create mode 100644 mblog/wsgi.py
 create mode 100644 mblog/wsgi.pyc
```

然后上传到在 Bitbucket 中创建好的文档库，语句如下：

```
(VENV) minhuang@ubuntu:~/myDjango/mblog$ git remote add origin https://wpgoin@bitbucket.org/wpgoin/mblog.git
(VENV) minhuang@ubuntu:~/myDjango/mblog$ git push -u origin master
Password for 'https://wpgoin@bitbucket.org':
Counting objects: 20, done.
Delta compression using up to 8 threads.
Compressing objects: 100% (18/18), done.
Writing objects: 100% (20/20), 5.45 KiB | 0 bytes/s, done.
Total 20 (delta 1), reused 0 (delta 0)
To https://wpgoin@bitbucket.org/wpgoin/mblog.git
 * [new branch]      master -> master
Branch master set up to track remote branch master from origin.
```

本小节的工作就大功告成了。

2.1.3　Django 文件夹与文件解析

第一次使用 Django 创建网站（执行 django-admin startproject mblog），了解 Django 帮我们准备好的文件夹和文件非常重要，除了知道每一个文件夹以及文件的用途外，还需要知道打算为网站加入哪些功能的时候要从哪个文件着手。下面简要说明几个重要的文件，并在后续章节中陆续加以应用。

"天字第一号"文件 manage.py 是 Django 用来管理网站配置的文件，是一个接收命令行指令的工具程序，Django 所有命令都是运行此程序，平时我们不会去修改它，只要确保能够运行就可以了。第一个建好的和项目同名的文件夹（请注意，前面使用 mblog 作为项目的名称，会在此项目文件夹下创建一个也叫作 mblog 的文件夹）下面存放的就是这个项目中最重要的一些配置文件，包括 settings.py、urls.py 以及 wsgi.py，其中 wsgi.py 是和虚拟主机中的网页服务器（如 Apache）沟通的接口，中间的设置要等网站上线才会用到，将在后面进行介绍。

urls.py 用来设置每一个 URL 的网址要对应的函数以及对应的方式，通常是创建新的网页时先编辑的文件。而 settings.py 是此网站的系统设计所在的位置，新创建的网站都要先打开这个文件，进行编辑设置的操作。真正网站所有运行的逻辑都是在使用 startapp mainsite 创建出来的 APP 文件夹中。使用这样的方式是让网站的每一个主要功能都成为一个单独的模块，方便网站的开发者在不同的网站中重复使用，这也是 Python 程序设计语言中 reuse 概念的应用。

为了方便起见，在此先编辑 settings.py 的两个地方。首先，把我们创建的 APP 模块 mainsite 加进去（在 settings.py 的 INSTALL_APPS 列表中）。

```
INSTALLED_APPS = [
    'django.contrib.admin',
    'django.contrib.auth',
    'django.contrib.contenttypes',
    'django.contrib.sessions',
    'django.contrib.messages',
    'django.contrib.staticfiles',
    'mainsite',
]
```

然后把文件最后面的时区设置改一下，语句如下：

```
LANGUAGE_CODE = 'zh-CN'
TIME_ZONE = 'Asia/Beijing'
```

另外，在默认情况下，Django 会使用 SQLite 存储数据库的内容，在我们使用以下命令的时候会产生一个叫作 db.sqlite3 的文件。

```
(VENV) minhuang@ubuntu:~/myDjango/mblog$ python manage.py migrate
Operations to perform:
  Apply all migrations: admin, contenttypes, auth, sessions
Running migrations:
  Rendering model states... DONE
  Applying contenttypes.0001_initial... OK
  Applying auth.0001_initial... OK
  Applying admin.0001_initial... OK
  Applying admin.0002_logentry_remove_auto_add... OK
  Applying contenttypes.0002_remove_content_type_name... OK
  Applying auth.0002_alter_permission_name_max_length... OK
  Applying auth.0003_alter_user_email_max_length... OK
  Applying auth.0004_alter_user_username_opts... OK
  Applying auth.0005_alter_user_last_login_null... OK
  Applying auth.0006_require_contenttypes_0002... OK
  Applying auth.0007_alter_validators_add_error_messages... OK
  Applying sessions.0001_initial... OK
```

之后，所有在此网站中添加到数据库的数据都会被放在 db.sqlite3 文件中，这是一个简化过的文件型 SQL 关系数据库系统。如果要迁移网站，记得带上这个文件。

2.2 创建博客数据表

在上一节我们创建了一个最简单的可以运行的网站架构，但是还没有为这个网站创建任何内容。在这本小节，将设计一个简单的数据表，为管理员提供个人博客最重要的文章内容，以及启用 Django 默认的管理界面，对这些文章进行编辑以及管理的操作。

2.2.1 数据库与 Django 的关系

在默认情况下，Django 的数据库是以 Model 的方式来操作的，也就是在程序中不直接面对数据库以及数据表，而是以 class 类先创建好 Model，然后通过对 Model 的操作达到操作数据库的目的。这样的好处是把程序和数据库之间的关系以中介层作为连接的接口，以后如果需要更换数据库系统，可以不更改程序的部分。

也正因为如此，第一次接触到这种方式的网站，开发者会觉得不太直观，因为不是直接定义数据库中的数据表，而是以定义一个数据类来作为数据表，在定义数据类后，还要执行一些指令让这个数据表的每一个数据字段的名称、格式、属性可以和数据类中的内容同步，确实有些麻烦。但是，如果习惯了这种方式，你会发现这是把数据库连接层进行抽象化的好方法，省去了程序开发人员花在各种不同数据库操作细节上的精力和时间。

简单地看，在 Django 要使用数据库，有以下几个步骤。

步骤01 在 models.py 中定义需要使用的类（继承自 models.Model）。
步骤02 详细地设置每一个在类中的变量，即数据表中的每一个字段。
步骤03 使用 python manage.py makemigrations mainsite 创建数据库和 Django 间的中介文件。
步骤04 使用 python manage.py migrate 同步更新数据库的内容。
步骤05 在程序中使用 Python 的方法操作所定义的数据类，等于是在操作数据库中的数据表。

2.2.2 定义数据模型

本堂课中的 mblog 需要一个用来存储文章的数据表，因此需要修改 mainsite/models.py 的内容。一开始，models.py 的内容如下：

```
from django.db import models
# Create your models here.
```

修改后的内容如下：

```
from django.db import models
from django.utils import timezone
```

```python
# Create your models here.
class Post(models.Model):
    title = models.CharField(max_length=200)
    slug = models.CharField(max_length=200)
    body = models.TextField()
    pub_date = models.DateTimeField(default=timezone.now)

    class Meta:
        ordering = ('-pub_date',)

    def __str__(self):
        return self.title
```

详细的格式在后续的章节中会加以说明。在这个文件中，主要是创建一个 Post 类（到时会在数据库中有一个对应的数据表），此类包括几个项目：title 用来显示文章的标题，slug 是文章的网址，body 是文章的内容，pub_date 是本文发表的时间。class Meta 内的设置要指定文章显示的顺序是以 pub_date 为依据，最后 __str__ 提供此类所产生的数据项——一个以文章标题作为显示的内容，增加操作过程中的可读性（在管理界面或 Shell 界面操作时）。

pub_date，我们以 timezone.now 的方式让它自动产生，而要执行这个函数还需要一个 pytz 模块，此套件在默认的情况下需要自行安装。请执行以下的指令来安装：

```
pip install pytz
```

要让此模型生效，需执行以下指令：

```
(VENV) minhuang@ubuntu:~/myDjango/mblog$ python manage.py makemigrations mainsite
Migrations for 'mainsite':
  0001_initial.py:
    - Create model Post
(VENV) minhuang@ubuntu:~/myDjango/mblog$ python manage.py migrate
Operations to perform:
  Synchronize unmigrated apps: staticfiles, messages
  Apply all migrations: admin, contenttypes, mainsite, auth, sessions
Synchronizing apps without migrations:
  Creating tables...
    Running deferred SQL...
  Installing custom SQL...
Running migrations:
  Rendering model states... DONE
  Applying mainsite.0001_initial... OK
```

此时就可以在程序中直接操作此数据库了。启动 Django 提供的 admin 界面来操作会更加方便，将在下一节进行介绍。

2.2.3 启动 admin 管理界面

admin 是 Django 默认的数据库内容管理界面，在使用前，有几个要设置的步骤。第一步，创建管理员账号及密码，内容如下：

```
(VENV) minhuang@ubuntu:~/myDjango/mblog$ python manage.py createsuperuser
Username (leave blank to use 'minhuang'): admin
Email address: ho@minhuang.net
Password:
Password (again):
Superuser created successfully.
```

接着，把上一小节定义的 Post 纳入管理，修改 mainsite/admin.py。原本是如下内容：

```
from django.contrib import admin

# Register your models here.
```

改为如下内容：

```
from django.contrib import admin
from .models import Post
# Register your models here.

admin.site.register(Post)
```

也就是先导入 Post 类，然后通过 admin.site.register 注册。完成以上设置后，再次打开此网站，通过浏览器连接到 http://192.168.161.131:8000/admin（你的网址可能和笔者的不一样），就可以看到如图 2-2 所示的登录页面。

图 2-2　Django 默认的 admin 管理界面的登录页面

在输入前设置 superuser 账号及密码后，可以看到一个美观的数据库（数据表）管理页面，如图 2-3 所示。

图 2-3　Django 的 admin 数据库管理页面

如图 2-3 箭头所指的地方所示,我们定义的 Posts 顺利地纳入管理页面。第一次进入 Posts 管理页面时没有任何内容,如图 2-4 所示。

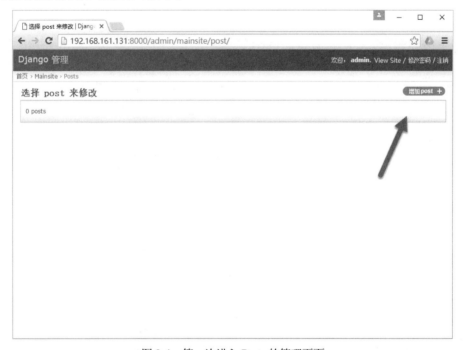

图 2-4　第一次进入 Posts 的管理页面

在图 2-4 所示的右上角箭头所指的地方单击"增加 post"按钮(即增加新的文章),即可出现图 2-5 所示的页面。

图 2-5　增加新帖文章的页面

在图 2-5 中单击"保存"按钮，即可看到图 2-6 所示的页面，该文章已被顺利增加到数据库中。

图 2-6　增加文章后的 Posts 操作页面

为了便于后续测试，至少要输入 5 篇文章，中英文皆可，但是 slug 要使用英文或数字，而且中间不要使用任何符号和空格符，如图 2-7 所示。

图 2-7　在 admin 页面中输入至少 5 篇 Post 备用

最后，在 admin.py 中加入以下程序代码（自定义 Post 显示方式的类，继承自 admin.ModelAdmin），让文章除了显示 title 外，还可以加上张贴的日期和时间等内容。

```python
from django.contrib import admin
from .models import Post
# Register your models here.

class PostAdmin(admin.ModelAdmin):
    list_display = ('title', 'slug', 'pub_date')

admin.site.register(Post, PostAdmin)
```

显示所有文章时就变成图 2-8 所示的样子。

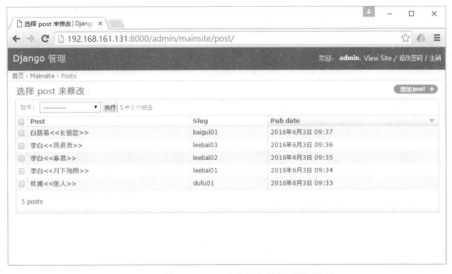

图 2-8　修正 admin 显示所有数据项的外观

更多的修改设置方式会在后续章节中详细说明。

2.2.4 读取数据库中的内容

数据库中有了文章后，可以读取这些资料，然后将它们显示在网站的首页中。在此先简单说明一下 Django 的 MTV（大约可以模拟到 MVC）架构。为了使数据抽象化，Django 把数据的存取和显示区分为 Model、Template 以及 View，分别对应到 models.py、template 文件夹以及 views.py 这些文件。

如前几个小节所述，models.py 主要负责定义要存取的数据模型，以 Python 的 class 类来定义，在后端 Django 会自动把这个类中的设置对应到数据库系统内，不管你使用的是哪一种数据库。如果是把这些数据取出来，或是如何存进去等程序逻辑，则是在 View 中，也就是在 views.py 中处理，这也是本小节中要编写程序的地方。至于如何把取得的数据用美观且有弹性的方式输出，则是在 Template 中处理，这是下一节的内容。

在此，先打开 mainsite/view.py，默认的内容如下：

```python
from django.shortcuts import render

# Create your views here.
```

第一步把在 models.py 中自定义的 Model 导入，然后使用 Post.objects.all()取得所有数据项，针对此文件夹，可使用 for 循环取出所有内容，再通过 HttpResposne 输出到网页中，指令如下：

```python
from django.shortcuts import render
from django.http import HttpResponse
from .models import Post

# Create your views here.
def homepage(request):
    posts = Post.objects.all()
    post_lists = list()
    for count, post in enumerate(posts):
        post_lists.append("No.{}:".format(str(count)) + str(post)+"<br>")
    return HttpResponse(post_lists)
```

在此例中，我们创建了一个 homepage 函数用来获取所有文章，并通过循环把它们搜集到变量 post_lists 中，最后使用 return HttpResponse (post_lists) 把这个变量的内容输出到客户端的浏览器页面中。

有了这个函数，要由谁来调用它呢？也就是在浏览器中要通过哪个网址才能够执行这个函数呢？答案是通过 urls.py 负责网址和程序间的对应工作，不然只浏览网页的根路径，还是只会得到图 2-1 所示的页面。打开 urls.py，导入来自 views.py 的 homepage 函数并以 url 对应，指令如下（请留意，在 Django 2.0 之后，URL 样式的设置已经做了大幅的修改，在此为新的版本）：

```python
from django.urls import include, path
from django.contrib import admin
from mainsite.views import homepage

urlpatterns = [
    path('admin/', admin.site.urls),
    path('', homepage),
]
```

其中，在这里定义了两个网址，分别是根目录以及 admin 所使用的目录。当用户浏览网址而没有加上任何字符串的时候（即为根网址），就去调用 homepage 这个函数，可以得到如图 2-9 所示的执行页面。

图 2-9　根目录的显示页面

除了文章的标题外，我们也可以取出每一篇文章的内容，并使用 HTML 标记为显示出的内容排版，让页面更加美观，homepage 可以修改如下：

```
def homepage(request):
    posts = Post.objects.all()
    post_lists = list()
    for count, post in enumerate(posts):
        post_lists.append("No.{}:".format(str(count)) + str(post)+"<hr>")
        post_lists.append("<small>" + str(post.body.encode('utf-8'))\
+"</small><br><br>")

    return HttpResponse(post_lists)
```

修改后的程序生成的页面如图 2-10 所示。

图 2-10　在首页显示文章标题以及内容的网页

以此类推，我们可以在 homepage 编写程序，让网页的排版更加美观。不过，这并不是明智的做法，因为显示的样子和如何存取数据或资料内容必须分开才比较容易维护，而且在大型合作项目中，这两部分工作通常是由不同的人员负责的，放在一起会造成开发上的困难。

因此，正确的做法是在 views.py 中把数据或资料准备好，然后放到 template 中，让 template 中的 .html 文件负责真正显示的工作，这是下一节要介绍的内容。

2.3 网址对应与页面输出

个人博客最重要的地方除了提供输入文章内容的编辑页面外，如何在网页中显示出文章的内容也是重点。我们打算设计的网站是：当网友来到网站首页的时候，会以链接的方式显示每篇文章的标题，用鼠标单击任意链接后，即可显示出该篇文章的详细内容，并提供返回首页的链接。如何让这些网址对应到页面，是本节的学习重点。

2.3.1 创建网页输出模板 Template

前面我们示范了如何创建数据模型、在 admin 界面中输入和编辑数据，以及如何使用 Post.objects.all() 取出所有数据并通过 HttpResponse 输出到浏览器端。那么如何把这些拿到的数据再排版一下，变得更加美观呢？答案就是通过模板 template。每一个输出的网页都可以准备一个或一个以上对应的模板，这些模板以 .html 的文件形式存储在指定的文件夹中（一般都会命名为 templates）。当网站有数据需要输出的时候，通过渲染函数（render，或称为网页显示）把数据存放到模板指定的位置中，得到结果后再交给 HttpResponse 输出给浏览器。基本的步骤如下：

步骤01 在 setting.py 中设置模板文件夹的位置。
步骤02 在 urls.py 中创建网址和 views.py 中函数的对应关系。
步骤03 创建 .html 文件（例如 index.html），做好排版并安排数据要放置的位置。
步骤04 运行程序，以 objects.all() 在 views.html 中取得数据或资料。
步骤05 以 render 函数把数据（例如 posts）送到指定的模板文件（例如 index.html）中。

在本堂课的例子中需要先在此项目的目录中创建 templates 文件夹。创建完毕后的目录结构如下：

```
├── db.sqlite3
├── mainsite
│   ├── admin.py
│   ├── __init__.py
│   ├── migrations
│   │   ├── 0001_initial.py
│   │   └── __init__.py
│   ├── models.py
│   ├── tests.py
│   ├── views.py
```

```
├── manage.py
├── mblog
│   ├── __init__.py
│   ├── settings.py
│   ├── urls.py
│   └── wsgi.py
├── requirements.txt
└── templates
```

然后把此文件夹名称加到 settings.py 的 TEMPLATE 区块中，代码如下（只要修改 DIRS 所在行即可）：

```
TEMPLATES = [
    {
        'BACKEND': 'django.template.backends.django.DjangoTemplates',
        'DIRS': [os.path.join(BASE_DIR, 'templates')],
        'APP_DIRS': True,
        'OPTIONS': {
            'context_processors': [
                'django.template.context_processors.debug',
                'django.template.context_processors.request',
                'django.contrib.auth.context_processors.auth',
                'django.contrib.messages.context_processors.messages',
            ],
        },
    },
]
```

接着，我们打算把 posts 和 now（现在时刻）放到模板（例如名称为 index.html）中显示，所以把 views.py 重新修改如下：

```
from django.http import HttpResponse
from datetime import datetime
from .models import Post

# Create your views here.
def homepage(request):
    posts = Post.objects.all()
    now = datetime.now()
    return render(request, 'index.html', locals())
```

在这里我们用了一个小技巧把变量放到模板中，就是使用 locals() 函数。这个函数会把当前内存中的所有局部变量使用字典类型打包起来，刚好可以在这里派上用场，在模板中因为接收到了所有局部变量，所以也可以把 posts 和 now 都拿来使用。

在 templates 目录下，创建一个名为 index.html 的模板文件，代码如下：

```
<!DOCTYPE html>
<html>
<head>
    <meta charset='utf-8'>
    <title>
        欢迎光临我的博客
    </title>
</head>
```

```
<body>
    <h1>欢迎光临我的博客</h1>
    <hr>
    {{posts}}
    <hr>
    <h3>现在时刻：{{ now }}</h3>
</body>
</html>
```

存盘后执行网站测试，再一次浏览网站时，即可看到图2-11所示的页面。

图2-11 加上index.html模板的网页

由index.html的内容可以看出，HTML的标签和传统的HTML文件无异，但是多了"{}"（大括号）用来输出收到的数据。now数据是指现在时刻，显示出来的样子不难理解。不过posts是一个完整的数据集，其中还包括许多字段和项目，显示如图2-11所示的样子并不妥当。其实在template中也有一套模板语言用来在模板文件中解析这些数据项，在此先说明如何通过for循环把数据集中的项目一个一个取出使用。

```
<!DOCTYPE html>
<html>
<head>
    <meta charset='utf-8'>
    <title>
        欢迎光临我的博客
    </title>
</head>
<body>
    <h1>欢迎光临我的博客</h1>
    <hr>
    {% for post in posts %}
        <p style='font-family:微软雅黑;font-size:16pt;font-weight:bold;'>
            {{ post.title }}
        </p>
        <p style='font-family:微软雅黑;font-size:10pt;letter-spacing:1pt;'>
{{ post.body }}
</p>
    {% endfor %}
    <hr>
```

```
        <h3>现在时刻：{{ now }}</h3>
    </body>
</html>
```

由上述的程序可以看出，每一个数据项的字段都是以 post.body、post.title 的方式取出，循环指令则是{% for %}和{% endfor %}成对使用。此外，还使用 CSS 的字体指令做了简单的排版。在后续的章节中会说明如何运用 CSS 做更进一步的网页版面安排。在内容的部分把标题和内容分开显示，网页看起来如图 2-12 所示。

图 2-12　在 index.html 中把数据项取出来显示

一般来说网站的首页不会把所有内容都显示出来，应该是先把标题显示出来。在每一个标题上制作链接，当浏览者单击链接的时候才会打开另一个页面，显示出该篇文章的内容。因此，我们把 index.html 进一步修改如下：

```
<!DOCTYPE html>
<html>
<head>
    <meta charset='utf-8'>
    <title>
        欢迎光临我的博客
    </title>
</head>
<body>
    <h1>欢迎光临我的博客</h1>
```

```
        <hr>
        {% for post in posts %}
            <p style='font-family:微软雅黑;font-size:14pt;font-weight:bold;'>
                <a href='/post/{{post.slug}}'>{{ post.title }}</a>
            </p>
        {% endfor %}
        <hr>
        <h3>现在时刻: {{ now }}</h3>
    </body>
</html>
```

通过<a href> 这个 HTML 的标签取出 post.slug，创建为链接网址，并放在 post/下，执行的结果如图 2-13 所示。

图 2-13　把所有的内容制作成链接

接下来，讨论如何使用另一个网页来显示单篇文章的内容，以及如何使用共享的模板，提供更方便的网页版式设计。

2.3.2　网址对应 urls.py

注意图 2-13 箭头所指的地方，就是用鼠标单击任意一篇文章标题时，浏览器传送给网站的网址，此例是 http://192.168.161.131:8000/post/baigui01。其中，/post/是我们加到 index.html 中为显示单篇文章用的前置词，后面的 baigui01 是在创建文章内容时，我们设置的自定义网址。也就是说，要辨识出这些网址以便对应到要显示的单篇文章内容，有如下几个步骤。

步骤01　在 urls.py 中设置，只要是/post/开头的网址，就把后面接着的文字当作参数传送 slug 给 post_detail 显示单篇文章的函数。

步骤02　在 views.py 中新增一个 post_detail 函数，除了接收 request 参数外，也接收 slug 参数。

步骤03　在 templates 文件夹中创建一个用来显示单篇文章的 post.html。

步骤04　在 post_detail 函数中，以 slug 为关键词搜索数据集，找出是否有符合的项目。

步骤05 如果有符合的，就把找到的数据项传送给 render 函数，找出 post.html 模板页进行渲染（即进行网页显示），再把结果交给 HttpResponse 回传给浏览器。

步骤06 如果没有符合的项目，就把网页转回首页。

在网址的对应方面，须做如下修改。

```
from django.urls import include, path
from django.contrib import admin
from mainsite.views import homepage, showpost

urlpatterns = [
    path('admin/', admin.site.urls),
    path('', homepage),
    path('post/<slug:slug>/', showpost),
]
```

通过 path('post/<slug:slug>/', showpost)的设置，把所有 post/开头的网址后面的字符串都找出来，当作第 2 个参数（第 1 个是默认的 request）传送给 showpost 函数，showpost 在 import 的地方要记得导入，同时到 views.py 中新建这个函数来处理接收到的参数，内容如下：

```
from django.shortcuts import redirect
from datetime import datetime
from .models import Post

...略...

def showpost(request, slug):
    try:
        post = Post.objects.get(slug = slug)
        if post != None:
            return render(request, 'post.html', locals())
    except:
        return redirect('/')
```

考虑到可能会有自行输入错误网址以至于找不到文章的情况，除了在以 Post.objects.get(slug=slug)搜索文章时加上例外处理，也在发生例外的时候以 redirect('/') 的方式直接返回首页，因此不要忘了在前面导入 redirect 模块。显示文章的 post.html 内容如下：

```
<!DOCTYPE html>
<html>
<head>
    <meta charset='utf-8'>
    <title>
        欢迎光临我的博客
    </title>
</head>
<body>
    <h1>{{ post.title }}</h1>
    <hr>
        <p style='font-family:微软雅黑;font-size:12pt;letter-spacing:2pt;'>
        {{ post.body }}</a>
        </p>
    <hr>
```

```
    <h3><a href='/'>回首页</a></h3>
</body>
</html>
```

执行的结果如图 2-14 所示。

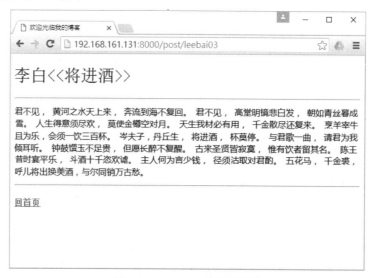

图 2-14　post.html 的执行结果

在设计 index.html 和 post.html 的时候有许多部分是重复的,而且对于一个正式的网站而言,应该有一些固定的页首和页尾的设计,成为网站风格的元素,这个部分在下一小节中介绍。

2.3.3　共享模板的使用

几乎所有商用网站在每一页都会有一些共同的元素以强调网站的风格,如果像上一小节那样分开设计每一个网页,不仅多花许多不必要的时间和精力,而且网页有所变动时,也很难同步修改到所有网页共同的部分。因此,把每一个网页共同的部分独立出来成为另一个文件,才是最正确的做法。Django 就提供了共同模板的方式处理这部分机制。

以本堂课的网站为例,到目前为止需要的.html 文件如表 2-1 所示。

表 2-1　需要的 .html 文件

文件名	用途说明
base.html	网站的基础模板,提供网站的主要设计、外观风格
header.html	网站中每一个网页共享的标题元素,通常是放置网站 Logo 的地方
footer.html	网站中每一个网页的共享页尾,用来放置版权声明或其他参考信息
index.html	此范例网站的首页
post.html	此范例网站用来显示单篇文章的网页

基本的模板架构如图 2-15 所示。

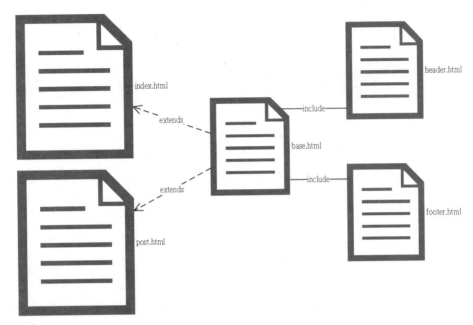

图 2-15　范例网站的模板架构示意图

如图 2-15 所示，设计一个 base.html 的主要模板，在此 base.html 中导入 header.html 和 footer.html，等于是让 header.html 和 footer.html 分开设计。我们主要显示的文件 index.html 和 post.html，则用 extends 指令继承自 base.html，以保持网页风格的一致性。

先来看 base.html 的内容：

```html
<!-- base.html -->
<!DOCTYPE>
<html>
<head>
    <meta charset='utf-8'>
    <title>
        {% block title %} {% endblock %}
    </title>
</head>
<body>
    {% include 'header.html' %}
    {% block headmessage %} {% endblock %}
    <hr>
    {% block content %} {% endblock %}
    <hr>
    {% include 'footer.html' %}
</body>
</html>
```

此例就是一般的 HTML 文件加上 {% ... %} 的模板指令，在这些模板指令中，如果没有意外，使用 include '.html 文件名' 就可以导入指定的模板文件，此文件中分别在适当的地点导入了 header.html 和 footer.html。此外，通过 block 指令可以到后面加上此 block（区块）的名称，也就是在 index.html 中填入内容的位置。在此 base.html 中，分别在适当的地点指定 title、headmessage 和

content。因为在 base.html 指定了 3 个区块，所以接下来继承 base.html 的所有文件都要提供这 3 个区块的内容。下面先来看 index.html 的内容。

```html
<!-- index.html -->
{% extends 'base.html' %}
{% block title %} 欢迎光临我的博客 {% endblock %}
{% block headmessage %}
    <h3 style='font-family:楷体;'>本站文章列表</a>
{% endblock %}
{% block content %}
    {% for post in posts %}
        <p style='font-family:微软雅黑;font-size:14pt;font-weight:bold;'>
            <a href='/post/{{post.slug}}'>{{ post.title }}</a>
        </p>
    {% endfor %}
{% endblock %}
```

从上面的代码可以看出，首先以 `{% extends 'base.html' %}` 指定要继承的文件为 base.html，然后下方以 `{% block title %}``{% endblock %}` 指出 3 个区块要填写的内容，其他（如 `<html></html>`）共享的标签就不需要了，因为已经在 base.html 中出现过了。同理，post.html 就简单多了，代码如下：

```html
<!-- post.html -->
{% extends 'base.html' %}
{% block title %} {{ post.title }} - 文学天地 {% endblock %}
{% block headmessage %}
    <h3 style='font-family:微软雅黑;'>{{ post.title }}</h3>
    <a style='font-family:微软雅黑;' href='/'>回首页</a>
{% endblock %}
{% block content %}
        <p style='font-family:微软雅黑;font-size:12pt;letter-spacing:2pt;'>
            {{ post.body }}</a>
        </p>
{% endblock %}
```

header.html 和 footer.html 只要负责它们自己的部分就可以了，header.html 的使用如下：

```html
<!-- header.html -->
<h1 style="font-family:微软雅黑;">欢迎光临 文学天地</h1>
```

以下是 footer.html 的使用：

```html
<!-- footer.html -->
{% block footer %}
    {% if now %}
        <p style='font-family:微软雅黑;'>现在时刻：{{ now }}</p>
    {% else %}
        <p style='font-family:微软雅黑;'>本文内容取自网络，如有侵权请来信通知下架...</p>
    {% endif %}
{% endblock %}
```

在 footer.html 中，我们使用了一个模板指令的技巧 `{% if now %}`，它是判断 now 变量是否包含内容的指令。如果有，就显示现在时刻；如果没有，就仅显示版权声明。主要的原因是，我们在 index.html 中设计在页尾显示现在时刻，在显示单篇文章的 post.html 时则不显示现在时刻，因此需要 if 指令来提供此功能。使用共同模板功能的网站如图 2-16 所示。

图 2-16　套用模板的范例程序的执行结果

在设计这些 .html 文件的时候，读者一定会发现有些 CSS 的设置还是使用 style 指令，这种方式在正式的网站中并不常使用，大部分都会使用 .css 文件来设计，再使用 CSS 的 id 或 class 选择器设计网页中各个区块的外观格式。此外，前面的设计中也没有使用图像文件，这些牵涉到静态文件的使用，将在下一节中说明。

2.4　高级网站功能的运用

一个成熟的博客网站，除了前面所设计的功能外，还需要具备显示图形的功能。当然，首页的设计也需要有版面的概念。此外，在文章内容的编排方面，给编写者提供具有简易排版的功能，可以在文章中设计版面、插入图形以及建立链接等，都是本节说明的重点。

2.4.1　JavaScript 以及 CSS 文件的引用

本小节首先要讨论的是如何引用现有的 CSS 和 JavaScript 网页框架。HTML5 和 CSS3 以及 JavaScript 的功能日趋复杂，一个网站不可能从无到有一点点自行编辑设计，大部分都是使用一些现成的网页框架，直接套用并加以修改后完成。免费的网页框架种类不少，但还是以 Bootstrap 最受欢迎，而且使用也非常容易，可以选择下载到本地加以连接执行，或直接使用 CDN 链接的方式套用，为了简化步骤，在此使用后者。官方网址为 http://getbootstrap.com/getting-started/#download，屏幕显示页面如图 2-17 所示。

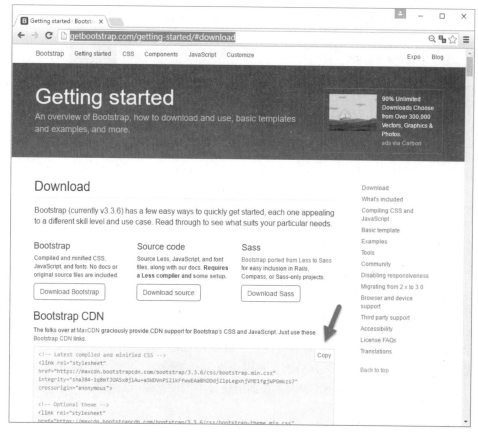

图 2-17　使用 Bootstrap 的方法

如图 2-17 所示，单击箭头所指的地方，把 CDN 的链接复制下来，然后放到 base.html 模板文件中（加在</head>前面即可），接着在所有模板文件中都可以使用 Bootstrap 的功能。例如，可以在 header.html 中使用 well 大标题格式，语句如下：

```
<div class='well'>
    <h1 style="font-family:微软雅黑;">欢迎光临 文学天地</h1>
</div>
```

然后在 base.html 中使用 Panel 来安排首页的外观，内容如下：

```
<!-- base.html -->
<!DOCTYPE html>
<html>
<head>
    <meta charset='utf-8'>
    <title>
        {% block title %} {% endblock %}
    </title>
<!-- Latest compiled and minified CSS -->
<link rel="stylesheet" href="https://maxcdn.bootstrapcdn.com/bootstrap/3.3.6/css/bootstrap.min.css" integrity="sha384-1q8mTJOASx8j1Au+a5WDVnPi2lkFfwwEAa8hDDdjZ1pLegxhjVME1fgjWPGmkzs7" crossorigin="anonymous">
```

```html
    <!-- Optional theme -->
    <link rel="stylesheet" href="https://maxcdn.bootstrapcdn.com/bootstrap/3.3.6/css/bootstrap-theme.min.css" integrity="sha384-fLW2N01lMqjakBkx3l/M9EahuwpSfeNvV63J5ezn3uZzapT0u7EYsXMjQV+0En5r" crossorigin="anonymous">

    <!-- Latest compiled and minified JavaScript -->
    <script src="https://maxcdn.bootstrapcdn.com/bootstrap/3.3.6/js/bootstrap.min.js" integrity="sha384-0mSbJDEHialfmuBBQP6A4Qrprq5OVfW37PRR3j5ELqxss1yVqOtnepnHVP9aJ7xS" crossorigin="anonymous"></script>
</head>
<body>
    <div class='container-fluid'>
        {% include 'header.html' %}
        <div class='panel panel-default'>
            <div class='panel-heading'>
                {% block headmessage %} {% endblock %}
            </div>
            <div class='panel-body'>
                {% block content %} {% endblock %}
            </div>
            <div class='panel-footer'>
                {% include 'footer.html' %}
            </div>
        </div>
    </div>
</body>
</html>
```

网页改造后的样子如图 2-18 所示。

图 2-18　套用 Bootstrap 后的结果

接着引入 Bootstrap 的 Grid 概念，通过 row 和 col 的设置制作一般博客网站侧边栏的效果。同样是在 base.html 中修改，内容如下（仅显示<body></body>中的内容）：

```html
        <div class='container-fluid'>
            {% include 'header.html' %}
            <div class='row'>
                <div class='col-sm-4 col-md-4'>
                    <div class='panel panel-default'>
                        <div class='panel-heading'>
                            <h3>
                                MENU
                            </h3>
                        </div>
                        <div class='panel-body'>
                            <div class='list-group'>
                                <a href='/' class='list-group-item'>HOME</a>
                                <a href='请读者替换成自己的地址' class='list-group-item'>新闻</a>
                                <a href='请读者替换成自己的地址' class='list-group-item'>新闻</a>
                            </div>
                            <script type="text/javascript" src="http://feedjit.com/serve/?vv=1515&amp;tft=3&amp;dd=0&amp;wid=&amp;pid=0&amp;proid=0&amp;bc=FFFFFF&amp;tc=000000&amp;brd1=012B6B&amp;lnk=135D9E&amp;hc=FFFFFF&amp;hfc=2853A8&amp;btn=C99700&amp;ww=190&amp;wne=6&amp;srefs=0"></script><noscript><a href="http://feedjit.com/">Live Traffic Stats</a></noscript>
                        </div>
                    </div>
                </div>
                <div class='col-sm-8 col-md-8'>
                    <div class='panel panel-default'>
                        <div class='panel-heading'>
                            {% block headmessage %} {% endblock %}
                        </div>
                        <div class='panel-body'>
                            {% block content %} {% endblock %}
                        </div>
                        <div class='panel-footer'>
                            {% include 'footer.html' %}
                        </div>
                    </div>
                </div>
            </div>
        </div>
```

我们使用<div class='row'>和<div class='col-md-xx'>的搭配让左侧边栏占用 4 个格子（Bootstrap 把屏幕的横向分为 12 个格子），内文的部分占用 8 个格子，接着在各自的格子中使用 panel 创建其内容。图 2-19 所示为修改后的首页输出效果（由于侧边栏已经设计了回到首页的链接，因此 post.html 中的回首页链接可以删除）。

图 2-19　使用 Bootstrap 为网站创建侧边栏

Bootstrap 详细的用法不在本书中介绍，请读者自行参考相关书籍。

2.4.2　图像文件的应用

如何在网站中使用图像文件或其他（如.css 或.js）文件呢？一般来说，网站中的图像文件大部分会被放置在 image 文件夹下，.css 和.js 文件会被放在 css 和 js 文件夹下。传统的网站系统只要指定这些文件夹在网址上，就可以顺利存取了。但是这些文件相对于.py 的文件来说属于不需要被另外处理的静态文件，为了提高网站运行的效率，Django 把这个类型的文件统称为 static files（静态文件），另外加以安排。因此，为了能够在网站中顺利地存取这些文件，首先要在 settings.py 中特别指定静态文件要放置的位置。以虚拟机来说，为了方便起见，我们统一把这些文件（.js、.css、.jpg、.png 等）放在 static 的文件夹下，.js 放在 js 子目录，.css 放在 css 子目录，图像文件放在 images 子目录中，以此类推。在 settings.py 中，要加入如下设置。

```
STATIC_URL = '/static/'
STATICFILES_DIRS = [
    os.path.join(BASE_DIR, 'static'),
]
```

从 os.path.join(BASE_DIR, 'static')可以得知，static 的位置也在网站的文件夹中，其位置和 templates 文件夹是平行的。接着，把网站中要用到的 logo 文件 logo.png 放在 static/images 下，在 header.html 中加入对图像文件的存取操作，如下所示：

```
<!-- header.html -->
```

```
{% load static %}
<div class='well'>
    <img src="{% static "images/logo.png" %}">
</div>
```

此处要注意，文件的第 2 行{% load staticfiles %}只需要使用一次，提醒 Django 加载所有静态文件备用，这行指令在同一个文件中使用一次即可。在真正导入图像文件的地方，使用了{% static "images/logo.png" %}模板语言，Django 会按照当时的执行环境把这个文件的可存取网络地址传送给浏览器。在 header.html 中把原本的欢迎文字标题改为 logo.png 图像文件，执行结果如图 2-20 所示。

图 2-20　使用图像文件作为网站 Logo 的示范页面

同样的方法也适用于自定义的 CSS 文件以及.JS 文件的存取。

2.4.3　在主网页显示文章摘要

在博客网站中还有一个重要的特色，就是在每一篇标题下显示这篇文章的摘要。显示摘要一般有两种处理方式，一种是直接在数据库定义的时候，也就是在建立 Model 的时候把摘要数据项加进去，让版主在创建文章的时候就可以输入摘要，然后在 template 中把它显示出来。另一种方式是本小节介绍的方法，就是根据文章的内容直接提取前面固定字数的字符，把它们另外显示出来。

之前，我们在 template 文件中要输入变量中的数据，都是以{{ post.title }}的方式，把变量的内容按照原来的样子显示出来。其实在输出前还有 filter 过滤器可以使用，指定过滤器的方式就是在变量后加上"|"，例如{{ post.title | filter_command }}。常用的过滤器如表 2-2 所示。

表 2-2 常用的过滤器

名称	用途	示例
capfirst	把第一个字母改为大写	{{value | capfirst}}
center	把字符串的内容居中	{{value | center:"12"}}
cut	把字符串中指定的字符删除	{{value | cut:" "}}
date	指定日期时间的输出格式	{{value | date:"d M Y"}}
linebreaksbr	置换\n 成为 	{{value | linebreaksbr}}
linenumbers	为每一行字符串加上行号	{{value | linenumbers}}
lower	把字符串转换为小写	{{value | lower}}
random	把前面的串行元素使用随机的方式任选一个输出	{{value | random}}
striptags	把所有的 HTML 标记全部删除	{{value | striptags}}
truncatechars	提取指定字数的字符	{{value | truncatechars:40}}
upper	把字符串转为大写	{{value | upper}}
wordcount	计算字数	{{value | wordcount}}

我们希望在显示的首页文章中可以列出摘要，显然要使用 truncatechars 这个 filter。另外，也要显示出每一篇文章的发布时间，可以通过 date 这个 filter 来调整日期时间格式。除此之外，改进后的主网页希望可以让每篇文章的标题、摘要以及发布时间有整体感，因为它们属于同一篇文章的 3 个显示项目，此时通过 Boostrap 中的 Panel 设置，分别设置为 Panel 的 heading、body 以及 footer。此外，我们也在 Panel 中使用 CSS 指令设置背景颜色，让每篇文章能够进行区分。重新设计后的 index.html 如下：

```
{% extends 'base.html' %}
{% block title %} 欢迎光临我的博客 {% endblock %}
{% block headmessage %}
    <h3 style='font-family:楷体;'>本站文章列表</h3>
{% endblock %}
{% block content %}
    {% for post in posts %}
        <div class='panel panel-default'>
            <div class='panel-heading'>
                <p style='font-family:微软雅黑;font-size:14pt;font-weight:bold;'>
                    <a href='/post/{{post.slug}}'>{{ post.title }}</a>
                </p>
            </div>
            <div class='panel-body' style='background-color:#ffffdd'>
                <p>
                    {{ post.body | truncatechars:40 }}
                </p>
            </div>
            <div class='panel-footer' style='background-color:#efefef'>
                <p>
                    发布时间: {{ post.pub_date | date:"Y M d, h:m:s"}}
                </p>
            </div>
        </div>
        <br>
```

```
        {% endfor %}
{% endblock %}
```

执行结果如图 2-21 所示。

图 2-21　加上摘要以及发布日期的首页页面

2.4.4　博客文章的 HTML 内容处理

本堂课所示范的博客程序主要目的是让读者可以快速上手,为了让此网站简单明了一些,文章中所用到的图像文件以从第三方图像文件服务网站(例如 imgur.com)获取为主。也就是说,所有张贴文章需要的图像文件,在处理后(包括图像尺寸、水印以及版权声明等)上传到该网站,取得链接后再放在我们的文章中。例如,我们在 imgur.com 上传了一个图像文件,打开该图像后,可以看到图 2-22 中箭头所指的地方是许多不同系统可以使用的链接或 HTML 代码。

获取这个信息后(以 HTML 为例),增加博客文章时,可在适当的地方直接粘贴此段 HTML 程序代码,如图 2-23 所示。

图 2-22　imgur.com 的图像链接信息

图 2-23　使用 admin 页面增加文章时，加入 HTML 代码片段

单击"保存"按钮后，此程序代码会被原封不动地保存在网站的数据库中，此篇文章即可在网页中显示。但是，当我们显示这篇文章内容的时候，却有可能会出现如图 2-24 所示的样子。

图 2-24　显示文章内容时，没能正确地解析 HTML 代码

我们插入的 HTML 链接居然被完整地显示出来了，这显然不是好现象。要解决这个问题其实非常简单，主要原因在于 Django 在默认情况下是不随便解析 HTML 代码的，主要是担心网站安全的问题。不过，由于这是我们自己的博客网站，并不开放其他人来添加数据或资料，因此只要在 post.html 中在输出 post.body 的后面加上一个 safe 的过滤器即可，内容如下：

```
{{ post.body | safe }}
```

加上 safe 后，此文章内所有 HTML 代码就都可以顺利地被解读出来，当然我们放进去的图像文件也可以顺利地显示在文章中了，如图 2-25 所示。

图 2-25　加上 safe 过滤器，让文章内的 HTML 代码可以顺利地被解读

同理，其他（如 CSS）设置也可以通过此方式加上去，因此可以在文章中自由地使用 HTML 和 CSS 做出自己想要的排版内容。

2.4.5　Markdown 语句解析与应用

虽说使用上一小节的方法，可以让我们在编辑文章的时候直接使用 HTML 语句来编辑排版，但是对于许多人来说，HTML 语句非常烦琐而且不太安全，一不小心，错误的语法或语句会造成整个网站的版面也跟着错位，甚至无法浏览。因此，有些博客网站提供了 Markdown 语句，让博客在编辑文章的时候可以兼顾弹性、便利性以及安全性。Markdown 的语句介绍请参考网站 http://markdown.tw/ 上的说明。

要在我们的网站中支持 Markdown 非常简单，首先在网站系统中安装 django-markdown-deux 组件，安装后使用 pip freeze 把它存放到 requirements.txt 中，步骤如下：

```
$ pip install django-markdown-deux
$ pip freeze > requirements.txt
```

接着到 setting.py 中的 INSTALLED_APP 段落中，把 markdown_deux 加进去，语句如下：

```
...略...
INSTALLED_APPS = (
    'django.contrib.admin',
    'django.contrib.auth',
    'django.contrib.contenttypes',
    'django.contrib.sessions',
    'django.contrib.messages',
    'django.contrib.staticfiles',
    'markdown_deux',
    'mainsite',
)
...略...
```

接着，再到我们解析 Markdown 语句的 post.html 中加载 Markdown 语句标记以及过滤器。修改后的 post.html 如下：

```
<!-- post.html -->
{% extends 'base.html' %}
{% load markdown_deux_tags %}
{% block title %} {{ post.title }} - 文学天地 {% endblock %}
{% block headmessage %}
    <h3 style='font-family:微软雅黑;'>{{ post.title }}</h3>
{% endblock %}
{% block content %}
    <p style='font-family:微软雅黑;font-size:12pt;letter-spacing:2pt;'>
        {{ post.body | markdown }}</a>
    </p>
{% endblock %}
```

最重要的是{% extends…%}的下一行加载 markdown_deux_tags，在真正输出文章内容的地方把原来的 safe 过滤器置换为 markdown，就是这么简单。存盘后，把原本的文章内容加上简单的 Markdown 语句，如图 2-26 所示。

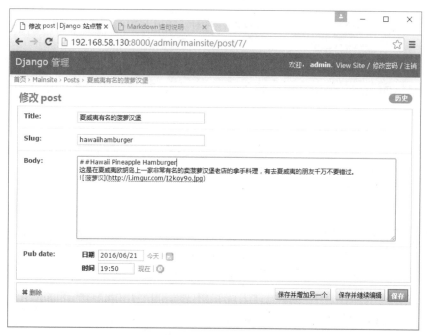

图 2-26　修改文章内容，删除原有的 HTML 语句，改为 Markdown 设置

如图 2-26 所示，"##"是 Markdown 中的小标题，而"！"是图像链接。因为该 Markdown 模块会把所有语句加以过滤处理，所以如果其中有 HTML 标记，就会被视为一般文字，需要排版的地方不要再使用 HTML，全部改用 Markdown 才行。修改完毕后，由于首页显示页面是 index.html，我们并没有进行解读，因此在显示摘要的时候，Markdown 语句会被看作一般文字，如图 2-27 所示。

图 2-27　文章列表会把 Markdown 语句视为一般文字

单击进入文章后，就可以看出排版出来的样子了，如图 2-28 所示。

图 2-28　使用 Markdown 语句排版后的文章显示

关于此模块的高级用法，请直接参考笔者的网页：https://github.com/trentm/django-markdown-deux。

2.5　习　　题

1．按照本书的步骤，在数据模型中增加一个摘要的字段，创建一个属于你自己的迷你博客网站。
2．在新创建的博客首页中，将摘要的部分显示在数据模型的摘要字段中。
3．在首页中加入 http://flagcounter.com/ 计数器的功能。
4．在首页中加入可以解析 Markdown 语句的功能。
5．创建一篇以 Markdown 语句排版的文章，包含 5 个以上 Markdown 指令。

第 3 堂

让网站上线

本堂课将学习如何把前一堂课在本地所创建的个人博客网站上传到虚拟主机上供网友浏览。开发版本和实际上线的网站有许多细节要设置，因为动态网站是由需要被"执行"的程序文件所组成的，因此开发时所使用的执行环境和实际上线的主机环境不完全相同。除了 Django 的设置需要调整外，还要对主机的环境进行相关设置，而且不同的公司也有不同的设置细节，我们将以常用的 DigitalOcean、Heroku、Google Cloud Platform 为例说明如何让网站正式上线。

3.1　DigitalOcean 部署

DigitalOcean 是一家云计算主机公司，提供最低每月 5 美元的主机服务项目（512MB/20GB Disk），可以任选操作系统以及设置专用 IP 地址，对于开发中的小型项目已经足够使用。而它提供的虚拟主机可以选用和我们在开发时使用的 Ubuntu 一样的操作环境，因此大部分在开发时做过的设置工作，在 DigitalOcean 的主机中一样可以使用，这些设置方式在每一家公司的 VPS 主机（包括 Google Computing）中都非常类似，是初学者最方便的网站上线选择。如果读者不急于把自己的网站放在虚拟主机上，也可以先在自己的计算机中练习。

3.1.1　申请账号与创建虚拟主机

首先，前往 DigitalOcean 网站注册一个账号，使用笔者推荐的链接（https://m.do.co/c/c7690bc827a5）注册，可以多获得 10 美元的额度。完成注册并设置好账单信息后（可以使用信用卡或 PayPal 付款），可前往创建 Droplet（DigitalOcean 对于虚拟主机的昵称）。在创建 Droplet 时，有几个选项可以选择，首先是要创建的操作系统，可以选用的操作系统几乎支持所有主流的 Linux 操作系统，如图 3-1 所示。

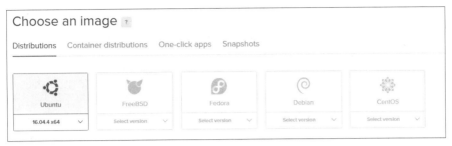

图 3-1　DigitalOcean 支持的 Linux 操作系统

在此例中，要选用我们当前开发时使用的 Ubuntu 16.04。接着选用此虚拟机要使用的内存大小、磁盘空间大小以及可以使用的网络带宽，资源越多价格就越贵。因为是以使用的时间来计算价格，所以每月的价格只是给我们参考，用多少小时算多少小时的费用。图 3-2 列出了所有选项。

Choose a size

Standard Droplets

Balanced virtual machines with a healthy amount of memory tuned to host and scale applications like blogs, web applications, testing / staging environments, in-memory caching and databases.

MEMORY	vCPUs	SSD DISK	TRANSFER	PRICE
1 GB	1 vCPU	25 GB	1 TB	$5/mo $0.007/hr
2 GB	1 vCPU	50 GB	2 TB	$10/mo $0.015/hr
3 GB	1 vCPU	60 GB	3 TB	$15/mo $0.022/hr
2 GB	2 vCPUs	60 GB	3 TB	$15/mo $0.022/hr
1 GB	3 vCPUs	60 GB	3 TB	$15/mo $0.022/hr

Optimized Droplets

Compute optimized virtual machines with dedicated hyper-threads from best in class Intel CPUs for CPU Intensive applications like CI/CD, video encoding, machine learning, ad serving, batch processing and active front-end web servers.

MEMORY	DEDICATED vCPUs	SSD DISK	TRANSFER	PRICE
4 GB	2 vCPUs	25 GB	4 TB	$40/mo $0.060/hr
8 GB	4 vCPUs	50 GB	5 TB	$80/mo $0.119/hr
16 GB	8 vCPUs	100 GB	6 TB	$160/mo $0.238/hr
32 GB	16 vCPUs	200 GB	7 TB	$320/mo $0.476/hr
64 GB	32 vCPUs	400 GB	9 TB	$640/mo $0.952/hr

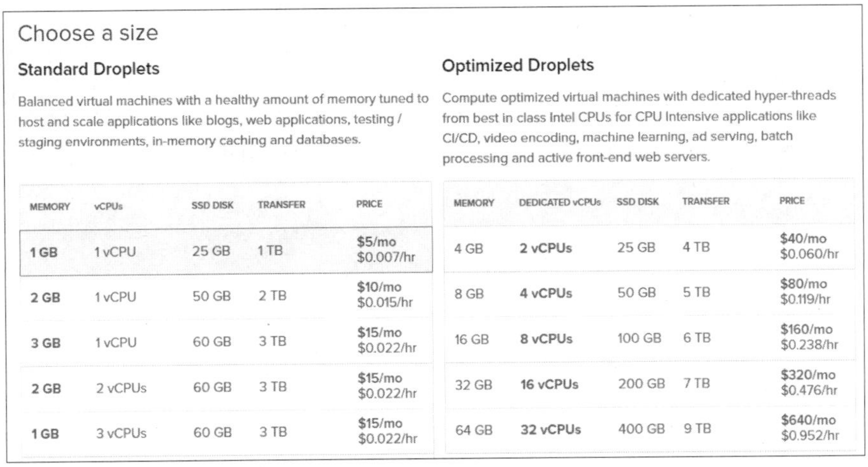

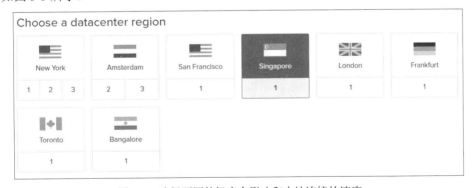

图 3-2　DigitalOcean 所有主机的价格列表

这些资源在不够用了后还可以再调整，因此开始选用最低价格即可。接下来选择机房的位置，放在不同国家或地区的机房和本地的连接速度有时候会相差很多，亚洲地区目前以新加坡的机房为首选，如图 3-3 所示。

图 3-3　选择不同的机房会影响和本地连接的速度

最后，选择新增的选项（如 IPv6 或增加备份功能等），再如图 3-4 所示设置主机的 hostname，最后单击“Create”按钮即可大功告成。

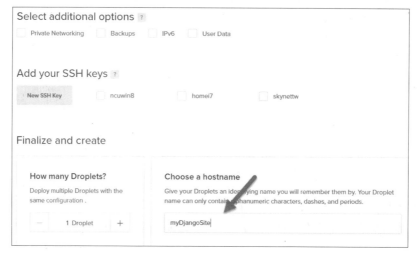

图 3-4　设置虚拟机的 hostname

在此例中，我们设置主机名为 **myDjangoSite**，单击"Create"按钮后，系统会立刻帮我们准备此台虚拟机，全部过程不会超过 1 分钟。创建完成后，如图 3-5 所示。

图 3-5　刚创建的虚拟机 myDjangoSite

从图 3-5 可以看到此虚拟机被分配的 IP 地址，通过这个 IP 地址可以顺利连接到此主机，不过，因为还没有做过设置，所以用浏览器连接到此网址还暂时看不到任何内容。与此同时，DigitalOcean 会发送一封启用邮件（或称为激活邮件），如图 3-6 所示。

图 3-6　新创建的 Droplet 的启用邮件

在此邮件中有连接的账号以及密码，只要连接到主机，需要通过网站的"Droplets"列表右侧"More"菜单中的"Access Console"才能登录，如图3-7所示。

图3-7　首次登录主机终端程序界面的地方

第一次登录时，会出现如图3-8所示的界面（如果没有登录信息，就按Enter键）。

图3-8　第一次登录虚拟机的界面

如图3-8所示，先输入账号root，接着输入启用或激活邮件中的密码（中英文夹杂的字符串），如果输入正确，系统就会要求再次输入相同的密码，然后设置新的密码，如图3-9所示。

由于Linux操作系统在输入密码时不会有任何按钮回馈，因此在输入时要有耐心。接下来，和我们开发时使用的环境几乎一模一样，包括vsftp、openssh等，按照本书第一堂课第1.2.5小节中的说明安装即可。

图 3-9　第一次登录时一定要重新设置密码

3.1.2　安装 Apache 网页服务器及 Django 执行环境

从本小节开始介绍在 Ubuntu 操作系统中部署 Django 网站的方法，不管你的操作系统是存在于自己计算机中的虚拟主机还是通过网站主机公司购得的 VPS，甚至自己在家里自行安装的服务器都适用。

在此例中，我们打算使用 Apache 作为执行 Django 的网页服务器，因此需要先在 Ubuntu 下安装 Apache2，数据库的部分暂时不予考虑，先以文件形式的 SQLite 来执行。请按照以下指令执行：

```
# apt-get update
# apt-get install apache2
```

如果顺利，在浏览该网址的时候就可以看到如图 3-10 所示的页面。

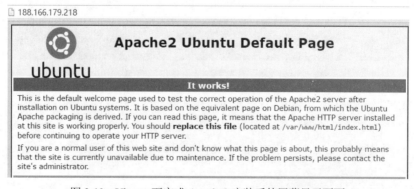

图 3-10　Ubuntu 下完成 Apache2 安装后的屏幕显示页面

除此之外,要让 Apache2 识别 Python 程序执行的请求,还有一个模块 mod_wsgi 需要安装,指令如下:

```
# apt-get install libapache2-mod-wsgi
```

接着安装 git 版本控制程序,对之前 Bitbucket 中的远程文档库进行设置,设置的内容可以参考第一堂课第 1.3 节,需要执行的指令如下:

```
# apt-get install git
# git config --global user.name "wpgoin"
# git config --global user.email "skynet@wpgo.in"
```

安装 Python 的 pip 组件管理程序和虚拟机环境程序 virtualenv 如下:

```
# apt-get install python-pip
# apt-get install virtualenv
```

一般而言,Linux 操作系统中的 Apache 网页服务器会把网页放在/var/www/html 中,所以我们也打算把网页放在 /var/www 下。因此,此时到/var/www 下使用 virtualenv 创建虚拟机环境并启用,再使用 git clone 把我们放在文档库中的 mblog 网站(https://wpgoin@bitbucket.org/ wpgoin/mblog.git,此网址可以到 Bitbucket 网站上去找)复制一份下来,操作如下:

```
root@myDjangoSite:~# cd /var/www
root@myDjangoSite:/var/www# virtualenv VENV
New python executable in /var/www/VENV/bin/python
Installing setuptools, pip, wheel...done.
root@myDjangoSite:/var/www# source VENV/bin/activate
(VENV) root@myDjangoSite:/var/www# git clone
https://wpgoin@bitbucket.org/wpgoin/mblog.git
Cloning into 'mblog'...
Password for 'https://wpgoin@bitbucket.org':
remote: Counting objects: 174, done.
remote: Compressing objects: 100% (165/165), done.
remote: Total 174 (delta 97), reused 0 (delta 0)
Receiving objects: 100% (174/174), 60.67 KiB | 0 bytes/s, done.
Resolving deltas: 100% (97/97), done.
Checking connectivity... done.
(VENV) root@myDjangoSite:/var/www# cd mblog
(VENV) root@myDjangoSite:/var/www/mblog# pip install -r requirements.txt
Collecting Django==1.8.13 (from -r requirements.txt (line 1))
(... 略 ...)
Successfully installed Django-1.8.13 Markdown-2.6.6
django-markdown-deux-1.0.5 markdown2-2.3.1 pytz-2016.4
(VENV) root@myDjangoSite:/var/www/mblog#
```

上述操作最后一个步骤是按照 requirements.txt 中列出来的组件,使用 pip 把所有网站会用到的组件全部补上,基本上除了网站的 logo.png 要移至正确的位置外,其他部分算是大功告成了,即已经有了可以执行的、开发版本的网站。上一堂课中,我们是把静态文件放在/var/www/static 中,因此执行以下操作:

```
# mkdir -p /var/www/static/images
# cp images/logo.png /var/www/static/images
```

此时,再以 python manage.py runserver 188.166.179.218:8000(请注意,你的 IP 和笔者的不一

样）测试是否和自己计算机中的虚拟主机具有一致的执行内容，并使用浏览器浏览网站的成果。

3.1.3 修改 settings.py、000-default.conf 等相关设置

在 3.1.2 节中，我们使用 git clone 把存放在远程文档库（Bitbucket）中的网站顺利下载到 DigitalOcean 创建的虚拟机中，也使用 python manage.py runserver 指令执行测试了。但是，真正上线的网站不能通过这样的方式启用。实际上，应该通过网页服务器（此例为 Apache）把远程浏览器的请求转送到 Django 的程序中执行，再把执行后的结果通过 Apache 传回给浏览器。

说得更精确一些，以 3.1.2 节为例，在主机没有执行 python manage.py runserver 的情况下，当用户端执行浏览器连接到网址 188.166.179.218 后，Apache 会把 HTTP 的 request（请求）转给 Django 中的设置文件 wsgi.py，在这个设置文件中找到 Python 解释器的相关环境设置，然后把正确的 Python 程序交由解释器执行以产生结果。由此可知，settings.py 负责进行 Django 网站的相关设置，而 wsgi.py 负责创建一个可以让 Apache 顺利转交程序代码以及返回执行结果的设置文件。

首先，settings.py 先将 DEBUG 模式关闭，同时指定允许存取此网站的 IP 地址为 "'*'"，表示不进行任何限制。同时基于安全考虑，把原有 SECRET_KEYS 的内容创建为 /etc/secret_key.txt 文件，并使用读取的方式获取 SECRET_KEYS 的内容。settings.py 修改的部分内容如下：

```
# SECURITY WARNING: keep the secret key used in production secret!
with open('/etc/secret_key.txt') as f:
    SECRET_KEY = f.read().strip()
# SECURITY WARNING: don't run with debug turned on in production!
DEBUG = False
ALLOWED_HOSTS = ['*']
```

接着要让 Apache 顺利地存取到 wsgi.py（例如放在 /var/www/mblog/mblog 文件夹下），需要对 Apache 的设置文件进行设置，此文件在 /etc/apache2/sites-enabled/000-default.conf 下，使用文本编辑器打开此文件后，对于 <VirtualHost *:80> 段落的内容进行修改。在修改的过程中，最重要的是让 Apache 可以顺利地找到 Django 网站程序所在的位置，以及我们使用的虚拟机环境 Python 模块链接库的位置。先来看看目前我们的范例中网站存放的位置。

```
root@myDjangoSite:/var# tree -d -L 2 www
www
├── html
├── mblog
│   ├── css
│   ├── images
│   ├── mainsite
│   ├── mblog
│   ├── static
│   └── templates
└── VENV
    ├── bin
    ├── lib
    └── local
```

在此例中，所有网站文件都存放在 /var/www/mblog 下，而虚拟机环境存放在 /var/www/VENV

下，因此在 000-default.conf 文件中，需要使用如下设置。

```
<VirtualHost *:80>
... 略 ...
WSGIDaemonProcess mblog
python-path=/var/www/mblog:/var/www/VENV/lib/python2.7/site-packages
WSGIProcessGroup mblog
WSGIScriptAlias / /var/www/mblog/mblog/wsgi.py
</VirtualHost>
```

主要是在</VirtualHost>区块的最下方加上 WSGIDaemonProcess 等相关设置，网站名称设置为 mblog，而且需要在 python-path 处指定 mblog 网站的位置以及虚拟机环境 site-packages 的位置。完成上述设置后，再以下述命令重新启动 Apache。

```
# service apache2 restart
```

当然，在 VirtualHost 区块中还有许多和 Apache 网站相关的设置信息，因为不在本书的讨论范围内，请读者自行参考 Apache 的相关资料。

按照上述方法完成设置后，不需要执行 python manage.py runserver，就可以在浏览器中输入网址（也不需要加上 8000 这个端口号）直接浏览网站的内容，就像一般的网站一样。此时你会发现，网站左上角的 Logo 图形并不会正确地显示出来，同时切换到/admin 界面的时候，页面会变得非常简陋，主要原因是还没有正确地处理静态文件。

在 Django 网站使用 runserver 执行功能时，网站的静态文件（包括图像文件、CSS 以及.js 文件）放在某个特定的目录，只要在 settings.py 中指定该目录即可。但是，在部署模式（Production mode, DEBUG=False）且使用 Apache 处理浏览请求时，为了性能上的考虑，Django 会把所有静态文件使用另一种形式集中在其他目录中，因此还有以下几个步骤要做。

首先，在 settings.py 中指定 STATIC_ROOT 的目录，语句如下：

```
STATIC_URL = '/static/'
STATICFILES_DIRS = [
    os.path.join(BASE_DIR, 'static'),
]
STATIC_ROOT = '/var/www/staticfiles'
```

在此例中，我们打算把所有静态文件都放在/var/www/staticfiles 文件夹中，所以设置其为 STATIC_ROOT。接着，到 Apache 的/etc/apache2/sites-enabled/000-default.conf 配置文件中把上述文件夹的访问权限打开，语句如下：

```
Alias /static/ /var/www/staticfiles/
<Directory /var/www/staticfiles>
    Require all granted
</Directory>
```

这些设置值是和 WSGIDaemonProcess 放在同一个<VirtualHost>段落。上述设置完成后，需要使用 service apache2 restart 重新启动 Apache 服务器才会生效。

最后一个操作是执行收集静态文件的工作，语句如下：

```
(VENV) root@myDjangoSite:/var/www/mblog# python manage.py collectstatic
You have requested to collect static files at the destination
location as specified in your settings:
```

```
        /var/www/staticfiles.

This will overwrite existing files!
Are you sure you want to do this?

Type 'yes' to continue, or 'no' to cancel: yes
```

需要回答 yes 才会进行此操作，之后网站的静态文件才能顺利被使用。这个操作只要在静态文件被改动时执行即可。

最后，文件的执行上如果有问题，请确定 mblog 文件夹及该文件夹下的所有内容，其用户和所属群组是否均为 www-data:www-data，如果不是，就用以下指令设置。

```
# chown -R www-data:www-data /var/www/mblog
```

还有，数据库文件 db.sqlite3 是否有可以写入的权限。

3.1.4　创建域名以及多平台设置

在 3.1.3 节中网站已经可以使用 IP 地址的方式顺利连接，那么如果我们已有网络域名（简称网域），如何把网络域名对应到这个网站中呢？最简单的方式是使用 DNS 服务器中的 A 记录，创建一个网址和此 IP 地址对应。第一个方式是使用 DigitalOcean 本身的添加网络域名功能，找到"Add Domain"选项，如图 3-11 所示。

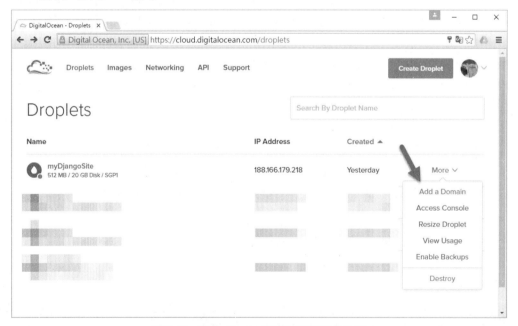

图 3-11　DigitalOcean 的添加网络域名功能

单击此选项后，会出现图 3-12 所示的页面。

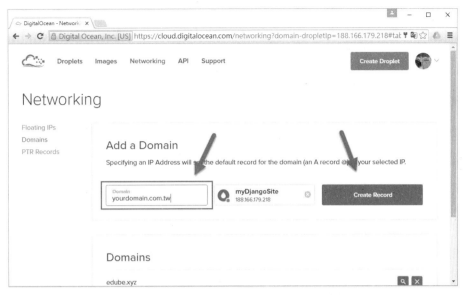

图 3-12　在 DigitalOcean 中加入新的网络域名

在图 3-12 所示的页面中，把自己购买的网络域名输入进去，再单击"Create Record"按钮即可。别忘了到购买网络域名的注册商网站中，把 DNS 分别设置为 ns1.digitalocean.com、ns2.digitalocean.com 以及 ns3.digitalocean.com（如果可以设到第 3 台），等待一段时间后，即可进入 DigitalOcean 的 DNS 管理页面自由地设置 A 记录，指向自己的虚拟主机 IP，如图 3-13 所示。

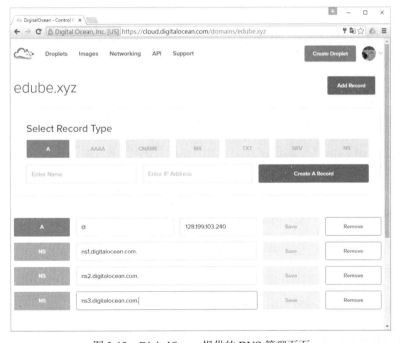

图 3-13　DigitalOcean 提供的 DNS 管理页面

大部分网址注册商其实都有自己的管理页面，以 PCHOME 为例，其管理页面的应用方式如图 3-14 所示。

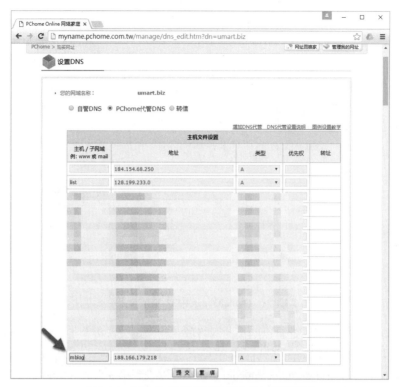

图 3-14　PCHOME 购买网址的 DNS 代管页面

在 PCHOME 的页面中，只要选择类型为 A，设置网络域名（在此例为 mblog）以及 IP 地址，再单击"提交"按钮，过一段时间等 DNS 设置生效后，就可以使用域名来浏览网站了，如图 3-15 所示。

图 3-15　使用域名浏览网站

虚拟主机的好处就是可以自由地创建网站而不用多加费用，那么如何在同一台虚拟主机中通过 Apache 的设置，让同一台机器能够放置两个以上不同网络域名的网站呢？

首先，要有两个以上的网站，假设我们让同一台主机原有的默认网页也可以显示，例如 /var/www/html 中的网页和 /var/www/mblog 的 Django 网页并行使用，之前我们已经把 /var/www/mblog 的网络域名设置为 http://mblog.umart.biz 了，如果希望原有的网页可以使用 http://main.edube.xyz 连接，只要修改 /etc/apache2/sites-enabled/000-default.conf 就可以了，指令如下：

```
<VirtualHost *:80>
        ServerName main.edube.xyz
        DocumentRoot /var/www/html
</VirtualHost>
<VirtualHost *:80>
...略...
        ServerName mblog.umart.biz
...略...
</VirtualHost>
```

添加一个 VirtualHost 区块，重点在于设置 ServerName 为要处理的域名，把 main.edube.xyz 网络域名的 DocumentRoot 设置为 /var/www/html，那么只要连接到此网络域名，Apache 就会到 /var/www/html 去读取数据或资料，由于在此区块没有作其他设置，因此这个文件夹下的内容会被视为一般的静态网页来处理。mblog.umart.biz 采用上一小节相同的设置即可。同理，无论要设置多少个不同网络域名的网站都可以。

3.2　在 Heroku 上部署

Heroku 是一个非常知名的云计算平台，它以容器的方式处理网站的部署，而以 Dyno 作为执行服务的单位，执行的单位可以根据当时的流量动态地调整并按照实际资源使用的情况计费。和上一节的 DigitalOcean 不同，它已有自己的网站执行环境，我们要做的就是把网站根据现有的环境进行修改，然后上传到 Heroku 进行统一管理。只要熟悉部署以及上传的步骤，开发人员就可以专注于网站系统的开发，而不用担心主机相关的管理、资源设置、信息安全等议题。

3.2.1　Heroku 账号申请与环境设置

Heroku 之所以受到初学者的欢迎，除了可以免费注册，最重要的是提供了免费的方案。详细的内容自行参考网站上的说明。前往 Heroku（网址为 https://www.heroku.com/）免费注册一个账号，以备在后续的操作中使用。

要把网站部署到 Heroku，主要是在本地以指令的方式执行上传网站的工作，上传以及管理网站的部署操作，需要在自己的操作系统中安装一个官方的管理程序 Heroku Toolbelt。在 Ubuntu 操作系统下，只要执行以下指令即可（本节中的所有步骤均在本地操作系统中的 Ubuntu 16.04 虚拟机中完成）。

```
$ sudo wget -O- https://toolbelt.heroku.com/install-ubuntu.sh | sh
```

需经过一段时间后才会完成安装的操作，安装完毕后，可以通过 heroku --version 来检查当前的版本，指令如下：

```
(VENV) minhuang@ubuntu:~/myDjango/hblog$ heroku --version
heroku-toolbelt/3.43.3 (x86_64-linux) ruby/1.9.3
heroku-cli/5.2.21-1a1f0bc (linux-amd64) go1.6.2
You have no installed plugins.
```

使用 Heroku 前，需要使用 heroku login 指令登录到 Heroku 的主机中，指令如下：

```
(VENV) minhuang@ubuntu:~/myDjango/hblog$ heroku login
Enter your Heroku credentials.
Email: skynet@gmail.com
Password (typing will be hidden):
Logged in as skynet@gmail.com
```

执行 heroku --help 可以看到所有 heroku toolbelt 的用法，语句如下：

```
(VENV) minhuang@ubuntu:~/myDjango/hblog$ heroku --help
 !    `--hlep` is not a heroku command.
 !    Perhaps you meant `--help`.
 !    See `heroku help` for a list of available commands.
(VENV) minhuang@ubuntu:~/myDjango/hblog$ heroku --help
Usage: heroku COMMAND [--app APP] [command-specific-options]

Primary help topics, type "heroku help TOPIC" for more details:

  addons   #  manage add-on resources
  apps     #  manage apps (create, destroy)
  auth     #  authentication (login, logout)
  config   #  manage app config vars
  domains  #  manage domains
  logs     #  display logs for an app
  ps       #  manage dynos (dynos, workers)
  releases #  manage app releases
  run      #  run one-off commands (console, rake)
...以下省略...
```

除了上述指令外，还有许多高级的指令没有在此列出，读者可自行前往官网阅览相关资料。登录后，可以用 heroku apps 查看当前在账户中的所有可用网站（在 Heroku 中称为 App），也可以通过 heroku apps 的一些指令来创建以及删除网站，全部可以通过命令行的方式来操作网站的管理工作。

接下来，我们就以前面创建好的 mblog 网站，开始修改网站内容以符合 Heroku 的要求，然后部署到 Heroku 所管理的主机中。假设我们工作的环境是依据第一堂课所建立的虚拟机上的本地 Ubuntu 操作系统，同时以第二堂课还没有开始部署的网站（可以通过 python manage.py runserver 指令正常执行的版本）内容开始本小节的操作。开始操作前，务必使用 runserver 指令测试你的网站可以正常运行，再进入下一小节进行部署所需要的调整操作。

3.2.2 修改网站的相关设置

首先,进入虚拟机环境中安装以下模块:

```
$ sudo apt-get install libpq-dev python-dev
$ pip install dj-database-url dj-static gunicorn psycopg2
```

接下来,使用 pip freeze > requirements.txt 产生一个 requirements.txt 的必要模块列表,我们的范例网站和刚刚安装的模块内容如下:

```
dj-database-url==0.4.1
dj-static==0.0.6
Django==1.8.13
django-markdown-deux==1.0.5
gunicorn==19.6.0
Markdown==2.6.6
markdown2==2.3.1
psycopg2==2.6.1
pytz==2016.4
static3==0.7.0
```

假设我们的网站位于用户目录的 myDjango/mblog 下,请在此文件夹下创建一个 runtime.txt 文件(刚才的 requirements.txt 以及接下来的 Profile 均位于此文件夹下),用来指定本网站所使用的 Python 语言版本(可以通过 python --version 指令查询)。一般来说,Ubuntu 操作系统默认的版本为 3.5.2,因此 runtime.txt 文件的内容为:

```
python-3.5.2
```

然后创建一个让 Heroku 知道从哪里开始执行指令的文件 Procfile,我们也可以简单地把 python manage.py runserver 0.0.0.0:$PORT 放在此文件中,指令如下:

```
web: python manage.py runserver 0.0.0.0:$PORT
```

这样可以启动你的网站,但这只是测试用的,性能并不好,所以一般还是会以 gunicorn 模块来启动网站,指令如下:

```
web: gunicorn mblog.wsgi --log-file -
```

就像在 DigitalOcean 的部署操作一样,对于 mblog/mblog/settings.py,也要把 DEBUG 设置为 False,以及 ALLOWED_HOSTS 设置为['*']。另外,在文件的最末端要加上 STATIC_ROOT 的设置,指令如下:

```
STATIC_ROOT = os.path.join(BASE_DIR, 'static')
```

在 mblog/mblog/wsgi.py 也要做如下修改,网站才可以顺利地读取到静态文件。

```
# wsgi.py
import os
from dj_static import Cling
from django.core.wsgi import get_wsgi_application

os.environ.setdefault("DJANGO_SETTINGS_MODULE", "mblog.settings")

application = Cling(get_wsgi_application())
```

由于 Heroku 是以 Git 文档库的形式上传到主机上的，也就是要先把当前文件夹中的所有内容先 git commit 后再上传，有些文件其实是不需要上传的，因此还需要编辑.gitignore 文件，设置 commit 要排除的文件类型，指令如下：

```
*.pyc
__pycache__
staticfiles
```

至此，就完成了部署到 Heroku 的基本操作。

3.2.3 上传网站到 Heroku 主机

首先，在 Heroku 主机上创建一个自己的网站，操作如下：

```
(VENV) minhuang@ubuntu:~/myDjango/mblog$ heroku create mymblog
Creating mymblog... done
https://mymblog.herokuapp.com/ | https://git.heroku.com/mymblog.git
```

在此我们使用 mymblog 这个网站名称，此名称可以自行命名设置，但是如果已有人使用，就会有信息提示要求我们另行命名。上面的代码中出现了 done 信息，表示这个名称是没有问题的，此时我们可以使用 https://mymblog.herokuapp.com 浏览此网站，会得到图 3-16 所示的网页。

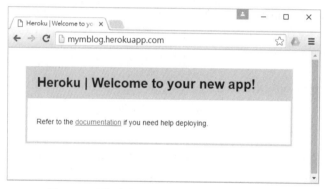

图 3-16　刚创建完成的 Heroku App 网站的网页

图 3-16 表示网站空间已创建完成，但是还没有上传网站的内容，是一个默认的网站页面。

接着使用 git 指令进行 commit 操作。因为在此之前，网站均有使用 git 备份到 Bitbucket 文档库的习惯，因此不需要使用 git init 重新设置 Git，直接使用 git add .以及 git commit 即可，操作过程如下：

```
(VENV) minhuang@ubuntu:~/myDjango/mblog$ git add .
(VENV) minhuang@ubuntu:~/myDjango/mblog$ git commit -m 'for heroku uploading'
[master 6a3b714] for heroku uploading
 16 files changed, 16 insertions(+), 4 deletions(-)
 create mode 100644 .gitignore
 create mode 100644 Procfile
 create mode 100644 runtime.txt
```

然后使用 git push heroku master 指令上传到 Heroku 主机，使之作为我们新创建的网站空间，语句如下：

```
(VENV) minhuang@ubuntu:~/myDjango/mblog$ git push heroku master
Counting objects: 203, done.
Delta compression using up to 8 threads.
Compressing objects: 100% (91/91), done.
Writing objects: 100% (203/203), 63.44 KiB | 0 bytes/s, done.
Total 203 (delta 115), reused 169 (delta 98)
remote: Compressing source files... done.
remote: Building source:
remote:
remote: -----> Python app detected
remote: -----> Installing python-2.7.6
remote:        $ pip install -r requirements.txt
remote:        Collecting dj-database-url==0.4.1 (from -r requirements.txt (line 1))
remote:
/app/.heroku/python/lib/python2.7/site-packages/pip-8.1.1-py2.7.egg/pip/_vendor/requests/packages/urllib3/util/ssl_.py:315: SNIMissingWarning: An HTTPS request has been made, but the SNI (Subject Name Indication) extension to TLS is not available on this platform. This may cause the server to present an incorrect TLS certificate, which can cause validation failures. For more information, see
https://urllib3.readthedocs.org/en/latest/security.html#snimissingwarning.
remote:          SNIMissingWarning
remote:
/app/.heroku/python/lib/python2.7/site-packages/pip-8.1.1-py2.7.egg/pip/_vendor/requests/packages/urllib3/util/ssl_.py:120: InsecurePlatformWarning: A true SSLContext object is not available. This prevents urllib3 from configuring SSL appropriately and may cause certain SSL connections to fail. For more information, see
https://urllib3.readthedocs.org/en/latest/security.html#insecureplatformwarning.
remote:          InsecurePlatformWarning
remote:          Downloading dj-database-url-0.4.1.tar.gz
remote:        Collecting dj-static==0.0.6 (from -r requirements.txt (line 2))
remote:          Downloading dj-static-0.0.6.tar.gz
remote:        Collecting Django==1.8.13 (from -r requirements.txt (line 3))
remote:          Downloading Django-1.8.13-py2.py3-none-any.whl (6.2MB)
remote:        Collecting django-markdown-deux==1.0.5 (from -r requirements.txt (line 4))
remote:          Downloading django-markdown-deux-1.0.5.zip
remote:        Collecting gunicorn==19.6.0 (from -r requirements.txt (line 5))
remote:          Downloading gunicorn-19.6.0-py2.py3-none-any.whl (114kB)
remote:        Collecting Markdown==2.6.6 (from -r requirements.txt (line 6))
remote:          Downloading Markdown-2.6.6.zip (412kB)
remote:        Collecting markdown2==2.3.1 (from -r requirements.txt (line 7))
remote:          Downloading markdown2-2.3.1.zip (147kB)
remote:        Collecting psycopg2==2.6.1 (from -r requirements.txt (line 8))
remote:          Downloading psycopg2-2.6.1.tar.gz (371kB)
remote:        Collecting pytz==2016.4 (from -r requirements.txt (line 9))
remote:          Downloading pytz-2016.4-py2.py3-none-any.whl (480kB)
remote:        Collecting static3==0.7.0 (from -r requirements.txt (line 10))
remote:          Downloading static3-0.7.0.tar.gz
remote:        Installing collected packages: dj-database-url, static3, dj-static, Django, markdown2, django-markdown-deux, gunicorn, Markdown, psycopg2, pytz
remote:          Running setup.py install for dj-database-url: started
```

```
        remote:          Running setup.py install for dj-database-url: finished with
status 'done'
        remote:          Running setup.py install for static3: started
        remote:          Running setup.py install for static3: finished with status
'done'
        remote:          Running setup.py install for dj-static: started
        remote:          Running setup.py install for dj-static: finished with status
'done'
        remote:          Running setup.py install for markdown2: started
        remote:          Running setup.py install for markdown2: finished with status
'done'
        remote:          Running setup.py install for django-markdown-deux: started
        remote:          Running setup.py install for django-markdown-deux: finished
with status 'done'
        remote:          Running setup.py install for Markdown: started
        remote:          Running setup.py install for Markdown: finished with status
'done'
        remote:          Running setup.py install for psycopg2: started
        remote:          Running setup.py install for psycopg2: finished with status
'done'
        remote:        Successfully installed Django-1.8.13 Markdown-2.6.6
dj-database-url-0.4.1 dj-static-0.0.6 django-markdown-deux-1.0.5 gunicorn-19.6.0
markdown2-2.3.1 psycopg2-2.6.1 pytz-2016.4 static3-0.7.0
        remote:
        remote:  !     Hello! It looks like your application is using an outdated version
of Python.
        remote:  !     This caused the security warning you saw above during the 'pip
install' step.
        remote:  !     We recommend 'python-2.7.11', which you can specify in a
'runtime.txt' file.
        remote:  !     -- Much Love, Heroku.
        remote:
        remote:        $ python manage.py collectstatic --noinput
        remote:        63 static files copied to '/app/staticfiles'.
        remote:
        remote: -----> Discovering process types
        remote:        Procfile declares types -> web
        remote:
        remote: -----> Compressing...
        remote:        Done: 35.3M
        remote: -----> Launching...
        remote:        Released v4
        remote:        https://mymblog.herokuapp.com/ deployed to Heroku
        remote:
        remote: Verifying deploy... done.
To https://git.heroku.com/mymblog.git
 * [new branch]      master -> master
```

此时就大功告成了，执行 heroku open 指令或直接浏览 https://mymblog.herokuapp.com 就可以看到一个正常运行的网站，如同我们在 DigitalOcean 中部署的网站一样。

然而，上述方法使用的是 db.sqlite3 这个原有的文件类型的数据库系统，无法应付流量较大的网站环境，所以在大部分情况下，我们还是会使用 Heroku 原有的数据库系统，此时在 settings.py 文件最后面，还要添加一些程序代码以置换数据库系统。

```
import dj_database_url
db_from_env = dj_database_url.config()
DATABASES['default'].update(db_from_env)
```

保存 settings.py 后，使用 git add . 以及 git commit -m 'fix database setting' 更新本地文档库，然后通过 git push heroku master 重新上传网站到 Heroku，完成后别忘了做数据库同步更新的操作（heroku run python manage.py syncdb，只要做一次就好，以后修正网站也不需要执行了），操作过程如下所示，包含设置新的管理员账号（此例我们设置为 admin）以及密码的操作。

```
(VENV) minhuang@ubuntu:~/myDjango/mblog$ heroku run python manage.py migrate
Running python manage.py syncdb on mymblog... up, run.7742
Operations to perform:
  Synchronize unmigrated apps: messages, markdown_deux, staticfiles
  Apply all migrations: mainsite, contenttypes, sessions, auth, admin
Synchronizing apps without migrations:
  Creating tables...
    Running deferred SQL...
  Installing custom SQL...
Running migrations:
  Rendering model states... DONE
  Applying contenttypes.0001_initial... OK
  Applying auth.0001_initial... OK
  Applying admin.0001_initial... OK
  Applying contenttypes.0002_remove_content_type_name... OK
  Applying auth.0002_alter_permission_name_max_length... OK
  Applying auth.0003_alter_user_email_max_length... OK
  Applying auth.0004_alter_user_username_opts... OK
  Applying auth.0005_alter_user_last_login_null... OK
  Applying auth.0006_require_contenttypes_0002... OK
  Applying mainsite.0001_initial... OK
  Applying sessions.0001_initial... OK

You have installed Django's auth system, and don't have any superusers defined.
Would you like to create one now? (yes/no): yes
Username (leave blank to use 'u22622'): admin
Email address: skynet@gmail.com
Password:
Password (again):
Superuser created successfully.
```

执行完上述操作后，数据库改为 Heroku 所提供的 Postgresql 数据库系统，执行的性能比 SQLite 高不少。但是，因为置换数据库的关系，所以原本在本地创建的数据内容（都在 db.sqlite3 里面）不会被迁移过去，所有文章数据和资料都要重新输入。

3.2.4　Heroku 主机的操作

Heroku 一个账户可以创建许多免费的网站，以下指令可以查询当前所连接的主机 App 的状态（此例为 mymblog）。

```
(VENV) minhuang@ubuntu:~/myDjango/mblog$ heroku apps:info
=== mymblog
Addons:         heroku-postgresql:hobby-dev
```

```
Dynos:         web: 1
Git URL:       https://git.heroku.com/mymblog.git
Owner:         skynet@gmail.com
Region:        us
Repo Size:     68 KB
Slug Size:     35 MB
Stack:         cedar-14
Web URL:       https://mymblog.herokuapp.com/
```

以下指令可以查看当前账户中所有 Apps 列表。

```
(VENV) minhuang@ubuntu:~/myDjango/mblog$ heroku apps
=== My Apps
myhblog
mymblog
still-hollows-9568
```

有必要的话，可以使用 heroku create 创建一个新的 App，如果在 create 后面指定名称，那么会试着以我们指定的名称创建新的 App（即网站）；如果不指定名称，就由系统随机选定，其结果会像上面所示的最后一个 App，有一个不太好记的 still-hollows-9568 网名。

创建 App 后，可以通过以下指令切换 Heroku 到不同 App 中（如下例是切换到 myhblog 中）。

```
(VENV) minhuang@ubuntu:~/myDjango/mblog$ heroku git:remote -a myhblog
set git remote heroku to https://git.heroku.com/myhblog.git
```

之后，使用 git push heroku master 把当前文件夹中的网站上传到 myhblog 这个 App 中。在完成网站上传后，如果需要执行任何命令，都可以使用 heroku run 在默认的 App 主机空间中执行指令，例如下面这个之前执行过的数据库同步的命令。

```
heroku run python manage.py syncdb
```

甚至可以通过以下指令执行：

```
heroku ran bash
```

直接登录到 Heroku 的主机空间中查看所有上传的文件内容以及数据库结构，非常方便。

3.3 在 Google Cloud Platform 上部署

Google 提供的云计算服务非常丰富且多元，但是以本书的范围来说，最主要使用的还是 Google Computing、Google App Engine、Google Cloud SQL 这 3 种。其中，Google Computing 提供的是虚拟机的服务，使用起来和第 3.1 节介绍的 DigitalOcean 类似，Google App Engine 和 Heroku 的概念类似。

3.3.1 Google Cloud Platform 的介绍

Google 公司本身拥有非常丰富的计算资源，通过 Google Cloud Platform 把这些资源提供给程序开发人员以及个人使用，有计费和免费的资源，读者可以根据自己的需求选择使用，在价格上会比其他公司贵上许多，但是相对的在保障以及性能上，也不是其他公司能够比拟的，最终要以个人的预算而定。要使用 Google Cloud Platform，只要有 Google 账号即可，但是要启用任意一种服务，就算是免费的额度或试用，也要开启能够付费的资料，通常都是使用信用卡。笔者编写本书时，Google 为了推广此计算平台，提供了免费试用两个月并且额度相当于 300 美元的服务，在此期间内所有服务和付费的账号一模一样，是非常好的练习机会。

创建账号并启用后，可以通过 https://cloud.google.com 连接到 Google Cloud Platform 主页，如图 3-17 所示。

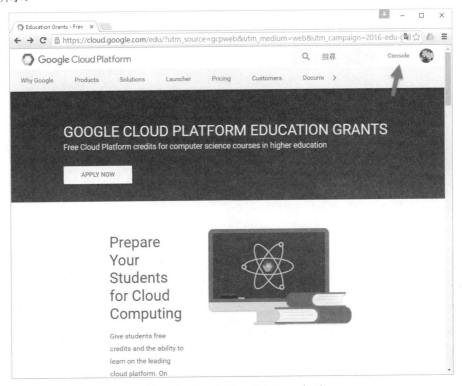

图 3-17　Google Cloud Platform 主页

如图 3-17 所示，在 Google Cloud Platform 主页右上角有一个"Console"链接，那就是 Google Cloud Platform 的主要控制平台，单击后屏幕显示页面如图 3-18 所示。

在 Google Cloud Platform 中打算使用任何计算资源都必须先创建一个项目，在项目中单击左上角箭头所指的符号，就可以看到 Google Cloud Platform 提供的所有可以使用的资源。一般而言，我们在创建应用网站前，会先创建一个项目，如图 3-19 所示。

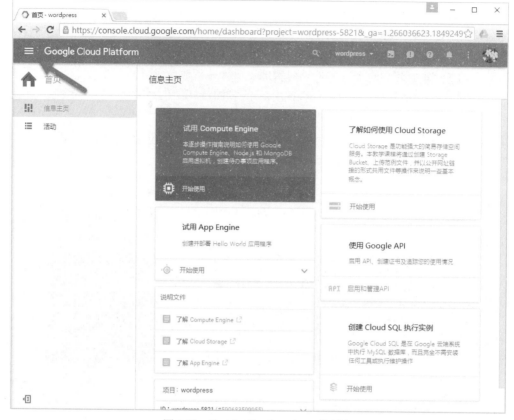

图 3-18　Google Cloud Platform 控制台

图 3-19　创建项目的地方

如图 3-19 所示，单击图中右边箭头所指的"+"按钮来创建项目，而后就会显示出如图 3-20 所示的页面框。

图 3-20　创建项目的页面

在图 3-20 所示的页面中输入自定义的项目名称，下方会显示出系统实际使用的项目 ID，这是最重要的标识符。单击"创建"按钮后，要等一小段时间项目才会准备好，如图 3-21 所示。

图 3-21　Google Cloud Platform 的项目首页

如图 3-21 所示，这一页会显示出在此项目中可以使用的所有资源。如果要增加资源或以各种数据的分类来查看当前使用中的项目，可单击箭头所指的地方，以显示出所有可以使用的资源项目，如图 3-22 所示。

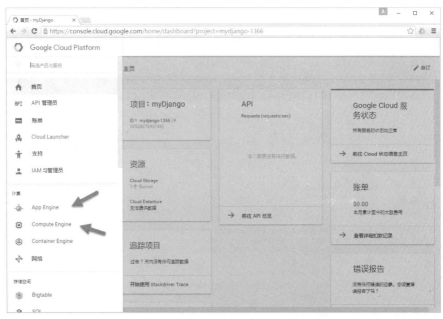

图 3-22　可以使用的资源项目的菜单选项

图 3-22 所示箭头所指的地方是可以使用的资源项目的菜单选项，在本节中我们主要介绍 Compute Engine，也就是虚拟机。

3.3.2　Google Computing 启用与设置

创建项目后，选用 Compute Engine 这项资源，会出现如图 3-23 所示的页面。

图 3-23　创建 VM 的实例

要创建一个 VM 虚拟机的实例,其实就和我们之前在 Windows 或 Mac 中创建虚拟机一样,主要的不同在于我们把虚拟机创建在自己的计算机上,可以直接在自己的计算机中启动,但是启动后别人没有办法连接到我们在自己虚拟机中创建的网站。在 Google Computing 中创建的虚拟机就如同第 3.1 节介绍的 DigitalOcean 一样,它创建在 Google 机房中,会被分配一个对外的 IP 地址,此虚拟机 24 小时不间断地运行,所以在此虚拟机上的网站,任何人都可以通过分配的网址链接到此网站进行浏览。

单击"创建执行实例"后,就可以选择虚拟机规格了,如图 3-24 所示。

图 3-24　创建 VM 实例的主页面

如图 3-24 所示,不同的规格会有不同的价格,Google Computing 是以运行的时间(小时)为单位,但是一个小时多少钱大部分人是没有概念的,所以在此页面中箭头所指的地方会为我们实时地计算选定的规格配置,显示运行一个月大约是多少美元。此页面目前显示的是一个月 28.5 美元。

对于初学者来说,使用很简单的规格就可以了。第一个字段是名称,只要是合法的字母和数字都可以输入。

接下来是机器类型,这也是价格差异最大的地方,初学者选择最便宜的 micro 方案就可以了。启动盘指的是安装在此 VM 中的操作系统,有很多种可以选择,我们只要选择在第一堂课中安装的 Ubuntu 16.04 LST 即可,最后别忘了打开"允许 HTTP 流量"选项。建议设置的内容如图 3-25 所示。

如图 3-25 所示,在这样的设置下启动的 VM,每个月只要 5 美元,和 DigitalOcean 几乎一样(不过规格低了许多)。单击"创建"按钮后,要等待一段时间(大约几分钟),创建完成后,即可在主网页中看到图 3-26 所示的页面。

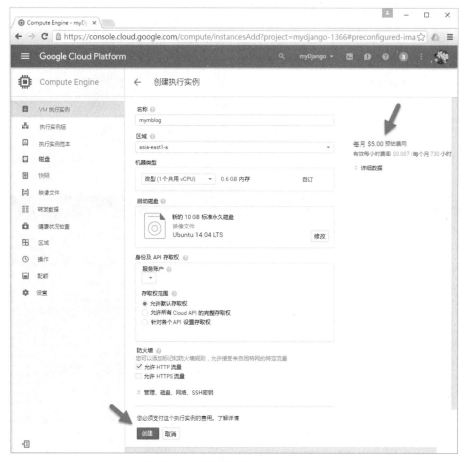

图 3-25　建议初学者设置的 VM 内容

图 3-26　创建完成的虚拟机的摘要页面

如图 3-26 所示，通过分配的外部 IP 就可以连接到这台虚拟机了。要操作此台虚拟机，最简单的方式是使用箭头所指的 "SSH" 链接，单击后即可看到如图 3-27 所示的 Linux 终端程序的执行页面。

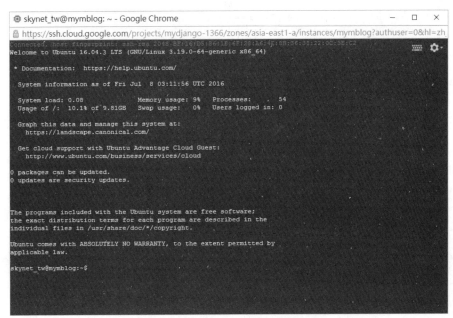

图 3-27　在 Google Compute Engine 中创建的虚拟机的终端程序

出现了这么熟悉的页面，我们只要按照第 3.1 节中介绍的内容进行部署就可以了，因为都是标准的 Ubuntu 16.04 操作系统。

3.3.3　Google App Engine 的说明与设置

有了虚拟机为什么还要 Google App Engine 呢？最主要的原因是可扩充性，也就是业界中常说的 Scalability（可伸缩性）。对于练习的网站来说，只要能够实现完整的网站功能，就可以部署到主机上，工作就完成了。但是，一个商业网站上线后，如何能够预知使用的人数会有多少？如果比预期少，那么花费太多预算购买高规格的主机显然是浪费，但是如果浏览网站的人数比预期的多，那么使用太低规格的主机可能会因为浏览人数过多而导致不好的用户经验，损失的口碑恐怕花再多钱也无法挽回。最麻烦的是，网站的使用人数会随着不同的时段和不同的季节变化，买到可以应付高峰期的主机规格，而其他时间都在闲置，也十分可惜。

此时，Google App Engine 的特色就可以在此充分发挥了，因为它是以运行的流量来计算费用的。每一个来自于浏览器（以网站为例）的请求，都会执行一份（某些特定条件下，也会执行同一份）网站的实例（Instance），这个实例会以优化的方式来运行，实例的数量也会因请求的流量而成长，通过 Google 强大的计算能力，几乎足以应付所有网络流量，条件是你没有限制自己的预算（注意：为了避免付出超过预算的流量费用，用户一定要设置花费的上限）。

正因为如此，每一个实例可能执行的服务器以及环境是由 Google 的后台来控制的，为了实现这一目标，实例必须是独立的程序代码，在执行中的程序代码也不能对执行时的主机目录进行任何存取操作。以我们之前部署的网站为例，数据库使用在同一目录下的 db.sqlite3 数据库文件，这在 Google App Engine 是不被允许的。因此，如果要在 Google App Engine 中部署网站，第一步就是把数据库创建于其他地方，通常都是在同一个项目下的 Cloud SQL，也就是 Google Cloud 所提供的 MySQL 云服务。把 Django 网站所支持的数据库换成 MySQL，是在本书后续章节中会学习到的内容。

值得注意的是，前一小节创建虚拟机时，所有内容均在远程的主机端处理，不需要在本地安装或设置任何特别的程序，如果要使用 App Engine，Google 就会把工作流程分为开发环境和部署环境两部分。部署环境是指程序代码以及相关数据都上传到主机端并准备执行的状态，开发环境指的则是本地，也就是自己计算机中的环境，因此在部署 App 前，自己的计算机端也要安装可以执行的环境才可以。第一个要安装的是 Google Cloud SDK（网址为 https://cloud.google.com/sdk/），如图 3-28 所示。

图 3-28　Google Cloud SDK 主页

无论是 Windows、Mac 还是 Linux 都有相对应的版本可以下载，网站上也有安装的说明。第一次安装会询问是否要登录，然后引导我们设置相关的登录以及授权的操作，以 Windows 为例，会出现图 3-29 所示的窗口。

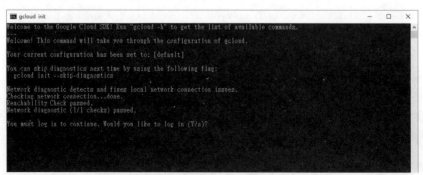

图 3-29　Google Cloud SDK 第一次安装的设置

经过几个授权的页面后，可以看到图 3-30 所示的登录完成后的页面。

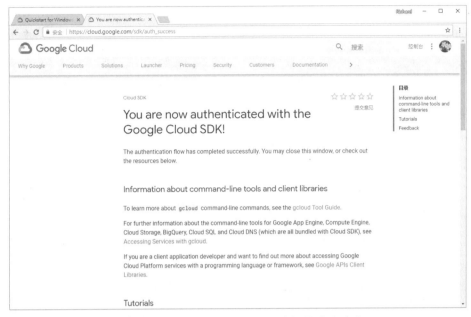

图 3-30　Google Cloud SDK 登录完毕的说明页面

在此页面中，可以看到更多有关 Google Cloud SDK 的操作，其中最重要的是 gcloud 指令的操作。此外，我们要开发 Python 网站应用程序，Google App Engine SDK for Python 也是需要安装的项目。要安装 Python 所需的扩展包，可在 Google Cloud Console 中输入指令：gcloud components install app-engine-python，过一会儿就会出现如图 3-31 所示的提示页面，再直接按下【Y】键即可执行安装过程。

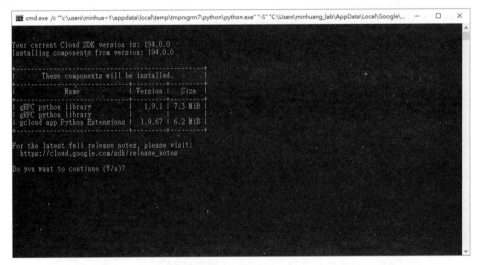

图 3-31　Google App Engine Python Extensions 的安装提示页面

安装完毕后，用 Cloud Launcher 来开启一个新的应用程序项目，网址是 https://cloud.google.com/launcher，执行时的页面如图 3-32 所示。

图 3-32　Cloud Launcher 主页面

如图 3-32 所示，在单击"免费试用"按钮之后，即可以往下找到 App Engine 的选项，如图 3-33 所示。

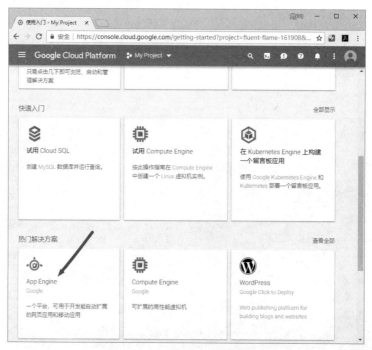

图 3-33　App Engine 的进入页面

由于我们还没有创建任何的应用程序，因而选择了 App Engine 服务之后，就会出现如图 3-34 所示的页面，让我们可以选择开始第一个应用程序。

图 3-34　App Engine 的主页面

在 App Engine 的主页面，在只箭头所指的地方，单击"转到 APP ENGINE"按钮，即会出现如图 3-35 所示的页面。

图 3-35　APP ENGINE 使用的程序语言之选择页面

Google App Engine 支持许多不同的程序设计语言，在此例中请选择 Python，接着就会出现如图 3-36 所示的页面，提示程序开发人员可以选择不同地区的主机服务，就如同使用虚拟机的情况一样。

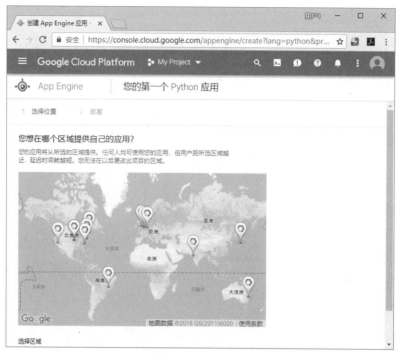

图 3-36　选择应用程序服务主机所在的地区

地区选择完毕之后随即进入快速入门课程。如果是第一次使用，可直接单击右下角的"继续"按钮，开始逐步设置第一个 APP ENGINE 应用程序，如图 3-37 所示。

图 3-37　开始 APP ENGINE 的快速入门课程

要部署 APP ENGINE，则要在 Google Cloud Shell 输入一些指令，而这个 Shell 并不是在你的本地计算机上，而是在远程的主机上，因此需要通过浏览器的界面连接到该远程主机来键入这些指令。进入此界面的方法也很简单，只要单击页面右上角的"命令提示符"图标即可，如图 3-38 所示的箭头所指的位置。

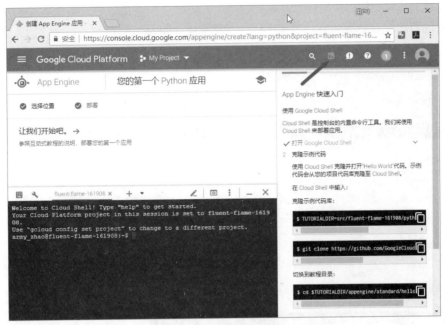

图 3-38　进入 Google Cloud Shell 的方式

如图 3-38 右侧所示的内容，有一些需要键入的指令用来建立相关的环境，可以使用复制与粘贴的方式来左侧的 Shell 中输入这些指令。过程如图 3-39 所示。

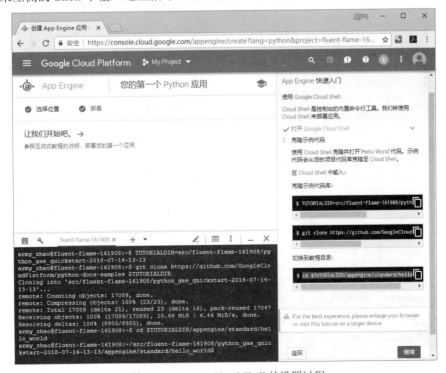

图 3-39　Google Cloud Shell 的设置过程

在执行完所有的设置之后，接下来就是开始进行部署的工作。快速入门课程会指导我们创建第一个很简单的网站架构。如果读者注意到的话，其实前面3条指令中的第2条是一个git clone的指令，它的目的就是把范例网站的程序代码文件克隆（clone）一份到主机上，因此到了这一步骤时，文件其实都已经准备好了。在Google Cloud Shell界面中还提供了在线编辑的功能，如图3-40所示。

图3-40　Cloud Shell的在线编辑功能

程序开发者可以在浏览器中使用在线编辑的功能编写相关的程序，也可以在界面中浏览主机文件夹中的目录和文件，如图3-41所示。

图3-41　Cloud Shell中浏览文件夹中的数据

参照快速入门课程的引导一步一步地执行相关的操作，最后就会得到一个默认配发的网址，使用浏览器浏览该网址即可看到"Hello World"文字内容。部署的步骤如图 3-42 所示，而浏览的页面及网址如图 3-43 所示。

图 3-42　执行部署操作之后的页面

图 3-43　范例网站部署完成之后的浏览结果

以上就是 Google App Engine 简易的部署过程示范，此范例使用的是非常简易的网站框架 Webapp2（https://webapp2.readthedocs.io/en/latest/）。至于 Django 网站，因为牵涉到数据库以及静态文件的设置，所以要等到读者更熟悉 Django 网站的架构时再来对 Google App Engine 的环境进行修正，而后才能够顺利部署。

最后要注意，上述的 Google 项目如果练习完成后不再使用了，别忘了删掉，以免持续被计费。

3.4 习　　题

1. 说明什么是 IaaS。
2. 说明什么是 PaaS。
3. DigitalOcean、Heroku、Google Computing、Google App Engine 哪些是 IaaS？哪些是 PaaS？
4. 比较 Google Computing 和 Google App Engine 的差异，以及各自的应用范围。
5. 上述 4 个部署环境中，如果是个人小网站，你会选择哪一个？原因是什么？
6. 如果是高流量的商业网站，你会选择哪一个？请说明理由。

第 4 堂

深入了解 Django 的 MVC 架构

　　MVC 架构是设计人员在大部分框架或大型程序项目中都很喜欢使用的一种软件工程架构模式，它把一个完整的程序或网站项目（广义来说就是软件）分成 3 个主要的组成部分，分别是 Model 模型、View 视图以及 Controller 控制器。也就是希望一个项目可以让内部数据的存储操作方式、外部的可见部分以及过程控制逻辑相互配合运行，进一步简化项目的复杂度以及对未来的可扩充性和软件的可维护性，有助于不同的成员相互之间的分工。早期著名的 MVC 架构是 Microsoft 的 Visual C++，现在几乎所有中大型应用程序框架或多或少都具备这样的特性，Django 也不例外。

4.1　Django 的 MVC 架构简介

　　MVC 架构把软件项目区分为数据、显示以及控制器 3 个部分，这样的分类大部分指的是传统的软件系统，对网站而言，网页服务器在收到远程浏览器的请求时，不同的网址以及连接的方式其实隐含了部分控制逻辑。因此很难把 Django 这类网站框架严谨地定义为上述 3 个部分，Django 另外设计了 MTV（Model, Template, View），这些内容是本堂课要讲述的重点。

4.1.1　MVC 架构简介

　　在正式介绍 Django 的 MTV 架构前，我们先来复习一下什么是 MVC。MVC 是一种软件工程设计方法，它把一个要创建的系统分成 3 个部分，分别是 Model 数据模块、View 视图模块以及 Controller 控制器模块，这 3 个模块之间相互配合，根据用户的操作显示出用户想要的结果，如图 4-1 所示。

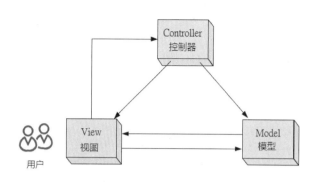

图 4-1　MVC 架构示意图

更详细的说明如表 4-1 所示。

表 4-1　MVC 各模块说明

模块种类	说明
Model 数据模块	包含系统中的数据内容，通常以数据库的形式来存储。如果这些内容有变动，就会通知 View 实时更改显示的内容，一些处理数据的程序逻辑也会放在这里
View 视图模块	创建和用户之间的界面，把用户的请求传送给 Controller，并按照 Controller 的要求把来自 Model 的数据显示出来
Controller 控制模块	派发 View 传来的用户请求，并按照这些请求处理数据内容以及设置要显示的数据

把一个系统拆成这样有几个好处。其中最重要的是可以大幅地降低系统的复杂性，因为它很明确地描述了系统中不同功能区块分工。同时，也因为这 3 个部分的明确分工，所以在一个由许多成员分工实现的大型项目中，可以更容易地进行团队合作，例如负责数据库的人员、外观设计的人员以及程序编写人员在协作时有更多弹性。

4.1.2　Django 的 MTV 架构

Django 基本上使用 MVC 架构，但是如同前文所述，网页服务器本身在派发工作的时候就隐含了控制的逻辑，网站框架中 Template 模板文件的套用又是常被使用的网页显示技巧，所以 Django 主要的架构形成了使用 Model、Template 和 View 3 个部分的搭配，这 3 个部分分别对应网站的数据存储 model.py、网站的模板文件组（一般是放在 templates 文件夹下的 html 文件）以及控制如何处理数据程序逻辑的 views.py，其中许多控制逻辑也被放在整个 Django Framework 中（如 urls.py 的设置等）。Django 的 MTV 架构如图 4-2 所示。

在此架构下，初学者可以这样看：使用 Templates 模板文件来做每个网页的外观框架，送至 Template 中要被使用的数据尽量是可以直接显示的简单形式，不要试图在 Template 文件中使用复杂的方法处理这些送进来的变量，如果需要对变量进行更复杂的运算，那么这些工作应该放在 views.py 中完成。也就是说，即便是一个人独立操作的网站，也要想象 Template 是由不太熟悉程序设计的网站美编人员负责的，如果是这样，送进来的数据就越简单越好。

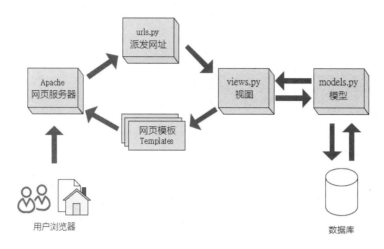

图 4-2　Django MTV 架构示意图

如图 4-2 所示，在 models.py 中定义所有需要用到的数据格式，一般是以数据库的形式来存储的，定义后的 Model 数据类要把它 import（导入）到 views.py 中。主要的操作流程为：用户在浏览器下达 request，这个 request 会先被送到网站服务器中做分派的工作，这个分派的工作指定在 urls.py 中完成。每一个分派的工作都会被设置成 views.py 中的函数，也就是主要处理数据的逻辑，将在 views.py 中完成。因此，所有在 urls.py 中指派的函数要在 urls.py 的前面 import 才行。

4.1.3　Django 网站的构成以及配合

根据 4.1.2 节的说明，回顾一下使用 django-admin startproject mynewsite 指令所创建的网站架构，内容如下：

```
mynewsite
├── manage.py
└── mynewsite
    ├── __init__.py
    ├── settings.py
    ├── urls.py
    └── wsgi.py
```

然后通过 python manage.py startapp myapp 指令，其结构变化如下：

```
mynewsite
├── db.sqlite3
├── manage.py
├── mynewsite
│   ├── __init__.py
│   ├── settings.py
│   ├── urls.py
│   └── wsgi.py
└── mysite
    ├── admin.py
    ├── apps.py
```

```
            ├── __init__.py
            ├── migrations
            │   ├── 0001_initial.py
            │   └── __init__.py
            ├── models.py
            ├── tests.py
            └── views.py
```

整个项目的名称是 mynewsite，和此项目同名的 mynewsite/mynewsite 文件夹放置的是属于全站的设置，myapp 是此网站中的一个 app，只要好好设计，日后就可以成为重复使用（Reuse，或简称为重用）在不同网站中的可携式模块。因此，settings.py、urls.py 以及 wsgi.py 都属于全站的设置，models.py、views.py、tests.py 以及 admin.py 是跟着可重用模块跑的内容。初学者要把 mysite 文件夹的内容看作以 models.py 为中心，先设计要操作的数据，然后在 views.py 设计操作（存取）这些数据的方法，而 admin.py 是附赠的通用型数据管理界面。

最后，由于此项目网站的根目录是 mynewsite，因此创建模板和放置静态文件的目录放在此文件夹下即可，完整的文件夹结构如下：

```
mynewsite
├── db.sqlite3
├── manage.py
├── mynewsite
│   ├── __init__.py
│   ├── settings.py
│   ├── urls.py
│   └── wsgi.py
└── mysite
    ├── admin.py
    ├── apps.py
    ├── __init__.py
    ├── migrations
    │   └── __init__.py
    ├── models.py
    ├── static
    ├── templates
    ├── tests.py
    └── views.py
```

4.1.4 在 Django MTV 架构下的网站开发步骤

综上所述，要开发 Django MTV 架构的网站，如果是大型项目，标准的需求分析、系统分析与设计以及各种各样的软件工程步骤就一项也不能少，以增加日后此项目的可维护性，降低未来修改错误所产生的成本。对于初学者而言，要做的只是小小的练习项目，笔者建议按照以下步骤开始你的网站。

步骤01 需求分析不可少，一定要具体列出本次网站项目所要实现的目标，可能包括简单的页面草图与功能方块图等。

步骤02 数据库设计。在需求分析后，开始创建数据模块前，网站中所有会用到的数据内容、格式以及各个数据之间的关系一定要理清，最好事先把要创建的数据表都确定清楚，减少开始设计程序后修改 Model 的工作。例如要创建留言板程序，就要知道每一则留言将记录的项目有哪些，接不接受响应消息，要不要记录被浏览的次数，有没有提供笔者登录等。很典型的情况是，如果每则留言都可接受响应，那么存储响应的数据表和留言本身的数据表就会有数据表关联的设置，这是不可少的。

步骤03 了解网站的每一个页面，并设计网页模板（.html）文件。

步骤04 使用 virtualenv 创建并启用虚拟机环境。

步骤05 使用 pip install 安装 django（本书以 Django 2.0 为主，建议安装时指定 2.0 的最新版本）。

步骤06 使用 django-admin startproject 生成项目。

步骤07 使用 python manage.py startapp 创建 app。

步骤08 创建 templates 文件夹，并把所有网页模板（.html）文件都放在此文件夹中。

步骤09 创建 static 文件夹，并把所有静态文件（图像文件、.css 文件以及.js 等）都放在此文件夹中。

步骤10 修改 settings.py，把相关文件夹设置都加入，也把生成的 app 名称加入 INSTALLED_APPS 序列中。

步骤11 编辑 models.py，创建数据库表格。

步骤12 编辑 views.py，先 import 在 models.py 中创建的数据模型。

步骤13 编辑 admin.py，把 models.py 中定义的数据模型加入，并使用 admin.site.register 注册新增的类，让 admin 界面可以处理数据库内容。

步骤14 编辑 views.py，设计处理数据的相关模块，输入和输出都通过 templates 相关的模块操作获取来自于网页的输入数据，以及显示.html 文件的网页内容。

步骤15 编辑 urls.py，先 import 在 views.py 中定义的模块。

步骤16 编辑 urls.py，创建网址和 views.py 中定义的模块的对应关系。

步骤17 执行 python manage.py makemigrations。

步骤18 执行 python manage.py migrate。

步骤19 执行 python manage.py runserver 测试网站。

步骤基本上就是这些，其中有些地方可能要反反复复进行，直到网站开发完成为止。如果使用到在别的文件中定义的类或模块，别忘了一定要使用 import 导入才行。

4.2　Model 简介

Model 是 Django 表示数据的模式，以 Python 的类为基础在 models.py 中设置数据项与数据格式，基本上每个类对应一个数据库中的数据表。因此，定义每个数据项时，除了数据项名称外，也要定义此项目的格式以及这张表格和其他表格相互之间的关系（即数据关联）。定义完毕后，网站的其他程序就可以使用 Python 语句来操作这些数据内容，不用关心实际使用的 SQL 指令以及使用的是哪一种数据库。

4.2.1 在 models.py 中创建数据表

刚创建的网站项目，models.py 只有以下第一行的内容，下面第二行的内容为了方便后面的使用，这里可以先自行加上：

```python
from django.db import models
from django.utils import timezone
```

第一行语句引入了 models 作为创建数据类的基类，接下来所创建的类即是继承自 models.Model 的子类。下面我们以在第 2 堂课中介绍的简易博客网站的 models.py 为例，它的程序代码如下：

```python
class Post(models.Model):
    title = models.CharField(max_length=200)
    slug = models.CharField(max_length=200)
    body = models.TextField()
    pub_date = models.DateTimeField(default=timezone.now)
```

Post 类继承自 models.Model，所以在其中可以使用 models.* 来指定数据表中每一个字段的特征。常用的数据字段类型如表 4-2 所示。

表 4-2　在 models.Model 中常用的数据字段格式说明

字段格式	可以使用的参数	说明
BigIntegerField		64 位的大整数
BooleanField		布尔值，只有 True/False 两种
CharField	max_length：指定可接受的字符串长度	用来存储较短数据的字符串，通常使用于单行的文字数据
DateField	auto_now：每次对象被存储时就自动加入当前日期 auto_now_add：只有在对象被创建时才加入当前日期	日期格式，可用于 datetime.date
DateTimeField	同上	日期时间格式，对应到 datetime.datetime
DecimalField	max_digits：可接受的最大位数 decimal_places：在所有位数中，小数占几个位数	定点小数数值数据，适用于 Python 的 Decimal 模块的实例
EmailField	max_length：最长字数	可接受电子邮件地址格式的字段
FloatField		浮点数字段
IntegerField		整数字段，是通用性最高的整数格式
PostiveIntegerField		正整数字段
SlugField	max_length：最大字符长度	和 CharField 一样，通常用来作为网址的一部分
TextField		长文字格式，一般用在 HTML 窗体的 Textarea 输入项目中
URLField	max_length：最大字符长度	和 CharField 一样，特别用来记录完整的 URL 网址

更多详细内容可以参考 Django 在网络上的文件：
https://docs.djangoproject.com/en/1.9/ref/models/fields/#model-field-types。

每一个字段还有一些共享的选项可以设置，这些选项的设置和数据库的设置息息相关，常用的设置选项摘要如表 4-3 所示。

表 4-3　models.Model 各个字段常用的属性说明

字段选项	说明
null	此字段是否接受存储空值 NULL，默认值是 False
blank	此字段是否接受存储空白内容，默认值是 False
choices	以选项的方式（只有固定内容的数据可以选用）作为此字段的候选值
default	输入此字段的默认值
help_text	字段的求助信息
primary_key	把此字段设置为数据表中的主键 KEY，默认值为 False
unique	设置此字段是否为唯一值，默认值为 False

假设我们要创建一个新的数据表 NewTable，则在 models.py 中的内容设计如下：

```
from django.db import models

class NewTable(models.Model):
    bigint_f = models.BigIntegerField()
    bool_f   = models.BooleanField()
    date_f   = models.DateField(auto_now=True)
    char_f   = models.CharField(max_length=20, unique=True)
    datetime_f=models.DateTimeField(auto_now_add=True)
    decimal_f= models.DecimalField(max_digits=10, decimal_places=2)
    float_f  = models.FloatField(null=True)
    int_f    = models.IntegerField(default=2010)
    text_f   = models.TextField()
```

别忘了在 settings.py 的 INSTALLED_APP 设置中要有这个 App 的名称（在此例中为 mysite，本堂课以后的内容均是以 mysite 为范例 App），首次设置 Model 的内容要先执行 makemigrations 的指令以及 migrate 指令，语句如下：

```
# python manage.py makemigrations
Migrations for 'mysite':
  0001_initial.py:
    - Create model NewTable
# python manage.py migrate
Operations to perform:
  Synchronize unmigrated apps: staticfiles, messages
  Apply all migrations: admin, contenttypes, mysite, auth, sessions
Synchronizing apps without migrations:
  Creating tables...
    Running deferred SQL...
  Installing custom SQL...
Running migrations:
  Rendering model states... DONE
  Applying contenttypes.0001_initial... OK
  Applying auth.0001_initial... OK
```

```
Applying admin.0001_initial... OK
Applying contenttypes.0002_remove_content_type_name... OK
Applying auth.0002_alter_permission_name_max_length... OK
Applying auth.0003_alter_user_email_max_length... OK
Applying auth.0004_alter_user_username_opts... OK
Applying auth.0005_alter_user_last_login_null... OK
Applying auth.0006_require_contenttypes_0002... OK
Applying mysite.0001_initial... OK
Applying sessions.0001_initial... OK
# ls
db.sqlite3  manage.py  mynewsite  mysite
```

然后系统就会把我们设置的 NewTable 数据表建立到数据库中，至于是哪一种数据库，则以 settings.py 的数据库设置为主。如果都没有修改过，那么默认是 SQLite，也就是存在于同一文件夹下的 db.sqlite3 文件，这个文件使用 ls 指令就可以看到。

那么此时，这个数据表究竟是使用哪些设置所创建出来的呢？先观察在 mysite/migrations 文件夹下的文件，会看到 0001_initial.py 以及 __init__.py 这两个文件，其中 0001_initial.py 文件就是记录第一次 Model 设置的数据表内容，因为一开始只有一个设置，所以只有 0001 这个版本号，我们可以使用 sqlmigrate 指令显示出我们所设置的 NewTable 类转换成 SQL 指令是什么样子。

```
# python manage.py sqlmigrate mysite 0001
BEGIN;
CREATE TABLE "mysite_newtable" ("id" integer NOT NULL PRIMARY KEY AUTOINCREMENT,
"bigint_f" bigint NOT NULL, "bool_f" bool NOT NULL, "date_f" date NOT NULL, "char_f"
varchar(20) NOT NULL UNIQUE, "datetime_f" datetime NOT NULL, "decimal_f" decimal
NOT NULL, "float_f" real NULL, "int_f" integer NOT NULL, "text_f" text NOT NULL);

COMMIT;
```

如果读者熟悉 SQL 语句就会发现，其实 Django 偷偷帮我们加上了一个 id 字段，设置为主键，并自动增加了数值内容，以方便它内部的数据管理。

4.2.2　在 admin.py 中创建数据表管理界面

如果读者还有印象，在 models.py 中创建类之后，只要接着在 admin.py 中加入这个 NewTable，就可以在/admin 中管理这张数据表了（当然，别忘了第一次要先使用 createsuperuser 创建一个在/admin 中的管理员账号及密码），admin.py 的内容如下：

```
from django.contrib import admin
from mysite.models import NewTable

admin.site.register(NewTable)
```

此时通过 python manage.py runserver 启动测试网页服务器，然后打开浏览器连接到 localhost:8000/admin，就可以输入管理员账号及密码进行数据表的操作，如图 4-3 所示。请注意，在图 4-3 中使用的是在虚拟机中的 Ubuntu 桌面版的浏览器，如同前面章节中的说明，如果我们要在 Windows 下使用浏览器浏览这个测试网站，那么在 runserver 之后要加上具体的 IP 地址，而且是在虚拟机外的 Windows 环境可以连通的 IP 位置才行。

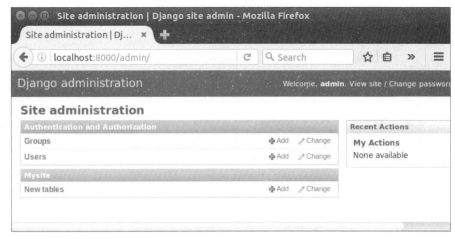

图 4-3　新创建的 NewTable 在 admin 网页的管理页面

网站的数据库经常会反应网页上的输入窗体的使用情况，而输入窗体中常常会有一些字段提供候选数据（例如在窗体中询问喜欢的颜色、品牌车型、尺寸大小等）供网友选择，从表 4-3 我们知道要使用 choices 选项，那么应如何使用呢？我们以创建一个产品类为例，在 models.py 中加入如下内容：

```
class Product(models.Model):
    SIZES = (
        ('S', 'Smaill'),
        ('M', 'Medium'),
        ('L', 'Large'),
    )
    sku = models.CharField(max_length=5)
    name = models.CharField(max_length=20)
    price = models.PositiveIntegerField()
    size = models.CharField(max_length=1, choices=SIZES)
```

如上面的代码所示，先创建一个名为 SIZES 的元组，其中每一个元素也是元组，第一个项目是要被实际存储的内容，此例为'S'、'M'、'L'，后面那个项目是对应的说明，此例为'Smaill'、'Medium'、'Large'。编辑 models.py 之后，一定要再执行 migrate 才行（如果中间修改过，就需要先执行 makemigrations，这两个指令简单地看就是要求 Django 的 manage.py 套用最新的数据表的新增或修正的内容），执行结果如下：

```
# python manage.py migrate
Operations to perform:
  Synchronize unmigrated apps: staticfiles, messages
  Apply all migrations: admin, contenttypes, mysite, auth, sessions
Synchronizing apps without migrations:
  Creating tables...
    Running deferred SQL...
  Installing custom SQL...
Running migrations:
  Rendering model states... DONE
  Applying mysite.0002_product... OK
```

回到 admin.py，加入这个新的类并注册：

```
from django.contrib import admin
from mysite.models import NewTable, Product

admin.site.register(NewTable)
admin.site.register(Product)
```

最后回到 admin 管理页面，就可以看到如图 4-4 所示的内容。

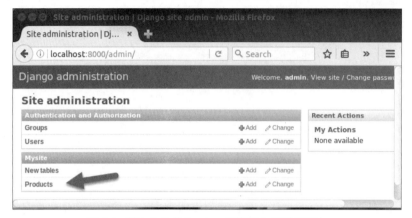

图 4-4　新加入的类 Product 已被列在管理页面中

进入 Product 的操作界面。在选择添加记录后，可以看到 Add product 页面中，Size 采用列表的方式来呈现，如图 4-5 所示。

图 4-5　在 Size 字段可以使用列表的方式选择数据项

至此，不知道读者有没有注意到第一个项目其实拼错了，应该是 Small 才对（我们在前面故意拼成 Smaill）。理论上要修正这个错误很简单，只要在 models.py 中更正即可。但是要注意的是，因为 Django 把数据库的操作抽象化了，每一个新增以及修正步骤都必须被记录下来以便于后续的数据库迁移操作，所以除了在 models.py 中把这个拼错字的地方修正之外，还要执行 makemigrations 以及 migrate 记录下这个修正操作，执行的过程如下：

```
# python manage.py makemigrations
Migrations for 'mysite':
```

```
    0003_auto_20160714_0225.py:
      - Alter field size on product
# python manage.py migrate
Operations to perform:
  Synchronize unmigrated apps: staticfiles, messages
  Apply all migrations: admin, contenttypes, mysite, auth, sessions
Synchronizing apps without migrations:
  Creating tables...
    Running deferred SQL...
    Installing custom SQL...
Running migrations:
  Rendering model states... DONE
  Applying mysite.0003_auto_20160714_0225... OK
```

这些操作都会被记录在 migrations 文件夹下，所以现在的 migrations 文件夹下有 3 个版本的记录文件，分别是：

```
# ls mysite/migrations/
0001_initial.py    0002_product.py    0003_auto_20160714_0225.py    __init__.py
0001_initial.pyc   0002_product.pyc   0003_auto_20160714_0225.pyc
__init__.pyc
```

0001 是用来产生初始化的数据，而 0002 建立了 Product 这个数据表，另外 0003 是修正 Smaill 成为 Small 的修正程序，其内容如下：

```
# -*- coding: utf-8 -*-
from __future__ import unicode_literals

from django.db import migrations, models


class Migration(migrations.Migration):

    dependencies = [
        ('mysite', '0002_product'),
    ]

    operations = [
        migrations.AlterField(
            model_name='product',
            name='size',
            field=models.CharField(max_length=1, choices=[(b'S', b'Small'), (b'M', b'Medium'), (b'L', b'Large')]),
        ),
    ]
```

4.2.3 在 Python Shell 中操作数据表

在第 2 堂课中我们学习到了如何在程序中存取数据库中的数据，基本上在 Python 程序中不使用 SQL 指令来存取数据，而是以 ORM 的方式来存取数据库里的内容。ORM 的英文全名是 Object Relational Mapper（或 Mapping），它是一种面向对象的程序设计技术，以对象的方式来看待每一笔数据，可以解决底层数据库兼容性的问题。也就是把数据库的操作方式抽象化为统一在 Python

中习惯的数据操作方式，如果把这些指令对应到实际每一种数据库的内部操作，就由元数据以及Django内部去处理，开发网站的人员不用去担心这个部分。

在前面定义的数据表，可以在Python的交互式界面中直接进行存取操作，语句如下：

```
# python manage.py shell
Python 3.5.2 (default, Nov 23 2017, 16:37:01)
[GCC 5.4.0 20160609] on linux
Type "help", "copyright", "credits" or "license" for more information.
(InteractiveConsole)
>>> from mysite.models import Product
>>> p = Product.objects.create(sku='0001', name='GrayBox', price=100, size='S')
>>> p.save()
>>> exit()
```

在上面的操作中，python manage.py shell 是进入拥有此网站环境的 Python Shell，首先要使用 from mysite.models import Product 来导入在 models.py 中创建的 Product 数据表，接下来通过 Product.objects.create 指令创建一组记录，同时别忘了把这组创建好的数据记录交给任意一个变量（此例为 p）持有，然后通过 p.save()把它真正存储到数据表中。在离开后，回到/admin 界面中，即可查询到此记录，如图4-6 所示。

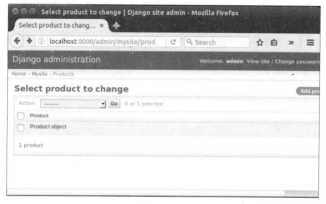

图4-6　由ORM指令加入的记录列表

记录的内容如图4-7所示。

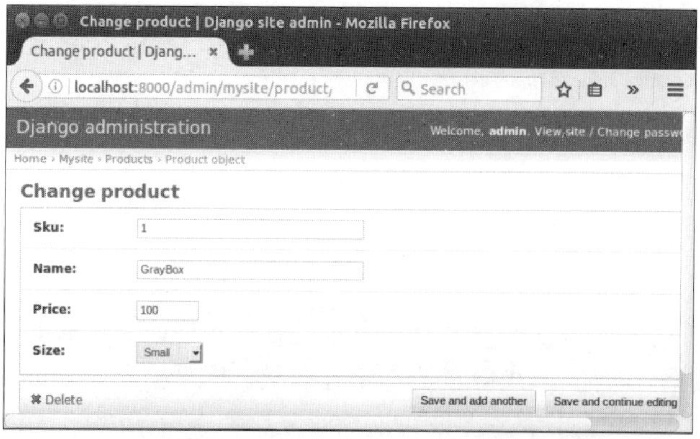

图4-7　由ORM指令加入的记录内容

当然在 Shell 中也可以显示记录的内容，只要使用 Product.objects.all()函数就可以取得所有数据，其数据类型称为 QuerySet，操作过程如下：

```
# python manage.py shell
Python 3.5.2 (default, Nov 23 2017, 16:37:01)
[GCC 5.4.0 20160609] on linux
Type "help", "copyright", "credits" or "license" for more information.
(InteractiveConsole)
>>> from mysite.models import Product
>>> allp = Product.objects.all()
>>> allp[0]
<Product: Product object >
>>>
```

如上面的代码所示，把取得的所有记录放在 allp 中，因为当前只有一项数据，所以只要使用 allp[0]就可以取得这笔数据，就像是简单的列表操作一样。然而，在这里显示出来的数据内容是 <Product: Product object>，似乎不太理想。还记得在第 2 堂课中如何解决显示不明确的项目标题吗？我们在 Product 类中可以使用同样的方法，也就是在 class Product 中加入如下函数即可：

```
    def __str__(self):
        return self.name
```

这个函数是在此类的实例被打印出来的时候会调用的函数，我们直接把它复写成显示其中的 name 字段，此例中会把产品的名称打印出来，如此就可以清楚地了解数据记录的内容了。笔者经常使用 Python Shell 的方式来测试数据库的操作，可以在正式把程序代码编写进 views.py 之前，先在 Shell 中使用交互式的方式试试自己的数据搜索方式是否正确。

4.2.4 数据的查询与编辑

Django 的 ORM 操作最重要的是找到数据项（记录），把它放到某一个变量中，然后就可以针对这个变量做任何想要的操作，包括修改其中的内容，只要最后调用了 save()函数，修改的内容就会反映到数据库中。

除了之前的 create()、save()和 all() 三个函数外，其他常用的函数以及可以加在函数中的修饰词摘要如表 4-4 所示。

表 4-4　Django ORM 常用的函数以及修饰词

函数名称或修饰词	说明
filter()	返回符合指定条件的 QuerySet
exclude()	返回不符合指定条件的 QuerySet
order_by()	串接到 QuerySet 之后，针对某一指定的字段进行排序
all()	返回所有的 QuerySet
get()	获取指定符合条件的唯一元素，如果找不到或有一个以上符合条件，都会产生 exception
first()/last()	获取第 1 个和最后 1 个元素
aggregate()	可以用来计算数据项的聚合函数
exists()	用来检查是否存在某指令条件的记录，通常附加在 filter()后面

（续表）

函数名称或修饰词	说明
update()	用来快速更新某些数据记录中的字段内容
delete()	删除指定的记录
iexact	不区分大小写的条件设置
contains/icontains	设置条件为含有某一字符串就符合，如 SQL 语句中的 LIKE 和 ILIKE
in	提供一个列表，只要符合列表中的任何一个值均可
gt/gte/lt/lte	大于/大于等于/小于/小于等于

在表 4-4 中，有一些函数（如 reverse()、exists()等）可以串接在另一些函数后面，用于进一步过滤信息，修饰词是放在参数中，在字段名后面加上两个下画线之后再串接，可以为条件设置增加更多的弹性。例如，在程序中要寻找数据库中所有库存少于 2 的二手手机，使用 filter 只能设置等号，如果要使用小于 2 的条件，就要修改如下：

```
less_than_two = Product.objects.filter(qty__lt=2)
```

在练习之前，别忘了在/admin 管理页面多输入几笔数据到数据库中，方便看出各个函数和修饰词的实际用途。现在假设我们是要建立一个二手手机的管理网页，已在数据库中建立了 5 个数据项，另外在 Product 类中多加了一个 qty 字段，用来记录目前的库存数量，下面这个程序片段就是用来显示所有的手机名称、价格以及库存数量。

```
$ python manage.py shell
Python 3.5.2 (default, Nov 23 2017, 16:37:01)
[GCC 5.4.0 20160609] on linux
Type "help", "copyright", "credits" or "license" for more information.
(InteractiveConsole)
>>> from mysite.models import Product
>>> allprod = Product.objects.all()
>>> for p in allprod:
...     print(p.name, ',', p.price, ',', p.qty)
...
HTC Magic , 100 , 0
SONY Xperia Z3 , 15000 , 1
Samsung DUOS , 800 , 2
Nokia Xpress 5800 , 500 , 1
Infocus M370 , 1500 , 2
>>>
```

这时想要为这些产品信息排序，可以在使用 all() 的时候加上 order_by，语句如下：

```
allprod = Product.objects.all().order_by('price')
```

上面这行针对 price 字段从小到大排序，如果在 price 前面加个负号，语句如下：

```
allprod = Product.objects.all().order_by('-price')
```

这时会变为从大到小排序。根据上面的数据内容，我们建立了几个查询范例以及对应的结果，提供给读者参考，如表 4-5 所示。

表 4-5 查询范例说明

想要实现的目标	查询写法和执行结果
获取所有的数据内容	`>>> Product.objects.all()` `[<Product: HTC Magic>, <Product: SONY Xperia Z3>, <Product: Samsung DUOS>, <Product: Nokia Xpress 5800>, <Product: Infocus M370>]`
找出已经没有库存的二手手机	`>>> Product.objects.filter(qty=0)` `[<Product: HTC Magic>]`
找出有库存的二手手机	`>>> Product.objects.exclude(qty=0)` `[<Product: SONY Xperia Z3>, <Product: Samsung DUOS>, <Product: Nokia Xpress 5800>, <Product: Infocus M370>]`
找出价格低于 500 元的二手手机	`>>> Product.objects.filter(price__lte=500)` `[<Product: HTC Magic>, <Product: Nokia Xpress 5800>]`

算出价格低于 500 元的二手手机有几种	`>>> from django.db.models import Count`
	`>>>Product.objects.filter(price__lte=500).aggregate(Count('qty'))`
	`{'qty__count': 2}`

算出价格低于 800 元的二手手机共有几部	`>>> from django.db.models import Sum`
	`>>> Product.objects.filter(price__lte=800).aggregate(Sum('qty'))`
	`{'qty__sum': 3}`

找出所有SONY的二手手机	`>>> Product.objects.filter(name__icontains='sony')` `[<Product: SONY Xperia Z3>]`
找出库存 1 部或 2 部的二手手机	`>>> Product.objects.filter(qty__in=[1,2])` `[<Product: SONY Xperia Z3>, <Product: Samsung DUOS>, <Product: Nokia Xpress 5800>, <Product: Infocus M370>]`
检查库存中是否有SONY的二手手机	`>>> Product.objects.filter(name__contains='SONY').exists()` `True`

同样都是查询数据，使用 filter 会返回一个列表，而使用 get 会返回一个唯一的值。如果在设置的条件下找不到任何数据，使用 filter 就会返回一个空列表，而使用 get 会产生一个 DoesNotExist 例外，如果设置的条件有一个以上的元素符合条件，那么 get 也会产生例外。因此，get 通常在明确知道该数据只有一笔的情况下才会使用，而且使用的时候也要以 try/exception 做好例外处理工作。正因为如此，在大部分情况下，笔者都是使用 filter 来搜索数据的。

4.3　View 简介

View 是 Django 重要的程序逻辑所在的地方，网站大部分程序设计都放在这里。对初学者来说，这里放了许多我们要操作的数据，以及安排哪些数据需要被显示出来的函数，在函数中把这些数据传送给网页服务器或交由 Template 的渲染器后再送到网页服务器中。这些放在 views.py 中的函数，再由 urls.py 中的设计进行对应和派发。

4.3.1 建立简易的 HttpResponse 网页

全新的 views.py 也是什么都没有，只有一行 import 语句：

```
from django.shortcuts import render
```

而要直接显示数据到网页，简单的步骤是，先到 urls.py 设置一个网址的对应，然后在 views.py 中编写要直接显示到网页的数据，最简单的步骤是：先到 urls.py 设置一个网址的对应，然后在 views.py 中编写一个函数，通过 HttpResponse 传送出想要显示的数据。如果想要建立一个简单显示个人信息的网页，这个网页希望放在/about 路径中，那么可以在 views.py 中编写一个 about 函数，语句如下：

```
from django.http import HttpResponse

def about(request):
    html = '''
<!DOCTYPE html>
<html>
<head><title>About Myself</title></head>
<body>
<h2>Min-Huang Ho</h2>
<hr>
<p>
Hi, I am Min-Huang Ho. Nice to meet you!
</p>
</body>
</html>
'''
    return HttpResponse(html)
```

在 about()函数中别忘了接收 request 参数。另外，在 views.py 的最前面，别忘了导入用来处理 HTTP 协议的模块。此外，我们在这里使用了 Python 的三引号来定义 html 字符串，这样可以使用多行的文字内容，排版时也比较方便。排版时直接编写 HTML 程序代码，也就是设置要产生的网页原始内容，然后通过 HttpResponse(html)传送出去即可。

当然，只在 views.py 中编写 about()是没有人会来调用的，前文提到过，还要到 urls.py 中设置才行。此时的 urls.py 应该是如下的样子（请注意，以下的语句适用于 Django 2.0 以后，它和之前 1.x 版本的 urls 对应的设置方式相差极大）：

```
from django.contrib import admin
from django.urls import path
from mysite.views import about

urlpatterns = [
    path('admin/', admin.site.urls),
    path('about/', about),
]
```

在第 3 行从 views.py 中导入 about 函数，然后在倒数第 2 行加上 "path('about/', about)"，这样就可以在浏览器中输入 localhost:8000/about 时执行 about 函数，显示如图 4-8 所示的内容。

图 4-8　about 显示的内容

4.3.2　在 views.py 中显示查询数据列表

接下来要示范的是如何在 views.py 中查询在 models.py 中定义且已存储的数据，并显示在用户端的网页上。设置的网址是 localhost:8000/list，显示出来的结果如图 4-9 所示。

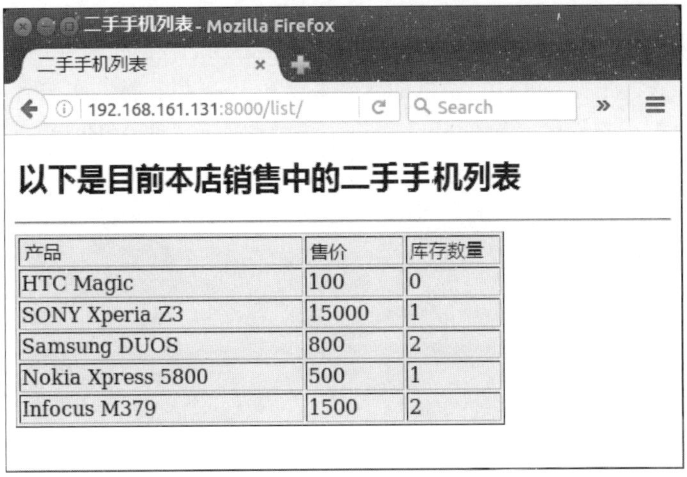

图 4-9　/list 网页要呈现的内容

同样的，在 views.py 中要建立一个函数，在此例中假设为 listing，程序内容如下：

```
from django.http import HttpResponse
from mysite.models import Product

def listing(request):
    html = '''
<!DOCTYPE html>
<html>
<head>
<meta charset='utf-8'>
<title>二手手机列表</title>
</head>
<body>
```

```
    <h2>以下是目前本店销售中的二手手机列表</h2>
    <hr>
    <table width=400 border=1 bgcolor='#ccffcc'>
    {}
    </table>
    </body>
    </html>
    '''
    products = Product.objects.all()
    tags = '<tr><td>产品</td><td>售价</td><td>库存量</td></tr>'
    for p in products:
        tags = tags + '<tr><td>{}</td>'.format(p.name)
        tags = tags + '<td>{}</td>'.format(p.price)
        tags = tags + '<td>{}</td></tr>'.format(p.qty)

    return HttpResponse(html.format(tags))
```

别忘了在第一行加上编码的设置，这样才能够在程序中使用中文。接着定义一个 html 字符串，其中就是我们要显示的网页内容。和前一个程序不一样的地方在于：在 html 中，我们准备了一个 <table>{}</table> 设计，即从数据库中"捞"出来的数据项要存放在表格中，但是表格的实际内容是在后面的程序代码中准备好了之后，再以 format 函数把它安插在"{}"中，因此要先放一个大括号留着后面使用。

接着就是我们第 4.2 节中介绍的，使用 Product.objects.all() 找出所有数据项并存放在 products 变量中，而以 tags 变量来把 HTML 表格的标记和数据排版在一起。在函数的最后一行，使用"html.format(tags)"把表格的内容放在 html 字符串正确的地方，再由 HttpResponse 函数返回给网页服务器。

在 urls.py 中，也要加入对于 listing 函数的 import 以及对应的 URL，语句如下：

```
from django.contrib import admin
from django.urls import path
from mysite.views import about, listing

urlpatterns = [
    path('admin/', admin.site.urls),
    path('about/', about),
    path('list/', listing),
]
```

如此，就大功告成了。

4.3.3 网址栏参数处理的方式

如果要显示的是某一个指定的机型，那么该如何处理呢？要分成两点来思考：第一点是在 views.py 中设置的处理函数必须能够接收参数，这样才能根据这个参数来寻找所需要的数据并加以显示；第二点是在 urls.py 中的网址对应处也要有能力传送参数到 views.py 中。先来看第一点，在此例中，我们设计另一个处理函数 disp_detail()，语句如下：

```
from django.http import HttpResponse, Http404
from mysite.models import Product
```

```
def disp_detail(request, sku):
    html = '''
<!DOCTYPE html>
<html>
<head>
<meta charset='utf-8'>
<title>{}</title>
</head>
<body>
<h2>{}</h2>
<hr>
<table width=400 border=1 bgcolor='#ccffcc'>
{}
</table>
<a href='/list'>返回列表</a>
</body>
</html>
'''
    try:
        p = Product.objects.get(sku=sku)
    except Product.DoesNotExist:
        raise Http404('找不到指定的产品编号')
    tags = '<tr><td>产品编号</td><td>{}</td></tr>'.format(p.sku)
    tags = tags + '<tr><td>产品名称</td><td>{}</td></tr>'.format(p.name)
    tags = tags + '<tr><td>二手售价</td><td>{}</td></tr>'.format(p.price)
    tags = tags + '<tr><td>库存数量</td><td>{}</td></tr>'.format(p.qty)
    return HttpResponse(html.format(p.name, p.name, tags))
```

延续 listing() 函数的设计想法，disp_detail() 基本上也是用了同样的方法，只是多增加了几个技巧。首先，在 import 的地方多导入了 Http404，用来产生标准的 "404 找不到网页" 的响应，当发生找不到数据项的情况时（在函数中的 except Product.DoesNotExist 例外处理），只要使用 raise Http404（'要显示的信息'）就可以了。

另外，我们在 disp_detail(request, sku) 后面多加了一个传送进来的参数 sku（我们设计在数据表中的产品编号），通过这个 sku 号码，使用 Product.objects.get(sku=sku) 来搜索数据。如果找不到，就产生一个 Http404 的例外；如果找到了，就把数据放在 p 变量中，然后可以在后面取出应用。其他部分都是使用 format 格式化函数的排版功能，方法和之前的程序相差不多。

那么如何把 sku 编号传送进来呢？请看更改后的 urls.py：

```
from django.contrib import admin
from django.urls import path
from mysite.views import about, listing, disp_detail

urlpatterns = [
    path('admin/', admin.site.urls),
    path('about/', about),
    path('list/', listing),
    path('list/<str:sku>/', disp_detail),
]
```

注意在上述程序的最后一行，在这行设置中，在 list/ 字符串后面加上 "<str:sku>/"，在 Django

2.0 之后新增了 django.urls.path()的函数来实现 urlpatterns 网址的委派,该函数使用尖括号<参数类型:参数名称>传送网址参数。所以上述 <str:sku> 的意思是把要传送的内容存放在名称为 sku(sku)的变量中,且传送内容的类型为字符串(str),最后会自动以参数的方式按序传送到后面的 disp_detail 函数中,因为在 views.py 中的 disp_detail 只接受一个自定义参数(request 是固定的,不算在里面)sku(<str:sku>的参数名称要与 disp_detail 接收的参数名称一样,在此例中参数名称是 sku)。

直白地说,"'list/<str:sku>/'"的意思是:如果网址栏上出现/list/开头的字符串,在最后一个除号之前如果有以数字或字母所组成的字符串并且放到了 sku 变量中,就把这个字符串提取出来作为参数传送给 disp_detail 函数。图 4-10 和图 4-11 是浏览时找到和找不到网页时显示的页面。

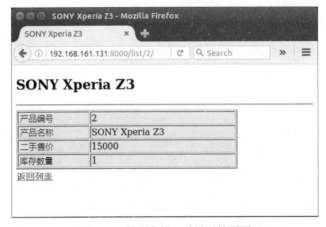

图 4-10 找到产品 2 时显示的页面

图 4-11 找不到产品 15 时显示的页面

相信到此为止,读者对于如何取得网址参数以及如何在 views.py 中取出定义在 models.py 中的数据已经有相当的了解了。但是,要显示网页,如果都像这样把 HTML 标记由自己一个一个地输入,将会是非常累人又容易发生错误的工作。制作网站当然不能用这种手动的方法用 format 函数来"渲染"网页,使用模板 Template 的方式才能够提高工作效率,请看下一节的说明。

4.4 Template 简介

经过了上一节的洗礼，相信读者对于 HTML 内容一定很头大，难道要显示一个网页非要弄得这么麻烦吗？当然不是。要建立专业网站，一定要使用高级功能的模板网页显示方法才行。也就是把 HTML 文件另外存成模板文件，然后把想要显示在网页的数据另外以变量的方式传送给渲染器，让渲染器根据变量的内容和指定的模板文件进行整合，再把结果输出给网页服务器，本节就来说明如何使用 Template 建立专业的网站。

4.4.1 创建 Template 文件夹与文件

Template 模板渲染（即网页显示）有许多不同的引擎，但是 Django 有其默认值，一般情况下使用默认的就可以了。在使用之前，要先在网页中创建放置样板文件的文件夹，并在 settings.py 中设置此文件夹的存取地址，Windows 操作系统、Mac 以及 Linux 操作系统的文件夹处理方法不太一样，下面介绍的是 Linux 操作系统（我们之前设置的 Ubuntu 虚拟主机）的设置方法，如果读者使用的是 Windows 操作系统，要注意一下路径 path 的设置。

首先在当前的项目目录下创建一个名为 templates 的文件夹，它的等级和 manage.py、db.sqlite3 是同一层。接着在 settings.py 中找到 TEMPLATES 的设置，把 DIRS 中原本空下来的[]内容填入当前网站项目所在的位置 os.path.join(BASE_DIR, 'templates')，语句如下：

```
TEMPLATES = [
    {
        'BACKEND': 'django.template.backends.django.DjangoTemplates',
        'DIRS': [os.path.join(BASE_DIR, 'templates')],
        'APP_DIRS': True,
        'OPTIONS': {
            'context_processors': [
                'django.template.context_processors.debug',
                'django.template.context_processors.request',
                'django.contrib.auth.context_processors.auth',
                'django.contrib.messages.context_processors.messages',
            ],
        },
    },
]
```

接着在 templates 文件夹中创建一个 about.html 文件，语句如下：

```
<!-- about.html -->
<!DOCTYPE html>
<html>
<head>
    <meta charset='utf-8'>
    <title>About Myself</title>
</head>
```

```
<body>
<h2>Min-Huang Ho</h2>
<hr>
<p>
Hi, I am Min-Huang Ho. Nice to meet you!
</p>
<em>今日佳句: {{ quote }}</em>
</body>
</html>
```

这是 about 函数中 html 变量的内容，但是在后面我们加了一个"今日佳句"的功能，把 quote 变量放在"{{ }}"中，即可在网页打开时显示出来。

4.4.2　传送变量到 Template 文件中

要使用 Template 网页显示功能，在 views.py 的最前面要使用 import get_template 模块。我们在 about 函数中也用到了随机数的功能，所以 views.py 的 import 内容现在是如下的样子：

```
from django.shortcuts import render
from django.http import HttpResponse, Http404
import random
from mysite.models import Product
```

接着在 about 函数中，我们做了如下的更改：

```
def about(request):
    quotes = ['今日事，今日毕',
              '要怎么收获，先那么栽',
              '知识就是力量',
              '一个人的个性就是他的命运']
    quote = random.choice(quotes)
    return render(request, 'about.html', locals())
```

在程序中，先声明一个列表变量 quotes，列表内有我们要随机显示的一些名言佳句，接着再把该列表变量 quotes 作为 random.choice() 的参数，这样每次调用 about 函数时，random.choice() 就会从 quotes 列表中随机取出一个句子，然后再将取出的句子传给 quote 变量，最后使用 render 这个函数把要产生的响应结果传送给用户的 request 参数，并指定要被渲染的模板 about.html 以及一同传过去的 quote 变量。

我们使用 locals() 方法作为要渲染的内容，在 render 方法中，假如要渲染的内容需要以字典的方式传送，而 locals() 方法会自动帮我们把所有局部变量与变量内的值转成字典形式。以上述的例子来看，假设后来随机选到的是'今日事，今日毕'，那么 locals() 将会把变量 quotes 与 quote 变成 {{'quotes':['今日事，今日毕','要怎么收获，先那么栽', ……]}, 'quote': '今日事，今日毕'}}，然后再将它渲染到 about.html 内，最后我们取出需要使用的 quote 变量的内容就可以了。图 4-12 所示是执行的结果。

图 4-12　使用 render 函数之后 about 网页的执行结果

同样的方法也可以用到 disp_detail 函数中。也是先创建一个 disp.html，语句如下：

```
<!-- disp.html -->
<!DOCTYPE html>
<html>
<head>
<meta charset='utf-8'>
<title>{{p.name}}</title>
</head>
<body>
<h2>{{p.name}}</h2>
<hr>
<table width=400 border=1 bgcolor='#ccffcc'>
{{tags}}
</table>
<a href='/list'>返回列表</a>
</body>
</html>
```

然后把 disp_detail 函数改写如下：

```
def disp_detail(request, sku):
    try:
        p = Product.objects.get(sku=sku)
    except Product.DoesNotExist:
        raise Http404('找不到指定的产品编号')
    tags = '<tr><td>产品编号</td><td>{}</td></tr>'.format(p.sku)
    tags = tags + '<tr><td>产品名称</td><td>{}</td></tr>'.format(p.name)
    tags = tags + '<tr><td>二手售价</td><td>{}</td></tr>'.format(p.price)
    tags = tags + '<tr><td>库存数量</td><td>{}</td></tr>'.format(p.qty)
    return render(request, 'disp.html', locals())
```

执行的结果如图 4-13 所示。

图 4-13　render 时默认不把 HTML 标记当作标记

出了一些问题，主要是因为 render 在渲染时会把变量中的内容当作一般的字符来处理，而不是 HTML 标记，所以就会变成图 4-13 所示的样子。其实，在这个例子中，不该在 views.py 中处理网页呈现的问题，应该回归到 template 文件中才对。因此，我们要做的是把变量传到 disp.html 中，然后在 disp.html 中以 Template 的命令来处理，新版本的 disp_detail 函数编码修改如下：

```python
def disp_detail(request, sku):
    try:
        p = Product.objects.get(sku=sku)
    except Product.DoesNotExist:
        raise Http404('找不到指定的产品编号')
    return render(request, 'disp.html', locals())
```

而 disp.html 的内容则应该是这个样子：

```html
<!-- disp.html -->
<!DOCTYPE html>
<html>
<head>
<meta charset='utf-8'>
<title>{{p.name}}</title>
</head>
<body>
<h2>{{p.name}}</h2>
<hr>
<table width=400 border=1 bgcolor='#ccffcc'>
<tr><td>产品编号</td><td>{{p.sku}}</td></tr>
<tr><td>产品名称</td><td>{{p.name}}</td></tr>
<tr><td>二手售价</td><td>{{p.price}}</td></tr>
<tr><td>库存数量</td><td>{{p.qty}}</td></tr>
</table>
<a href='/list'>返回列表</a>
</body>
</html>
```

如此，就可以出现如图 4-10 所示的页面，确实把存取数据的逻辑和设计显示网页内容的部分完全分割开，程序变得更简洁并且好理解。

4.4.3 在 Template 中处理列表变量

那么在 listing 函数中要显示全部数据项列表，又该如何编写呢？先来看新版的 listing 函数的内容：

```python
def listing(request):
    products = Product.objects.all()
    return render(request, 'list.html', locals())
```

秉持前面的思维，程序变得非常简单，把找到的 products 列表变量直接放入 template 中就可以了，真正显示内容的格式则放在 list.html 中执行，语句如下：

```html
<!-- list.html -->
<!DOCTYPE html>
<html>
<head>
<meta charset='utf-8'>
<title>二手手机列表</title>
</head>
<body>
<h2>以下是目前本店销售中的二手手机列表</h2>
<hr>
<table width=400 border=1 bgcolor='#ccffcc'>
    <tr><td>产品</td><td>售价</td><td>库存量</td></tr>
{% for p in products %}
    <tr>
        <td>{{p.name}}</td>
        <td>{{p.price}}</td>
        <td>{{p.qty}}</td>
    </tr>
{% endfor %}
</table>
</body>
</html>
```

因为 products 是一个列表变量，因此在真正显示内容之前，可以使用 template 的循环指令{% for %}/{% endfor %}，其中{% %}符号是用来下达 template 指令的地方，常用的有 for 和 if 语句，要注意的是 endfor 中间没有空格。使用{% for p in products %}基本上和 Python 处理 for 循环时是一样的，它会逐一把 products 列表中的每一个元素取出来放在 p 中，接着就可以在适当的 HTML 标记中插入{{}}显示出变量内容的标记。如此，就可以很轻松地显示出所有数据项列表了。显示出来的内容也会和图 4-9 一样，但是程序的内容简洁多了。

4.5 最终版本摘要

最后，为网站加入 index，也就是首页的内容，index.html 的内容如下（我们把原本在 about.html 中的名言佳句改到 index.html 中了）：

```html
<!-- index.html -->
<!DOCTYPE html>
```

```html
<html>
<head>
    <meta charset='utf-8'>
    <title>Welcome to mynewsite</title>
</head>
<body>
<h2>Welcome to mynewsite</h2>
<hr>
<ul>
    <li><a href='/list'>二手手机列表</a></li>
    <li><a href='/about'>关于我</a></li>
</ul>
<hr>
<em>今日佳句：{{ quote }}</em>
</body>
</html>
```

而 urls.py 的设置如下：

```python
from django.contrib import admin
from django.urls import path
from mysite.views import about, listing, disp_detail, index

urlpatterns = [
    path('admin/', admin.site.urls),
    path('about/', about),
    path('list/', listing),
    path('list/<str:sku>/', disp_detail),
    path('', index)
]
```

about.html 的内容就相对简单了，但是比起前面的内容多加了一个回到首页的链接：

```html
<!-- about.html -->
<!DOCTYPE html>
<html>
<head>
    <meta charset='utf-8'>
    <title>About Myself</title>
</head>
<body>
<h2>Min-Huang Ho</h2>
<hr>
<p>
Hi, I am Min-Huang Ho. Nice to meet you!
<hr>
<a href='/'>回首页</a>
</body>
</html>
```

显示所有二手手机产品列表的 list.html，多加上了对应每一个产品的链接，它会以 sku 编号作为参数链接到 list/sku 中。这种方式在网站设计中很常见，注意其中的编写方式：

```html
<!-- list.html -->
<!DOCTYPE html>
<html>
```

```html
<head>
<meta charset='utf-8'>
<title>二手手机列表</title>
</head>
<body>
<h2>以下是目前本店销售中的二手手机列表</h2>
<hr>
<table width=400 border=1 bgcolor='#ccffcc'>
    <tr><td>产品</td><td>售价</td><td>库存量</td></tr>
{% for p in products %}
    <tr>
        <td>
            <a href='/list/{{p.sku}}/'>{{p.name}}</a>
        </td>
        <td>{{p.price}}</td>
        <td>{{p.qty}}</td>
    </tr>
{% endfor %}
</table>
<hr>
<a href='/'>回首页</a>
</body>
</html>
```

显示单一产品详细内容的 disp.html 如下：

```html
<!-- disp.html -->
<!DOCTYPE html>
<html>
<head>
<meta charset='utf-8'>
<title>{{p.name}}</title>
</head>
<body>
<h2>{{p.name}}</h2>
<hr>
<table width=400 border=1 bgcolor='#ccffcc'>
<tr><td>产品编号</td><td>{{p.sku}}</td></tr>
<tr><td>产品名称</td><td>{{p.name}}</td></tr>
<tr><td>二手售价</td><td>{{p.price}}</td></tr>
<tr><td>库存数量</td><td>{{p.qty}}</td></tr>
</table>
<a href='/list'>返回列表</a>
</body>
</html>
```

使用了 template 网页显示的技巧后，在 views.py 中的各个函数就变得非常简单了。修正后的最新版 views.py 列表如下：

```python
# _*_ coding: utf-8 _*_
from django.shortcuts import render
from django.http import HttpResponse, Http404
import random
from mysite.models import Product
```

```python
def index(request):
    quotes = ['今日事，今日毕',
              '要怎么收获，先那么栽',
              '知识就是力量',
              '一个人的个性就是他的命运']
    quote = random.choice(quotes)
    return render(request, 'index.html', locals())

def about(request):
    return render(request, 'about.html', locals())

def listing(request):
    products = Product.objects.all()
    return render(request, 'list.html', locals())

def disp_detail(request, sku):
    try:
        p = Product.objects.get(sku=sku)
    except Product.DoesNotExist:
        raise Http404('找不到指定的产品编号')
    return render(request, 'disp.html', locals())
```

运行本网站，首页如图 4-14 所示，然后根据其链接可以调用其他网页的所有功能。其他高级的 Django 网站技巧将在后面的章节中陆续说明。

图 4-14　mynewsite 项目的网站首页

4.6　习　题

1. 请简述使用 Django 框架开发网站的步骤。
2. 请说明在 models.py 中定义的类，如何让类的实例可以在打印的时候显示出想要呈现的数据。
3. 请说明 makemigrations 和 migrate 两个命令的差别在哪里？
4. 在 urls.py 中对应网址时，如何取出参数传送给处理函数？
5. 在 settings.py 文件中设置样板文件的目录地址时，使用 os.path.join(BASE_DIR, 'templates') 的作用是什么？

第 5 堂

网址的对应与委派

网址的对应对于网站制作来说是一件非常重要的工作,因为那是用户通过浏览器来访问我们的网站的第一关。网址的内容通常是指浏览者想要浏览的项目,如何编排以及接收网址的形式,然后根据网址的内容把信息委派给 views.py 中适当的处理函数,是本堂课的教学重点。特别要注意的是,在 Django 2.0 之后对于网址的对应与委派方法大幅度化简了,原有的委派方法虽有保留,但是在操作上还是需要进行一些调整,在这一堂课中我们会分别针对它们的差异性加以说明。

5.1 Django 网址架构

和使用 PHP 网站不一样的地方在于:在 Django 中全部都是以一般的路径网址来表示,在网址中基本上不会出现文件的名称(如 index.php),也不会有特殊的符号,看起来就是很典型的网址字符串,内容如何解析将开放给网站设计者全权设置,非常具有弹性。

5.1.1 URLconf 简介

Django 使用 URLconf 这个 Python 模块来作为网址的解析并且对应到 views.py 中函数的主要处理者,因为它是以 Python 语言来编写的,所以在网址的设置以及委派上具有非常大的弹性。在 Django 2.0 之前的网址对应主要是以正则表达式(Regular Expression)来设置网址的内容及其对应的参数格式,而在 Django 2.0 之后则是以定义的路由字符串来进行解析,在使用之前要先确定我们要采用的是哪一种方式。URLconf 处理网址的步骤如下:

步骤01 到 settings.py 中找到 ROOT_URLCONF 的设置,决定要使用哪一个模块。一般来说,大部分网站都不需要修改这个地方的设置。

步骤02 加载前述所指定的模块,然后找到 urlpatterns 变量,根据其中的设置来找到对应要处理的网址与函数，它必须是 django.urls.path 或是 django.urls.re_path（兼容于 2.0 之前的设置方式）的执行实例的 Python 列表内容。

步骤03 按照 urlpatterns 中的顺序，一个一个往下核对网址和路由字符串中的设置 pattern。

步骤04 发现第一个符合的设置后，先以 HttpRequest 的一个实例作为第一个参数，然后把在解析网址中发现的参数按照顺序传送给后面的处理函数。如果在网址的设置中有对应的参数，则以参数方式传送过去。在这个操作中，就是连接到 views.py 中函数的调用程序。

步骤05 如果找不到符合的 pattern，就会产生一个例外，交由错误处理程序。

假设我们在本堂课的一开始使用 django-admin startproject ch05www 新创建一个网站项目，那么这个新的项目会在 settings.py 的设置中有一行指令：

```
ROOT_URLCONF = 'ch05www.urls'
```

就是设置这个网站系统一开始要去搜索的文件，默认值就是网站项目名称（在此例为 ch05www）下的 urls.py，所以第一步要找到 urls.py，并打开它进行编辑。如果我们有另外的网址设置，也可以在这里进行修改和编辑的操作。

在 urls.py 文件中找出 urlpatterns 这个列表，然后在其中进行编辑，把所需对应的网址和函数编写在其中，这也是我们在前面的几堂课中所执行的操作。一般来说，网址对应也算是对于整个网站的基本设置，所以 urls.py 和 settings.py 是放在同一层文件夹中。刚开始的一个 Django 网站，其最初的 urls.py 内容如下（以下是 Django 2.0 的例子）：

```
from django.urls import path
from django.contrib import admin

urlpatterns = [
    path('admin/', admin.site.urls),
]
```

第一行加载的是处理 url 的专用模块，而第二行是用来导入处理 Django 附赠的后台管理网页模块 admin。也因为是 admin 的设置，所以在 urlpatterns 列表变量的设置中还要先设置若网址是以 admin/ 开头的，则直接以 admin.site.urls 中的设置为准（admin 界面有自己的网址对应，编写在另外的网址文件中）。其他的网址设置，只要没有冲突，放在这一行之前或之后都可以。

接着在我们使用 python manage.py startapp mysite 创建了这个新项目的第一个 App 文件夹（记得在 settings.py 的 INSTALLED_APPS 加入该 APP），并在 views.py 中定义了一个处理首页显示的函数，假设叫作 homepage，那么上述设置就要更改如下：

```
from django.contrib import admin
from django.urls import path
from mysite import views

urlpatterns = [
    path('admin/', admin.site.urls),
    path('', views.homepage),
]
```

在 Django 2.0 后，改用 path() 来进行网址委派（2.0 之前版本的设置方式改为 re_path），在上述的程序中分别有两个参数：第一个参数是我们要定义的路由字符串，也就是网址对应的字符串（在上面的例子中为空字符串""）；当网址与 path 的对应字符串吻合后，将调用指定的 views 中的函数 homepage（views.homepage），该函数就是我们的第二个参数。所以在 path() 中要有对应的路由字符串以及在路由字符串与网址吻合后所要指定前往执行的函数。

在 Django 2.0 之前都是使用 Regular Expression（正则表达式，以下简称 RE）来实现网址委派，而 Django 2.0 依然保留了这种网址委派方式。此时要将原本的 path() 模块改为 re_path() 模块，才能使用 RE，更改如下：

```
from django.urls import re_path
...
urlpatterns = [
    ...
    re_path(r'^$', views.homepage),
]
或是如下：
from django.conf.urls import include, re_path
from django.contrib import admin
from mysite import views

urlpatterns = [
    re_path(r'^$', views.homepage),
    re_path(r'^admin/', include(admin.site.urls)),
]
```

其中，字符串前面的 "r" 是要求 Python 解释器保持后面字符串的原貌，不要试图去处理任何转义字符的符号，这是使用 Regular Expression（正则表达式，以下简称 RE）解析的字符串都会开的"保险"。而 "^" 符号表示接下来的字符要定义开头的字符串，而 "$" 表示结尾字符串。开始和结尾放在一起，中间没有任何字符的设置，就表示首页 "/"。特别要注意的是，如果在^和$之间加入一个 "/"，那么反而会出错，要使用 localhost:8000//，后面再加两个除号才可以委派到 homepage 函数。

然后在 views.py 中编写 homepage 函数，即可顺利让浏览首页的朋友看到 Hello world 字样，语句如下：

```
from django.shortcuts import render
from django.http import HttpResponse

def homepage(request):
    return HttpResponse("Hello world!")
```

综上所述，只要在 views.py 中定义好了要处理的函数，然后在 urlpatterns 中建立正确的网址对应，就可以让网站的各个网页顺利地运行。

5.1.2 委派各个的网址到处理函数

在 Django 改版为 2.0 之后，网址委派的路由改用"字符串"与"Path Converter"（路径转换器）而非"Regression Expression"（正则表达式），原因在于使用字符串作为路由会比使用正则表达式更简单、简短且更少的限制。Path Converter 是当网址要携带参数给函数时路由所要定义的内容。

例如把 http://(你的网址)/about 委派到 about 函数，把 http://(你的网址)/list 委派 listing 函数，只要将 urlpatterns 写入如下的内容即可：

```
urlpatterns = [
    path('admin/', admin.site.urls),
    path('', views.homepage),
    path('about/', views.about),
    path('list/', views.listing),
]
```

值得注意的是，在 about 以及 list 后面的 "/" 非常重要，每个 pattern 必须以 "/" 作为结束，如果没有加上这个符号就无法正确地定位。在输入网址时即使没有加入 "/"，"/" 也会在自动被加入，上面这个设置值的第 3 行和第 4 行就分别只有以下的 4 个网址可以符合：

```
localhost:8000/about, localhost:8000/about/
localhost:8000/list, localhost:8000/list/
```

在这个情况下，如果我们想要设置一个通用的 about 网页，例如某一个网页上有 4 位共同作者，每位作者的编号分别是 0 到 3，希望能够分别找出如下的网址：

```
localhost:8000/about/0
localhost:8000/about/1
localhost:8000/about/2
localhost:8000/about/3
```

则可以使用如下的 pattern 来实现：

```
path('about/<int:author_no>', views.about),
```

此时，在 views.py 中的 about 函数中需要设置一个自变量来接收传送进来的参数，如下所示：

```
def about(request, author_no):
    html = "<h2>Here is Author:{}'s about page!</h2><hr>".format(author_no)
    return HttpResponse(html)
```

图 5-1 即为执行的结果。

图 5-1　about 对应网址的 about 网页执行结果

在上面的 path 中我们使用<int:author_no>作为参数进行传送，就是前文所提到的 Path Converter 的功能。在 Django 2.0 之后，在 pattern 中使用的是一般的字符串作为网址的对应，而不是使用正则表达式，所以当网址有参数传送的需求时，不再使用正则表达式的方式来实现（正则表达式的方式已改为 re_path 了），而是将想要传送的参数使用尖括号 "<>" 括住，尖括号内第一个设置值是参数类型，第 2 个设置值即为要使用的变量名称，也即是 "<参数类型:变量名称>" 的格式。

以前面的<int:author_no>为例，网址传送参数时，只接收整数（int）的参数，然后将参数存放到名称为 author_no 的变量中，之后再传送到 views.py 程序文件的函数 about 中。需要注意的是，views 中的函数定义接收网址传来的变量名称，需要与 path 中使用 Path Converter 定义的变量名称一致，例如在 <int:author_no> 中，变量名称为 author_no，因而对应的函数为 about(request, author_no)，其中所接收的变量就是 author_no。

Path Converter 参数类型如表 5-1 所示。

表 5-1　Path Converter 所使用的参数类型

符号	说明
str	对应参数为字符串 例：hello
int	对应参数为整数 例：100
slug	对应 ASCII 所组成的字符或符号（像是参数有连字符号或下画线等） 例：building-your-1st-django-site
uuid	对应 uuid 所组的格式字符串 例：075194d3-6885-417e-a8a8-6c931e272f00
path	对应完整的 URL 路径，把网址中的"/"视同是参数，而非 URL 片段

再举一个例子：在网站中经常会有按照时间分类的方式来存取数据的情况，类似的网址可能像是：

```
http://localhost:8000/list/2017/12/25
```

表示要取出所有该日期中相关的数据或信息做一个列表，或是：

```
http://localhost:8000/post/2017/12/25/01
```

要取出当日编号为 01 号的文章，像这样的网址该如何设计 urlpattern 呢？我们观察发现，不管是年、月或日，它们的类型都是整数，而 list 与 post 的差别就是后者多一个参数。基于上述的推定，则这两个 pattern 分别如下：

```
path('list/<int:yr>/<int:mon>/<int:day>/', views.listing),
path('post/<int:yr>/<int:mon>/<int:day>/<int:post_num>/', views.post),
```

在 views.py 中的函数内容则分别如下：

```
def listing(request, yr, mon, day):
    html = "<h2>List Date is {}/{}/{}</h2><hr>".format(yr, mon, day)
    return HttpResponse(html)


def post(request, yr, mon, day, post_num):
    html = "<h2>{}/{}/{}:Post Number:{}</h2><hr>".format(yr, mon, day, post_num)
    return HttpResponse(html)
```

执行结果如图 5-2 和图 5-3 所示。

图 5-2 取出 List Date 的网页浏览结果

图 5-3 取出 Post Date 的网页浏览结果

最后，值得一提的是传统上用来查询特定数据（POST 和 GET）的一些网址格式，如"http://localhost:8000/?page=10"这种格式，Django 会忽略它，不予处理，它的结果和"http://localhost:8000/"是一样的，读者可以自行测试看看。

5.1.3 urlpatterns 的正则表达式语法说明（适用于 Django 2.0 以前的版本）

其于兼容性的需求，有许多的模块以及现有的 Django 程序代码仍然使用的是旧版的正则表达式（Regular Expression）方式进行网址的对应与委派，所以我们仍然有了解这种设置方式的需要。那么，有哪些正则表达式可以在 urlpatterns 中使用呢？基本上几乎所有的正则表达式符号都可以使用。在此将常用在网址上的符号进行整理，如表 5-2 所示（表格中的"…"表示忽略其中的字符串不讨论）。

表 5-2 常用在网址上的符号

符号	说明
^	指定起始字符或字符串，如放在[]中表示否定
$	指定终止符或字符串
.	任何一种字符都符合
所有的字母以及数字（含"/"号）	对应到原有的字符
[…]	中括号中的内容用来表示一个字符的格式设置
\d	任何一个数字字符，等于[0-9]
\D	非数字的字符，等于[^0-9]
\w	任何一个字母或数字字符，等于[a-zA-Z0-9_]
\W	任何一个非上述的字符，等于[^a-zA-Z0-9_]

（续表）

符号	说明
?	代表前面一个字符样式可以重复出现 0 次或 1 次
*	代表前面一个字符样式可以重复出现 0 次或 0 次以上
+	代表前面一个字符样式可以重复出现 1 次或 1 次以上
{m}	大括号中间的数字 m，代表前一字符可以出现 m 次
{m,n}	代表前一字符可以出现 m~n 次
|	或，即两种格式设置任一种都可以
(…)	小括号中间若匹配，则取出成为一个参数
(?P\<name\>…)	同上，但是指定此参数名称为 name

简单的对应方式是直接使用文字内容，例如把 localhost/about 委派到 about 函数，把 localhost/list 委派到 listing 函数，只要直接编写为 urlpatterns 即可（请注意，网址的设置函数在此已改为 re_path 而不是 path 或是 url 了），语句如下：

```
urlpatterns = [
    re_path(r'^$', views.homepage),
    re_path(r'^about/$', views.about),
    re_path(r'^list/$', views.listing),
    re_path(r'^admin/', include(admin.site.urls)),
]
```

值得注意的是，在 about、list 后面的"/"以及"$"非常重要。"/"会在输入网址的时候自动被加入。如果没有加上这个符号就无法正确地定位，而"$"表示在"/"后面再加上其他字符，就不是我们想要解析使用的网址，因此上面这个设置值的第 2 行和第 3 行分别有以下 4 个网址可以匹配：

```
localhost:8000/about, localhost:8000/about/
localhost:8000/list, localhost:8000/list/
```

以 about 为例，如果没有加上"$"，那么以"about/"开始的网址都匹配，这也是 admin 的作用，语句如下：

```
localhost:8000/about/, localhost:8000/about/1
localhost:8000/about/xyz, localhost:8000/about/xyz/def/abc...
```

假设在 about 后面连"/"也不加上去，语句如下：

```
re_path(r'^about', views.about),
```

那么只要是 about 开头的网址，都会匹配这个样式的设置，语句如下：

```
localhost:8000/about, localhost:8000/about/
localhost:8000/about123..., localhost:8000/aboutxyz
```

在这种情况下，如果我们想要设置一个通用的 about 网页，例如某一个网页上有 4 位共同的笔者，笔者的编号分别是 0~3，我们希望分别找出如下的网址：

```
localhost:8000/about/0
localhost:8000/about/1
localhost:8000/about/2
localhost:8000/about/3
```

就可以使用如下的 pattern 来完成：

```
re_path(r'^about/[0|1|2|3]/$', views.about),
```

同上，在接收此网址的时候，希望能够把 0~3 当作参数传送到 views.about 函数中，那么只要在 "[0|1|2|3]" 外面加上一个小括号即可，语句如下：

```
re_path(r'^about/([0|1|2|3])/$', views.about),
```

此时在 views.py 中的 about 函数要设置一个自变量来接收传送进来的参数，语句如下：

```
def about(request, author_no):
    html = "<h2>Here is Author:{}'s about page!</h2><hr>".format(author_no)
    return HttpResponse(html)
```

执行的结果即如之前的图 5-1 所示。

读者可以试试上述网址设置，在 about 后面只接收数字 0~3，其他字符以及数字均不接收，就算是 localhost:8000/about/001 也不行。因为网址均被当作文字而非数字处理，所以 001 并不会被转换为 1。

在上例中的 about(request, author_no) 函数中，author_no 可以任意地识别名称，不管叫什么名字，它都会接收在 urlpatterns 中匹配的样式的第一个匹配的子样式。如果要取出的子样式比较多，一般会在参数传送的设置中先设置要传送的参数名称，以增加程序的可读性，语句如下：

```
re_path(r'^about/(?P<author_no>[0|1|2|3])/$', views.about),
```

如果在此设置子样式的名称，在 views 相对应的函数中就一定要使用相同的名称才可以。

再举一个例子：在网站中经常会有按照时间分类的方式存取数据或信息的情况，类似的网址可能如下：

```
http://localhost:8000/list/2016/05/12
```

表示要取出所有该日期中相关的数据或信息做一个列表，或是：

```
http://localhost:8000/post/2016/05/12/01
```

要取出当日编号为 01 号的文章，像这样的网址该如何设计 urlpattern 呢？首先是年份的部分，公元年份一定是 4 个数字没有问题，而月份有可能是 1 位数，也有可能是 2 位数，另外，日期是一样的。至于在显示单一文章时，后面的编号可以接收多少位数也是要考虑的，在此假设最多 3 位数。基于上述推定，此处的 2 个 pattern 分别如下：

```
re_path (r'^list/(?P<list_date>\d{4}/\d{1,2}/\d{1,2})$', views.listing),
re_path (r'^post/(?P<post_data>\d{4}/\d{1,2}/\d{1,2}/\d{1,3})$', views.post),
```

在 views.py 中的函数内容分别如下：

```
def listing(request, list_date):
    html = "<h2>List Date is {}</h2><hr>".format(list_date)
    return HttpResponse(html)

def post(request, post_data):
    html = "<h2>Post Data is {}</h2><hr>".format(post_data)
    return HttpResponse(html)
```

执行结果如图 5-4 所示。

图 5-4　取出 Post Data 的网页浏览结果

不过，我们会在网址中做更进一步地解析，以方便在函数中处理时使用。以上述的 post 函数为例，我们会把 urlpatterns 的各子样式都取出来，语句如下：

```
re_path(r'^post/(\d{4})/(\d{1,2})/(\d{1,2})/(\d{1,3})$', views.post),
```

然后在 views.post 中使用以下程序代码：

```
def post(request, yr, mon, day, post_num):
    html = "<h2>{}/{}/{}:Post Number:{}</h2><hr>".format(yr, mon, day,
int(post_num))
    return HttpResponse(html)
```

等于是分别取出年、月、日以及文章的编号，如此在进行数据库文章搜索的时候，会更方便程序的编写。修正后的网页执行结果如图 5-5 所示。

图 5-5　取出网址参数值的浏览结果

5.1.4　验证正则表达式设计 URL 的正确性

在辛苦地设计好了 URL 正则表达式后，如果没有照我们心中预想地运行，那么会让网站的运行得到预期之外的结果。因此，在设计完了这些 URL 的正则表达式后，最好能够先验证一下。其中，顺序性也非常重要，因为 Django 是以先匹配先执行的方式来选择要使用的处理函数，如果有两个网址的设计都匹配同样的 Pattern，那么放在后面的语句是永远也不会被执行到的。

对于许多初学者来说，要用头脑去思考正规表达式的正确性的确不太容易，所幸网络上有许多免费的资源可以让我们在线测试自己编写的正则表达式是否和我们预想的一致。其中一个网站就可以帮助我们做到这点，这个网站的网址为 http://pythex.org/，网站的页面如图 5-6 所示。

此网站的用法很简单，在 "Your regular expression" 中输入我们设计的正则表达式，然后在 "Your test string" 中输入想要验证的网址字符串，最后会在 "Match result" 中以反白的方式把匹配的字符串显示出来。以图 5-6 输入的内容为例，因为我们要求 pattern 的后面是 "\d{2}"，也就是数字一定要两个字符才会被接受，因此在 Match result 中，只有前面的日期格式可以通过，后面的 2010/12/1/就不行。

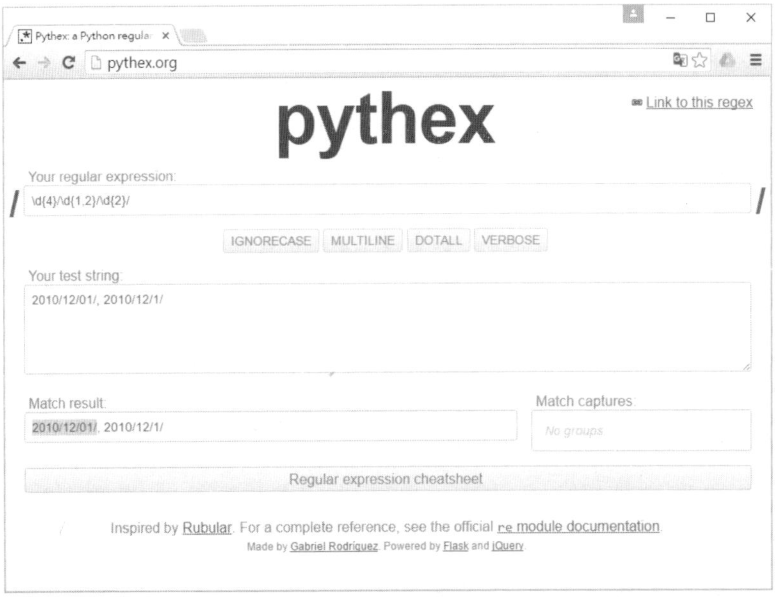

图 5-6　使用 pythex 来验证正则表达式的样式是否正确

5.2　高级设置技巧

当设计的网站项目越来越大、功能越来越多时，所使用到的网址对应也相对地更多、更复杂，运用一些小技巧，可以让程序代码的可读性变得更好些。另外，有一些多功能的模块（在本书的后面会介绍到）会有自己的网址管理设置，学会如何在 urlpatterns 使用 include 的方法，对于日后在项目中加入这些模块的功能也会更加胸有成竹。

5.2.1　参数的传送

在 5.1 节中，我们使用 PC 上直观的方式来进行网址的参数传送，但有时可能需要一些预设的参数值以便降低网址设计的复杂度。例如，我们在显示关于作者的信息时，如果有指定的数字，则显示该指定数字对应的作者信息，否则以第 0 位作者作为显示的目标，以这种方式设计的网页样式可以设置如下：

```
path('about/', views.about),
path('about/<int:author_no>/', views.about),
```

然后在 views.about 中的自变量行上加上一个默认值：

```
def about(request, author_no = 0):
    html = "<h2>Here is Author:{}'s about page!</h2><hr>".format(author_no)
    return HttpResponse(html)
```

如此，如果网址栏中只指定了/about，那么 author_no='0'就会派上用场，否则就会以在网址中提取到的数字为准。

除了在子样式中匹配的项目会被当作参数自动传送到 views 中的处理函数外,如果需要在程序中以手动的方式传送数据过去,那么只要在处理函数后面加上一个字典类型的数据即可,语句如下:

```
path('', views.homepage, {'testmode':'YES'}),
```

然后在 views.homepage 中就要多设置一个参数(此例为 testmode)用来接收来自 urls.py 的自变量。在执行 views.homepage 时,参数中的内容就是此例中设置的'YES'字符串。

5.2.2　include 其他整组的 urlpatterns 设置

大型的网站如果一条一条地设置,将会越来越复杂,到最后不太好维护,所以对于同样性质的网页,可以使用 include 的方式把 urlpatterns 放到另一个地方去设置,最常见的方式如下(使用在 Django 2.0 版以前的样子):

```
re_path(r'^admin/', include(admin.site.urls)),
```

默认的 Django 网站的管理网页,针对/admin/开头的内容使用 admin.site.urls 模块处理,事实上在 admin 的模块中,这行指令就是返回它自定义的 urlpatterns。

因此,如果在网站中有一整组由某些文字开头的统一设置,比较正确的做法是先定义一份自己的 urlpatterns,然后使用 include 的方式加入原有的 urlpatterns,语句如下:

```
my_patterns = [
    path('company/', views.company),
    path('sales/', views.sales),
    path('contact/', views.contact),
]

urlpatterns = [
    path('info/', include(my_patterns)),
]
```

在此例中,我们定义了 my_patterns,然后到 urlpatterns 中把 my_patterns 使用 include 指令加入。如此,所有网址中只要是有/info 开头的字符串,就会被转送到 my_patterns 中解析。因此,如 localhost:8000/info/company/这样的网址就会调用 views.company 函数来加以处理。

5.2.3　URLconf 的反解功能

前面的内容都在说明如何使用设计好的 pattern 来验证网址是否是我们需要的样子,那么反过来,如果我们要在网页中建立链接,也可以运用设计好的 pattern 来产生匹配格式的网址,而且非常简单。在使用之前,必须先对设计好的样式取一个名字,只要在 path()函数中加上 name 的命名即可,语句如下:

```
path('post/<int:yr>/<int:mon>/<int:day>/<int:post_num>/', views.post,
name='post-url'),
```

我们以之前设置显示文章内容的样式为例,在此把它命名为 post-url,它会有 4 个子样式的参数。接着,如果我们要在网页中的 html 文件中按此格式编出网址栏,在模板文件(此例为 index.html)

中，可以编写如下：

```html
<!-- index.html -->
<!DOCTYPE html>
<html>
<head>
    <meta charset='utf-8'>
    <title>Home Page</title>
</head>
<body>
    {% url 'post-url' 2015 12 1 01 %}
</body>
</html>
```

其中{% url 'post-url' 2015 12 1 01 %}这一行表示要以（2015, 12, 1, 01）这 4 个数字为自变量，找到刚刚在 urls.py 中的设置重新编写出符合或匹配该样式的格式，语句如下：

```
/post/2015/12/1/1
```

如果要让此网址成为链接，那么把刚刚那一行更改如下：

```html
<a href="{% url 'post-url' 2015 12 1 01 %}">Show the Post</a>
```

上述在 HTML 模板中的功能，如果使用 Python 的程序代码编写，语句如下：

```python
from django.core.urlresolvers import reverse

def homepage(request):
    year = 2015
    month = 11
    day = 20
    postid=1

    html = "<a href='{}'>Show the Post</a>" \
        .format(reverse('post-url', args=(year, month, day, postid,)))
    return HttpResponse(html)
```

5.3 习　　题

1. 如果把 re_path(r'', views.homepage)放在 urlpatterns 的第一行，对于网站会有什么影响？
2. 如果把 re_path(r'^about/$', views.about)样式设置后面的 "$" 删除，会有什么影响？
3. 如果 Django 网站在网址处输入 "/?page=10&sys=1&no=1&next=0"，需要使用什么样的样式来对应？
4. 请编写一个程序，可以把 "localhost:8000/10/20" 后面的 2 个数字取出，并在网页中显示出总和。
5. 请编写一个简单的网站，让用户在网址栏中输入英寸，可以换算成厘米，如果输入厘米，就换算成英寸。

第 6 堂

Template 深入探讨

制作网站时千万别把网站的 HTML/CSS/JavaScript 排版以及一些高级的视觉功能和网站的程序逻辑一起设计,不然不但会事倍功半,而且设计出来的效果也不容易有专业水平。更重要的是,把网站的显示和程序逻辑混在一起,你的网站会变得非常难以维护。因此,专业的网站一定要把视图和过程控制逻辑分开。之前介绍的 views.py 以及 urls.py 可以算是程序的控制逻辑,而本堂课所要介绍的 Template 属于视图逻辑。在前面的内容中,我们对于 Template 的运用已有简单的概念,在这一堂课中将会深入探讨。

6.1 Template 的设置与运行

在使用 Template 之前,首先要到 setttings.py 中做好文件夹的设置工作,安排所有.html 在同一个文件夹中,并把 DIR 指到这个文件夹。另外,如果不想使用默认的模板引擎,也可以自行更换。

6.1.1 settings.py 设置

settings.py 中与 Template 有关的设置如下:

```
TEMPLATES = [
    {
        'BACKEND': 'django.template.backends.django.DjangoTemplates',
        'DIRS': [os.path.join(BASE_DIR, 'templates')],
        'APP_DIRS': True,
        'OPTIONS': {
            'context_processors': [
                'django.template.context_processors.debug',
                'django.template.context_processors.request',
                'django.contrib.auth.context_processors.auth',
```

```
                'django.contrib.messages.context_processors.messages',
            ],
        },
    },
]
```

其中，在 BACKEND 处可以指定要使用的模板引擎，在网页模板中很有名气的 Jinja2 可以直接换成 django.template.backends.jinja2.Jinja2。不过，对初学者来说是不需要变更的，默认的就很好用了。

第二个设置 DIRS 很重要，用来指定 Template 网页文件要存放在哪里，一般我们都会将其和主网站放在一起，所以都是使用 os.path.join 把 Template 附加到 BASE_DIR（主网站的目录位置），直接把 templates 文件夹创建在主网站的同一文件夹下就可以了。

第三个部分是把 APP_DIRS 设置成 True，这样当系统需要使用 Template 网页文件时，就会从当前 APP 内的 templates 文件夹开始寻找对应的模板。如果没找到对应的模板，才会到 DIRS 设置的路径寻找，假如全部没有找到的话，就会抛出 TemplateDoestNotExist 的例外。我们也可以在各个 APP 内设置 templates 文件夹，如此设置可以让 APP 被重复使用到其他网站。

在这里的例子中，我们的 APP 是 mysite，所以也要在 mysite 文件夹内设置 templates 文件夹，建立完成的文件夹结构如下（以 Windows 操作系统为例）：

```
(VENV) C:\myDjango\ch06www>tree
卷的文件夹 PATH 列表
卷的序列号为 B631-2F8D
C:.
├───ch06www
├───mysite
...
    ├───templates
...
    └───templates
```

在此例中，网站的首页使用了以下的设置（以下为 urls.py 的内容）：

```
from django.contrib import admin
from django.urls import path
from mysite import views

urlpatterns = [
    path('admin/', admin.site.urls),
    path('', views.index),
]
```

在上面的程序代码中，因为指定了要调用 views.py 中的 index 函数，所以在 views.py 中就要编写 index 函数的内容，如下（以下为 views.py 的内容）：

```
from django.shortcuts import render

# Create your views here.
def index(request):
    return render(request, 'index.html', {'msg':'Hello'})
```

上面这个例子只是简单地把网页显示出来，并没有做什么网页显示的工作。实际上，render

做了很多事情，我们可以用图 6-1 来说明。

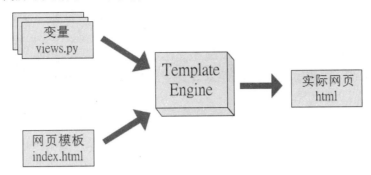

图 6-1　模板的工作原理

如图 6-1 所示，实际上模板引擎的输入有两个主要的部分：第一部分当然是模板文件，也就是.html 的文件；第二部分是要用来显示的数据内容，这些我们会放在变量里面，然后使用字典的格式把数据传送到模板引擎中。传送进去的变量可以是单纯的单一变量，也可以是复杂的列表数据，这些数据都可以在模板中通过指令来设置输出的方式。

在用来当作模板的.html 文件中，除了编写 HTML 标记内容外，也可以使用将要在 6.3 节中介绍的模板语句来编写显示数据的方法。另外，还可以进一步使用模板继承或导入的方式在模板中使用别的模板，兼顾便利性和弹性。通过模板引擎渲染出来的结果就是一个包含 HTML 标记的字符串，最后只要把这个字符串使用 render 传送给网页服务器即可。

6.1.2　创建 Template 文件

在 6.1.1 小节设置了固定的文件夹后，接下来把所有 .html 文件都放在这个文件夹中就可以了。简单地看，一个页面可以对应一个模板文件，但哪个模板文件要由哪个函数来处理其实并没有特别的规定。因此，一个个的模板文件（*.html）可以看成可以使用的素材，用来显示特定排版样式的网页，随时可以拿来使用。下面介绍使用模板的标准步骤：

步骤01　找到适用的模板（.html 文件），如果没有，就建立一个。由于我们的程序功能是在 mysite 这个 APP 中来实现的，因此该 APP 所需处理的模板也需要放在该 APP 下的 templates 文件夹中，这样一来就使得 mysite APP 拥有更高的独立性与可重复使用的特性。

步骤02　在 views.py 的处理函数中查询、计算并准备数据，把要显示在网页上的数据使用字典格式编排好。

步骤03　使用 render 函数实现模板渲染功能，第一个参数 request 用以把请求传送给网页服务器，第二个参数是指定要渲染的模板，最后一个参数是我们要传送的内容，内容需要以字典形式来传送。

基本上就是以下几行程序代码：

```
return render(request, 'index.html', {'msg':'Hello'})
```

如果要传送的变量比较多，要编写非常长的字典就很麻烦了。有一个取巧的方式，就是使用 Python 的 locals()函数。这是一个内置的函数，功能是把当前所有的局部变量编成字典格式返回，有了这个数据，直接把它提供给 render 渲染即可。

在 Template 文件中，渲染器主要以两个符号来识别，分别是"{{ id }}"和"{% cmd %}"。其中两对大括号中间放置要显示的变量，看到这样的符号，渲染器就会直接把变量 id 的内容显示出来。大括号加上百分比符号代表中间是模板的控制命令，它会根据控制命令的用途执行指令（例如决策、循环等），或者执行模板的继承与管理等相关指令，这些内容我们在后续的章节中会陆续加以说明。

以让网站首页显示系统当前时间为例，假设我们把当前的服务器系统时间放在 now 变量中，然后在 index.html 中的特定位置显示出来，那么在 views.py 中的 index 处理函数应该编写如下代码（以下为 views.py 的内容）：

```python
from datetime import datetime

def index(request):
    now = datetime.now()
    return render(request, 'index.html', locals())
```

也就是使用 datetime 模块中的 now() 函数取得目前的系统时间，放在 now 变量中，然后通过 locals() 内置函数把所有局部变量打包传给 render。在 index.html 中，要指定显示的格式以及位置，把 HTML 的格式设置好之后，使用 {{ now }} 就可以把目前的系统日期时间显示出来，语句如下：

```html
<!-- index.html (ch06www project) -->
<!DOCTYPE html>
<html>
<head>
    <meta charset='utf-8'>
    <title>Home Page</title>
</head>
<body>
    <h2>Hello world!</h2>
    <hr>
    <em>
    {{ now }}
    </em>
</body>
</html>
```

6.1.3　在 Template 文件中使用现有的网页框架

由于模板引擎只针对{{}}和{%%}中的内容进行处理，原本放在.html 文件中的 JavaScript 以及 CSS 程序代码并不会被改动。因此在网页排版中经常会使用到的 jQuery、Ajax 以及 Bootstrap 等都可以用在模板文件中，使用这些框架需要导入一些外部的.js 和.css 文件，如果这些文件要放在网站的文件夹中，就会被视为静态文件，需要进行一些额外的处理。除非有特殊的考虑，笔者建议直接使用 CDN 链接的方式。一些自定义的 CSS 和 JS 文件可以使用静态文件处理。以 Bootstrap 为例，在官网（http://getbootstrap.com/getting-started/#download）上就有此链接，语句如下：

```html
<!-- Latest compiled and minified CSS --> <link rel="stylesheet" href="https://maxcdn.bootstrapcdn.com/bootstrap/3.3.6/css/bootstrap.min.css" integrity="sha384-1q8mTJOASx8jlAu+a5WDVnPi2lkFfwwEAa8hDDdjZlpLegxhjVME1fgjWPGmkzs7" crossorigin="anonymous"> <!-- Optional theme --> <link rel="stylesheet"
```

```
href="https://maxcdn.bootstrapcdn.com/bootstrap/3.3.6/css/bootstrap-theme.min.
css"
integrity="sha384-fLW2N01lMqjakBkx3l/M9EahuwpSfeNvV63J5ezn3uZzapT0u7EYsXMjQV+0
En5r" crossorigin="anonymous"> <!-- Latest compiled and minified JavaScript -->
<script
src="https://maxcdn.bootstrapcdn.com/bootstrap/3.3.6/js/bootstrap.min.js"
integrity="sha384-0mSbJDEHialfmuBBQP6A4Qrprq5OVfW37PRR3j5ELqxss1yVqOtnepnHVP9a
J7xS" crossorigin="anonymous"></script>
```

不用怀疑,直接把这一段程序代码放在 index.html 的<head></head>之间即可,一般是放在</head>这一行的前面。而 jQuery 的 CDN 代码则是放在 https://code.jquery.com/网址中,不同的版本有不同的链接代码,3.x 版本的代码如下:

```
<script src="https://code.jquery.com/jquery-3.1.0.min.js"
integrity="sha256-cCueBR6CsyA4/9szpPfrX3s49M9vUU5BgtiJj06wt/s="
crossorigin="anonymous"></script>
```

这一段代码放在</body>之前即可。使用 Bootstrap 以及 jQuery 就可以使用极精简的程序代码编写出具有充分前端互动能力的网页。当然,网页设计人员习惯使用的工具也都没有问题,只要注意网页中的静态文件处理方式以及预留要显示变量的地方即可。

6.1.4 直播电视网站应用范例

综合上述说明,本小节以一个直播电视网站来作为综合应用的范例。现在有许多电视台都提供在 YouTube 上的 24 小时直播服务,本小节的目的是制作一个网站,把这些直播电视新闻集中在我们的网站中,并以链接或按钮的方式来提供选台的服务。

要把 YouTube 某一个视频链接到自己的网站中,需要先取得该网站的嵌入码,嵌入码的位置如图 6-2 所示。

图 6-2　YouTube 视频的嵌入码所在位置

基本上每一个视频的嵌入码都是一样的，只有一个地方不同，就是每一个视频特有的 ID，位于"embed/"之后、""之前的地方。因此，嵌入码在网页中只要使用一次，然后填入不同的 ID 就会出现不同的视频。运用这个原理，我们找出任意两个直播新闻网站的 ID 以及对应的名称并将其存储在列表中，当使用在本网站网址后面指定的数字后，就按照该数字选用对应的直播新闻网站的名称以及 ID 传送到 index.html 中进行网页显示，从而完成我们的程序。

为了让网址可以接收数字，urls.py 的内容编写如下：

```python
from django.contrib import admin
from django.urls import path
from mysite import views

urlpatterns = [
    path('admin/', admin.site.urls),
    path('', views.index),
    path('<int:tvno>/', views.index, name = 'tv-url')
]
```

urlpatterns 的第 1 行是原来首页使用的设置，第 2 行是增加让网址可以识别出 1 个数字"\d{1}"的设置。因为我们在 index.html 使用这行设置来对网址进行编码，所以也把这个设置叫作"tv-url"。

在 views.py 中的 index 函数程序内容如下：

```python
def index(request, tvno = 0):
    tv_list = [{'name':'CCTV News', 'tvcode':'yPhFG2I0dE0'},
               {'name':'CCTV 中文国际', 'tvcode':'E1DTZBy4xr4'},]
    
    now = datetime.now()
    tvno = tvno
    tv = tv_list[tvno]
    return render(request, 'index.html', locals())
```

在这个函数中，先把搜集到的两个直播视频 ID 放在 tv_list 列表中。它们的索引值分别是 0 和 1。在这个例子中，我们只打算把要播放的视频数据传送过去，因此先取得 tvno，也就是用户选用的频道（从网址栏中选取，例如 localhost:8000/0 会选用 0，而 localhost:8000/1 会选用 1），并从 tv_list 列表中取出选到的频道信息放在 tv 变量中。由于 tv 变量是一个字典类型的变量，因此可以使用 tv.name 取出频道的名称，tv.tvcode 取出视频的 ID。如前面所说的，在进入 render 之前，使用 locals() 内置函数加载所有局部变量，传送到 index.html 进行网页显示。

以下是 index.html 的程序代码内容：

```html
<!-- index.html (ch06www project) -->
<!DOCTYPE html>
<html>
<head>
    <meta charset='utf-8'>
    <title>Home Page</title>
<!-- Latest compiled and minified CSS -->
<link rel="stylesheet" href="https://maxcdn.bootstrapcdn.com/bootstrap/3.3.6/css/bootstrap.min.css" integrity="sha384-1q8mTJOASx8j1Au+a5WDVnPi2lkFfwwEAa8hDDdjZlpLegxhjVME1fgjWPGm kzs7" crossorigin="anonymous">
```

```html
        <!-- Optional theme -->
    <link rel="stylesheet" href="https://maxcdn.bootstrapcdn.com/bootstrap/3.3.6/css/bootstrap-theme.min.css" integrity="sha384-fLW2N01lMqjakBkx3l/M9EahuwpSfeNvV63J5ezn3uZzapT0u7EYsXMjQV+0En5r" crossorigin="anonymous">

    <!-- Latest compiled and minified JavaScript -->
    <script src="https://maxcdn.bootstrapcdn.com/bootstrap/3.3.6/js/bootstrap.min.js" integrity="sha384-0mSbJDEHialfmuBBQP6A4Qrprq5OVfW37PRR3j5ELqxss1yVqOtnepnHVP9aJ7xS" crossorigin="anonymous"></script>
    </head>
    <body>
        <nav class='navbar navbar-default'>
            <div class='container-fluid'>
                <div class='navbar-header'>
                    <a class='navbar-brand' href='#'>正在播出{{tv.name}}</a>
                </div>
                <ul class='nav navbar-nav'>
                    <li class='active'><a href='/'>Home</a></li>
                    <li><a href='{% url 'tv-url' 0 %}'>CCTV News</a></li>
                    <li><a href='{% url 'tv-url' 1 %}'>CCTV 中文国际</a></li>
                </ul>
            </div>
        </nav>
        <div class='container'>
            <div id='tvcode' align='center'>
                <iframe width="560" height="315" src="https://www.youtube.com/embed/{{tv.tvcode}}?autoplay=1" frameborder="0" allowfullscreen></iframe>
            </div>
        </div>
        <div class='panel panel-default'>
            <div class='panel-footer'><em>{{ now }}</em></div>
        </div>
        <script src="https://code.jquery.com/jquery-3.1.0.min.js" integrity="sha256-cCueBR6CsyA4/9szpPfrX3s49M9vUU5BgtiJj06wt/s=" crossorigin="anonymous"></script>
    </body>
</html>
```

在\<head\>\</head\>之间放的是 Bootstrap 的 CDN 链接以及网站的一般信息，在\</body\>之前的则是 jQuery 的 CDN 链接，这些内容可以在相关的官网中找到并复制。如前所述，使用{{tv.name}}取出此直播视频的名称：

```html
<a class='navbar-brand' href='#'>正在播出{{tv.name}}</a>
```

下面这段程序代码用来执行视频嵌入网站的工作：

```html
            <div id='tvcode' align='center'>
                <iframe width="560" height="315" src="https://www.youtube.com/embed/{{tv.tvcode}}?autoplay=1" frameborder="0" allowfullscreen></iframe>
            </div>
```

注意/embed/字符串后面的{{tv.tvcode}}，就是通过 Template 在从 views.py 传送过来的变量中取出其视频 ID 的部分，然后串接在嵌入码的地方。在此 ID 后面加上"?autoplay=1"，让此视频可以在选取之后立即自动播放，这样操作起来比较像电视机的选台功能。

至于菜单的部分，在此使用了 Bootstrap 的功能制作菜单，编码如下：

```html
<ul class='nav navbar-nav'>
    <li class='active'><a href='/'>Home</a></li>
    <li><a href='{% url 'tv-url' 0 %}'>CCTV News</a></li>
    <li><a href='{% url 'tv-url' 1 %}'>CCTV 中文国际</a></li>
</ul>
```

本小节使用的是固定菜单的做法，等到学习 Template 的循环指令后，就可以创建更有弹性的节目菜单了。在网址栏链接的部分，我们使用了 {% url 'tv-url' 0 %} 功能。可以在 urls.py 中设置样式，给定参数（在这里是 0~1）会编出符合该格式的网址栏，非常方便。图 6-3 是本网站的执行成果。

图 6-3　新闻直播网站的运行界面

6.1.5　在 Template 中使用 static 文件

基于性能的考虑，Django 对于静态文件有不同的处理方式，这些我们在前面的章节也提过，在此复习一下。开发模式中的问题比较简单，需要记得以下几点：

- 在 settings.py 中，设置 STATIC_URL 使用的网址，例如 STATIC_URL='/static/'，也就是指定在网址中以/static/开头的网址就视为要对静态文件进行读取。
- 在 settings.py 中设置 STATICFILES_DIRS，这是设置静态文件真正要存放的文件位置。一般而言都会放在网站文件夹下的 static 文件夹中，所以都会设置两个文件夹，分别是 os.path.join(BASE_DIR, 'static') 和 '/var/www/static'。
- 在 template 文件中使用静态文件的专用加载方式。

其中第 2 点非常重要，也就是在传统的 PHP 网站中，如果要使用图像文件，只要把该文件放在任意文件夹中，然后直接使用该路径作为链接即可。例如，放在/images 文件夹下的 logo.jpg 中，在链接时只要写成<img src='/images/logo.jpg'> 就可以了，但是这种方法在 Django 中是行不通的。在 Django 中要使用以下方式：

```
{% load static %}
<img src="{% static "images/logo.png" %}" width=60>
```

其中，{% load staticfiles %}在整个文件中只要使用过一次即可。到目前为止，本范例网站的目录结构如下：

```
(VENV) D:\myDjango>tree ch06www
卷 Transcend 的文件夹 PATH 列表
卷的序列号为 1AE4-8CF4
D:\MYDJANGO\CH06WWW
├─ch06www
├─mysite
│   └─migrations
├─templates
└─static
    └─images
```

我们把 logo.png 放在 static/images 文件夹内，接着在 index.html 中把 logo.png 加入 Bootstrap 菜单栏的 navbar-brand 中，语句如下：

```
<div class='navbar-brand' align=center>
    {% load static %}
    <img src="{% static "images/logo.png" %}" width=60>
    {{tv.name}}
</div>
```

在网站的左上角处就可以看到此网站的图形 logo 了，如图 6-4 所示。

图 6-4　加上图形 logo 的范例网站运行页面

6.2 高级 Template 技巧

Template 本身提供了继承的用法，使得大型网站不用把每一个.html 文件都编写得很大，只要把一些共享的信息放在基础的 Template 中，然后在别的.html 文件中加上引用即可。这样做的好处不只是让每一个文件变得比较简单、好管理，同时让一些共同的信息在需要修改的时候，只要修改一个文件就等于"同步"到所有引用此文件的.html 文件中，不至于产生信息不同步的问题。

6.2.1 Template 模板的继承

Template 的继承与导入的关系在图 2-15 中已有说明。提供这样的功能主要是因为网站中大部分排版设计其实都是由几个固定的部分构成的，尤其是一些强调设计一致性的网站，更会专注于网站的一致性元素的设计，不止网站要能呈现出主题感觉，在不同的页面中还必须有一致的页标题以及页脚（尾）才行。

简单地说，一个网页基本上由页首（或称为页眉）、内容以及页脚 3 个部分构成。内容部分可能还会切出许多字段。HTML 文件的开头一定要有<!DOCTYP html>、<head><meta charset='utf'>等一些制式的设置，还有之前一大串的 Bootstrap 和 jQuery 的 CDN 链接等，这些也希望能够出现一次。

在这种情况下，网站的所有 Template 文件都会设计一个 base.html 基础文件，主要用于放置一些固定不变的 HTML 网页代码，而所有会被变更的内容都使用{% block name %}{% endblock %}进行注释。其中，name 是每一个 block 的名称，也是在扩展（继承）base.html 之后进行设置、会被代入的数据内容。以 6.1 节的直播新闻网站为例，我们可以先把 index.html 转换成 base.html，语句如下：

```
<!-- base.html (ch06www project) -->
<!DOCTYPE html>
<html>
<head>
    <meta charset='utf-8'>
    <title>{% block title %}{% endblock %}</title>
<!-- Latest compiled and minified CSS -->
    <link rel="stylesheet" href="https://maxcdn.bootstrapcdn.com/bootstrap/3.3.6/css/bootstrap.min.css" integrity="sha384-1q8mTJOASx8j1Au+a5WDVnPi2lkFfwwEAa8hDDdjZlpLegxhjVME1fgjWPGmkzs7" crossorigin="anonymous">

<!-- Optional theme -->
    <link rel="stylesheet" href="https://maxcdn.bootstrapcdn.com/bootstrap/3.3.6/css/bootstrap-theme.min.css" integrity="sha384-fLW2N01lMqjakBkx3l/M9EahuwpSfeNvV63J5ezn3uZzapT0u7EYsXMjQV+0En5r" crossorigin="anonymous">

<!-- Latest compiled and minified JavaScript -->
    <script src="https://maxcdn.bootstrapcdn.com/bootstrap/3.3.6/js/bootstrap.min.js" integrity="sha384-0mSbJDEHialfmuBBQP6A4Qrprq5OVfW37PRR3j5ELqxss1yVqOtnepnHVP9a
```

```
J7xS" crossorigin="anonymous"></script>
    </head>
    <body>
        <nav class='navbar navbar-default'>
            <div class='container-fluid'>
                <div class='navbar-header'>
                    <div class='navbar-brand' align=center>
                        {% load staticfiles %}
                        <img src="{% static "images/logo.png" %}" width=60>
                        {% block tvname %}{% endblock %}
                    </div>
                </div>
                {% block menu %}{% endblock %}
            </div>
        </nav>
        {% block content %}{% endblock %}
        <div class='panel panel-default'>
            <div class='panel-footer'><em>{{ now }}</em></div>
        </div>
        <script src="https://code.jquery.com/jquery-3.1.0.min.js"
integrity="sha256-cCueBR6CsyA4/9szpPfrX3s49M9vUU5BgtiJj06wt/s="
crossorigin="anonymous"></script>
    </body>
</html>
```

base.html 中的{% block %} {% endblock %}部分包括 title、tvname、menu、content 等，这些在 index.html 中都要实际填入数据。此外，一些可以在各个.html 文件间共享的 HTML 片段也可以制作成.html 文件，然后在需要的时候使用(% include "文件名" %) 导入。常见的此类应用是网站页尾的版权声明文字，例如下面的 footer.html：

```
<!-- footer.html -->
<em>Copyright 2016 http://hophd.com. All rights reserved.</em>
```

在 base.html 中的</body>之前可以使用以下指令把这个文件导入 base.html 中使用：

```
{% include "footer.html" %}
```

同样的方法也可以应用到其他需要重复使用的 HTML 片段。经过以上调整，index.html 的内容就简洁多了，语句如下：

```
<!-- index.html (ch06www project) -->
{% extends "base.html" %}
{% block title %}电视新闻直播 {% endblock %}
{% block tvname %} {{tv.name}} {% endblock %}
{% block menu %}
            <ul class='nav navbar-nav'>
                <li class='active'><a href='/'>Home</a></li>
                <li><a href='{% url 'tv-url' 0 %}'>CCTV News</a></li>
                <li><a href='{% url 'tv-url' 1 %}'>CCTV 中文国际</a></li>
            </ul>
{% endblock %}
{% block content %}
    <div class='container'>
        <div id='tvcode' align='center'>
            <iframe width="560" height="315"
```

```
src="https://www.youtube.com/embed/{{tv.tvcode}}?autoplay=1" frameborder="0"
allowfullscreen></iframe>
        </div>
    </div>
{% endblock %}
```

在 index.html 中，我们先使用{% extends "base.html" %}指定要继承的 base.html，然后按序设置每一个 block 的内容，这些内容既可以来自于变量，也可以直接使用 HTML 代码填入。这些设置全部在 templates 文件夹中完成，在主程序中（views.py）并不需要进行任何修改。以上的 base.html 和 index.html 编辑完成之后，网站的功能没有任何改变，只是 index.html 变得简单多了。

6.2.2　共享模板的使用范例

以上述内容为基础，假设此时希望我们的网站能够增加一个英文新闻直播功能。有了 base.html 之后，其他修改就显得相当容易了。首先，在 urls.py 中加入两行设置：

```
path('engtv/', views.engtv),
path('engtv/<int:tvno>/', views.engtv, name='engtv-url'),
```

在此设置中，找出网址栏中以/engtv 开头的，进入我们的英文新闻直播网站。此样式命名为'engtv-url'，还用 engtv()函数来处理其他内容。engtv()的内容如下：

```
def engtv(request, tvno='0'):
    tv_list = [{'name':'SkyNews', 'tvcode':'y60wDzZt8yg'},
               {'name':'Euro News', 'tvcode':'mWdKb7255Bs'},
               {'name':'India News', 'tvcode':'oMncjfIE-ZU'},
               {'name':'CCTV', 'tvcode':'wuzZYzSoEEU'},]
    now = datetime.now()
    tvno = tvno
    tv = tv_list[int(tvno)]
    return render(request, 'engtv.html', locals())
```

和 index()完全一样，只有直播的网址以及要使用的模板不一样而已。我们使用 engtv.html 作为直播的模板，语句如下：

```
<!-- engtv.html (ch06www project) -->
{% extends "base.html" %}
{% block title %}English News {% endblock %}
{% block tvname %} {{tv.name}} {% endblock %}
{% block menu %}
        <ul class='nav navbar-nav'>
            <li class='active'><a href='/'>Home</a></li>
            <li><a href='{% url 'engtv-url' 0 %}'>Sky News</a></li>
            <li><a href='{% url 'engtv-url' 1 %}'>Euro News</a></li>
            <li><a href='{% url 'engtv-url' 2 %}'>Indea News</a></li>
            <li><a href='{% url 'engtv-url' 3 %}'>CCTV</a></li>
        </ul>
{% endblock %}
{% block content %}
    <div class='container'>
        <div id='tvcode' align='center'>
            <iframe width="560" height="315"
```

```
src="https://www.youtube.com/embed/{{tv.tvcode}}?autoplay=1" frameborder="0"
allowfullscreen></iframe>
        </div>
    </div>
{% endblock %}
```

有了 base.html，要修改网站的排版就容易多了。不过，在上面的范例中，我们不断地以手动的方式去编排菜单内容其实是非常不明智的，在下一节中，我们将介绍 Template 中可以使用的语句。有了这些语句，就可以在 Template 文件中自动地检测并使用菜单了，上述网站也可以写得更精简实用。

6.3 Template 语言

Template 本身也有自己的语言和语法。简单地看，{{id}}可以把变量的内容直接显示出来，如果是字典类型的变量，也可以使用{{id.field}}句点操作符把其中的字段内容值显示出来。但是，如果遇到的是有很多内容的列表，或者有些信息有数据才显示、没有数据就不显示，就需要更多语句应对了。不过，Template 语言只用来处理简单的数据显示，如果有太复杂的程序逻辑，应该使用 views.py 中的函数来处理。

6.3.1 判断指令

在 Template 中要取出变量的内容，直接使用{{id}}即可。如果 id 是一个字典类型的变量，就要使用句点操作符（例如{{id.field1}}）取出在 Python 中这类格式的变量{'field1':10}。那么，如果是列表形式呢？列表以索引值作为取出内容的索引（或下标），如同之前取出字典变量内容一样，只是 key 值要改为数字，如列表 id=['item1', 'item2']。在 template 文件中，可以使用{{id.0}}和{{id.1}}将之取出。

另外，在一般程序设计语言中常见的判断指令在 template 中也有，分别是：

- {% if 条件 %} ... {% endif %}
- {% if 条件 %} ... {% elif 条件 %} ... {% endif %}
- {% if 条件 %} ... {% elif 条件 %} ... {% else %}... {% endif %}

请注意，endif 和 elif 这两个关键词的 end 和 if 以及 el 和 if 之间并没有空格。

常见的 if 用法在于判断某一个变量是否有内容，如果有就显示；如果没有内容或没有传送这个变量进来，就不予显示或显示其他信息，甚至可以让网页转向指定的网站或网页。当然也可以根据传进来的变量内容改变要显示的信息内容。

在条件的表达式上，许多运算符（包括>、<、≤、≥、!=、==等）都可以使用，也可以使用 and/or 串接两个以上的条件，并使用 not 作为否定条件。另外，若要检查某一个元素有没有存在于另一个列表中，或者某些字符有没有存在于另一个字符串里面，则可以使用"in"这个运算符。例如：

```
{% if car in cars %} ... {% endif %}
```

或

```
{% if 'a' in 'abcdef' %} ... {% endif %}
```

以 6.2 节的范例网站为例，假设想要提供一个可以根据当前系统时间来对浏览者显示早安或晚安的信息，只要把当前系统时间中的"小时"传到 index.html 网页中，然后通过 if 指令来判断即可。在 views.py 的 index() 中可以使用以下方法找出当前系统时间的"小时"数据：

```
hour = now.timetuple().tm_hour
```

接着在 index.html 中加入以下程序代码：

```
{% if hour > 18 %}
    晚安
{% elif hour < 10 %}
    早安
{% endif %}
<br>
```

在此例中，我们把它放在视频的嵌入码上方，因此在视频播放的上方可以根据当前的时间来决定要不要显示早安或晚安的信息，执行结果如图 6-5 所示。

图 6-5　加入早安或晚安信息功能的网站运行界面

6.3.2　循环指令

正如在 6.3.1 小节中提到的，如果在 index.html 中把菜单的内容直接写在网页中，日后如果需要增加更多直播台的内容，不止在 views.index 中添加列表的内容，还要在 index.html 网页中增加一次，不但麻烦，而且同样的数据在两个不同的地方进行修改也有可能造成不一致的问题。解决此问题最好的方法就是直接把 tv_list 列表传送到 index.html 中，然后使用 Template 的循环指令来解决。首先，假设我们又增加了一些直播台，把 views.index 的内容修改如下：

```
def index(request, tvno = 0):
    tv_list = [{'name':'CCTV News', 'tvcode':'yPhFG2I0dE0'},
               {'name':'CCTV 中文国际', 'tvcode':'E1DTZBy4xr4'},]
    now = datetime.now()
    hour = now.timetuple().tm_hour
    tvno = tvno
    tv = tv_list[tvno]
    return render(request, 'index.html', locals())
```

在上面的程序代码中有两个直播新闻台，读者会发现，其实 tv_list 并不用特别去传送，因为我们使用的 locals() 本来就会把所有局部变量传送过去，在 6.3.1 小节中其实我们已经传送过去了，只是没有在 index.html 中取出来使用罢了。

要解析在 index.html 中收到的列表变量，可以使用 {% for %} 和 {% endfor %}。同样地，end 和 for 之间也没有空格。代码段如下：

```
{% for t in tv_list %}
    <li>
        <a href='{% url 'tv-url' forloop.counter0 %}'>
            {{ t.name }}
        </a>
    </li>
{% endfor %}
```

这一段程序代码用来取代固定的菜单格式。其中，{% for t in tv_list %} 就是使用 t 变量把列表的内容逐一取出，而 t.name 自然就可以把每一个列表中元素的直播频道名称显示出来，成为菜单的每一个选项。forloop.counter0 是用来显示当前是第几个循环的一个计数器，刚好可以拿来放进 url 作为编网址用的参数。需要注意的是，同样都是循环计数器，forloop.counter0 是从 0 开始计数的，而 forloop.counter 是从 1 开始计数的。在这个例子中，由于列表的索引是从 0 开始的，因此我们选用 forloop.counter0。

通过循环指令的运用，我们的直播新闻范例可以在不修改 index.html 网页文件的情况下直接在 tv_list 列表中添加和修改内容，网页也会随之同步更新。

再举一个二手车库存显示网页的例子。假设网站有以下资料要根据用户的选择显示在网页上：

```
car_maker = ['SAAB', 'Ford', 'Honda', 'Mazda', 'Nissan','Toyota' ]
car_list = [ [],
             ['Fiesta', 'Focus', 'Modeo', 'EcoSport', 'Kuga', 'Mustang'],
             ['Fit', 'Odyssey', 'CR-V', 'City', 'NSX'],
             ['Mazda3', 'Mazda5', 'Mazda6', 'CX-3', 'CX-5', 'MX-5'],
             ['Tida', 'March', 'Livina', 'Sentra', 'Teana', 'X-Trail', 'Juke', 'Murano'],
             ['Camry','Altis', 'Yaris','86','Prius','Vios', 'RAV4', 'Wish']
           ]
```

其中，car_maker 是车厂的名称列表，而 car_list 是按照 car_maker 中的顺序填入当前有库存的汽车型号，SAAB 对应使用的是空字符串，表示当前在二手车商的数据中该品牌没有任何车款。在此范例的设计中，Template 网页命名为 carlist.html，而处理的函数为 views.carlist，在 urls.py 中的网址设计如下：

```
path('carlist/', views.carlist),
path('carlist/<int:maker>/', views.carlist, name='carlist-url'),
```

网址对应样式命名为'carlist-url'。在 views.carlist 函数中，也是很简单地直接把所有数据都传送到 carlist.html 中进行网页显示，和之前的程序代码非常类似。

```python
def carlist(request, maker=0):
    car_maker = ['SAAB', 'Ford', 'Honda', 'Mazda', 'Nissan','Toyota' ]
    car_list = [ [],
                ['Fiesta', 'Focus', 'Modeo', 'EcoSport', 'Kuga', 'Mustang'],
                ['Fit', 'Odyssey', 'CR-V', 'City', 'NSX'],
                ['Mazda3', 'Mazda5', 'Mazda6', 'CX-3', 'CX-5', 'MX-5'],
                ['Tida', 'March', 'Livina', 'Sentra', 'Teana', 'X-Trail', 'Juke', 'Murano'],
                ['Camry','Altis','Yaris','86','Prius','Vios', 'RAV4', 'Wish']
                ]
    maker = maker
    maker_name = car_maker[maker]
    cars = car_list[maker]
    return render(request, 'carlist.html', locals())
```

在 carlist.html 中要处理的变量有车厂的列表 car_maker、库存车款列表（二维列表或二维数组）car_list、目前选定的车厂编号 maker 以及车厂名称 maker_name，还有当前选定的车厂列表 cars 等。要特别注意的是，选定的车厂有可能并没有库存车款（例如 SAAB，它在 car_list 中是一个空列表），我们在网页中要能够识别这种情况，并在显示的时候以不同的信息呈现出来。carlist.html 的内容如下：

```html
<!-- carlist.html (ch06www project) -->
<!DOCTYPE html>
<html>
<head>
    <meta charset='utf-8'>
    <title>二手车卖场</title>
</head>
<body>
    <h2>欢迎光临 DJ 二手车卖场</h2>
    <table>
        <tr>
{% for m in car_maker %}
        <td bgcolor="#ccffcc">
            <a href="{% url 'carlist-url' forloop.counter0 %}">{{m}}</a>
        </td>
{% endfor %}
        </tr>
    </table>
{% if cars %}
    <table>
        <tr><td>车厂</td><td>车款</td></tr>
{% endif %}
{% for c in cars %}
        <tr bgcolor="{% cycle '#eeeeee' '#cccccc' %}">
        <td>{{maker_name}}</td><td>{{ c }}</td>
        </tr>
{% empty %}
        <h3>车厂<em>{{maker_name}}</em>目前无库存车</h3>
{% endfor %}
{% if cars %}
```

```
            </table>
    {% endif %}
</body>
</html>
```

如同前面的网站内容，在此使用{% for m in car_maker %}把所有车厂名称提取出来并建立一组链接，让用户可以通过这些链接存取各个车厂的车款。而当得到要显示的车款所有内容之后（放在cars 中），通过{% for c in cars %}逐一取出即可。不过，因为我们要使用表格的方式来呈现所有车款的内容，所以一开始要加上<table><tr><td>车厂</td><td>车款</td></tr>这一组 HTML 标记，在内容呈现完毕后，要以</table>结尾。如果没有任何要显示的车款，这些标记就不能附加上去了，因此这两段标记内容要呈现之前必须使用{% if cars %}{% endif %}进行检测。

此外，如果 cars 是空字符串，自然{% for c in cars %}循环就不会执行了，但是页面也不能就这样空着，让用户以为网页故障以至于呈现空白内容，此时就是{% empty %}这条指令发挥作用了。将其放在 forloop 循环中，当循环要使用的变量是空的时候，就会显示放在其中的内容。因此，我们把"目前无库存车"的信息放在{% empty %}下。

在网页上显示表格时，为了让浏览者的阅读体验更好，常常会根据奇数行还是偶数行进行不同的颜色设置，这种技巧只要使用{% cycle %}即可完成。它后面可以放置一个以上的信息，要设置奇偶数不同就放 2 个，放 3 个以上则按照循环数依次循环取出。在此例放置了 2 个 bgcolor 的颜色设置，所以表格会按照奇偶行的不同显示不同的背景颜色。

图 6-6 和图 6-7 就是执行的结果。

图 6-6　显示指定车厂的车款列表

图 6-7　指定车厂无车款时的显示界面

其实{% for %}循环中除了 cycle 和 forloop.counter0/forloop.counter 外，还有以下几个参数可以使用：

- forloop.revcounter
- forloop.revcounter0
- forloop.first
- forloop.last
- forloop.parentloop

前两者是反过来计算的计数值，最后一个 forloop.parentloop 是用来存取上一层循环的。forloop.first 和 forloop.last 都是 boolean 值，只有分别在循环处是第一圈或最后一圈的时候才会是 True，其他的时候是 False。这样有什么用处？以前面的网站程序为例，之前我们在循环的外面使用 if 来判断 cars 中是否有数据，以此来决定要不要显示表格的<table> </table>标记以及第一行的标题栏。如果搭配 forloop.first 以及 forloop.last，就可以把这个逻辑移回循环内，编码如下：

```
{% for c in cars %}
    {% if forloop.first %}
<table>
    <tr><td>车厂</td><td>车款</td></tr>
    {% endif %}
    <tr bgcolor="{% cycle '#eeeeee' '#cccccc' %}">
    <td>{{maker_name}}</td><td>{{ c }}</td>
    </tr>
    {% if forloop.last %}
</table>
    {% endif %}
{% empty %}
    <h3>车厂<em>{{maker_name}}</em>目前无库存车</h3>
{% endfor %}
```

如此在逻辑上就会比较好理解，变成一个完整的表格绘制工作。

6.3.3　过滤器与其他的语法标记

在显示数据时，Template 解释器有许多内置的过滤器 Filter 可以使用。过滤器可以我们在输出数据的时候，针对数据的显示格式、内容等进行一些修正或设置。在此仅列举比较常用的，如表 6-1 所示。

表 6-1　常用的过滤器

过滤器名称	用法	范例
addslashes	为字符串需要的地方加上转义字符	{{ msg | addslashes}}，如 msg 的内容为 "It's a cat"，会变为 "It\'s a cat"
capfirst	为字符串加上首字母大写	{{ msg | capfirst }}，如 msg 的内容为 "django"，会变为 "Django"
center、ljust、rjust	为字符串内容加上指定空格后居中、靠左、靠右对齐	{{ msg | center: "15"}}
cut	在字符串中删除指定的子字符串	{{ msg | cut: " "}}，移除所有空格字符
date	设置日期的显示格式	{{ value | date: "D d M Y"}}。value 为 datetime 的标准格式，我们可以使用 date 来指定显示的格式与内容，详细的设置方法请参考网页上的说明
default	如果没有值，就使用默认值	{{ msg | default: "没有信息"}}
dictsort	为字典形式内容的变量排列顺序	{{ value | dictsort: "name"}}，以名字字段来作为排序的依据
dictsortreversed	上一指令的反向排序	

（续表）

过滤器名称	用法	范例
divisibleby	测试数值数据是否可被指定的数整除	{{ value | divisibleby:5}}，测试 value 是否可被 5 整除
escape	把字符串中的 HTML 标记变成显示用的字符串	{{ msg | escape }}，msg 中若有 HTML 标志，则会失去作用且被以文字的形式显示出来
filesizeformat	以人们习惯的方式显示文件大小的格式（KB、MB 等）	{{ value | filesizeformat }}
first	只取出列表数据中的第一个	{{ values | first }}
last	只取出列表数据中的最后一个	{{ values | last}}
length	返回列表数据的长度	{{ values | length }}
length_is	测试数据是否为指定长度	{{ values | length_is: "3"}}，测试 values 的长度是否为 3
floatformat	以指定的浮点数格式来显示数据	{{value | floatformat:3}}，指定 3 位小数位数
linebreaks	把文字内容的换行符号转换为 HTML 的\<br /\>和\<p\>\</p\>	{{ msg | linebreaks }}
linebreaksbr	把文字内容的换行符号转换为 \<br /\>	{{ msg | linebreaksbr }}
linenumber	为显示的文字加上行号	{{ msg | linenumbers }}
lower/upper	把字符串内容全部换成小写/大写	
random	以随机数将前面的数据内容显示出来	{{ values | random }}
safe	标记字符串为安全的，不需要再处理转义字符	{{ msg | safe }}
slugify	把前面的字符串空格变成 "-"，让此字符串可以安全地放在网址栏上	{{ msg | slugify }}，若原本的 msg 内容为 "It's a cat"，则会返回 "its-a-cat"
striptags	把所有 HTML 标记都删除	{{ msg | striptags }}
truncatechars	把过长的字符串裁切成指定的长度，同时最后面的 3 个字符会转换成 "..."	{{ msg | truncatechars:12 }}
wordcount	计算字数	{{ msg | wordcount }}
yesno	按照值的内容是 True、False 还是 None，显示出有意义的内容	{{ value | yesno: "是，否，可能吧"}}

　　利用上述过滤器在 Template 中对数据的内容做进一步的整理编排，以更符合所需要的显示效果。

　　想要使显示的内容更人性化一些，还有一个模块是不能错过的，那就是 django.contrib.humanize，详细的内容请参考网址：https://docs.djangoproject.com/en/dev/ref/contrib/humanize/#ref-contrib-humanize。只是要先在 settings.py 中的 INSTALLED_APP 中加入此模块，然后在 Template 文件中加上{% load humanize %}才可以使用。其中最主要的一个功能就是增

加了 intcomma 过滤器，会将数字加上千分位显示。

结合上述过滤器，我们简化一下二手车的数据项数，同时增加一个价格的字段，语句如下：

```
def carprice(request, maker=0):
    car_maker = ['Ford', 'Honda', 'Mazda']
    car_list = [[   {'model':'Fiesta', 'price': 203500},
                    {'model':'Focus','price': 605000},
                    {'model':'Mustang','price': 900000}],
                [   {'model':'Fit', 'price': 450000},
                    {'model':'City', 'price': 150000},
                    {'model':'NSX', 'price':1200000}],
                [   {'model':'Mazda3', 'price': 329999},
                    {'model':'Mazda5', 'price': 603000},
                    {'model':'Mazda6', 'price':850000}],
            ]
    maker = maker
    maker_name = car_maker[maker]
    cars = car_list[maker]
    return render(request, 'carprice.html', locals())
```

我们把这个网页叫作 carprice，别忘了在 urls.py 中做相应的修正。因为此程序将会用到 humanize 模块，所以别忘了在 settings.py 中进行修正。为了可以显示出正确的价格格式，在显示价格时使用了以下过滤器：

```
<td align='right'>NT${{ c.price | floatformat:2 | intcomma }}<td>
```

其他内容基本上和 carlist.html 的内容差不多，显示出来的网页如图 6-8 所示。

图 6-8　加上千分位以及小数点格式的价格列表网页

其他几个比较常用的 Template 标志功能也一并在此介绍。我们之前在 views.index 中使用了 datetime.now() 函数取得系统当前的时间，然后传到 index.html 中作为在网页上显示当前时间的依据，其实 Template 语言本身就提供了显示当前日期时间的功能 {% now 格式字符串 %}。例如，在网页中使用以下标记：

```
{% now 'D M Y h:m:s a'%}
```

会显示出"Wed Jul 2016 08:07:46 p.m."这样的字符串，如此就不用在 views 的函数中取得现在的时间了。另外，还有一个有趣的命令 lorem，熟悉设计的朋友应该对这个单词不陌生，就是一个"没意义"的文字的意思。也就是说，在进行网页的版面设计时，不知道填什么内容就填上这个字，大家就会知道这只是一段没意义的文字。因此，当在网站设计期间需要知道排版出来的样子但是还没有任何有意义的数据或资料时，就可以使用{% lorem %}模板来产生一些无意义的字符串。

{% lorem [count] [method] [random] %}后面是 3 个参数，count 是次数，method 可以设置为 w（表示文字）、p（表示段落），最后面如果加上 random，就会以随机数的方式产生这些字符串。例如，使用{% lorem 2 p random %}会产生以下内容：

```
<p>Similique culpa distinctio quos minus voluptatibus inventore.</p>

<p>Perferendis enim rem illo incidunt dolorum. Ex sed cum accusamus. Reiciendis itaque sequi veritatis asperiores numquam quibusdam, consequatur eius aspernatur rerum omnis voluptatum aliquid iste accusamus non ullam et.</p>
```

其他标记以及特殊的语句会在以后使用到的章节中再加以说明，读者也可以自行参考 Django 官网上的说明。

6.4 习　　题

1. 请比较模板语句中 extend 和 include 的不同。
2. 在 Template 中使用 Bootstrap 框架时，如果不用 CDN 链接的方式，那么要如何通过静态（static）文件的方式来完成设置呢？
3. 在 carprice.html 网页中加上二手车库存数量的显示功能。
4. 同上题，请使用 dictsort 或 dictsortreversed 过滤器把要显示的二手车库存数量排序之后再显示出来。
5. 请使用 cycle 语句标记让 carlist.html 中表格行的颜色可以每 3 个为一个循环来显示。

第 7 堂

Models 与数据库

数据库无疑是动态网站中重要的组成元素，因为几乎所有网页内容都是保存在数据库中的。传统的 PHP 网站在存取数据库时都是以 SQL 的语法来完成的，这种方法没有办法发挥程序语言的特性，也缺乏兼容性。Django 使用 ORM 的概念把数据存取的过程抽象化，通过 Model 来定义数据表，并让网站开发人员能够使用 Python 的语句来存取数据库的内容，大幅简化了网站存取数据的复杂度，也增加了更多弹性。

在这一堂课中，我们将会以二手手机网页为例进一步介绍定义 Model 的相关细节以及如何进行多数据表整合查询，学习如何调整 admin 数据库管理界面，还有如何通过设置让我们的网页可以直接连上 Google 云端的 MySQL 服务器，从而提高数据库管理能力以及数据库操作性能。

7.1 网站与数据库

动态网站重要的部分，毫无疑问非数据库莫属了。把所有数据通过数据库系统保存并维护在一些数据表中，在需要的时候再以条件式查询的方式取出，然后送到网页显示出来，或者通过新增指令存储新的数据记录，或者针对特定的数据项进行修改等。由数据库来维护所有内容可以提高数据存取的效率，也可以增加网站提供信息的能力。然而，管理数据需要事先经过规划，才能够真正符合网站的需求，这也是本堂课的授课重点。

7.1.1 数据库简介

Database（数据库）简称 DB，简单地说就是一个系统组织过的数据格式，通过特定的接口存取的数据集合。存取这些数据内容的系统叫作数据库管理系统（Database Management System，DBMS）。不同的数据库系统有不同的执行程序和操作方法，定义数据的方式也有可能非常不一样。

所幸的是，网页服务器所使用的数据库系统大多为关系数据库系统，而它的主流系统为 MySQL，因此大部分数据库系统都会和 MySQL 兼容，包括 Django 默认的 SQLite 文件型数据库也都是如此。在 Django 中操作数据库的简单示意图如图 7-1 所示。

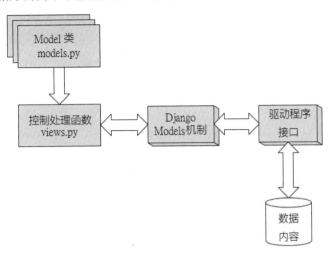

图 7-1　在 Django 操作数据库示意图

典型情况下，网站系统要存取数据库需要先有一个正确的数据库驱动接口，通过此接口才可以使用该数据库（以 MySQL 为例）接收的查询命令（SQL 查询语言），并在使用之前进行数据库的连接工作。数据库系统通常都是以独立的服务程序运行在某一台主机上，所以在连接时，除了要指定连接操作用的账号和密码外，也必须指定主机位置的相关信息。大部分情况下网页服务器和数据库系统都位于同一台主机上，在指定主机的位置时，只要使用 localhost 就可以了。事实上，数据库系统是可以独立存在于网络上任何一台主机上的，而许多主机供应商也提供了数据库主机的服务，这些细节我们在后续章节中再进行介绍。

至于数据库驱动接口，要看网站系统有没有提供，传统的 PHP 网络主机通常都会整合 Apache 和 MySQL。除了系统外，也要把它们的驱动接口都设置好，这就是所谓的 LAMP（Linux + Apache + MySQL + PHP）主机环境的由来，在此环境下，PHP 程序中可以轻松地以简单的指令直接操作主机上的 MySQL 数据库。

然而，在 Django 中，默认的数据库管理系统是 SQLite（可以通过系统设置修改为其他系统），这是一个文件形式的简易型数据库管理系统，在本书前面的章节已有介绍，所有存取的内容都会放在网站文件夹下的 db.sqlite3 文件中。它的好处是简洁方便，同时也和 MySQL 兼容，然而只适合测试开发时使用，对于要使用真正的大型数据库或正式上架的网站，其扩充性和性能就会有非常大的限制。因此，在本书的前半部练习时还是会以内置的 SQLite 为主，但是接下来我们会介绍其他适合正式网站使用的 MySQL。

7.1.2　规划网站需要的数据库

由于网站中最重要的内容是数据库，因此开始设计网站的第一步不是马上开始编写程序，而是根据网站的需求先设计数据库，确定数据库的所有细节，并做过下一章的正规化步骤之后，才能够开始网站的程序设计。这是为什么呢？因为数据库的内容如果在开始设计程序时才发现不符合实际需求或数据表之间的关系有误，要再回去修改数据库的格式以及结构，往往造成程序内容极大的变动，会花费更多精力，而且可能会冒出许多不该发生的程序错误，因而不得不慎之又慎。

假设要建立一个二手手机展示网站（先不考虑订购功能），数据库该如何规划呢？先来看看在店面中以纸张的方式呈现目前店内的二手手机库存，这张表格会是什么样子，如表 7-1 所示。

表 7-1 目前店内的二手手机库存

库存机	品牌	型号	出厂年份	说明	价格	照片
超值 4G 备用机	Infocus	M370	2015	九成新机，少用，可双卡	1000	暂缺
古董 Nokia 备用机	Nokia	5800 XM	2010	外观良好，一切功能正常	200	
高级 Z3 美机	SONY	Xperia Z3	2015	少见二手手机，机会难得	8000	
SONY 二手旗舰机	SONY	Xperia TX	2013	虽然年代久了些，但是仍然很好用，附加保护壳	2500	
SONY TX 美型机	SONY	Xperia TX	2013	美型 SONY 旗舰，实体相机按键，随身拍好帮手	2200	暂缺
S3 零件机	Samsung	S3	2013	屏幕裂开，但其他功能正常	200	

从表 7-1 可以看出几点：首先是品牌和型号均有重复的内容。另外，有些照片暂缺，有些照片则超过一张，也就是照片字段的长度是不固定的。根据数据库正规化的一些原则和方法（此处非本书讨论的范围，请自行参考数据库相关书籍），不能直接把这张表格变成一张数据表，而是要拆解成不同的几张数据表，并建立这些数据表之间的关系。由于 Django 在建立每一个数据表的同时就会有一个内置的 id 作为主键（Primary key），因此在此就不需要另外再设置主键字段。

先以可销售的二手手机商品 Product 作为此数据库的主数据库，然后把所有手机照片链接当作另一张表格 PPhoto，这两张数据表的关系如图 7-2 所示。

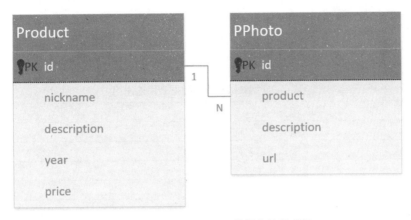

图 7-2　Product 和 PPhoto 数据表的关系图

　　如图 7-2 所示，每一个产品 Product 的数据项里面都包含一个昵称 nickname、一个说明 description、一个出厂年份 year 以及价格 price 字段，PPhoto 用来记录每一张产品照片，每一张产品照片除了照片的网址 url 外，也要有一小段照片的说明 description，而最重要的是每一张照片都会附属于某一个产品（二手手机），它们之间的关系应该是 1 对多的（我们用 1 和 N 来表示）。也就是说，一个产品可能会有多张产品照片，而每一张照片只属于其中的一个产品。要表示这样的关系，就要在 PPhoto 中设置一个字段 product，然后让此字段以外部键（ForeignKey）的方式链接到 Product 的 id。

　　以此类推，除了产品的照片外，每一个产品还有手机的型号 PModel（多对 1，一个产品只有一个型号，而一个型号可以被多款产品使用），而每一个手机型号对应一个手机制造商 Maker，依此设计，本网站所使用的数据表名称、字段以及之间的关系可以画成图 7-3 所示的样子。

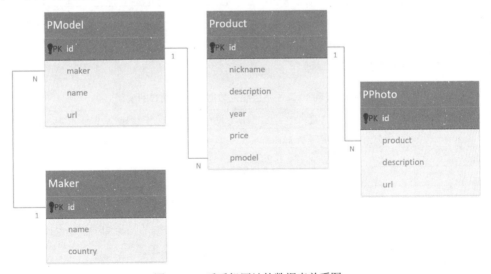

图 7-3　二手手机网站的数据表关系图

　　制造商 Maker 有两个字段，分别是名称 name 以及制造商登记的国家 country，而手机型号包括型号名称 name 以及链接到其他网站上的针对此手机规格介绍的网址 url，以及一个指向制造商的 maker。Product 再加上一个 pmodel 字段，指向手机的型号 PModel，就形成了图 7-3 的关系图。

7.1.3 数据表内容设计

此网站数据库的各个数据表的用途说明如表 7-2 所示。

表 7-2　网站数据库的数据表用途说明

数据表	用途
Maker	所有手机厂商列表
PModel	手机规格名称以及网址信息
Product	目前库存的手机列表
PPhoto	二手手机照片

其中，Maker 数据表需要的字段如表 7-3 所示。

表 7-3　Maker 制造商数据表字段格式的说明

Maker 数据表的字段	格式	说明
name	字符，最多 10 个字符	厂商名称
country	字符，最多 10 个字符	厂商所属国家

PModel 数据表需要的字段如表 7-4 所示。

表 7-4　PModel 手机型号数据表字段格式的说明

PModel 数据表之字段	格式	说明
maker	指向 Maker	制造商名称
name	字符，最多 20 个字符	用来显示手机款式名称
url	URL 格式	说明此手机规格的网址

PPhoto 数据表需要的字段如表 7-5 所示。至于照片内容的备份，现阶段是把照片先上传到第三方照片管理网站（在此例中使用 imgur.com），在上传之后再取得其网站的链接网址，然后放在 url 的字段中，因此使用 URL 格式即可。

表 7-5　PPhoto 二手手机照片数据表字段格式的说明

PPhoto 数据表的字段	格式	说明
product	指向 Product	产品名称
description	字符，最多 20 个字符	说明此照片的内容
url	URL 格式	存储此照片的网址

最后是用来记录目前库存二手手机的 Product 数据表需要的字段，说明如表 7-6 所示。需要特别注意的一点是，因为二手手机的特性，我们假设每一部二手手机的情况都不同，因此每一个产品项目只会有 1 部二手手机，在数据字段中没有"库存数量"数据项。

表 7-6　Product 二手手机产品数据表字段格式的说明

Product 数据表的字段	格式	说明
pmodel	指向 Pmodel	手机规格
nickname	字符，最多 15 个字符	此手机的简单说明

(续表)

Product 数据表的字段	格式	说明
description	文字字段	此手机的详细说明
year	正整数	制造年份
price	正整数	售价

7.1.4　models.py 设计

根据上述数据表规划以及设计，我们可以把此网站的 models.py 内容编写如下：

```python
# -*- encoding: utf-8 -*-
from django.db import models

class Maker(models.Model):
    name = models.CharField(max_length=10)
    country = models.CharField(max_length=10)

    def __str__(self):
        return self.name

class PModel(models.Model):
    maker = models.ForeignKey(Maker, on_delete=models.CASCADE)
    name = models.CharField(max_length=20)
    url = models.URLField(default='http://i.imgur.com/Ous4iGB.png')

    def __str__(self):
        return self.name

class Product(models.Model):
    pmodel = models.ForeignKey(PModel, on_delete=models.CASCADE)
    nickname = models.CharField(max_length=15, default='超值二手机')
    description = models.TextField(default='暂无说明')
    year = models.PositiveIntegerField(default=2016)
    price = models.PositiveIntegerField(default=0)

    def __str__(self):
        return self.nickname

class PPhoto(models.Model):
    product = models.ForeignKey(Product, on_delete=models.CASCADE)
    description = models.CharField(max_length=20, default='产品照片')
    url = models.URLField(default='http://i.imgur.com/Z230eeq.png')

    def __str__(self):
        return self.description
```

为了能够在此文件中编写中文信息，第一行的编码设置不可少。每一张数据表均对应一个类，类的命名习惯是第一个英文字母为大写。每一个数据类均继承自 models.Model 类（Python 是以类名称后面小括号内的内容来指定父类，在此例中的数据表类的父类均为 models.Model）。

每一个类中，属性名称后面接的 models.xxxField(xxx=??) 是设置字段格式的方法，其内容在表

4-2 以及表 4-3 中均有详细的说明，如果已经忘记，那么可以再回去复习一下。

与第 4 堂课的数据表内容不一样的地方在于我们定义了不同的数据表之间的关系，例如在 PModel 里面的 maker，定义如下：

```
maker = models.ForeignKey(Maker, on_delete=models.CASCADE)
```

ForeignKey 是外键，它负责指向另一张表格的主键 Primary Key，表示这个表格是依附于另一张表格的。简单地说，有了这层关系后，PModel 的 maker 一定来自于 Maker 表格，才不会出现手机的型号，但是却不知道手机制造商的问题。至于要指向 Maker 表格的哪一个主键，Django 会自动处理（每一个类 Django 都会自动加上一个 id 主键），我们只要使用 ForeignKey 方法指定要指向的类即可。同样的情况，PPhoto 的 product 指向 Product，而 Product 的 pmodel 也指向 PModel。

至于 on_delete=models.CASCADE 这个属性，则是设置当被引用的对象（Maker）被删除时，此引用对象（PModel）也要一并执行删除的操作。其他经常设置的操作如下：

- models.PROTECT：禁止删除并产生一个 Exception（ProtectedError）。
- models.SET_NULL：把外键设置为 null，但是在规划时此字段要设置为可接受 null。
- models.SET_DEFAULT：把外键设置为默认值，但是在规划时此字段要设有默认值。
- models.DO_NOTHING：什么事都不做。

有了这些设计，我们就可以进入下一节的网站制作了。

7.2　活用 Model 制作网站

在这一节中，我们将以 7.1 节定义的数据表 models.py 为基础，开始建立一个二手手机陈列的网页，并调整 admin 网站的后台样式，自定义一些参数，让商店的管理员在输入数据以及管理内容时更加方便。

7.2.1　建立网站

请通过以下指令建立网站 ch07www 以及 mysite App：

```
# django-admin startproject ch07www
# cd ch07www
# python manage.py startapp mysite
# cd mysite
# mkdir templates
# mkdir static
```

然后，在 settings.py 的 INSTALLED_APPS 中加入 'mysite'，以及在 TEMPLATES 中设置 DIRS 为 os.path.join(BASE_DIR, 'templates')，再于 STATICFILES_DIRS 中加入以下内容：

```
STATIC_URL = '/static/'
STATICFILES_DIRS = [
    os.path.join(BASE_DIR, 'static'),
```

```
]
```

以上这些是建立 Django 的标准步骤。接着到 urls.py 中加上 index 的网址对应关系。

```
from django.contrib import admin
from django.urls import path
from mysite import views

urlpatterns = [
    path('admin/', admin.site.urls),
    path('', views.index),
]
```

到 models.py 文件中加入 7.1.4 小节的 models.py 程序内容，接着到 admins.py 中加入以下设置：

```
from django.contrib import admin
from mysite import models

admin.site.register(models.Maker)
admin.site.register(models.PModel)
admin.site.register(models.Product)
admin.site.register(models.PPhoto)
```

最后，在命令提示符（或终端程序）执行以下指令，进行数据库的更新以及迁移操作，第一次使用数据库也要创建 admin 网页要使用的 super user（超级用户）。

```
# python manage.py makemigrations
# python manage.py migrate
# python manage.py createsuperuser
# python manage.py runserver
```

以上的操作都顺利完成后，就可以使用 localhost:8000/admin 开始建立各项数据，如图 7-4、图 7-5、图 7-6 所示。

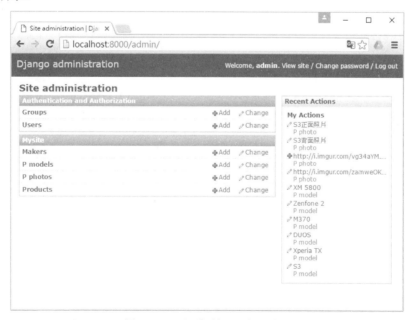

图 7-4　二手手机管理后台的首页

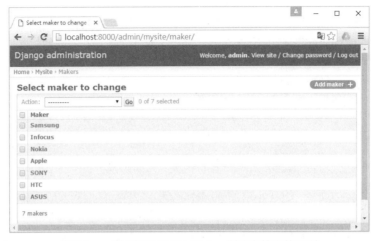

图 7-5　二手手机管理后台 Maker 制造商管理的网页

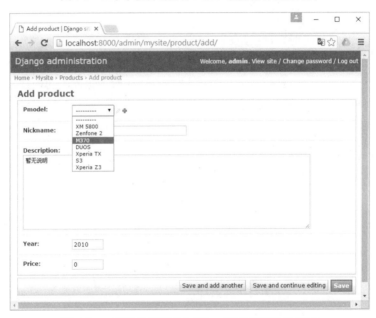

图 7-6　二手手机管理后台增加二手手机产品的页面

从图 7-6 可以看出，Product 数据表使用外键链接到 PModel，所以在管理页面中会把 PModel 目前所有已输入的内容作为一个下拉式菜单，让 Product 在增加数据时可以选用，而且只能选择其中之一，用户不能自行创建，这样就可以避免发生在产生新产品的时候没有指定手机型号的问题。

请读者在使用此平台前先建立一些数据以便后续的练习，或者直接使用本书提供的下载数据也可以。

7.2.2　制作网站模板

单一的数据表内容查询在前面的章节中已有说明，为了网页页面美观起见，在此也使用 Template 来建立网页内容。在此我们把页首和页尾分开，分别命名为 header.html 和 footer.html，另外也准备了一个用来作为基础的 base.html，在 base.html 中加入 Bootstrap 网页框架（使用 CDN 的方式，读者直接前往相关网站复制即可，不需要逐字输入），最后创建 index.html。base.html 的内容主要是加入 Bootstrap 框架链接以及导入 header.html 和 footer.html，其内容如下：

```html
<!-- base.html (ch07www project) -->
<!DOCTYPE html>
<html>
<head>
    <meta charset='utf-8'>
    <title>{% block title %}{% endblock %}</title>
<!-- Latest compiled and minified CSS -->
<link rel="stylesheet" href="https://maxcdn.bootstrapcdn.com/bootstrap/3.3.6/css/bootstrap.min.css" integrity="sha384-1q8mTJOASx8j1Au+a5WDVnPi2lkFfwwEAa8hDDdjZlpLegxhjVME1fgjWPGmkzs7" crossorigin="anonymous">
    <!-- Optional theme -->
    <link rel="stylesheet" href="https://maxcdn.bootstrapcdn.com/bootstrap/3.3.6/css/bootstrap-theme.min.css" integrity="sha384-fLW2N01lMqjakBkx3l/M9EahuwpSfeNvV63J5ezn3uZzapT0u7EYsXMjQV+0En5r" crossorigin="anonymous">

    <!-- Latest compiled and minified JavaScript -->
    <script src="https://maxcdn.bootstrapcdn.com/bootstrap/3.3.6/js/bootstrap.min.js" integrity="sha384-0mSbJDEHialfmuBBQP6A4Qrprq5OVfW37PRR3j5ELqxss1yVqOtnepnHVP9aJ7xS" crossorigin="anonymous"></script>
    <style>
    h1, h2, h3, h4, h5, p, div {
        font-family: 微软雅黑;
    }
    </style>
</head>
<body>
{% include "header.html" %}
{% block content %}{% endblock %}
{% include "footer.html" %}
<script src="https://code.jquery.com/jquery-3.1.0.min.js" integrity="sha256-cCueBR6CsyA4/9szpPfrX3s49M9vUU5BgtiJj06wt/s=" crossorigin="anonymous"></script>
</body>
</html>
```

在 base.html 中预留了两个 block，分别是 title 和 content，所有继承自这个 Template 的文件都要准备两个 block 以供整合之用。header.html 主要是提供本网站的每一个网页用的标题和菜单，其内容如下：

```html
<!-- header.html (ch07www project) -->
    <nav class='navbar navbar-default'>
        <div class='container-fluid'>
            <div class='navbar-header'>
                <div class='navbar-brand' align=center>
                    DJ 二手手机卖场
                </div>
```

```html
            </div>
            <ul class='nav navbar-nav'>
                <li class='active'><a href='/'>Home</a></li>
                <li><a href='/admin'>后台管理</a></li>
            </ul>
        </div>
    </nav>
```

footer.html 用来放置本网站的 logo 图标以及版权声明。当然，如果有实体商店，就可以在这里放置商店的地址和联络电话。其内容如下：

```html
<!-- footer.html (ch07www project) -->
<hr>
{% load static %}
<img src="{% static "images/logo.png" %}" width=100>
<em>Copyright 2016 <a href='http://hophd.com'>http://hophd.com</a>. All rights reserved.</em>
```

然后就是 index.html 的内容了，在开始设计 views.index 的内容之前，先看看 index.html 的框架应该是怎样的：

```html
<!-- index.html (ch07www project) -->
{% extends "base.html" %}
{% block title %}DJ 二手手机卖场{% endblock %}
{% block content %}
<div class='container' align=center>
<!-- 这里放我们要呈现的内容 -->
</div>
{% endblock %}
```

在 index.html 中，如同之前的说明，要先指定继承自 base.html（使用 {% extends "base.html" %}），然后按序准备 title 和 content 这两个 block 的内容。

7.2.3　制作多数据表整合查询网页

本网页的重点在于 block content 中的内容，也就是要呈现哪些数据？假设我们要呈现的内容是 products 这个列表数据，并使用 HTML 的表格功能显示，就可以使用一个循环来解决，语句如下：

```html
{% for p in products %}
{% if forloop.first %}
<table>
    <tr bgcolor='#cccccc'>
        <td width=250>库存手机</td>
        <td width=150>品牌/型号</td>
        <td width=50>出厂年份</td>
        <td>价格</td></tr>
{% endif %}
    <tr bgcolor='{% cycle "#ffccff" "ccffcc" %}'>
        <td>{{ p.nickname }}</td>
        <td>{{ p.pmodel.maker.name }}/{{ p.pmodel }}</td>
        <td>{{ p.year }}</td>
        <td align=right>{{ p.price }}</td>
```

```
        </tr>
{% if forloop.last %}
</table>
{% endif %}
{% empty %}
<h3>目前没有库存的二手手机可以卖，真抱歉</h3>
{% endfor %}
```

我们使用{% for p in products %}把 products 列表中的数据一个一个拿出来显示，读者如果注意到，就会发现 Product 类设计有 nickname、pmodel、year 以及 price 这几个字段，有手机型号但是没有制造商的字段。因为手机型号使用外键关联到 Maker，所以我们可以使用 p.pmodel.maker.name 去取得这个手机型号的制造商，以此类推，如果要显示手机制造商的品牌国家或地区，使用 p.pmodel.maker.country 就可以了。

接着，请到 urls.py 程序文件中，加上 index 的网址对应：

```
from django.contrib import admin
from django.urls import path
from mysite import views

urlpatterns = [
    path('admin/', admin.site.urls),
    path('', views.index),
]
```

使用跨表格查询的功能，在 views.index 中的数据库查询指令有没有什么特别的地方呢？答案是没有，Django 到后台都帮我们自动处理好了。views.index 的内容如下：

```
from django.shortcuts import render
from mysite import models

def index(request):
    products = models.Product.objects.all()
    return render(request, 'index.html', locals())
```

和之前的查询方式一模一样，就只有这一行：products = models.Product.objects.all()。不需要任何特别的处理，只要数据表之间的关系设置好，就和查询同一个数据表的方法一模一样，再次见证到 Django Models 的威力。图 7-7 是到目前为止网站的执行成果。

图 7-7　第一版二手手机卖场网站的运行页面

接下来要加入浏览每一个产品细节的功能，我们使用网址/detail/{id}来作为浏览产品详细内容的参数，先在 urls.py 加入一个网址样式，并命名为"detail-url"，语句如下：

```
path('detail/<int:id>', views.detail, name = 'detail-url'),
```

"<int:id>"可以识别在 detail/之后的任意位数的数字。在 index.html 中列出所有手机之后，要在原本显示库存手机的字段内容中加上链接，使用"detail-url"改写如下：

```
<td><a href='{% url "detail-url" p.id %}'>{{ p.nickname }}</a></td>
```

在此使用 product 的 id 来作为存取手机细节数据的索引值，因为它是默认的 Primary Key，是唯一的值，所以用来作为搜索值自然是没有问题的。views.detail 的内容如下：

```
def detail(request, id):
    try:
        product = models.Product.objects.get(id=id)
        images = models.PPhoto.objects.filter(product=product)
    except:
        pass
    return render(request, 'detail.html', locals())
```

在 detail 中使用传进来的 id 进行搜索，使用 models.Product.objects.get(id=id)来找出指定 id 的手机产品。特别要注意的是，在 Django 的 ORM 中如果使用 get 找不到，就会产生一个 DoesNotExist 的例外中断程序，为了避免程序被中断，在此使用 try/except 机制，让它发生 except 时直接 pass，反正到时候 product 中会因为例外而没有内容，在 detail.html 中自然会有判断的机制。

除此之外，找到 product 后，还要通过 product 去 PPhoto 中找出该产品在照片数据库中有没有存储内容，由于照片可能会超过一张，因此使用 filter 来过滤，而过滤用的参数直接使用刚刚找到的 product 就可以了。此函数的程序顺利完成，就会传送 product 和 images 两个变量到 detail.html 中。用来显示指定手机细节的 detail.html 内容如下：

```
<!-- detail.html (ch07www project) -->
{% extends "base.html" %}
{% block title %}{{product.nickname | default:"找不到指定的手机"}}{% endblock %}
{% block content %}
<div class='container' align=center>
{% if product %}
<table>
    <tr><td align=center><h3>{{ product.nickname }}</h3></td></tr>
    <tr><td align=center>{{ product.description }}</td></tr>
    <tr><td align=center>公元{{ product.year }}年出厂</td></tr>
    <tr><td align=center>售价：NT${{ product.price }}元</td></tr>
    {% for image in images %}
        {% if forloop.first %}
            <tr><td align=center>
        {% endif %}
            <img src='{{ image.url }}' width=350><br>
        {% if forloop.last %}
            </td></tr>
        {% endif %}
    {% empty %}
        <tr><td align=center>暂无图片</td></tr>
    {% endfor %}
```

```
</table>
{% else %}
<h2>找不到指定的手机</h2>
{% endif %}

</div>
{% endblock %}
```

在第 3 行的 "{{product.nickname|default:"找不到指定的手机"}}" 中使用默认值的过滤器，如果此变量不存在，就直接以后面的字符串代替。而 images 使用之前在 index.html 中的技巧，巧妙地运用 forloop.first 和 forloop.last 来为图像字段的内容加上适当的 HTML 标记。本网站最终的运行结果如图 7-8 和图 7-9 所示。图 7-8 所示为某一个有照片的二手手机产品照片，图 7-9 是输入一个数据库中不存在的 id 时，网页显示的信息。

图 7-8　detail.html 的运行页面

图 7-9　找不到指定手机的屏幕显示页面

7.2.4 调整 admin 管理网页的外观

对于熟悉计算机操作的朋友来说，其实 admin 默认的管理页面已经是很有用的了，不过更棒的是 Django 给我们提供的可以自由调整管理页面的功能，例如在后台显示目前库存二手手机的管理页面，如图 7-10 所示。

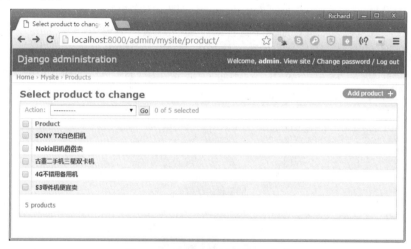

图 7-10　Product 默认的管理页面

页面上就只呈现出这些二手手机的名称，在管理上，其实我们比较希望它多呈现一些字段，例如型号、价格和出厂年份等，这些客户化的设置只要在 admin.py 中重新继承 admin.ModelAdmin 这个类，然后在子类中对想要的属性进行调整即可。

在 admin.py 中，原本我们使用以下指令来设置要管理的 Model 类：

```
admin.site.register(models.Prodcut)
```

现在改为如下：

```
class ProductAdmin(admin.ModelAdmin):
    list_display=('pmodel', 'nickname', 'price', 'year')

admin.site.register(models.Product, ProductAdmin)
```

先从 admin.ModelAdmin 类中继承一个 ProductAdmin 子类，然后在 admin.site.register 中同时注明要注册的 Model 和要使用的类，在子类中通过父类提供的属性重新复写其设置，得到想要的结果。在此例中，我们把 list_display 属性重新设置为 list_display=('pmodel', 'nickname', 'price', 'year')，也就是按序显示这部手机的型号、昵称、价格和出厂年份。保存文件之后，再回到图 7-10 所示的页面，此时屏幕显示页面就改为图 7-11 所示的样子了。

图 7-11　增加了额外字段的 Product 管理页面

接着，我们想要增加自定义排序的功能以及搜索的功能，所以进一步把 admin.py 修改如下：

```
class ProductAdmin(admin.ModelAdmin):
    list_display=('pmodel', 'nickname', 'price', 'year')
    search_fields=('nickname',)
    ordering = ('-price', )
```

在此指定了要搜索的对象字段 nickname，开始显示的时候是以 price 为递减的方式来排序。其实，本来在 admin 管理页面中就有字段排序的功能，只要在字段名的地方用鼠标单击就可以进行递增或递减的排序，使用 ordering 只是一开始就把数据按照我们的需求排好。此时页面重新刷新就可以看到图 7-12 的改变。

图 7-12　加上排序以及搜索功能的产品管理页面

另外，读者可能会有兴趣顺便把列表的标题字段名改为中文，其实这个操作并不是在 admin.py 中修改，相反的，在 models.py 定义字段时加上 verbose_name，在管理页面中就会主动采用了。同样以 Product 类为例，回到 models.py 去修改一下：

```
class Product(models.Model):
    pmodel = models.ForeignKey(PModel, on_delete=models.CASCADE,
verbose_name='型号')
    nickname = models.CharField(max_length=15, default='超值二手机',
verbose_name='摘要')
    description = models.TextField(default='暂无说明')
    year = models.PositiveIntegerField(default=2016, verbose_name='出厂年份')
    price = models.PositiveIntegerField(default=0, verbose_name='价格')

    def __str__(self):
        return self.nickname
```

保存之后，不用再更改 admin.py 中的任何内容，重新刷新网页后就可以看到中文的字段名了，如图 7-13 所示。

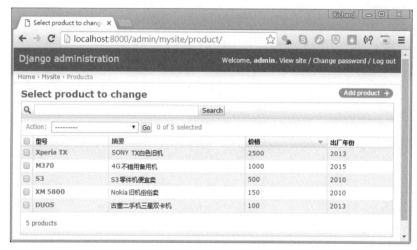

图 7-13　修改为中文字段名的页面

7.3　在 Django 使用 MySQL 数据库系统

在前文中提到 SQLite 只是一个测试用的小型数据库系统，真正在网站中使用的数据库还要以 MySQL 类的正式数据库系统才行。在本节中将会说明如何在自己的计算机中架构一个 MySQL 服务器，并在 Django 网站中连接使用。另外，也会教读者使用 Google Cloud 上的 SQL 服务器，进一步提升网站系统的数据存取性能。

7.3.1　安装开发环境中的 MySQL 连接环境（Ubuntu）

要在开发环境中使用 MySQL 作为后台的数据库系统，有以下几个步骤：

步骤01　在开发环境中安装 MySQL 服务器。
步骤02　安装 Python 和 MySQL 之间的连接驱动程序。

步骤03 修改 settings.py 中的设置，提供 MySQL 的链接信息。

假设读者现在还是使用 Ubuntu 虚拟机作为开发环境，可以使用以下指令安装 MySQL 服务器以及客户端程序：

```
# apt-get update
# apt-get upgrade
# apt-get install mysql-server
# apt-get install mysql-client
# mysql_secure_installation
```

这时可以使用 mysql 这个默认的 MySQL 交互式操作界面，试试能否顺利登录进去。登录后，可以在 Shell 环境下使用 "create database mydb;" 指令，创建一个稍后在 Django 网站中要使用的数据库 mydb（名称可自定义）。

接下来安装 mysql-python，属于 Python 的 MySQL 驱动程序，步骤如下（请注意 python3-dev 是支持 Python 3 的版本）：

```
# apt-get install python3-dev libmysqlclient-dev
```

进入虚拟环境之后，使用 pip 安装所需要的套件：

```
# pip install mysqlclient
```

安装完成后，可以进入 Python 的交互式界面，看看是否能够顺利执行指令"import MySQLdb"。如果不行，就要再往前检查相关的步骤是否设置完成，只有能够顺利导入 MySQLdb 模块，后续的操作才有办法进行。

接着回到 settings.py 中修改数据库的相关设置，语句如下：

```
DATABASES = {
    'default': {
        'ENGINE': 'django.db.backends.mysql',
        'NAME': '数据库名称,此例为mydb',
        'USER': '连接的账号',
        'PASSWORD': '密码',
        'HOST': 'localhost',
        'PORT': '',
        'OPTIONS': {
            'init_command': "SET sql_mode='STRICT_TRANS_TABLES'",
        },
    }
}
```

此时，再执行 python manage.py makemigrations 以及 python manage.py migrate 指令，Django 就会连接本地的数据库。登录后，把当前所有数据库的数据表结构重新在本地的 MySQL 数据库中创建一遍，当然所有的现有数据并没有带过去。如果需要把现有的数据带过去，就要使用 SQL 导入和导出的操作。

7.3.2 安装开发环境中的 MySQL 连接环境（Windows）

在 Windows 系统中也可以使用本地的 MySQL 服务器作为开发的环境，同样要先在本地安装

MySQL 系统。在 Windows 下安装 WampServer 非常方便，网址为 http://www.wampserver.com/en/，进入网站之后直接下载该系统文件（有 64 位和 32 位的版本可以选用），与安装 Windows 应用程序一样。在下载的时候，会出现如图 7-14 所示的信息，按照箭头所指的地方直接下载执行安装即可。

图 7-14　WampServer 下载时的信息

在执行安装时，首先要决定主网页放置的文件夹位置，如图 7-15 所示。

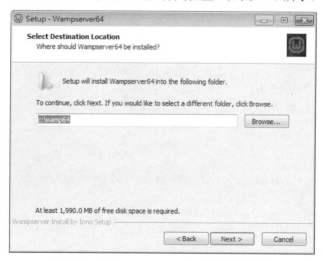

图 7-15　决定 WampServer 主目录所在的位置

如图 7-15 所示，如果主目录的位置是 c:\wamp64，MySQL 数据库的所有文件就会被放在 c:\wamp64\bin\mysql 下，一般情况下不用管文件放在哪里，都是以 http://localhost/phpmyadmin/ 直接存取数据库的内容。此外，在安装的过程中也会有图 7-16 所示的信息，分别询问是否要更改默认浏览器以及文本编辑器的程序，这些都视个人喜好而定。

安装完成并启动 WampServer 后，可在 Windows 的右下角看到 WampServer 执行中的图标，用鼠标单击启动后，可以看到图 7-17 所示的菜单。

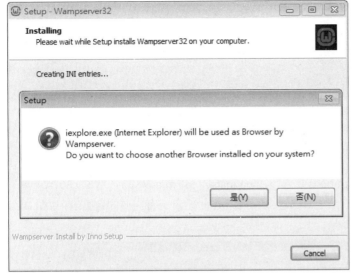

图 7-16　询问是否变更默认的浏览器

图 7-17　WampServer 运行的菜单

因为我们目前只关心 MySQL 数据库，所以选用 phpMyAdmin，在输入账号密码后，即可看到标准的 phpMyAdmin 数据库管理页面。先在此界面中创建新的数据库，如图 7-18 所示，创建 ch07www 数据库，编码须选用 utf8_general_ci。

图 7-18　在 phpMyAdmin 创建新的数据库 ch07www

创建之后，回到主页面，可以看到图 7-19 所示的页面，数据库中还没有任何数据表。

图 7-19　刚建好的数据库，还没有任何数据表

接着，就要安装 mysqlclient 模块了，执行 pip install mysqlclient 安装 mysqlclient。
在以上操作都顺利完成后，和 7.3.1 小节一样，修改 settings.py 如下：

```
DATABASES = {
    'default': {
```

```
'ENGINE': 'django.db.backends.mysql',
'NAME': 'chwww07',
'USER': 'root',
'PASSWORD': '密码',
'HOST': 'localhost',
'PORT': '',
'OPTIONS': {
    'init_command': "SET sql_mode='STRICT_TRANS_TABLES'",
},
}
```

在执行 python manage.py makemigrations 以及 python manage.py migrate 后，网站 ch07www 即可顺利地使用运行在本地 WampServer 下的 MySQL 服务器，并创建出所有需要的数据表，如图 7-20 所示。

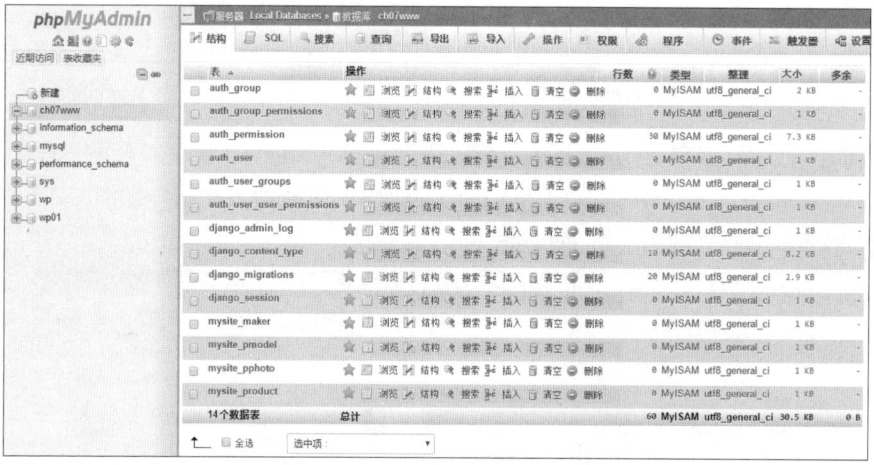

图 7-20 在 WampServer 的 MySQL 服务器中创建的 MySQL 数据表

7.3.3 使用 Google 云端主机的商用 SQL 服务器

在本地使用 MySQL 的好处是开发时可以享受高效率的数据库系统，而且可以充分使用 phpMyAdmin 观察数据库的现状，需要调整数据库内容的时候也非常方便；坏处是同一台计算机中当前使用中的数据如果想要放到另一台计算机使用时，就要使用导入与导出 SQL 的方式迁移数据，在操作上并不方便。而且，当你要部署网站的时候，之前输入的数据库也都要重新迁移一次才行。如果直接使用的是网络主机上的 MySQL 服务器，那么不管在哪一台计算机使用的都是同一个数据库，这样就不会有数据不同步的情况了。

大部分虚拟主机都支持 MySQL 的 Remote Access（远程访问或远程存取）功能，因此只要在该主机的 MySQL 服务器中做好设置即可使用。以知名的虚拟主机商 HostGator（tar.so/hostgator）为例，进入它们的主机后台后，找到图 7-21 所示的远程数据库设置。

单击进入 Remote MySQL，会出现如图 7-22 所示的设置页面。

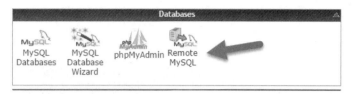

图 7-21　虚拟主机 Hostgator 后台的 Remote MySQL 设置

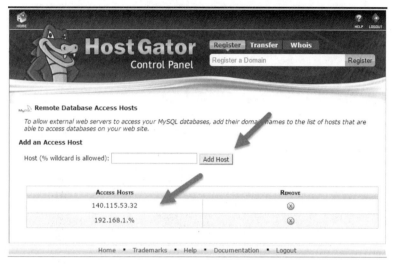

图 7-22　Remote MySQL 权限设置界面

在这个地方加入 Django 网站所在的主机 IP（如果在家里使用 ADSL 或 3/4G 无线基站，就到网址 https://myip.com.tw/去查询自己的计算机现在分配到的 IP 地址），然后就可以在 Django 网站中连接使用了。但是要注意的是，在 settings.py 中的 HOST 设置要改为在 HostGator 申请的主机 IP 地址。

Google Cloud 也提供了付费 SQL 让网站开发者使用，不用说，它的服务速度、稳定度都是一流的，不过价格也不便宜。但是对于流量高的网站来说，要求更高的数据库性能，Google Cloud SQL 也是一个可行的选择方案。Google Cloud 只要有 gmail.com 账号即可申请，首次申请有 300 美金的免费使用额度，初学者可以善加使用。使用任何服务之前，要先创建一个项目，在本书的第 3 堂课中有相关的说明，如果忘记了可以再回去复习一下。假设现在已在项目 myDjango 下了，那么单击浏览 Google Cloud Console 的页面左侧，即可选取 SQL 服务器的服务，如图 7-23 所示。

单击 SQL 选项后，即可进入创建 Cloud SQL 实例的步骤，如图 7-24 所示。

在笔者编写本书时，可以选择使用第一代或第二代系统，我们选择第二代，进入图 7-25 所示的规格选用页面。

图 7-23　在 Google Cloud Platform 中选取 SQL 服务器的服务

图 7-24　选择 Cloud SQL 的实例类型　　　　图 7-25　设置 SQL 数据库实例的名称以及相关规格

如图 7-25 所示，开始只要选用最小的 db-f1-micro 就够用了，以后有需要再升级即可。此外，读者朋友别忘了要设置主机所在的地理位置为 asia-east1，选择这个位置的主机连接速度可能会快很多。重要的是往下的页面，设置可链接主机（HOST）的网址，如图 7-26 所示。

图 7-26　创建可连接此 SQL 实例的网络

只有把自己开发的电脑上（Django 网站所在的电脑）的 IP 地址加进去，才能够具有连接此 SQL 服务器的能力。在单击"创建"按钮后，大约要 5~10 分钟才会设置完成。完成之后的摘要界面如图 7-27 所示。

图 7-27　SQL 实例创建完成的摘要界面

单击实例名称后即可进入更详细的设置界面，在该页面中可以设置 root 账号的密码，有了 IP 地址数据以及账号和密码，就可以在我们的 Ubuntu 虚拟机中以如下指令连接到该数据库：

```
$ mysql -u root -p -h 104.199.187.206
Enter password:
Welcome to the MySQL monitor.  Commands end with ; or \g.
Your MySQL connection id is 9529
Server version: 5.6.29-google-log (Google)

Copyright (c) 2000, 2016, Oracle and/or its affiliates. All rights reserved.

Oracle is a registered trademark of Oracle Corporation and/or its
affiliates. Other names may be trademarks of their respective
owners.

Type 'help;' or '\h' for help. Type '\c' to clear the current input statement.

mysql>
```

在输入正确的密码后，即可进入此 Cloud SQL 实例创建要在 Django 网站中使用的数据库 ch07www，语句如下：

```
mysql> create database ch07www;
Query OK, 1 row affected (0.02 sec)
```

接着，在 settings.py 中修改设置如下：

```
DATABASES = {
    'default': {
        'ENGINE': 'django.db.backends.mysql',
        'NAME': 'ch07www',
        'USER': 'root',
        'PASSWORD': '****',
        'HOST': '104.199.187.206',
        'PORT': '',
    }
}
```

再执行 makemigrations 和 migrate 即可，语句如下：

```
(VENV)$ python manage.py makemigrations
```

```
No changes detected

(VENV)$ python manage.py migrate
Operations to perform:
  Synchronize unmigrated apps: staticfiles, messages
  Apply all migrations: admin, contenttypes, mysite, auth, sessions
Synchronizing apps without migrations:
  Creating tables...
    Running deferred SQL...
  Installing custom SQL...
Running migrations:
  Rendering model states... DONE
  Applying contenttypes.0001_initial... OK
  Applying auth.0001_initial... OK
  Applying admin.0001_initial... OK
  Applying contenttypes.0002_remove_content_type_name... OK
  Applying auth.0002_alter_permission_name_max_length... OK
  Applying auth.0003_alter_user_email_max_length... OK
  Applying auth.0004_alter_user_username_opts... OK
  Applying auth.0005_alter_user_last_login_null... OK
  Applying auth.0006_require_contenttypes_0002... OK
  Applying mysite.0001_initial... OK
  Applying mysite.0002_product_nickname... OK
  Applying mysite.0003_auto_20160720_2202... OK
  Applying mysite.0004_pphoto... OK
  Applying mysite.0005_pmodel_url... OK
  Applying mysite.0006_product_description... OK
  Applying mysite.0007_auto_20160721_1354... OK
  Applying mysite.0008_pphoto_description... OK
  Applying mysite.0009_auto_20160721_1537... OK
  Applying mysite.0010_auto_20160725_1235... OK
  Applying sessions.0001_initial... OK
```

此时的执行程序中，虽然 Django 网站是在本地的计算机中执行，但是数据库的存取已经在 Google Cloud 中运行了。

7.4 习　题

1. 设计在第 6 堂课中的直播新闻视频的数据库。
2. 整合第 6 堂课中的中文和英文直播新闻视频需要几张数据表？请绘出这些数据表之间的关系图。
3. 使用数据库功能完成第 6 堂课的直播新闻视频网站。
4. 请使用熟悉的虚拟主机的 MySQL 数据库系统完成远程连接的操作。
5. 请列出至少 3 点使用 MySQL 作为网站后台数据库系统取代默认的 SQLite 的好处。

第 8 堂

网站窗体的应用

网页程序不同于一般程序可以在其中使用 input 来取得用户的输入数据，而是通过窗体 form 的形式，先呈现在客户端的网页中，等用户填入数据并单击提交（Submit）按钮后，由网页服务器通过 request 对象把用户填写的内容传送到处理的函数，让网站开发人员可以解析输入的数据做出回应。

在前面几堂课我们已经熟悉了如何把数据存放在数据库中，也可以轻松地把数据通过我们想要的方式取出以及呈现在网页上。在本堂课中，我们会进一步使用窗体的功能提供网站和浏览者之间的互动，让网站的功能更加完整。

8.1 网站与窗体

设计一个高互动性的网站，窗体绝对是不可或缺的功能，因为它是取得用户输入最为直接也是最为传统的渠道之一。本节将会说明 HTML 语句中的 form 窗体写法、可以使用的元素和属性，以及如何在 Django 程序中取得窗体中的数据。

8.1.1 HTML \<form\>窗体简介

下面是一个非常典型的窗体 HTML 网页设计范例：

```
<form name='my form' action='/' method='GET'>
    <label for='user_id'>Your ID:</label>
    <input id='user_id' type='text' name='user_id'>
    <label for='user_pass'>Your Password:</label>
    <input id='user_pass' type='password' name='user_pass'>
    <input type='submit' value='登录'>
    <input type='reset' value='清除重填'>
</form>
```

从上面我们可以看出以下几个重点：

- 以<form></form>作为开始和结束的标记。
- 在<form>中设置相关属性。
  - name 是通用属性，几乎在每一个标记中都可以使用，代表本标记的名称。
  - id 也是通用属性，每一个属性都可以使用，代表本标记的标识符，通常必须是唯一的。
  - method 适用于<form>标记，用来表示传送的参数要使用 POST 还是 GET，这是窗体传送的两种不同方式。
  - action 属性很重要，后面指定的内容是用来设置当用户单击"submit"按钮后，所有数据要被送到哪里。一般可以指定一个 PHP 程序或 JavaScript 的一个函数，在 Django 中只要指定给一个要处理的网址就可以了。如果没有任何设置，那么从哪里来就回哪里去。
- <label>主要是用来设置窗体元素前的说明文字，使用 for 属性来设置此标签属于哪一个输入元素。
- <input>为主要输入元素，其属性主要包括：
  - id 是通用属性，标识符。
  - name 是通用属性，是<input>的名称，在 Django 程序中是以此名称来取得数据（其实 JavaScript 也是通过这个名称来操作组件）。
  - type 是格式，有许多种类型，详细说明如表 8-1 所示。其中 text 为文本类型，而 password 本质上也是文本类型，但是此字段在输入时，字符会以密码符号代替。
  - 如要设置默认值，可以使用 value 属性。
- <input type='submit' value='登录'>为特殊元素，本来是提交数据的按钮，但是按钮上的文字是由 value 属性来指定的。
- <input type='reset' value='清除重填'>为特殊元素，就是"清除本窗体中目前所有输入的值"，一般都被当作清除重来按钮。

那么，在 Django 的网站中这些内容要写在哪里呢？放在 Template 文件中就可以了。在本堂课中，请使用 django-admin startproject ch08www 创建一个 ch08www 网站项目，并使用 python manage.py startapp mysite 创建一个名称为 mysite 的 App，然后到 settings.py 中把 mysite 加入到 INSTALLED_APP 中，同时参考前面章节的内容，设置 templates 和 STATICFILES_DIRS 的目录。此外，借用上一堂课的 templates 目录下的 base.html、header.html、footer.html 以及 index.html，还有 static 下的 images/logo.png。

接下来，把 index.html 的内容修改为如下：

```html
<!-- index.html (ch08www project) -->
{% extends "base.html" %}
{% block title %}我有话要说{% endblock %}
{% block content %}
<div class='container'>

<form name='my form' action='/' method='GET'>
    <label for='user_id'>Your ID:</label>
    <input id='user_id' type='text' name='user_id'>
    <label for='user_pass'>Your Password:</label>
    <input id='user_pass' type='password' name='user_pass'>
```

```
        <input type='submit' value='登录'>
        <input type='reset' value='清除重填'>
    </form>

</div>
{% endblock %}
```

这是一个很典型要求输入用户账号以及密码的登录页面，页面内容如图 8-1 所示（当然，别忘了在 urls.py 设置 index 的首页以及使用 python manage.py runserver 执行网站）。

图 8-1　典型登录用窗体的页面

那么如何接收输入的值呢？前文提到过通过 request 对象。在处理的 views.index 函数中会接收一个 request 对象，而使用 GET 方法传送进来的内容，只要使用 request.GET['input_name']就可以取得了。因此，可以使用以下程序代码来取得，并放置在变量 urid 和 urpass 中：

```
from django.shortcuts import render
from mysite import models

def index(request):
    template = get_template('index.html')
    try:
        urid = request.GET['user_id']
        urpass = request.GET['user_pass']
    except:
        urid = null
    return render(request, 'index.html', locals())
```

由于窗体的内容有可能会是空值（None），因此在输入的时候一定要使用 try/except 例外处理机制才不会造成网站程序异常中断执行。那么，如果要做密码判断呢？如果是自己简单使用的程序，就可以把密码测试直接写在程序代码中。例如下例，直接在程序中检查密码是否为 12345，如果 urid 不是空值而且密码也正确，就把 verified 变量设置为 True，否则就把它设置为 False。

```
def index(request):
    try:
        urid = request.GET['user_id']
        urpass = request.GET['user_pass']
    except:
        urid = None

    if urid != None and urpass == '12345':
```

```
            verified = True
        else:
            verifeid = False
        return render(request, 'index.html', locals())
```

虽然把密码写在程序中不是什么好的技巧，但是对于小网站而言还算够用。不像 JavaScript 在客户端的浏览器中执行，此段 Python 程序是在服务器后台执行的，除非主机遭黑客攻击，在正常情况下用户并不会看到这个密码。

接下来，只要在 index.html 中取出 verified 变量来检查，根据它的内容是 True 还是 False 来显示相对应的字符串即可。修改后的 index.html 如下：

```
<!-- index.html (ch08www project) -->
{% extends "base.html" %}
{% block title %}我有话要说{% endblock %}
{% block content %}
<div class='container'>

<form name='my form' action='/' method='GET'>
    <label for='user_id'>Your ID:</label>
    <input id='user_id' type='text' name='user_id'>
    <label for_'user_pass'>Your Password:</label>
    <input id='user_pass' type='password' name='user_pass'>
    <input type='submit' value='登录'>
    <input type='reset' value='清除重填'>
</form>
Your ID:{{ urid | default:"未输入 ID"}}<br/>
{% if verified %}
    <em>你通过了验证</em>
{% else %}
    <em>密码或账号打错了</em>
{% endif %}
</div>
{% endblock %}
```

上面这个例子呈现的是一个简单的单页密码验证功能，其作用是只有在输入账号和密码的时候才会显示结果。此时网站的程序并不会记住用户的相关信息，要通过下一堂课所介绍的 Session 功能来实现真正的用户权限管理功能，或者输入一次密码后可以把用户在这一次活动过程中的信息记下来。

在运行网页程序输入用户数据时一定要这样的认识，就是除非使用了 Cookie 或是 Session 的跨网页记录功能，否则每一个网页的执行都是独立运行的，前后按序浏览的操作并不像我们在本地电脑执行程序一样从上往下顺序执行到结束，每一个网页之间所用到的变量基本上都没有上下的关联性，因此我们不能期待在其中一个网页中设置的变量在下一个网页的另外一个函数中可以正确取出。

8.1.2 活用窗体的标签

窗体除了可以输入文字和密码的 text 和 password 外，其他常用组件如表 8-1 所示。

表 8-1　HTML 窗体中常用的组件

标签名称	说明	使用范例
<select></select>	下拉式菜单	<label for='flist'>最喜欢的水果</label> <select name='flist'> <option value='0'>Apple</option> <option value='1'>Banana</option> <option value='2'>Cherry</option> </select>
<input type= 'radio'>	单选按钮（单选）	最喜欢的颜色(单选)
 <input type='radio' name='fcolor' value='Green' checked>Green
 <input type='radio' name='fcolor' value='Blue'>Blue
 <input type='radio' name='fcolor' value='Red'>Red
 <input type='radio' name='fcolor' value='Black'>Black
<input type= 'checkbox'>	复选框（多选）	最喜欢的颜色(复选)
 <input type='checkbox' name='cfcolor' value='Green'>Green
 <input type='checkbox' name='cfcolor' value='Blue'>Blue
 <input type='checkbox' name='cfcolor' value='Red'>Red
 <input type='checkbox' name='cfcolor' value='Black'>Black
<input type= 'hidden'>	隐藏字段	<input type='hidden' name='hidevalue' value='hidevalue'>
<input type= 'button'>	自定义按钮	<input type='button' value='Google' onclick='location.href="http://google.com"'>
<textarea></textarea>	多列文字内容	<textarea name='message' rows=5 cols=40></textarea>

上述标签功能可以运用在网页中，就像前一章输出表格内容时，在使用这些标签的过程中（例如要使用下拉式菜单显示可选用的机型），也可以充分使用程序的循环功能，不用把选项固定写死在程序代码中。

例如，我们要有一个可以提供公元年份的下拉式菜单功能，希望能从公元 1960 到 2020 年，其中一个做法是先在 views.index 中产生一个列表变量（例如 years），内容从 1960 到 2020，然后到 index.html 中使用 {% for %} {% endfor %} 显示出来，在 views.index 中加入以下语句：

```
years = range(1960,2020)
```

在 index.html 中使用以下内容即可把 years 列表转换成下拉式菜单：

```
<label for='byear'>出生年份:</label>
<select name='byear'>
    {% for year in years %}
    <option value='{{ year }}'>{{ year }}</option>
    {% endfor %}
</select><br>
```

因为下拉式菜单只有单选,所以在 views.index 中使用 request.GET['byear']也可以取得上述下拉式菜单的结果,若像 checkbox 这一类多选菜单,则要以列表变量的方式来处理,例如以下 HTML 片段:

```
<input type='checkbox' name='fcolor' value='Green'>Green
<input type='checkbox' name='fcolor' value='Red'>Red
<input type='checkbox' name='fcolor' value='Blue'>Blue
<input type='checkbox' name='fcolor' value='Yellow'>Yellow
<input type='checkbox' name='fcolor' value='Orange'>Orange<br/>
```

在 views.index 函数中要使用以下这一行程序来取得:

```
urfcolor = request.GET.getlist('fcolor')
```

所有颜色选项的 name 属性均相同,但是 value 不一样,使用 getlist 方法函数可以把所有选到的项目放到列表中,再指定给变量 urfcolor。如果用户没有选择任何选项,就会返回一个空列表。

此时,要把这个 urfcolor 列表变量在 index.html 中显示出来,就是传统{% for %}/{% endfor %}的做法了,语句如下:

```
喜欢的颜色:
{% for c in urfcolor %}
    {{ c }}
{% empty %}
    没有选择任何颜色
{% endfor%}
<br/>
```

图 8-2 所示为网站执行的结果页面。

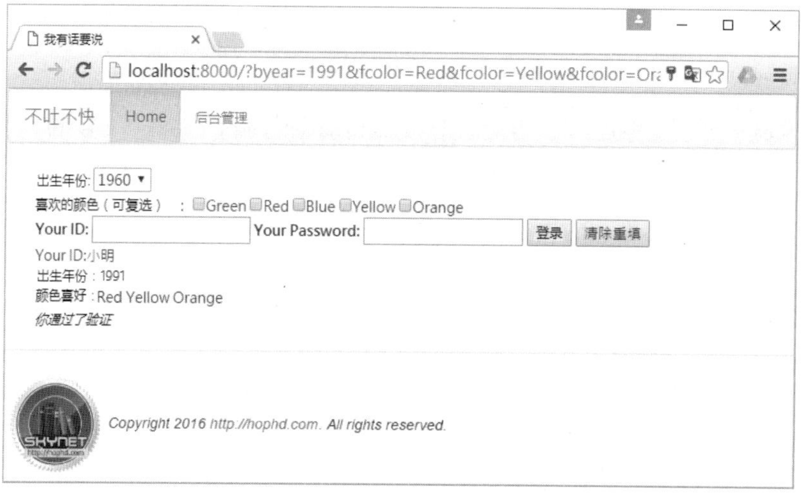

图 8-2　加上各种 HTML 窗体标签的网页执行页面

8.1.3　建立本堂课范例网站的数据模型

有了上述窗体基础,接下来就开始设计一个可以让用户以窗体和网站互动的实用网站。延续上一堂课的 Template 基础,在本堂课设计一个可以让网友自由发言的网站,每一个网友可以自选心情、张贴心情小语以及设置一个日后要删除文章用的密码。但是，为防止网友滥用，每一条信息必须经过管理员从后台启用之后才会显示在网页上，也就是网友张贴的文章有一个布尔值字段enabled，默认值是 False，只有开启为 True 之后，才允许出现在网页中。网站的外观如图 8-3 所示。

图 8-3　我有话要说网站的主页面设计

我们使用第 7 堂课的 base.html、header.html、footer.html，所以可以在 index.html 使用 Bootstrap 的各项功能让页面更美观一些。在设计上，希望心情的状态可以随时由管理员增加，所以它需要一个 Model。另外，张贴的信息当然要有一个 Model 来存储，因此这个网站需要 2 个 Model，models.py 的内容如下：

```python
from django.db import models

class Mood(models.Model):
    status = models.CharField(max_length=10, null=False)

    def __str__(self):
        return self.status

class Post(models.Model):
    mood = models.ForeignKey('Mood', on_delete=models.CASCADE)
    nickname = models.CharField(max_length=10, default='不愿意透露身份的人')
    message = models.TextField(null=False)
    del_pass = models.CharField(max_length=10)
    pub_time = models.DateTimeField(auto_now=True)
    enabled = models.BooleanField(default=False)

    def __str__(self):
```

```
        return self.message
```

其中 class Mood 内容很简单，就只有 status 一个文本字段，用来记录心情的状态。而记录信息内容的 class Post 字段多了一些，包括链接到 Mood 的 mood，使用外键链接过去。另外，nickname 用来记录发帖者的昵称，message 存储实际的内容，del_pass 用来记录可以删除此篇信息的密码，这是由发帖人设置的，pub_time 则把它设置为自动填入的修改时间，最后 enabled 是一个布尔值，默认是 False，我们将以此值来决定是否要把这条信息显示在网页上。

上述 Model 经由 makemigrations 和 migrate 同步到网站数据库后，可以到 admin.py 中再加入下列程序代码，以便连接到后台管理两张数据表的内容（第一次使用别忘了要使用 python manage.py createsuperuser 创建管理员账号）：

```python
from django.contrib import admin
from mysite import models

class PostAdmin(admin.ModelAdmin):
    list_display=('nickname', 'message', 'enabled', 'pub_time')
    ordering=('-pub_time',)
admin.site.register(models.Mood)
admin.site.register(models.Post, PostAdmin)
```

接下来在管理后台就可以使用了，请读者到后台添加几笔数据备用。别忘了在 Moods 数据表中输入几种心情，才能够在 Posts 中加入心情 mood 的字段。

数据建立完毕后，可以在 views.index 处理函数中把这些数据先读取出来，放在各个变量中备用，语句如下：

```python
# _*_ encoding:utf-8 _*_
from django.template.loader import get_template
from django.http import HttpResponse
from mysite import models

def index(request):
    template = get_template('index.html')
    posts = models.Post.objects.filter(enabled=True).order_by('-pub_time')[:30]
    moods = models.Mood.objects.all()
    return render(request, 'index.html', locals())
```

上面的这段程序代码我们分别放在 posts 和 moods 中，值得注意的是，moods 使用 all() 取出所有的心情状态，而 posts 是以 filter 先过滤出 enabled 字段是 True 的数据项，然后以 order_by 对 pub_time 进行排序（增减），最后的"[:30]"是只取出最新的 30 条信息。

8.1.4 网站窗体的建立与数据显示

接着是 index.html 的内容，先设计窗体的部分：

```html
<form name='my form' action='/' method='GET'>
    现在的心情: <br/>
    {% for m in moods %}
    <input type='radio' name='mood' value='{{ m.status }}'>{{ m.status }}
```

```
        {% endfor %}
        <br/>
        心情留言板：<br/>
        <textarea name='user_post' rows=3 cols=70></textarea><br/>
        <label for='user_id'>你的昵称：</label>
        <input id='user_id' type='text' name='user_id'>
        <label for='user_pass'>张贴密码：</label>
        <input id='user_pass' type='password' name='user_pass'><br/>
        <input type='submit' value='张贴'>
        <input type='reset' value='清除重填'>
</form>
```

在这里重要的部分是我们以一个{% for %}循环取出所有的心情 moods，然后以 radio 形式的单选按钮设置它的值和显示的内容。有多少个心情就显示出多少个选项，但是同一条信息中只能选择一个心情状态。其他部分（包括用户的昵称 user_id、设置的密码 user_pass 和用户要张贴的信息 user_post）接下来要在 views.index 中处理。

至于窗体和信息之间的标题部分，我们使用 Bootstrap 的 Grid 网格系统以及 Panel 功能来设置居中的信息，详细的用法请参考 Bootstrap 网站的说明。

```
<div class='row'>
    <div class='col-md-12'>
        <div class='panel panel-default'>
            <div class='panel-heading' align=center>
                <h3>~~宝宝心里苦，宝宝只在这里说~~</h3>
            </div>
        </div>
    </div>
</div>
```

最后是显示信息内容的程序代码：

```
<div class="row">
{% for p in posts %}
 <div class="col-sm-12 col-md-4">
  <div class='panel panel-primary'>
      <div class='panel-heading'>【{{ p.nickname }}】觉得{{ p.mood }}</div>
      <div class='panel-body'>{{ p.message | linebreaks }}</div>
      <div class='panel-footer' align='right'>
<i><small>{{ p.pub_time }}</small></i>
      </div>
     </div>
    </div>
{% endfor %}
</div>
```

在此段程序代码中我们使用了几个小技巧。首先是套用 Bootstrap 的 Grid 网格显示系统，因此需要在适当的地方设置<div class='row'>和<div class='col-md-4'>等标签。我们希望网站可以在网页够宽时显示出 3 栏内容，其架构如下：

```
<div class='row'>
    <div class='col-md-4'>
       message 1
    </div>
    <div class='col-md-4'>
       message 2
```

```
    </div>
    <div class='col-md-4'>
        message 3
    </div>
</div>
```

8.1.5 接收窗体数据存储于数据库中

由于我们在窗体中使用的 method 是 GET，因此只要通过 request.GET['user_id']就可以取出在窗体中的数据。不过在取出数据的过程须避免因为没有输入数据而造成例外，以至于中断了程序的运行，所有取得数据的指令都须放在 try 区块下，并在 except 区块中加上处理没有顺利取得数据的例外处理。修改过的 views.index 处理函数如下：

```
def index(request):
    posts = models.Post.objects.filter(enabled = True).order_by('-pub_time')[:30]
    moods = models.Mood.objects.all()
    try:
        user_id = request.GET['user_id']
        user_pass = request.GET['user_pass']
        user_post = request.GET['user_post']
        user_mood = request.GET['mood']
    except:
        user_id = None
        message = '如果要张贴信息，那么每一个字段都要填...'

    if user_id != None:
        mood = models.Mood.objects.get(status=user_mood)
        post = models.Post.objects.create(mood=mood, nickname=user_id, del_pass=user_pass, message=user_post)
        post.save()
        message='成功保存！请记得你的编辑密码[{}]！，信息须经审查后才会显示。'.format(user_pass)

    return render(request, 'index.html', locals())
```

在上面这一段程序代码中，我们在 try 区块中分别取得了 user_id、user_pass、user_post 以及 user_mood。但是，假如在取得的过程中出现任何错误，就会到 except 区块下把 user_id 设置为 None，并在 message 中注明信息。接下来的程序代码可以经由检查 user_id 的值来判断是否有数据可以顺利存储到数据库中。如果 user_id==None，就不用处理，直接返回；如果有数据，就先以 mood = models.Mood.objects.get(status=user_mood) 找出对应的 Mode 实例，然后通过 models.Post.objects.create 分别把各个数据传进去，以创建出新的实例。而 enabled 因为有默认值 False，所以不需指定，而 pub_time 也因为 auto_now 的关系会自动填入当前的日期和时间，所以此字段也不需要设置。在下一行以 post.save()执行把数据写入到数据库的保存操作。

在此为了简化程序代码，我们处理数据库的过程中并未加上例外处理，实现时别忘了要加上去，因为你要找的数据不一定在数据库中，实际上需要处理找不到数据的情况。成功保存之后也需要更新 message 的内容，以便在 index.html 中显示信息。在 index.html 中，我们在窗体之前新增了一个显示信息的程序代码，语句如下：

```
{% if message %}
    <div class='alert alert-warning'>{{ message }}</div>
{% endif %}
```

8.1.6　加上删除帖文的功能

在此范例中，我们为每一篇帖文都加上删除密码的字段，也就是该帖文的笔者在帖文的同时也必须设置一组密码，日后看到同一篇文章如果想要删除，只要提供同样的密码就可以了。因为这个网站并没有设计用户的管理功能，除了在后台的管理员可以全权处理所有数据之外，每一篇帖文都是独立的，因此如果张贴的人忘记了密码，是没有任何补救措施的。

在此网站中，我们删除帖文的逻辑为：先把密码的字段标题改一下，成为张贴时以及删除时都可以使用的密码；要张贴信息时，发帖者要填入所有字段，如果要删除信息，只要在密码栏输入密码，再单击该帖文的删除符号（垃圾桶符号）就可以了，界面如图8-4所示。

图 8-4　提供删除帖文功能的网页设计

如图8-4箭头所指的地方，除了修改密码字段标题外，还在每一个帖文的右下角多了一个垃圾桶的符号，此符号使用以下方式来实现：

```
<span class="glyphicon glyphicon-trash"
onclick='go_delete({{p.id}})'></span>
```

它使用了 Bootstrap 的 glyphicon 图标集。另外，在 onclick 的地方加上了 JavaScript 的函数调用指令，因为我们希望在此垃圾桶图标被鼠标单击后，可以调用一个 go_delete 函数来处理，同时也把此帖文的 id 传到这个参数当中。而这个 JavaScript 函数需要写在这段 HTML 代码前面的任何一个地方，内容如下：

```
<script>
function go_delete(id){
    var user_pass = document.getElementById('user_pass').value;
    if (user_pass != "") {
        var usr = '/' + id + '/' + user_pass;
        window.location = usr;
    }
}
</script>
```

此函数要做三件事，第一件是到 user_pass 窗体密码标签处取出当前的值，如果没有，就直接离开不处理。如果此字段目前含有内容，就把密码的内容取出来，重新编写一个"/id/user_pass"形式的网址，再使用 window.location 转址过去。既然有网址了，那么 urls.py 的对应样式就要加上此网址的样式，语句如下：

```
urlpatterns = [
    path('admin/', admin.site.urls),
    path('', views.index),
    path('<int:pid>/<str:del_pass>', views.index),
]
```

在中间那一行，前面只接收数字（pid），后面接收文字（user_pass），也是由 views.index 来处理。此时，views.index 就要多接收两个参数，为了顾及原有的首页功能，这两个变量要使用默认值才行。新版本的 views.index 如下：

```
def index(request, pid=None, del_pass=None):
    posts = models.Post.objects.filter(enabled = True).order_by('-pub_time')[:30]
    moods = models.Mood.objects.all()
    try:
        user_id = request.GET['user_id']
        user_pass = request.GET['user_pass']
        user_post = request.GET['user_post']
        user_mood = request.GET['mood']
    except:
        user_id = None
        message = '如果要张贴信息，那么每一个字段都要填...'

    if del_pass and pid:
        try:
            post = models.Post.objects.get(id=pid)
        except:
            post = None
        if post:
            if post.del_pass == del_pass:
                post.delete()
                message = "数据删除成功"
            else:
                message = "密码错误"
    elif user_id != None:
```

```
            mood = models.Mood.objects.get(status=user_mood)
            post = models.Post.objects.create(mood=mood, nickname=user_id,
del_pass=user_pass, message=user_post)
            post.save()
            message='成功存储！请记得你的编辑密码[{}]！，信息须经审查后才会显示。
'.format(user_pass)

    return render(request, 'index.html', locals())
```

在上段程序代码的中间检查 del_pass 和 pid 是否都有值，如果有就执行删除功能；如果没有，就执行原先新增帖文的部分。删除的部分以 pid 来作为要搜索的对象，使用 models.Post.objects.get(id=pid)来取得要被删除的帖文，然后比较取出的 post.del_pass 和当前网页传来的 del_pass 是否一致，一致才执行删除的操作，使用 post.delete()即可完成删除。无论成功与否，都需要更新 message 的内容。

至此，我们已经完成了一个可以让网友自由发文的网站了。不过，在本小节中我们都是使用 GET 来作为传送参数的方法，其实 GET 会把所有要传送的数据编写成 URL 的字符串，对于要传送更多、更高级的数据（例如二进制数据）以及会改变状态的应用来说并不适合。因此，从下一节开始，我们先来探讨更高级的窗体功能，并全部使用 POST 来传送窗体的参数。

8.2 基础窗体类的应用

除了用手工的方式把窗体使用 HTML 标签一个一个"刻"上去之外，就像 Models 一样，Django 也准备了一个很好用的窗体类，让我们以程序的方式来产生窗体以便应用于 Template 模板文件中，而且功能也非常多。现在就让我们来看看如何应用窗体类执行更高级的功能。

8.2.1 使用 POST 传送窗体数据

根据 8.1 节的网站，在本节中持续修改。们打算新增一个网页（list），用来显示所有信息，而另一个网页（post）只可以用来张贴信息，因此需要在 urls.py 中新增两个网址样式，同时也必须在 views.py 增加对应的两个处理函数，分别是 views.listing()和 views.posting()，语句如下：

```
urlpatterns = [
    path('admin/', admin.site.urls),
    path('', views.index),
    path('<int:pid>/<str:del_pass>', views.index),
    path('list/', views.listing),
    path('post/', views.posting),
]
```

也别忘了在 header.html 中增加这两个网址作为菜单。view.listing()因为只负责显示信息，所以程序内容可大幅简化如下：

```
    def listing(request):
        posts = models.Post.objects.filter(enabled=True).order_by('-pub_time')[:150]
```

```
    moods = models.Mood.objects.all()
    return render(request, 'listing.html', locals())
```

和前一个 views.index 不同的地方在于放宽了显示的篇数到 150 篇。此外，相对应的 listing.html 做了一些显示上的调整，语句如下：

```
<!-- listing.html (ch08www project) -->
{% extends "base.html" %}
{% block title %}我有话要说{% endblock %}
{% block content %}
<div class='container'>
  <div class='row'>
    <div class='col-md-12'>
      <div class='panel panel-default'>
        <div class='panel-heading' align=center>
          <h3>~~宝宝心里苦，宝宝只在这里说~~</h3>
        </div>
      </div>
    </div>
  </div>

  <div class="row">
   {% for p in posts %}
     <div class="col-sm-12 col-md-6">
       <div class='panel {%cycle "panel-primary" "panel-info" "panel-warning" "panel-success" %}'>
         <div class='panel-heading'>
          <table width='100%'>
           <tr>
            <td>
              【{{ p.nickname }}】觉得{{ p.mood }}
            </td>
            <td align=right>
              <i><small>{{ p.pub_time }}</small></i>
            </td>
           </tr>
          </table>
         </div>
         <div class='panel-body'>{{ p.message | linebreaks }}</div>
       </div>
     </div>
   {% endfor %}
  </div>
</div>
{% endblock %}
```

调整后的外观如图 8-5 所示。

图 8-5　list.html 的网页显示结果

然后再以 POST 为 method，创建一个只用于帖文功能的 posting.html，程序片段如下：

```html
<!-- posting.html (ch08www project) -->
{% extends "base.html" %}
{% block title %}我有话要说{% endblock %}
{% block content %}
<div class='container'>
{% if message %}
    <div class='alert alert-warning'>{{ message }}</div>
{% endif %}
<form name='my form' action='.' method='POST'>
    现在的心情：<br/>
    {% for m in moods %}
    <input type='radio' name='mood' value='{{ m.status }}'>{{ m.status }}
    {% endfor %}
    <br/>
    心情留言板：<br/>
    <textarea name='user_post' rows=3 cols=70></textarea><br/>
    <label for='user_id'>你的昵称：</label>
    <input id='user_id' type='text' name='user_id'>
    <label for='user_pass'>张贴/删除密码：</label>
    <input id='user_pass' type='password' name='user_pass'><br/>
    <input type='submit' value='张贴'>
    <input type='reset' value='清除重填'>
</form>
</div>
{% endblock %}
```

处理此模板的 views.posting 函数如下：

```python
def posting(request):
```

```
template = get_template('posting.html')
moods = models.Mood.objects.all()
message = '如果要张贴信息,那么每一个字段都要填...'
html = template.render(locals())

return HttpResponse(html)
```

执行后的网页内容如图 8-6 所示。

图 8-6　posting.html 的网页执行结果

此网页在用户单击"张贴"按钮后,会出现图 8-7 所示的页面。

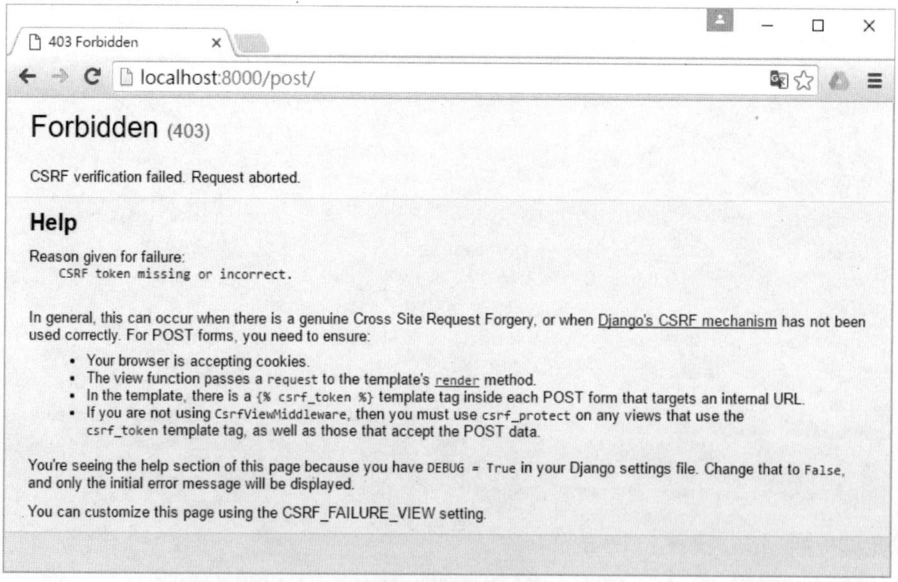

图 8-7　CSRF 验证登录失败的页面

这是一个 Django 为了防范网站 CSRF（Cross-site request forgery，跨站请求伪造）攻击的机制，以确保黑客无法伪装为已被验证过的浏览器而盗取数据。启用这个功能（默认是启用的）的设置在 settings.py 中的'django.middleware.csrf.CsrfViewMiddleware'（在 MIDDLEWARE_CLASSES 中的设置区块），为了配合此安全机制，我们还必须在 posting.html 中的<form>标签下加上标识符：

```
{% csrf_token %}
```

在 Django1.8 以前 csrf 机制常使用 RequestContext 方法来处理渲染（或称为页面显示）。参照官方文件 1.8（请参照网址一）的说明，因为 multiple template engines 兼容性问题，所以 RequestContext 等几项方法在 Django1.10（请参照网址二）后将被删除，模板内容传送改用 dictionary 方式。

网址一：

https://docs.djangoproject.com/en/1.10/releases/1.8/#current-app-argument-of-template-related-apis

网址二：

https://docs.djangoproject.com/en/1.11/releases/1.11/#django-template-backends-django-template-render-prohibits-non-dict-context

8.2.2 结合窗体和数据库

要在网页中建立窗体，之前的方法都是直接在模板中使用 HTML 窗体标签，一个一个地手工编写上去，然后在 views.py 的函数中接收这些用户输入的数据，再使用程序代码加以验证，最后使用 ORM 的方式写入数据库中，手续比较复杂。而且，如果需要验证窗体中的某些输入项目，还需要额外的程序代码（使用 JavaScript、HTML5 的窗体验证功能，或者直接使用 Python 的程序代码），非常麻烦。然而，Django 本身就提供了现成可使用的窗体类 Form 和 ModelForm，可以使用面向对象的方式，直接使用程序代码产生需要的窗体属性。先来看一个 Form 类的使用范例。

假设我们要为网站设计一个联络窗体，让网友可以通过这个窗体发送电子邮件给网站管理员，如果使用窗体类的方式，就要先定义一个自定义的窗体类。为了方便网站程序的管理，在 mysite 目录下另外创建一个 form.py 文件是最好的方法。在此程序文件中，先导入 django 的 forms 模块，然后通过继承 forms.Form 创建一个网站要使用的自定义窗体类，并在此类中指名要使用的字段内容，典型的联络窗体看起来就像下面这个样子（forms.py）：

```
#-*- encoding: utf-8 -*-
from django import forms

class ContactForm(forms.Form):
    CITY = [
        ['SH', 'Shanghai'],
        ['GZ', 'Guangzhou'],
        ['NJ', 'Nanjing'],
        ['HZ', 'Hangzhou'],
        ['WH', 'Wuhan'],
        ['NA', 'Others'],
    ]
    user_name = forms.CharField(label='你的姓名', max_length=50, initial='李大
```

仁')
```
        user_city = forms.ChoiceField(label='居住城市', choices=CITY)
        user_school = forms.BooleanField(label='是否在学', required=False)
        user_email = forms.EmailField(label='电子邮件')
        user_message = forms.CharField(label='你的意见', widget=forms.Textarea)
```

在 forms.py 中示范了几个字段的设置范例，就像之前设置 Models 类一样，也要创建一个类（此例为 ContactForm），然后分别设置其中的字段名（此例中分别是 user_name、user_city、user_school、user_email、user_message），并指定每一个字段的格式。在此例中我们示范了几种常见的字段格式设置方法，摘要说明如表 8-2 所示。

表 8-2 常见的字段格式设置方法

字段格式名称	用法	说明
CharField	CharField(label='你的姓名', max_length=50, initial='李大仁')	label 为本字段的标签（以下皆同），max_length 设置长度为 50，initial 为字段中的默认值，本例为'李大仁'
ChoiceField	ChoiceField(label='居住城市', choices=CITY)	设置下拉式菜单（即<select>标签），后面须以 choices 参数指定一个二维列表，如程序中的 CITY
BooleanField	BooleanField(label='是否在学', required=False)	布尔值的字段，即 checkbox 标签，若 required 设置为 False，则此 checkbox 在输入时也可以不用勾选
EmailField	EmailField(label='电子邮件')	具 email 验证功能的字段
CharField + forms.Textarea	CharField(label='你的意见', widget=forms.Textarea)	在 CharField 中以 widget=forms.Textarea 来扩展成为大量文字输入的字段，即<textarea>标签

还有其他一些常用的字段，在后面提到的时候会陆续说明。在此例中，一旦创建了此格式的类，即可在 views.contact 处理函数中产生实例，并在模板中加以显示。假设我们已在 urls.py 中创建了/contact 的网址样式，并对应到 views.contact，则此时 views.contact 的内容如下：

```python
from mysite import models, forms
def contact(request):
    form = forms.ContactForm()
    return render(request, 'contact.html', locals())
```

其他地方都一样，但是在 import 的地方多导入了 forms.py 的内容，同时使用 form = forms.ContactForm()产生一个实例放在 form 变量中，此变量会通过 locals()打包传送到 contact.html 中。contact.html 中的内容如下：

```html
<!-- contact.html (ch08www project) -->
{% extends "base.html" %}
{% block title %}联络管理员{% endblock %}
{% block content %}
<div class='container'>
    <div class='panel panel-primary'>
        <div class='panel-heading'>
            <form name='my form' action='.' method='POST'>
            {% csrf_token %}
            <h3>写信给管理员</h3>
        </div>
        <div class='panel-body'>
            {{ form.as_p }}
```

```
            </div>
            <div class='panel-footer'>
                <input type='submit' value='提交'>
            </form>
            </div>
        </div>
    </div>
{% endblock %}
```

请注意网站中<form>和</form>的位置。为了网页页面美观起见，我们把{{ form.as_p }}放在Bootstrap 的 Panel 格式中，所以看起来会复杂一些，其实就是{{ form.as_p }}前后各套用<form...>和</form>而已。也就是 form.as_p 会以<p>段落格式的方式产生窗体的字段内容（但是并不会产生<form>和</form>，还有 Submit 按钮也不会产生），查看原始文件内容如下：

```
    <p><label for="id_user_name">你的姓名:</label> <input id="id_user_name" maxlength="50" name="user_name" type="text" value="李大仁" /></p>
    <p><label for="id_user_city">居住城市:</label> <select id="id_user_city" name="user_city">
    <option value="SH">Shanghai</option>
    <option value="GZ">Guangzhou</option>
    <option value="NJ">Nanjing</option>
    <option value="HZ">Hangzhou</option>
    <option value="WH">Wuhan</option>
    <option value="NA">Others</option>
    </select></p>
    <p><label for="id_user_school">是否在学:</label> <input id="id_user_school" name="user_school" type="checkbox" /></p>
    <p><label for="id_user_email">电子邮件:</label> <input id="id_user_email" name="user_email" type="email" /></p>
    <p><label for="id_user_message">你的意见:</label> <textarea cols="40" id="id_user_message" name="user_message" rows="10">
    </textarea></p>
```

除了.as_p 之外，还有.as_table 和.as_ul 可以选。{{ form.as_table }}转译出来的程序代码如下：

```
    <tr><th><label for="id_user_name">你的姓名:</label></th><td><input id="id_user_name" maxlength="50" name="user_name" type="text" value="李大仁" /></td></tr>
    <tr><th><label for="id_user_city">居住城市:</label></th><td><select id="id_user_city" name="user_city">
    <option value="SH">Shanghai</option>
    <option value="GZ">Guangzhou</option>
    <option value="NJ">Nanjing</option>
    <option value="HZ">Hangzhou</option>
    <option value="WH">Wuhan</option>
    <option value="NA">Others</option>
    </select></td></tr>
    <tr><th><label for="id_user_school">是否在学:</label></th><td><input id="id_user_school" name="user_school" type="checkbox" /></td></tr>
    <tr><th><label for="id_user_email">电子邮件:</label></th><td><input id="id_user_email" name="user_email" type="email" /></td></tr>
    <tr><th><label for="id_user_message">你的意见:</label></th><td><textarea cols="40" id="id_user_message" name="user_message" rows="10">
    </textarea></td></tr>
```

并不含<table>和</table>标签，在网页中要自行加上这两个标签才能得到工整的排版。另外，{{ form.as_ul }}转译的源代码如下：

```
<li><label for="id_user_name">你的姓名:</label> <input id="id_user_name" maxlength="50" name="user_name" type="text" value="李大仁" /></li>
<li><label for="id_user_city">居住城市:</label> <select id="id_user_city" name="user_city">
<option value="SH">Shanghai</option>
<option value="GZ">Guangzhou</option>
<option value="NJ">Nanjing</option>
<option value="HZ">Hangzhou</option>
<option value="WH">Wuhan</option>
<option value="NA">Others</option>
</select></li>
<li><label for="id_user_school">是否在学:</label> <input id="id_user_school" name="user_school" type="checkbox" /></li>
<li><label for="id_user_email">电子邮件:</label> <input id="id_user_email" name="user_email" type="email" /></li>
<li><label for="id_user_message">你的意见:</label> <textarea cols="40" id="id_user_message" name="user_message" rows="10">
</textarea></li>
```

我们使用{{ form.as_p }}搭配 Bootstrap 框架的 Panel 组件，可以得到图 8-8 所示的页面。

图 8-8　contact.html 的执行页面

8.2.3　数据接收与字段的验证方法

在 8.2.2 小节的 views.contact 函数中，我们只处理了窗体输出的部分，因此在网页上单击"提交"按钮后网站并不会有其他反应，就是网页被刷新了一下而已。那么如何接收窗体上的数据呢？答案是要先使用 if 判断传进来的内容是否为 POST，如果是，那么表示刚刚送进来的 request 是因为单击了窗体中的 submit 按钮而来的，就要开始检查并处理数据；如果不是，那么就维持显示窗体的方式，程序如下：

```
def contact(request):
    if request.method == 'POST':
        form = forms.ContactForm(request.POST)
        if form.is_valid():
            message = "感谢你的来信。"
        else:
            message = "请检查你输入的信息是否正确！"
    else:
        form = forms.ContactForm()
    return render(request, 'contact.html', locals())
```

上面的程序代码中有两个重点，第一个是在进入本函数时立即以 if request.method == 'POST' 来检查是否为单击 Submit 按钮送进来的 request，如果是，就以 if form.is_valid()检查此窗体各个字段的输入内容是否正确；如果不正确，就会把 messages 设置为提醒用户的注意信息。第二个是如果窗体没有问题，做完需要的处理后，再设置 messages 的信息，但是此信息内容为感谢用户来信的成功信息。不过，在这里我们还没有开始处理电子邮件的发送问题，只是先测试信息的显示。读者可以先在不填入任何窗体字段内容的情况下，直接单击"提交"按钮，此时会出现如图 8-9 所示的样子。

图 8-9　窗体类的自动字段检查功能

当然，会显示出错误信息，也是我们在 contact.html 的前面多加了以下内容：

```
{% if message %}
    <div class='alert alert-warning'>{{ message }}</div>
```

```
{% endif %}
```

从图 8-9 可以了解，虽然我们没有进行任何字段的检查处理，但是窗体类会自动帮我们处理这些细节，省下不少工作。此时就算是电子邮件地址格式不符，也会有相对应的提示，窗体类附赠的功能如图 8-10 所示。

图 8-10　窗体类的电子邮件格式检查

所以如果没有特别的要求，使用 Form 类产生的窗体就够用了。至于在使用 form.is_valid()检查了窗体的正确性后，只要使用每一个窗体原本在定义时的标识符，就可以取出其中的数据或信息，方法如下：

```
form = forms.ContactForm(request.POST)
if form.is_valid():
    message = "感谢你的来信。"
    user_name = form.cleaned_data['user_name']
    user_city = form.cleaned_data['user_city']
    user_school = form.cleaned_data['user_school']
    user_email  = form.cleaned_data['user_email']
    user_message = form.cleaned_data['user_message']
else:
    message = "请检查你输入的信息是否正确！"
```

拿到的数据或信息直接显示在网页上的方法对应的程序代码如下：

```
{% if message %}
    <div class='alert alert-warning'>{{ message }}</div>
    {{ user_name }}<br/>
```

```
        {{ user_city }}<br/>
        {{ user_school }}<br/>
        {{ user_email }}<br/>
        {{ user_message | linebreaks }}<br/>
    {% endif %}
```

显示在网页上时如图 8-11 所示。

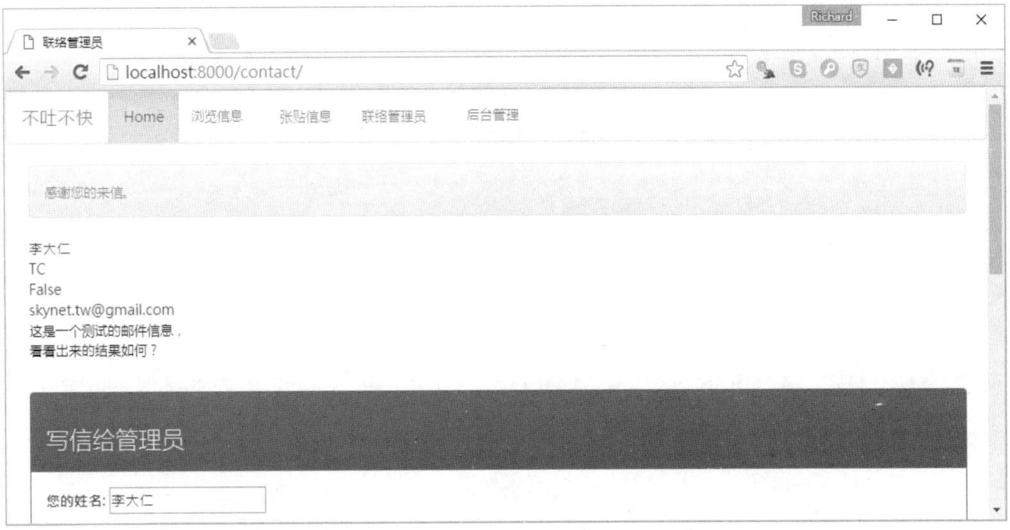

图 8-11　显示窗体中的数据或信息

8.2.4　使用第三方服务发送电子邮件

尽管大部分 Linux 主机都有收发电子邮件的能力，不过由于垃圾邮件的泛滥使得很多虚拟主机供应商不喜欢让客户直接通过他们的主机收发邮件，或者要收取额外的费用才可以拥有此项功能。因此，笔者喜欢使用目前市面上专门提供电子邮件收发服务的网站来收发自己网站的电子邮件。提供此类服务的网站很多，有些是要到他们的网站上通过人工设置方式才能收发邮件，但也有不少供应商提供了 API 服务。在这些网站中，mailgun.com 不仅提供了以网页界面的方式收发个人的邮件，而且还提供了 API 供程序使用，甚至还有 Python 的 Django 专用模块，再加上每月 1 万封邮件的免费额度，不用实在可惜。因此，本小节以 Mailgun 为例，说明如何在 Django 网站中使用 Mailgun 的邮件收发服务。

首先，当然是前往 http://mailgun.com 注册一个自己的账号（免费，也不用提供任何付费的信息），在启用之后就会为你设置一个收发的账号名称（看起来像是 sandboxecfb1a3816e94a06...8f139.mailgun.org 这样的网址），也可以在网站中使用 Add Domain 功能免费设置自己的专属网址，在验证后即可使用。

接着，在自己的计算机中使用 pip 安装 django-mailgun 模块，语句如下：

```
(VENV) D:\myDjango\ch08www>pip install django-mailgun
Collecting django-mailgun
  Downloading django-mailgun-0.9.1.tar.gz
Collecting requests (from django-mailgun)
  Downloading requests-2.10.0-py2.py3-none-any.whl (506kB)
```

```
                        100% |████████████████████████████████| 512kB
1.9MB/s
    Collecting six (from django-mailgun)
      Downloading six-1.10.0-py2.py3-none-any.whl
    Building wheels for collected packages: django-mailgun
      Running setup.py bdist_wheel for django-mailgun ... done
      Stored in directory:
C:\Users\skynet-ncu-dds\AppData\Local\pip\Cache\wheels\94\c8\cb\abbe3a91aa7241
c76a4ceaa5fe8f984b070a90e643d95a8ec4
    Successfully built django-mailgun
    Installing collected packages: requests, six, django-mailgun
    Successfully installed django-mailgun-0.9.1 requests-2.10.0 six-1.10.0
```

顺利安装完成后，要到 settings.py 中做好设置才能够启用此功能，其实只要在 settings.py 中的任何一处加入以下 3 个常数即可：

```
EMAIL_BACKEND = 'django_mailgun.MailgunBackend'
MAILGUN_ACCESS_KEY = 'key-55..............27e7'
MAILGUN_SERVER_NAME = 'drho.tw'
```

其中，MAILGUN_ACCESS_SKY 和 MAILGUN_SERVER_NAME 的内容可以到 mailgun 的账号设置中找到 Domain 的页面，如图 8-12 所示。

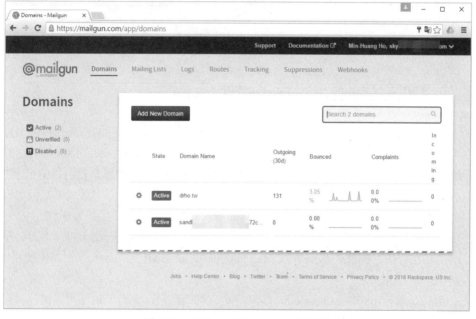

图 8-12　Mailgun 的 Domain 设置页面

由于笔者已经新增一个域名 drho.tw，因此可以直接使用此网络域名，没有新增自定义网络域名的朋友，请用鼠标单击 sand 开头的默认网络域名。单击进去后，即可看到这两项信息，如图 8-13 所示。

只要填写正确，就可以在 Django 网站通过 Mailgun 收发电子邮件。要使用 Django 的收发邮件功能，需要在 views.py 中导入以下模块：

```
from django.core.mail import EmailMessage
```

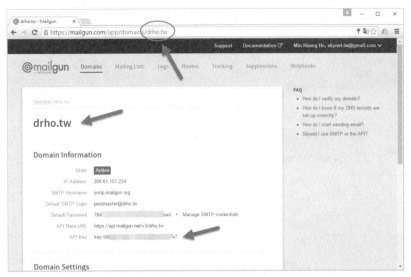

图 8-13　服务器名称和 API Key 所在的位置

然后在 views.contact 中改写如下：

```
def contact(request):
    if request.method == 'POST':
        form = forms.ContactForm(request.POST)
        if form.is_valid():
            message = "感谢你的来信，我们会尽速处理你的宝贵意见。"
            user_name = form.cleaned_data['user_name']
            user_city = form.cleaned_data['user_city']
            user_school = form.cleaned_data['user_school']
            user_email  = form.cleaned_data['user_email']
            user_message = form.cleaned_data['user_message']

            mail_body = u'''
网友姓名：{}
居住城市：{}
是否在学：{}
反馈意见：如下
{}'''.format(user_name, user_city, user_school, user_message)

            email = EmailMessage(   '来自【不吐不快】网站的网友意见',
                                mail_body,
                                user_email,
                                ['skynet@gmail.com'])
            email.send()
        else:
            message = "请检查你输入的信息是否正确！"
    else:
        form = forms.ContactForm()
    return render(request, 'contact.html', locals())
```

把所有取得的字段数据编写在字符串 mail_body 中，别忘了此字符串的前面要加上 "u" 才有办法顺利地将中文使用 format 函数插入到指定的{}位置处。而收发邮件之前使用 EmailMessage 建立电子邮件的内容，它接收 4 个参数，分别是 EmailMessage 的邮件主题、邮件内容、发件人、['

收件人电邮 1'、'收件人电邮 2'、'收信人电邮 3']，我们把邮件的内容放到 email 变量后，再通过 email.send()就可以顺利地把邮件发送出去了。图 8-14 是填写的内容。

图 8-14　张贴信息的功能

单击"提交"按钮后，在页面的上方会多出一条信息，如图 8-15 所示。

图 8-15　发送邮件成功的网页页面

过一会儿，就会在自己的电子邮箱中收到这封从网站发送的邮件了，如图 8-16 所示。

图 8-16　收到的邮件及其内容

8.3　模型窗体类 ModelForm 的应用

我们在第 8.2 节讲述的窗体类应该已经很好用了，如果网站是以数据库为主的网站，也已经建立了数据模型 Model，那么不用说，直接整合 Model 和 Form 的窗体就是最佳的选择。直接在窗体中套用在 Model 中定义好的字段，还可以决定要保留哪些字段，非常实用，一定要学会。

8.3.1　ModelForm 的使用

在 8.2.1 节中我们把网站的张贴信息功能独立出来了，然后在专用的模板 posting.html 中直接使用 HTML 窗体标签的方式建立网页。在本节中，我们打算改用 ModelForm 类来完成这件事，而且让这个窗体可以用简单的方式建立数据。为了方便读者比较，我们另外创建了一个 post2db 网址（修改 urls.py），以及 post2db.html 和 views.post2db 函数，在这里面使用 ModelForm 来产生窗体。先在 forms.py 中加入 PostForm 类，这次要继承自 ModelForm，语句如下：

```
class PostForm(forms.ModelForm):
    class Meta:
        model = models.Post
        fields = ['mood', 'nickname', 'message', 'del_pass']

    def __init__(self, *args, **kwargs):
        super(PostForm, self).__init__(*args, **kwargs)
        self.fields['mood'].label = '现在心情'
        self.fields['nickname'].label = '你的昵称'
        self.fields['message'].label = '心情留言'
        self.fields['del_pass'].label = '设置密码'
```

文件起始处别忘了导入 models，然后在 class Meta:中有两个项目要指定，model 用来指定此窗体要引用的是哪一个 Model，在这里我们引用 models.Post。接下来，fields 用来指定使用 models.Post 中的哪些字段，在这里我们使用了 mood、nickname 以及 message 三个字段。其实到这里就算是完成了，下面那一段程序代码是为了要把默认的英文字段名改为中文才加进去的片段。在 views.post2db 的程序内容中，先设计如下编码（暂时还不处理响应的窗体属性，单纯就是显示的部分）：

```
def post2db(request):
    post_form = forms.PostForm()
    moods = models.Mood.objects.all()
    message = '如果要张贴信息,那么每一个字段都要填...'
    return render(request, 'post2db.html', locals())
```

产生一个 post_form 变量,是 forms.PostForm 类的实例,然后就可以在 post2db.html 中把它显示出来了。这一次我们使用.as_table 的方式显示,所以需要在前后各加上<table>和</table>,当然<form></form>标签以及 submit 的按钮也都不要忘了,程序如下:

```
<!-- post2db.html (ch08www project) -->
{% extends "base.html" %}
{% block title %}我有话要说{% endblock %}
{% block content %}
<div class='container'>
{% if message %}
    <div class='alert alert-warning'>{{ message }}</div>
{% endif %}

<form name='my form' action='.' method='POST'>
    {% csrf_token %}
    <table>
    {{ post_form.as_table }}
    </table>
    <input type='submit' value='张贴'>
    <input type='reset' value='清除重填'>
</form>
</div>
{% endblock %}
```

轻轻松松就把窗体显示在网页上了,如图 8-17 所示。

图 8-17　使用 ModelForm 窗体所显示的网页内容

相信读者一定注意到了，在上面的程序中并没有特别处理心情（mood）的部分，不过 ModelForm 自动帮我们处理好了，外键（ForeignKey）的字段自动取得数据，并自动成为下拉式菜单，是不是超级方便？

8.3.2 通过 ModelForm 产生的窗体存储数据

如何存储数据呢？与之前的 Form 类很类似，也是先检查输入的部分，再检查正确性，最后以 save()函数存储，语句如下：

```
def post2db(request):
    if request.method == 'POST':
        post_form = forms.PostForm(request.POST)
        if post_form.is_valid():
            message = "你的信息已保存，要等管理员启用后才看得到。"
            post_form.save()
        else:
            message = '如果要张贴信息，那么每一个字段都要填...'
    else:
        post_form = forms.PostForm()
        message = '如果要张贴信息，那么每一个字段都要填...'

    return render(request, 'post2db.html', locals())
```

没错，只要使用 post_form.save()就完成了把窗体的数据存储在数据库的操作，完全不需要使用任何其他程序代码。执行以上程序，在用户张贴信息时，除了真正把数据存储进去之外，也会在网页的上方显示出信息，如图 8-18 所示。

图 8-18　存储信息后的网页页面

当然，由于我们的设计在信息存储到数据库后默认是未启用的（enabled=False），因此此时就算是回到主网页也不会显示出刚才张贴的内容，需要到管理界面中去把 enabled 设置为 True 才行。这个程序代码会在发帖完后仍然停留在原来的网页（即依然显示的是原来的窗体及其数据），我们可以使用 HttpResponseRedirect 重定向另一个网页，常见的情况是定向首页或信息浏览页面，只要在 post_form.save() 的下一行加入如下这一行语句即可：

```
return HttpResponseRedirect('/list/')
```

当然，在程序文件的最前面不要忘了也要导入这个模块，语句如下：

```
from django.http import HttpResponse, HttpResponseRedirect
```

8.3.3 为窗体加上防机器人验证机制

先安装 django-simple-captcha 模块，语句如下：

```
(VENV) D:\myDjango\ch08www>pip install django-simple-captcha
Collecting django-simple-captcha
  Downloading django-simple-captcha-0.5.1.zip (140kB)
    100% |████████████████████████████████| 143kB 2.0MB/s
  Requirement already satisfied (use --upgrade to upgrade): setuptools in c:\mydjango\venv\lib\site-packages (from django-simple-captcha)
  Requirement already satisfied (use --upgrade to upgrade): six>=1.2.0 in c:\mydjango\venv\lib\site-packages (from django-simple-captcha)
  Requirement already satisfied (use --upgrade to upgrade): Django>=1.7 in c:\mydjango\venv\lib\site-packages (from django-simple-captcha)
Collecting Pillow>=2.2.2 (from django-simple-captcha)
  Downloading Pillow-3.3.0-cp27-cp27m-win32.whl (1.2MB)
    100% |████████████████████████████████| 1.2MB 948kB/s
Building wheels for collected packages: django-simple-captcha
  Running setup.py bdist_wheel for django-simple-captcha ... done
  Stored in directory: C:\Users\skynet-ncu-dds\AppData\Local\pip\Cache\wheels\5c\98\32\273ea3328b502adf759de8d22140a4ceba339867d1a7611fda
Successfully built django-simple-captcha
Installing collected packages: Pillow, django-simple-captcha
Successfully installed Pillow-3.3.0 django-simple-captcha-0.5.1
```

然后在 settings.py 中把 'captcha' 加到 INSTALLED_APP 的区块中，语句如下：

```
INSTALLED_APPS = (
    'django.contrib.admin',
    'django.contrib.auth',
    'django.contrib.contenttypes',
    'django.contrib.sessions',
    'django.contrib.messages',
    'django.contrib.staticfiles',
    'mysite',
    'captcha',
)
```

由于此模块会到数据库建立自己的数据表,因此要先执行数据库的 migrate 操作,语句如下:

```
(VENV) D:\myDjango\ch08www>python manage.py migrate
Operations to perform:
  Synchronize unmigrated apps: staticfiles, messages
  Apply all migrations: mysite, sessions, admin, auth, captcha, contenttypes
Synchronizing apps without migrations:
  Creating tables...
    Running deferred SQL...
  Installing custom SQL...
Running migrations:
  Rendering model states... DONE
  Applying captcha.0001_initial... OK
```

在 urls.py 加上这个模块对应的网址:

```
    url(r'^captcha/', include('captcha.urls')),
```

接下来还要确定 Pillow 是否已安装在系统中,可以使用 pip list 检查一下,如果找不到 Pillow 版本,那么可以参考 Python 书籍设法把 Pillow 安装到系统中。

```
(VENV) D:\myDjango\ch08www>pip list
dds (1.0)
Django (1.8.14)
django-mailgun (0.9.1)
django-simple-captcha (0.5.1)
MySQL-python (1.2.5)
Pillow (3.3.0)
pip (8.1.2)
requests (2.10.0)
setuptools (24.0.3)
six (1.10.0)
wheel (0.29.0)
```

如果以上都没有问题,就可以直接在窗体类中加上 CaptchaField 了,语句如下:

```
from captcha.fields import CaptchaField
class PostForm(forms.ModelForm):
    captcha = CaptchaField()
    class Meta:
        model = models.Post
        fields = ['mood', 'nickname', 'message', 'del_pass']

    def __init__(self, *args, **kwargs):
        super(PostForm, self).__init__(*args, **kwargs)
        self.fields['mood'].label = '现在心情'
        self.fields['nickname'].label = '你的昵称'
        self.fields['message'].label = '心情留言'
        self.fields['del_pass'].label = '设置密码'
        self.fields['captcha'].label = '确定你不是机器人'
```

在上述程序片段中我们加入了 captcha = CaptchaField() 字段,其他操作方法都不变,最后可以在网页上看到如图 8-19 的变化。

图 8-19　加上 Captcha 图形验证的窗体页面

简单的几个步骤就完成了防止机器人的图形验证功能。真正验证此图形的内容是否输入正确的工作都是全自动进行的，所以在网站的程序中只要使用之前的 is_valid() 来检测网站窗体的内容是否正确即可，完全不需要为此图形验证码的功能增加任何其他程序代码来处理，非常方便。

另外，Google 也提供了 reCAPTCHA 机器人验证的 API。要使用这个 API，我们首先要到 reCAPTCHA admin（网址：https://www.google.com/recaptcha/intro/android.html）进行注册，如图 8-20 所示。

图 8-20　注册 Google reCAPTCHA

在"Label"字段填写注册的名称，范例中填写的是 Post2db（读者可以自行命名），接着选择"reCAPTCHA V2"选项，选择此项表示只做"用户机器人验证"，最后输入我们网站的 IP 地址。由于我们当前是在本地电脑开发，所以使用本地 IP 地址 127.0.0.1 即可。

单击"Register"按钮后，会显示出具有一个 Site key 与 Secret key 的页面，如图 8-21 所示。

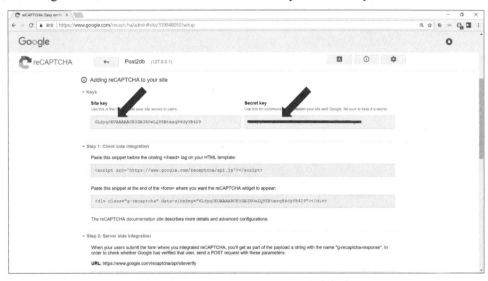

图 8-21　注册后的 Site key 与 Secret key

Site key 用于"客户端"的 HTML，将 reCAPTCHA 验证码服务提供给用户，Secret key 用于"服务器端"，建立起网站与 Google 之间的通信。我们把 Secret key 加到 settings.py 内，如下：

```
GOOGLE_RECAPTCHA_SECRET_KEY = '你的 Secret key 放在这里'
```

接着在我们的 post2db.html 窗体内放置 reCAPTCHA 的小工具，用于机器人验证，如下：

```
{% block content %}
<div class='container'>
{% if message %}
    <div class='alert alert-warning'>{{ message }}</div>
{% endif %}

<form name='my form' action='.' method='POST'>
    {% csrf_token %}
    <table>
    {{ post_form.as_table }}
    </table>
    <script src='https://www.google.com/recaptcha/api.js'></script>
    <div class="g-recaptcha" data-sitekey="6Ldyq0EUAAAAACKYGA3ROwLQ9ZBtmsq94dyYB429"></div>
    <input type='submit' value='张贴'>
    <input type='reset' value='清除重填'>
</form>
</div>
{% endblock %}
```

在脚本中为 Google recaptcha 提供验证用的 API，在 div 内是 reCAPTCHA 小工具出现的位置，我们需要在其中的 data-sitekey 填入自己刚刚注册完成后得到的 Site key，完成上述操作后的结果如图 8-22 所示。

图 8-22　加入 Google recaptcha

最后，我们需要在 views.py 中的 post2db 方法内加入如下的验证程序代码：

```
import json
import urllib
from django.conf import settings
def post2db(request):
    if request.method == 'POST':
        post_form = forms.PostForm(request.POST)
        if post_form.is_valid():
            recaptcha_response = request.POST.get('g-recaptcha-response')
            url = 'https://www.google.com/recaptcha/api/siteverify'
            values = {
                'secret': settings.GOOGLE_RECAPTCHA_SECRET_KEY,
                'response': recaptcha_response
            }
            data = urllib.parse.urlencode(values).encode()
            req = urllib.request.Request(url, data=data)
            response = urllib.request.urlopen(req)
            result = json.loads(response.read().decode())
            if result['success']:
                message = "你的信息已保存，要等管理员启用后才看得到。"
                post_form.save()
                return HttpResponseRedirect('/list/')
            else:
                message = "reCAPTCHA 验证失败，请再确认。"
        else:
            message = '如果要张贴信息，那么每一个字段都要填...'
    else:
        post_form = forms.PostForm()
        message = '如果要张贴信息，那么每一个字段都要填...'
    return render(request, 'post2db.html', locals())
```

在 post_form.is_valid()判断语句中加入我们的验证程序代码，获取之前加入到 post2db.html 中 recaptcha 验证 div 处设置的 Site key，然后将 Site key 与 Secret key 通过 Google API 验证网址帮我们进行验证，最后使用 result 接收验证后的返回结果，假如返回的结果为 success（即表示验证成功），就保存窗体的信息。

8.4 习　　题

1. 请为本堂课的网站设计可以让管理员批次启用信息的功能。
2. 请比较 Form 和 ModelForm 的差别。
3. 如果想要让用户在张贴信息时就可以启用该信息，不需要经由管理员的操作，需要修改哪些地方？
4. 请在张贴信息的功能上添加张贴密码的验证，通过密码的验证即可直接显示该信息。
5. 同上，如果提供了密码，那么该信息就可以自动张贴并启用；如果没有提供密码，就改为需要管理员启用才可显示。

第 9 堂

网站的 Session 功能

很多网站都会提供用户登录的功能，在用户登录之后会呈现客户化的数据，在用户访问网站的中间过程中不管用户浏览了网站上的多少个网页，网站都能够识别是同一个用户，直到用户注销或关闭浏览器为止。在浏览器中记住同一个用户的方法，一般都是使用 Session（会话阶段），本堂课就为读者介绍如何在 Django 网站中使用 Session 的特性提升网站的功能。

9.1 Session 简介

Session 重要的目的就是让网站记得用户，也就是浏览这个网站的人。因为因特网 HTTP 的特性，理论上每一次来自于浏览器的请求（Request）都是独立的，和前后的请求没有关系，所以如果没有特别的机制，网页服务器是没有办法识别前后浏览行为是不是来自于同一个人的。Session 机制的目的就是要解决这个问题。

9.2.1 复制 Django 网站

这一堂课开始的范例网站我们并不打算从头开始，而是使用上一堂课的 ch08www 网站，复制整个网站之后再进行修改，这样就可以省下不少工作。不过，在复制之前要确定的是我们使用的是相同版本的 Django，如果版本不同，使用复制的方式在执行之后可能会有一些问题，建议是使用 django-admin startproject ch09www 创建新版本的项目架构，使用 python manage.py startapp mysite 创建基础 APP，接着再通过程序代码编辑器（如我们之前所介绍的 Notepad++）把前一堂课所创建的程序代码以及 templates 文件以复制粘贴的方式复制过来即可。

在开发阶段复制 Django 网站的方法很简单，只要把整个文件夹复制过来，再针对一些文件的内容进行修改就可以了。那么有哪些文件的内容需要修改呢？只有 manage.py 和 ch08www 文件夹的小部分文件。在 Linux 和 Mac OS 操作系统下可以使用 grep 指令找出和项目有关的字符串（例如 ch08www），而在 Windows 操作系统下也有类似的工具，那就是 findstr，用法如下：

```
    (VENV) I:\myDjango\ch08www>findstr/s "ch08" *.py
    manage.py:    os.environ.setdefault("DJANGO_SETTINGS_MODULE",
"ch08www.settings"
    )
ch08www\settings.py:Django settings for ch08www project.
ch08www\settings.py:ROOT_URLCONF = 'ch08www.urls'
ch08www\settings.py:WSGI_APPLICATION = 'ch08www.wsgi.application'
ch08www\urls.py:"""ch08www URL Configuration
ch08www\wsgi.py:WSGI config for ch08www project.
ch08www\wsgi.py:os.environ.setdefault("DJANGO_SETTINGS_MODULE",
"ch08www.settings")
```

全部要修改的地方就这几个文件，在本例中把所有 ch08www 改为 ch09www 就算是完成了网站的复制工作。

9.1.2　Cookie 简介

在 WWW 网站开始流行后，很多网站的设计者都认识到识别用户的重要性，有时就算是没有用户登录的操作，网站也会通过客户端的浏览器在客户端某些被限定的硬盘位置中写入某些数据，也就是所谓的 Cookie。如果浏览器的这项功能没有被关闭，网站就可以在每次浏览器发出请求的时候先读取特定的数据，如果有就把这些数据显示到特定客户常用的网页。这也是在浏览某些网站时，这些网站会记住我们之前的一些浏览行为的原因。

在 Chrome 浏览器的高级设置中可以找到和 Cookie 设置有关的数据，如图 9-1 所示。

图 9-1　在 Chrome 中设置是否接受 Cookie

我们使用 Django 设计的网站，也可以使用 Cookie 来检查这个浏览器的请求者是否曾经访问过我们的网站。在使用前可以使用下面这段程序代码来检查客户端的浏览器设置是否接受 Cookie：

```
def index(request, pid=None, del_pass=None):
    if request.session.test_cookie_worked():
        request.session.delete_test_cookie()
        message = "cookie supported!"
    else:
        message = 'cookie not supported'
    request.session.set_test_cookie()

    return render(request, 'index.html', locals())
```

上述程序中使用了 request.session.test_cookie_worked() 函数，如果支持 Cookie，就会返回 True，反之则返回 False。由于 Cookie 的工作原理是每一次 request 的前后都是独立的，因此在测试是否支持 Cookie 写入功能时要先写入一次测试的数据，然后在下一次请求（Request）时才能够读出来，看看有没有之前写入的测试数据。因此，在程序中（本程序的倒数第 3 行）要先执行 request.session.set_test_cookie()，而在下一次同一浏览器 request 时才能够判断，这是要注意的地方。如果 Chrome 浏览器进行了如图 9-1 所示的设置，我们的网页就会判断此浏览器不支持 Cookie（刷新之后），如图 9-2 所示。

图 9-2　在网页中显示本浏览器不支持 Cookie

9.1.3　建立网站登录功能

在确定能够读取用户的浏览器 Cookie 之后，就可以使用这种方式来实现网站的登录和注销功能了。在本小节先以一个简单的范例作为示范。首先，在 header.html 中修改以下信息，让网站的菜单可以根据用户登录与否决定要显示的内容：

```
<!-- header.html (ch09www project) -->
<nav class='navbar navbar-default'>
    <div class='container-fluid'>
        <div class='navbar-header'>
            <div class='navbar-brand' align=center>
```

```
                分享日记
            </div>
        </div>
        <ul class='nav navbar-nav'>
            <li class='active'><a href='/'>Home</a></li>
            {% if username %}
            <li><a href='/logout'>注销</a></li>
            <li><a href='/post'>写日记</a></li>
            <li><a href='/admin'>后台管理</a></li>
            {% else %}
            <li><a href='/login'>登录</a></li>
            <li><a href='/contact'>联络管理员</a></li>
            {% endif %}
        </ul>
    </div>
</nav>
```

此网站目前设计的选项分别是注销、写日记、后台管理、登录以及联络管理员等。在用户进行登录前，只能看到登录和联络管理员两个选项，在登录后改为看到注销、写日记、后台管理等项目，在 header.html 中是以 "username" 这个变量来决定的。也就是说，如果用户已经登录网站，那么 username 是有内容的，即记录着登录用户的名称；如果 username 的内容是空值，就表示目前浏览网站的人并未登录网站。还没有登录网站时，主网页的内容看起来如图 9-3 所示。

图 9-3　用户未登录网站时的菜单内容

用户单击"登录"选项后会显示登录的窗体，如图 9-4 所示。

图 9-4　范例网站的登录页面

此网页的内容由 login.html 负责显示，其内容如下：

```html
<!-- login.html (ch09www project) -->
{% extends "base.html" %}
{% block title %}登录分享日记{% endblock %}
{% block content %}
<div class='container'>
{% if message %}
   <div class='alert alert-warning'>{{ message }}</div>
{% endif %}
<div class='row'>
    <div class='col-md-12'>
        <div class='panel panel-default'>
            <div class='panel-heading' align=center>
                <h3>登录我的私人日记</h3>
            </div>
        </div>
    </div>
</div>
<form action='.' method='POST'>
    {% csrf_token %}
        <table>
            {{ login_form.as_table }}
        </table>
        <input type='submit' value='设置'><br/>
</form>
</div>
{% endblock %}
```

如同上一堂课的说明，我们使用 login_form 这个窗体类的实例来作为窗体的内容，并以 login_form.as_table 表格的方式把它显示出来。因此，在 forms.py 中要先定义好这个窗体类的内容才行（继承自 forms.Form 类），其程序代码如下：

```python
class LoginForm(forms.Form):
    COLORS = [
        ['红', '红'],
        ['黄', '黄'],
        ['绿', '绿'],
        ['紫', '紫'],
        ['蓝', '蓝'],
    ]
    user_name = forms.CharField(label='你的姓名', max_length=10)
    user_color = forms.ChoiceField(label='幸运颜色', choices=COLORS)
```

这个类名称为 LoginForm，其内容包含两个字段，分别是 user_name 和 user_color。user_color 通过 choices=COLORS 设置成下拉式菜单。

定义了窗体类后就可以在 views.py 中编写用来显示登录页面用的程序代码 views.login 了，内容如下：

```python
def login(request):
    if request.method == 'POST':
        login_form = forms.LoginForm(request.POST)
        if login_form.is_valid():
            username=request.POST['user_name']
            usercolor=request.POST['user_color']
```

```
                message = "登录成功"
            else:
                message = "请检查输入的字段内容"
    else:
        login_form = forms.LoginForm()

    try:
        if username: request.session['username'] = username
        if usercolor: request.session['usercolor'] = usercolor
    except:
        pass
    return render(request, 'login.html', locals())
```

如同窗体类实例的标准处理做法，首先检查是否以 POST 方式进入此函数，如果是就以 login_form = forms.LoginForm(request.POST)取得登录的窗体属性，并使用 login_form.is_valid() 询问窗体属性的正确性。如果不正确，就设置 message 的内容，提醒用户要检查输入的字段内容；如果窗体的内容是正确的，就使用 request.POST['user_name']和 request.POST['user_color']取出用户姓名和幸运颜色，分别放入变量 username 和 usercolor 中。在此范例中，在窗体中我们使用的字段名分别是 user_name 和 user_color，在 Python 程序中则是以 username 和 usercolor 来记录。

在处理 Session 时最重要的操作是在此函数的最后几行，在程序中把它们放在 try/exception 的例外处理函数中，以便检查如果存在 username，则使用 request.session['username'] = username，把 username 这个变量的内容放到 session 中的 'username' 变量中，同理，也用同样的方式来处理 usercolor。如果浏览器被允许使用 Cookie，则这两个 session 变量被存进去之后，除非是 session 过期（在 9.3.2 节中会说明）或是我们动手删除这两个变量，不然的话，无论用户是否离开当前的页面，都可以在程序中获取这两个变量的内容。

为了简单示范起见，在这个范例中并不进行密码检查。因此，在 login 执行完毕后，只要 user_name 和 user_color 中都有正确的内容，网站就会出现"登录成功"的信息，同时菜单栏也变得不一样了，如图 9-5 所示。

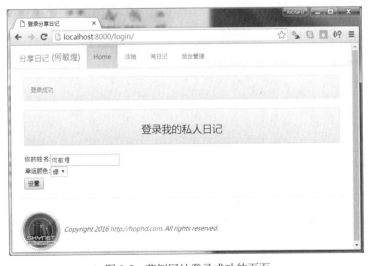

图 9-5　范例网站登录成功的页面

在登录后，单击 Home 菜单回到首页，屏幕显示页面如图 9-6 所示。

图 9-6　范例网站的首页

从图 9-6 的内容可以看出，就算和 login.html 不是同一个页面，刚刚写在 Session 的内容也被记下来了，因为在 views.index 处理函数中有以下程序代码在一进入函数程序的时候就试着去读取 Session 的内容了：

```python
def index(request):
    if 'username' in request.session:
        username = request.session['username']
        usercolor = request.session['usercolor']
    return render(request, 'index.html', locals())
```

如同此函数前 3 行所示，session 其实就是 request 中的一个字典 session，可以直接取用。当然为了保险起见，最好使用"in"运算符先看看此字典中有没有我们要查找的（'username'和'usercolor'），如果有就设置到 username 和 usercolor 变量中，接着按照一般的程序去显示 index.html 中的内容即可。index.html 的内容如下：

```html
<!-- index.html (ch09www project) -->
{% extends "base.html" %}
{% block title %}分享日记{% endblock %}
{% block content %}
<div class='container'>
{% if message %}
    <div class='alert alert-warning'>{{ message }}</div>
{% endif %}
<div class='row'>
    <div class='col-md-12'>
        <div class='panel panel-default'>
            <div class='panel-heading' align=center>
            <h3>我的私人日记</h3>
        </div>
    </div>
</div>
{% if username and usercolor %}
你的姓名叫做：{{username}}，最爱{{usercolor}}色
{% endif %}
</div>
{% endblock %}
```

既然在 views.index 中取得的 session 变量值是放在 username 和 usercolor 中的，那么在 index.html

中就针对这 2 个变量进行处理。如果 username 是有值的，就当作已登录处理，反之则当作未登录，如此而已。

那么如何注销呢？因为我们是以 username 这个 session 变量的内容来判别是否有登录的操作，因此只要把 session 变量 username 设置为 None，再重定向 index.html 就可以了。views.login 处理函数如下：

```
def logout(request):
    request.session['username'] = None
    return redirect('/')
```

因为在程序中均是以 username 来判断是否已登录，所以只要删除 username 这个 session 即可。最后别忘了，要保证前面的这些范例能够正确运行，urls.py 中的对应内容也要设置正确才行。

9.1.4　Session 的相关函数介绍

Session 同样可以处理同一个浏览者跨网页的识别问题，和 Cookie 不一样的地方在于：Session 把所有数据放在服务器端，客户端只会记录一个识别的信息。Django 在实现 Session 时有许多种方式，包括通过 Cookie 的方式或把标识符串放在 URL 中编码，而识别数据则主要放在 settings.py 的 SECRET_KEY 常数中。在开发和练习阶段，这个常数没有什么需要注意的地方，不过，一旦网站实际上线，这个常数就必须另外存放在安全的地方，以打开文件的方式来读取，或者以环境变量的方式来操作，这样才可以避免恶意人士有伪造 Session 连接的可能。

默认 Django 的 Session 后端会使用到数据库，而主要的操作也可以选择使用 cookie-based 和 file-based 的方式，但是对于初学者建立一般的网站而言，使用默认的方式就可以了。不管使用哪一种方式，在操作上都要记得，只要启用了 Session 的功能，就好像是一个以客户端本地连接为单位的共同存储区块。对于同一个客户端的用户而言，在整个浏览过程中只要不刻意清除 Session 中变量的操作，在 Session 中写入的数据（以字典的类型存储）就会一直放在那里。无论用户目前浏览的是网站中的哪一个网页都可以存取到同样的一批数据。这些数据存在的时间可以通过 set_expiry(value) 函数来设置，可以设置的值和方式如表 9-1 所示。

表 9-1　设置数据存在时间的值和方式

value 内容	说明
整数内容	以秒为单位设置 Session 过期的时间，如 60 就是一分钟
datetime 格式	设置到指定的时间点就过期
0	当用户关闭了当前正在浏览的浏览器时 Session 过期
None	使用系统默认的设置

除了设置函数，还有查询 Session 期限的函数，如表 9-2 所示。

表 9-2　查询 Session 期限的函数

函数名称	说明
get_expiry_age()	以秒为单位，返回还有多长时间 Session 会到期
get_expiry_date()	返回 Session 的到期时刻
get_expiry_at_browser_close()	返回浏览器关闭时 Session 是否到期，可为 True 或 False

如何取得 Session 中的内容以及如何设置变量数据到 Session 中呢？很简单，使用字典的方式操作就可以了。例如，要设置用户的名称（username），只要使用以下方式即可：

```
request.session['username']='用户名称'
```

而要取出则是：

```
username = request.session['username']
```

当然，在取出之前使用"in"运算符判断一下会更佳：

```
if 'username' in request.session:
    username = request.session['username']
```

有了这些知识，下一节就以 Session 为基础来建立一个功能较为完整的会员网站。

9.2 活用 Session

在 9.1 节了解了 Session 的使用方法后，这一节将以个性化网站为例子，结合数据库的功能，示范如何通过 Session 变量的设置与提取来提供让用户可以登录的功能，并在登录后可以按照自己的权限取得专用网页的数据。更完整的用户注册和管理将会在接下来的章节中应用现有的支持模块，本节的主要目的是练习小型网站中 Session 的使用。

9.2.1 建立用户数据表

我们的会员网站逻辑是这样的：因为在 Session 中设置的变量只要在其可存续期间，在同一个网站中的每一个网页就都可以存取到同样的变量内容，所以我们规划两个变量（分别是 username 和 useremail）都放在 Session 中，只要用户在验证密码完成登录之后（此功能放在 login 网页中），就把从数据库取得的两个值存放在这两个变量中，之后就可以在网站负责显示菜单的 header.html 网页模板中，通过检测 username 的内容是否存在来判断当前是否为登录状态，并借此状态来显示不同的菜单。在 views.py 中负责显示每一个网页的处理函数在开始执行后也要去 Session 中看看有没有 username 变量：如果有，就进入处理函数执行后续语句；否则把网页复位到 login 网址，让用户进行登录。至于要注销的 logout，只要把 Session 中的 username 变量使用 del 删除，就可以完成注销的操作。以下是此范例网站的细节。

建立会员功能网站需要的第一个数据表就是用户数据表。在 Django 网站中，此数据表是在 models.py 中的一个类，只要创建此类，就可以通过 admin 管理页面进行操作和设置。但是，本小节要进一步地直接在网站中通过我们设计的界面让用户在登录后分别操作自己的数据，所以除了 Model 外，还要创建一个对应的 ModelForm 窗体以及其他需要的模板内容。

首先要在 models.py 中创建一个 User 类，语句如下：

```
class User(models.Model):
    name = models.CharField(max_length=20, null=False)
    email = models.EmailField()
```

```
    password = models.CharField(max_length=20, null=False)
    enabled = models.BooleanField(default=False)

    def __str__(self):
        return self.name
```

为简化示范起见,在此类中只设计了 4 个字段,分别是用户名称 name、用户的电子邮件 email、用户所使用的密码 password 以及用户是否为启用中的会员。在此范例中,我们只打算把这个数据表拿来用于用户账号和密码验证,所以请在 admin.py 中把这个 Model 加入管理,并在 admin 界面中输入一个以上的用户,别忘了将 enabled 字段打勾,即把 enabled 设置为 True。在 admin.py 中加入下面的一行代码:

```
admin.site.register(models.User)
```

基本上还是上一堂课的范例程序架构,在此范例中,菜单组织代码如下(菜单的内容存放在 header.html 文件中):

```
<!-- header.html (ch09www project) -->
    <nav class='navbar navbar-default'>
        <div class='container-fluid'>
            <div class='navbar-header'>
                <div class='navbar-brand' align=center>
                    分享日记
                </div>
            </div>
            <ul class='nav navbar-nav'>
                <li class='active'><a href='/'>Home</a></li>
                {% if username %}
                <li><a href='/userinfo'>个人资料</a></li>
                <li><a href='/post'>写日记</a></li>
                <li><a href='/contact'>联络管理员</a></li>
                <li><a href='/logout'>注销</a></li>
                {% else %}
                <li><a href='/login'>登录</a></li>
                {% endif %}
                <li><a href='/admin'>后台管理</a></li>
            </ul>
        </div>
    </nav>
```

因为 header.html 放在 base.html 中,所以每一个处理函数在渲染网页的时候均会使用到,而每一个网页如果是在登录状态时都会设置(从 Session 中取出)username 变量,它可以通过{% if username %}判断式来决定此时是否为登录状态,如果是,就显示个人资料、写日记、联络管理员以及登录这几个选项,反之则只显示登录这个选项。至于首页和后台管理,无论状态如何均会显示。这些网址都需要在 urls.py 中设置处理用的函数,相信至此读者应已非常熟悉,故不在此赘述。

会员网站重要的是登录操作(会员注册的功能我们将在下一堂课中说明),我们假设读者已使用 admin 网页至少输入了一个会员。要让网页用户登录还需要有一个窗体,因此在 forms.py 中加入下面的类:

```
class LoginForm(forms.Form):
    username = forms.CharField(label='姓名', max_length=10)
```

```
password = forms.CharField(label='密码', widget=forms.PasswordInput())
```

在 login.html 中的代码如下:

```
<!-- login.html (ch09www project) -->
{% extends "base.html" %}
{% block title %}登录分享日记{% endblock %}
{% block content %}
<div class='container'>
{% if message %}
    <div class='alert alert-warning'>{{ message }}</div>
{% endif %}
<div class='row'>
    <div class='col-md-12'>
        <div class='panel panel-default'>
            <div class='panel-heading' align=center>
                <h3>登录我的私人日记</h3>
            </div>
        </div>
</div>
<form action='.' method='POST'>
    {% csrf_token %}
    <table>
        {{ login_form.as_table }}
    </table>
    <input type='submit' value='登录'><br/>
</form>
</div>
{% endblock %}
```

我们打算把 LoginForm 的实例命名为 login_form，然后使用.as_table 的格式显示出来，因此要在{{ login_form.as_table }}的前后加上<table></table>标签。接着，在 veiws.login 中通过如下程序代码来运行：

```
from django.shortcuts import redirect
def login(request):
    if request.method == 'POST':
        login_form = forms.LoginForm(request.POST)
        if login_form.is_valid():
            login_name = request.POST['username'].strip()
            login_password = request.POST['password']
            try:
                user = models.User.objects.get(name = login_name)
                if user.password == login_password:
                    request.session['username'] = user.name
                    request.session['useremail'] = user.email
                    return redirect('/')
                else:
                    message = "密码错误，请再检查一次"
            except:
                message = "找不到用户"
        else:
            message = "请检查输入的字段内容"
    else:
        login_form = forms.LoginForm()
    return render(request, 'login.html', locals())
```

views.login 的大架构是标准的 POST 窗体做法，先检查进来时是否为 POST 的 request：如果不是，就直接以 login_form = forms.LoginForm()产生一个新的窗体实例，并送到 login.html 中渲染网页后显示；如果是，就使用 login_form = forms.LoginForm(request.POST)取得带有用户输入的窗体实例，再使用 is_valid()函数检查输入是否正确，如果正确才会使用 request.POST['username']获取用户输入的值。

在拿到了要登录用的 username 和 password（我们在窗体中使用的字段名）数据后，分别将其放入 login_username 和 login_password 这两个变量中，接着使用 Django 的 ROM 操作取出数据库内容放入 user 中，用于对比用户账号和密码。由于使用 models.User.objects.get (name=login_name)可能会在数据库中找不到用户名称，因此为了避免出现例外而中断网站程序，这些语句要放在 try 区块中，如果真的发生找不到的情况，就直接放在 except 区块中，设置 message 的内容为 ""请检查输入的字段内容""，并在网页中显示此信息来提醒用户。

还有一个非常重要的步骤，代码如下：

```
if user.password == login_password:
    request.session['username'] = user.name
    request.session['useremail'] = user.email
    return redirect('/')
```

如果检查之后发现密码是正确的,就在 request.session 中分别设置 'username' 和 'useremail' 这两个 Session 变量。由于它们存在于 Session 中，根据 9.1 节的说明，这两个变量在设置的 Session 存续时间内（默认是浏览器关闭之前）都可以被读取，因此在此段程序代码中我们以 redirect('/') 转址到首页（使用此函数必须导入 from django.shortcuts import redirect），在 views.index 函数中设置如下：

```
def index(request, pid=None, del_pass=None):
    if 'username' in request.session:
        username = request.session['username']
        useremail = request.session['useremail']
    return render(request, 'index.html', locals())
```

如上述程序代码所示，先检查 username 有没有存在于 Session 中，如果有就把 username 和 useremail 都取出来，再送去 index.html 中显示网页即可。index.html 代码如下：

```
<!-- index.html (ch09www project) -->
{% extends "base.html" %}
{% block title %}分享日记{% endblock %}
{% block content %}
<div class='container'>
{% if message %}
    <div class='alert alert-warning'>{{ message }}</div>
{% endif %}
<div class='row'>
    <div class='col-md-12'>
        <div class='panel panel-default'>
            <div class='panel-heading' align=center>
                <h3>我的私人日记</h3>
            </div>
        </div>
{% if username %}
```

```
    欢迎：{{username}}
{% endif %}
</div>
{% endblock %}
```

登录网页（localhost:8000/login）的执行结果如图 9-7 所示。

图 9-7　网站的登录页面

用户名称输入错误时会出现的信息如图 9-8 所示。

图 9-8　网站的字段输入错误时显示的信息页面

如果密码错误，就显示密码错误的信息，如图 9-9 所示。

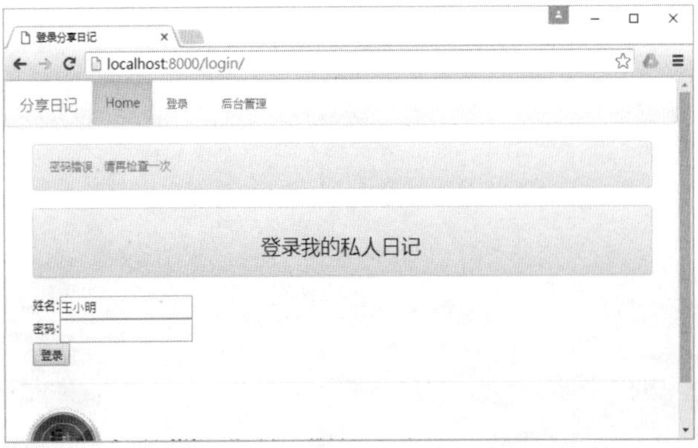

图 9-9　密码错误时显示的信息

如果账号和密码都正确，就会直接切换到主页显示，如图 9-10 所示，主要内容多了欢迎信息，而且菜单的内容也不一样了。

图 9-10　顺利登录网站时的首页

至于注销的操作，只需将 Session 的所有对象清除并且返回 login.html 页面即可，views.logout 处理函数如下：

```
from django.contrib.sessions.models import Session
def logout(request):
    if 'username' in request.session:
        Session.objects.all().delete()
        return redirect('/login/')
    return redirect('/')
```

首先引入 Django 内置的 Session 模块，接着先判断是否已经是登录状态（session 中键值 username 是否被设置），如果为登录状态，则将 Session 中的所有数据清除并且回到登录页面，否则返回首页。

显示个人资料的网页在这个范例中可以如下简单设计：

```
def userinfo(request):
    if 'username' in request.session:
        username = request.session['username']
    else:
        return redirect('/login/')
    try:
        userinfo = models.User.objects.get(name=username)
    except:
        pass
    return render(request, 'userinfo.html', locals())
```

这段程序的意思是，先检查 Session 中有没有 username 这个变量，如果有的话表示已登录，就使用 userinfo = models.User.objects.get(name=username) 到数据库中取得所有用户的信息，再送到 userinfo.html 显示出来即可。如果没有，表示还未登录，当然是转到 /login 网页。后面的任何一个网页如果是需要登录之后才可以浏览的，就必须使用这种预先检查的方法，以避免用户在没有登录的情况下浏览到需要授权的网页。

userinfo.html 的内容如下：

```
{% extends "base.html" %}
{% block title %}分享日记{% endblock %}
{% block content %}
<div class='container'>
<div class='row'>
    <div class='col-md-12'>
        <div class='panel panel-default'>
            <div class='panel-heading' align=center>
                <h3>用户信息</h3>
            </div>
        </div>
    </div>
</div>
<p>
    你的姓名：{{ userinfo.name }}<br/>
    电子邮件：{{ userinfo.email }}
</p>
</div>
{% endblock %}
```

这段程序就是简单地把 userinfo 的内容显示出来。

9.2.3 整合 Django 的信息显示框架 Messages Framework

在网站中经常会在网页的上方显示一次性的信息，例如"你已成功登录了""信息输入有误"或一些欢迎信息、实时小消息等。这些信息都是在完成某些操作或第一次进入某一个页面时显示的，且只显示一次就可以了。在前面的范例程序中，我们使用 message 变量来完成这样的效果，例如在 9.2.1 小节中的 views.login 处理函数，不管登录信息成功或失败，都会设置 message 变量的内容，然后在 login.html 中显示出存放在这个变量中的信息。然而，除非使用 Session 把这个信息"记录"下来，否则当在 views.login 登录成功再转址到首页网址 "/" 后，在 index.html 中是没有办法显示 message 的，因为内容并没有带到另外一个网页中。

因为这样显示暂时性的信息很常用，所以 Django 针对这个功能提供了一个 messages framework，只要导入 from django.contrib import messages 就可以通过它提供的函数和框架自动实现跨网页显示信息。

它主要提供两个函数（请注意 message 后面有没有 s）：

```
from django.contrib import messages
messages.add_message(request, messages.INFO, '要显示的字符串')
messages.get_messages(request)
```

其中，add_message 用来加上一段信息，信息的内容类型默认分成以下几个等级：

- DEBUG
- INFO
- SUCCESS
- WARNING
- ERROR

对应到这几个信息等级也可以分别使用以下函数来简化：

- messages.debug(request, '调试信息字符串')
- messages.info(request, '信息字符串')
- messages.success(request, '成功信息字符串')
- messages.warning(request, '警告信息字符串')
- messages.error(request, '错误信息字符串')

当然也可以在 settings.py 中自定义自己的等级标签，不过在一般的情况下这些就够用了。使用方式如上所示，在导入 messages 后可以在任意的 views.py 处理函数中使用上述函数加入信息，因为我们在处理函数中都是以 locals()把局部变量打包到模板中来显示网页，所以只要在网页中把 messages 变量取出来使用即可。

使用这个机制，我们可以在 views.login 中修改如下：

```
def login(request):
    if request.method == 'POST':
        login_form = forms.LoginForm(request.POST)
        if login_form.is_valid():
            login_name=request.POST['username'].strip()
            login_password=request.POST['password']
            try:
                user = models.User.objects.get(name=login_name)
                if user.password == login_password:
                    request.session['username'] = user.name
                    request.session['useremail'] = user.email
                    messages.add_message(request, messages.SUCCESS,'成功登录了')
                    return redirect('/')
                else:
                    messages.add_message(request, messages.WARNING, '密码错误，请再检查一次')
            except:
                messages.add_message(request, messages.WARNING, '找不到用户')
        else:
            messages.add_message(request, messages.INFO,'请检查输入的字段内容')
    else:
        login_form = forms.LoginForm()
    return render(request, 'login.html', locals())
```

在这个程序中，我们把所有 message 都改用 messages framework 来实现。在设置信息等级标签的地方，为了方便和 bootstrap framework 中使用的 Alert 信息系统相同，我们只使用了 SUCCESS、WARNING 和 INFO。因此，在 login.html 中可以修改为以下代码：

```
<!-- login.html (ch09www project) -->
{% extends "base.html" %}
{% block title %}登录分享日记{% endblock %}
{% block content %}
<div class='container'>
{% for message in messages %}
    <div class='alert alert-{{message.tags}}'>{{ message }}</div>
{% endfor %}
<div class='row'>
    <div class='col-md-12'>
```

```
            <div class='panel panel-default'>
                <div class='panel-heading' align=center>
                    <h3>登录我的私人日记</h3>
            </div>
        </div>
        <form action='.' method='POST'>
            {% csrf_token %}
                <table>
                    {{ login_form.as_table }}
                </table>
            <input type='submit' value='登录'><br/>
        </form>
    </div>
{% endblock %}
```

这段程序代码的重点在于显示 messages 内容的方式,因为可能会有一个以上的信息,所以使用 {% for %} 循环指令。在显示信息之前,使用 message.tags 在适当的地方结合 Bootstrap Alert 段落的语句让不同标签的信息可以有不一样的输出颜色。3 行同样显示信息的 Template 语句放在 index.html 前面,语句如下:

```
<!-- index.html (ch09www project) -->
{% extends "base.html" %}
{% block title %}分享日记{% endblock %}
{% block content %}
<div class='container'>
{% for message in messages %}
    <div class='alert alert-{{message.tags}}'>{{ message }}</div>
{% endfor %}
<div class='row'>
    <div class='col-md-12'>
        <div class='panel panel-default'>
            <div class='panel-heading' align=center>
                <h3>我的私人日记</h3>
        </div>
</div>
{% if username %}
    欢迎: {{username}}
{% endif %}
</div>
{% endblock %}
```

在用户顺利登录后,在转址到首页后仍然可以看到成功登录的信息,如图 9-11 所示。

图 9-11　使用 messages framework 显示登录成功的信息

9.3　Django auth 用户验证

在 9.2 节中，我们通过 Session 变量的操作设计出用户登录和注销的操作，并可以按照登录与否的状态来显示相应的内容，而且可以防止未登录的访客直接以网址的方式前往未经授权的界面。如果将 Django 用于 admin 管理网页的这套系统中，那么运行起来会更顺畅，而且程序的设计也可以进一步简化，不需要再自行设置 Session 变量。

9.3.1　使用 Django 的用户验证系统

在 9.2 节中，我们已经实现了一个用户登录/注销的功能。其实 Django 本身就内置了这样的功能，在 admin 管理网页中也使用了这样的验证机制。读者可以翻回到图 7-4，在 admin 管理网页的上方就有 Groups 和 Users 选项，单击 Users 进入系统，就可以看到图 9-12 所示的页面。

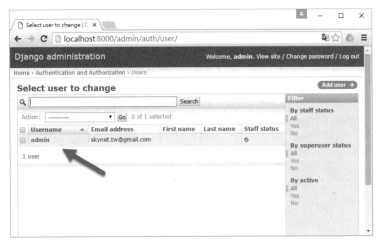

图 9-12　admin 管理网页的 Users 界面

箭头所指的地方就是我们开始使用 python manage.py createsuperuser 指令创建的管理员账号。也就是说，如果我们把要验证的用户（不一定是管理员，一般用户也可以）也创建在这里（而不用像 9.2 节那样创建另外的 User 类），就可以使用 Django 在用户验证机制中现有的函数来检验目前是否处于登录状态，并协助网站检验用户的账号与密码。

由于 Django 对象在 auth.models 中，所以在使用之前需导入：

```
from django.contrib.auth.models import User
```

在 Django 默认的 User 对象中有 username、password、email、first_name 和 last_name 五个字段。因为它是一个默认的 Model，所以在操作上和我们自定义的 Model 方法一样。例如，使用以下程序代码来创建一个新用户：

```
from django.contrib.auth.models import User
user = User.objects.create_user('minhuang', 'ho@min-huang.com', 'mypassword')
```

在程序中需要修改其中任意一段字段数据时，和之前操作 Model 实例变量的方法一样，语句如下：

```
user.last_name = 'Ho'
user.save()
```

这样就好了。不过，在此我们还是先使用 admin 管理网页来修改以及新增用户数据，接下来使用 User 中的数据来实现用户的登录和注销操作。请注意本小节的操作对象是 User 类（是在 django.contrib.auth.models 中的类），和在 9.2 节 models.py 中定义的 User 是不同的。我们在 models.py 中自定义的 User 类在 views.py 中是以 models.User 来操作的，在 auth.models 中则是直接把 User 拿来使用。也就是说，如果你在程序代码中看到：

```
user = models.User.objects...
```

这是我们自己定义的 User 类。而如果看到：

```
user = User.objects...
```

则是取自 django.contrib.auth.models 中的，千万别混淆了。

django.contrib.auth 提供了 3 个主要的函数（其他和权限以及群组有关的函数暂不在此讨论），让我们在 views.py 中用于网站的登录/注销，分别是 authenticate、login、logout，也就是验证、登录和注销。

使用 Django 的 auth 机制，需要将 views.login 的内容修改如下：

```
from django.contrib.auth import authenticate
from django.contrib import auth
from django.contrib.auth.decorators import login_required
def login(request):
    if request.method == 'POST':
        login_form = forms.LoginForm(request.POST)
        if login_form.is_valid():
            login_name=request.POST['username'].strip()
            login_password=request.POST['password']
            user = authenticate(username=login_name, password=login_password)
            if user is not None:
                if user.is_active:
```

```
                auth.login(request, user)
                messages.add_message(request, messages.SUCCESS,'成功登录了')
                return redirect('/')
            else:
                messages.add_message(request,messages.WARNING,'账号尚未启用')
        else:
            messages.add_message(request, messages.WARNING, '登录失败')
    else:
        messages.add_message(request, messages.INFO,'请检查输入的字段内容')
else:
    login_form = forms.LoginForm()
return render(request, 'login.html', locals())
```

前面 3 行导入的内容千万不要遗漏了。此程序与之前内容的差异是:

```
            user = authenticate(username=login_name, password=login_password)
            if user is not None:
                if user.is_active:
                    auth.login(request, user)
                    messages.add_message(request, messages.SUCCESS,'成功登录了')
                    return redirect('/')
                else:
                    messages.add_message(request, messages.WARNING,'账号尚未启用')
            else:
                messages.add_message(request, messages.WARNING, '登录失败')
```

先把从窗体中取得的 login_name 和 login_password 通过 authenticate 进行验证，如果验证成功，此函数就会返回该用户的数据并放在 user 变量中，反之则为 None，因此我们可以通过 user is not None 来检查登录是否成功。成功登录后可以再使用 user.is_active 来检查此账号是否有效（注意：在 Django 1.10 之后 authenticate(…)会自动检查 is_active 是否为 False，如果 user 不存在或者 is_active = False 则返回 None），如果一切都通过，重要的就是使用 auth.login(request, user) 此用户的数据存入 Session 中，供接下来的其他网页使用。

需要注意的是，我们在 views.py 中使用了 login 和 logout 这两个自定义函数名称，为了避免和 auth 中的两个同名函数发生冲突，在这里使用 auth.login 和 auth.logout。由于 auth.login(request, user) 会把登录的用户数据存储起来，因此在 views.index 函数中可以使用 is_authenticated 来检查用户是否登录了，语句如下：

```
def index(request, pid=None, del_pass=None):
    if request.user.is_authenticated:
        username = request.user.username
    messages.get_messages(request)
    return render(request, 'index.html', locals())
```

函数中的第一行现在改为使用 request.user.is_authenticated()来检查，如果有，就使用 username = request.user.username，以便在 index.html 中显示欢迎信息。显示个人资料的部分（views.userinfo）内容如下：

```
@login_required(login_url='/login/')
def userinfo(request):
    if request.user.is_authenticated:
        username = request.user.username
```

```
        try:
            userinfo = User.objects.get(username=username)
        except:
            pass
    return render(request, 'userinfo.html', locals())
```

前面的 decorator @login_required 是 auth 验证机制提供的一个非常方便的用法，用来告诉 Django 接下来的处理函数内容是需要登录过才能够浏览的，如果还没有登录就想要执行这一页，请先登录括号中指定的 login_url 网址。所以，指定了这一行 decorator 后，在还没有登录的情况下直接在网址中输入 localhost:8000/userinfo，页面会变成图 9-13 所示的样子。

图 9-13　在未登录的情况下使用网址直接浏览 userinfo 的情况

如图 9-13 所示，不止网址被转到 localhost:8000/login 了，而且还会附加上从 userinfo 来的信息（?next=/userinfo），以便在完成登录后再复位到原来用户查看的网页（不过这个功能在本范例中的 views.login 中并未处理）。

回到程序代码的内容，首先同样使用 if request.user.is_authenticated()检查用户是否已登录，这和在 views.index 中处理的方法一样。只要是已登录，就可以使用 userinfo = User.objects.get(username=username)把完整的用户数据取出来使用。

使用这个用户验证机制注销就非常简单了，语句如下：

```
def logout(request):
    auth.logout(request)
    messages.add_message(request, messages.INFO, "成功注销了")
    return redirect('/')
```

要建立用户登录/注销功能的网站时，充分运用 auth 的函数功能，就不需要自己去处理 Session 变量的问题了。其他有关群组的功能以及高级的用户权限的操作，有需要的读者自行练习就可以了。

9.3.2　增加 User 的字段

就如 9.3.1 小节所介绍的，在 auth.User 中默认的字段只有 username、password、email、first_name

以及 last_name 五个，一般网站的应用是不够的，要增加字段并不是去修改 User 类的结构，而是在 models 中建立一个新的 Model，然后一对一地连接在一起。假设我们要创建一个用户类 Profile，并要增加身高、性别以及网站 3 个字段，就可以在 models.py 中这样定义（为了避免和原有范例网站中的定义冲突，本节使用的范例网站是 ch09site）：

```
# -*- encoding: utf-8 -*-
from django.db import models
from django.contrib.auth.models import User

class Profile(models.Model):
    user = models.OneToOneField(User, on_delete=models.CASCADE)
    height = models.PositiveIntegerField(default=160)
    male = models.BooleanField(default=False)
    website = models.URLField(null=True)

    def __str__(self):
        return self.user.username
```

重点在于 models.OneToOneField(User, on_delete=models.CASCADE)这一行，和 ForeignKey 类似，但是使用 OneToOneField 指定的类只能是一对一的关系，也就是每一个 Profile 只能对应一个 User，要多加上去也不行，如此就可以确保之后产生出来的 Profile 应用实例只会存取到各自对应的一个 User 应用实例。创建好 Profile 类后，别忘了在 admin.py 中加入管理网页的登记操作，语句如下：

```
from django.contrib import admin
from mysite import models
admin.site.register(models.Profile)
```

如此在 admin 管理界面中就可以操作 Profile 这个类实例了，如图 9-14 所示。

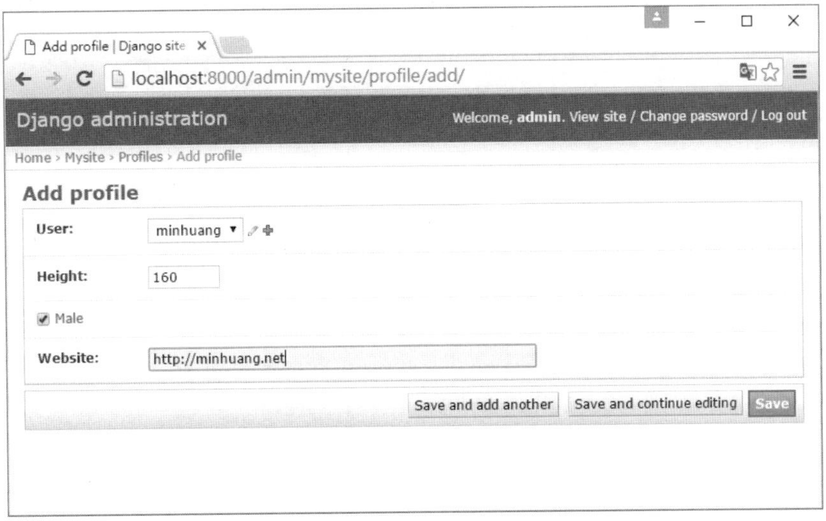

图 9-14　在管理网页中使用 Profile 数据表

如果输入的数据选择了同一个用户（假设之前已经创建过了），就会出现图 9-15 所示的错误信息。

图 9-15　OneToOneField 设置之后不允许创建重复的 Profile

9.3.3　显示新增加的 User 字段

使用 Profile 在 User 数据表增加了新的字段，当用户顺利登录网站后，在 localhost:8000/userinfo 中应该显示更多数据，因为我们把 User 包在 Profile 中，但是在进行用户验证时还是以 User 的内容为验证依据，所以要先找到 User，然后以此找出 Profile。views.userinfo 的内容如下：

```
from django.contrib.auth.models import User

@login_required(login_url='/login/')
def userinfo(request):
    if request.user.is_authenticated:
        username = request.user.username
        try:
            user = User.objects.get(username=username)
            userinfo = models.Profile.objects.get(user=user)
        except:
            pass
    template = get_template('userinfo.html')
    html = template.render(locals())
    return HttpResponse(html)
```

从上述程序代码来看，先使用 user = User.objects.get(username=username) 找到 User 的应用实例，再以此为参数，放到 Profile 中寻找，例如 models.Profile.objects.get(user=user)。因为在 userinfo.html 中用来输出的是 userinfo 变量，所以在 Profile 中找到的值就存放在 userinfo 变量中，再送去 userinfo.html 中执行网页显示即可。显示个人资料的 userinfo.html 内容如下：

```
{% block content %}
<div class='container'>
<div class='row'>
    <div class='col-md-12'>
        <div class='panel panel-default'>
            <div class='panel-heading' align=center>
                <h3>用户信息</h3>
```

```
            </div>
          </div>
       </div>
    </div>
    <div class='row'>
       <div class='col-md-12'>
          <div class='panel panel-primary'>
             <div class='panel-heading' align=center>
                {{ userinfo.user.username | upper }}
             </div>
             <div class='panel-body'>
                电子邮件：{{ userinfo.user.email }}<br/>
                身高：{{ userinfo.height }} cm<br/>
                性别：{{ userinfo.male | yesno:"男生,女生"}}
             </div>
          </div>
       </div>
    </div>
</div>
{% endblock %}
```

显示的结果如图 9-16 所示。

图 9-16　新版的用户信息网页内容

综上所述，等于是以 User 这张数据表为中心，然后把 Profile 指向 User，再在 Profile 数据表中记录更多信息。两张数据表的关系如图 9-17 所示。

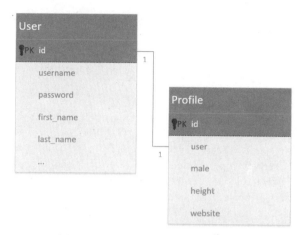

图 9-17　User 和 Profile 数据表的关系

9.3.4　应用 auth 用户验证存取数据库

本小节将进一步运用 auth.User 的验证功能，新增一个数据库来存储更多内容，并完成本堂课的分享日记范例文件的初步程序。这个分享日记网站的基本功能能上用户在登录后就可以张贴自己的日记，因此需要有一张记录每天日记的数据表 Diary。Diary 和 User 以及 Profile 的关系如图 9-18 所示。

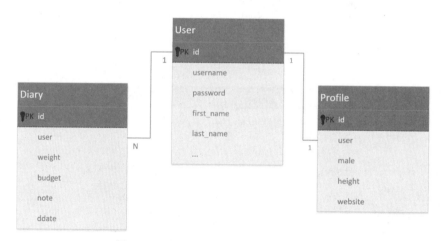

图 9-18　Diary、User 和 Profile 之间的关系

同样地，也是先在 models.py 中建立一个新的模型 Diary，语句如下：

```
class Diary(models.Model):
    user = models.ForeignKey(User, on_delete=models.CASCADE)
    budget = models.FloatField(default=0)
    weight = models.FloatField(default=0)
    note = models.TextField()
    ddate = models.DateField()

    def __str__(self):
        return "{}({})".format(self.ddate, self.user)
```

在此范例程序中打算让用户记录每天的花费 budget、体重 weight 以及一些生活上的记事 note。另外，因为是日记，所以日期的字段 ddate 是不可少的。同样地，使用 ForeignKey 链接到 User。因为花费和体重都有小数，所以使用 FloatField，而记事需要有许多内容，因此使用 TextField。当然，日期要使用 DateField。

写日记需要使用窗体才能够输入到数据库中，因此使用 ModelForm。通过 Model 的内容直接产生一个窗体是简单的方法。建立 ModelForm 窗体需要在 forms.py 中编写代码，内容如下：

```
class DateInput(forms.DateInput):
    input_type = 'date'

class DiaryForm(forms.ModelForm):

    class Meta:
        model = models.Diary
        fields = ['budget', 'weight', 'note', 'ddate']
        widgets = {
            'ddate': DateInput(),
        }

    def __init__(self, *args, **kwargs):
        super(DiaryForm, self).__init__(*args, **kwargs)
        self.fields['budget'].label = '今日花费(元)'
        self.fields['weight'].label = '今日体重(KG)'
        self.fields['note'].label = '心情留言'
        self.fields['ddate'].label = '日期'
```

为了让用户能够以用鼠标单击日历的方式输入日期而非直接输入文字，在这里我们用了一个小技巧，先创建一个继承自 forms.DateInput 的 DateInput 类，指定输入的形式为'date'日期，接着在 DiaryForm 窗体的 Class Meta:中以 widgets 的方式设置 ddate 字段，如此就可以让输入的形式改为用鼠标单击日历的方式，如图 9-19 所示。

图 9-19　DateInput 的输入界面

此外读者可能注意到了，在 Diary 中含有 user 字段，但是在建立 DiaryForm 窗体时却没有指定要使用这个字段，因为网站在用户登录后就已经知道用户是谁了，不需要再在窗体中让用户去选择，如果加上了 user 字段，结果如图 9-20 所示。

图 9-20　在 DiaryForm 中增加 user 字段的结果

在箭头所指的地方张贴自己的日记，却还要选择张贴人，这不是一件很奇怪的事吗？因此在 DiaryForm 中不需要增加 user 字段，这个字段要在 views.posting 函数接到窗体后再加上去（因为 user 在登录后是已知的）。先来看看在 posting.html 中如何显示"写日记"的网页：

```
<!-- posting.html (ch09site project) -->
{% extends "base.html" %}
{% block title %}我有话要说{% endblock %}
{% block content %}
<div class='container'>
{% for message in messages %}
    <div class='alert alert-{{message.tags}}'>{{ message }}</div>
{% endfor %}

<form name='my form' action='.' method='POST'>
   {% csrf_token %}
   <table>
   {{ post_form.as_table }}
   </table>
   <input type='submit' value='张贴'>
   <input type='reset' value='清除重填'>
</form>
</div>
{% endblock %}
```

在此假设传进来的是 post_form 窗体，那么只要以 post_form.as_table 显示即可，前面的 messages 循环是标准 Django 的 messages framework 处理方法。

处理窗体输入并把窗体属性的数据存储在数据库的程序代码放在 views.posting 中，语句如下：

```python
@login_required(login_url='/login/')
def posting(request):
    if request.user.is_authenticated:
        username = request.user.username
        useremail = request.user.email
    messages.get_messages(request)

    if request.method == 'POST':
        user = User.objects.get(username=username)
        diary = models.Diary(user=user)
        post_form = forms.DiaryForm(request.POST, instance=diary)
        if post_form.is_valid():
            messages.add_message(request, messages.INFO, "日记已存储")
            post_form.save()
            return HttpResponseRedirect('/')
        else:
            messages.add_message(request, messages.INFO, '如果要张贴日记,每一个字段都要填...')
    else:
        post_form = forms.DiaryForm()
        messages.add_message(request, messages.INFO, '如果要张贴日记,每一个字段都要填...')
    return render(request, 'posting.html', locals())
```

上面这段程序代码中最重要的就是以下几行:

```python
user = User.objects.get(username=username)
diary = models.Diary(user=user)
post_form = forms.DiaryForm(request.POST, instance=diary)
```

因为 DiaryForm 的窗体中并没有 user 项,所以要通过 ORM 的方式先把当前的用户找出来放在 user 变量(一个 User 的执行实例 instance)中,接着使用 user 执行实例(也就是当前登录的用户)到 Diary 的 Model 中去"创建"一个执行实例并放在 diary 变量中,再把 diary 传送到用户返回的 DiaryForm 窗体中执行合并的操作,最后得到的 post_form 才是有用户信息的日记内容。变量 post_form 在后续的程序代码中只要以 post_form.save()就可以顺利地把包含用户数据的内容存储到数据库中。

既然我们的范例网站已经能够写入日记了,那么在 index.html 中就要能够让用户登录后把用户自己的日记显示在网页上,因此 index.html 的内容必须改写如下:

```html
<!-- index.html (ch09site project) -->
{% extends "base.html" %}
{% block title %}分享日记{% endblock %}
{% block content %}
<div class='container'>
{% for message in messages %}
    <div class='alert alert-{{message.tags}}'>{{ message }}</div>
{% endfor %}
<div class='row'>
    <div class='col-md-12'>
        <div class='panel panel-default'>
            <div class='panel-heading' align=center>
                <h3>{{ username | default:"我"}}的私人日记</h3>
```

```html
                </div>
            </div>
        </div>
    </div>
    {% for diary in diaries %}
    {% cycle "<div class='row'>" "" "" %}
        <div class='col-md-4'>
            <div class='panel panel-primary'>
                <div class='panel-heading' align=center>
                    {{ diary.ddate }}
                </div>
                <div class='panel-body'>
                    {{ diary.note | linebreaks }}
                </div>
                <div class='panel-footer'>
                    今日花费：{{ diary.budget }}元，体重：{{ diary.weight }}公斤
                </div>
            </div>
        </div>
    {% cycle "" "" "</div>" %}
    {% empty %}
        <h3><em>登录网站才能够使用日记功能</em></h3>
    {% endfor %}
</div>
{% endblock %}
```

上面的程序代码主要处理 diaries 变量的输出，提供这个变量内容的代码在 views.index 中，语句如下：

```python
def index(request, pid=None, del_pass=None):
    if request.user.is_authenticated:
        username = request.user.username
        useremail = request.user.email
        try:
            user = models.User.objects.get(username=username)
            diaries = models.Diary.objects.filter(user=user).order_by('-ddate')
        except:
            pass
    messages.get_messages(request)
    return render(request, 'index.html', locals())
```

同样地，因为使用的是 models.User.objects.get(username=username) 函数，所以一定要使用 try/except 的例外处理机制。加上显示日记的功能后，在尚未登录账号之前，进入本网站就会看到图 9-21 所示的提示页面。

登录后立即会显示出属于自己的日记内容，如图 9-22 所示。

图 9-21　未登录账号的首页页面

图 9-22　已登录账号的首页页面

9.4　习　　题

1. 请使用复制网站的方法把 ch09www 项目复制为一个叫 mych09 的网站。

2. 网站使用 Cookie 作为登录用的机制可能造成什么问题？

3. 请练习在 messages framework 中把标签自定义为与 Bootstrap Alert 段落格式一样的分类，分别是 SUCCESS、INFO、WARNING 和 DANGER。

4. 使用 9.3.1 小节介绍的 django.contrib.auth 用户验证机制，加上 @login_required 使之具有在登录后重定向网址回到原始页面的功能。

5. 在 9.3.3 小节中介绍的范例程序并未考虑到用户重复输入相同日期日记的情况，请提出解决的方法。

第 10 堂

网站用户的注册与管理

现在的网站非常强调个性化信息显示的特色。除了使用 Cookie 和 Session 在网站的背后记录用户的浏览习惯外,用户登录也是非常重要的功能。如何在网站中加入用户注册的功能,是本堂课第一个要介绍的重点。

然而,由于个人隐私权越来越受重视,大部分网络用户已经不再信任一些需要额外创建账号的网站,只要是需要先注册才能访问网站,往往就会让用户打退堂鼓不再使用该网站。因此,如何通过现有的第三方网站(如 Google、Facebook 等)授权直接成为自己网站的会员,是本堂课的另一个要介绍的重点。

10.1 建立网站用户的自动化注册功能

会员网站容易让用户注册也是很多网站使用的方法就是电子邮件激活或启用的方式。也就是说,用户在注册后要填写正确的电子邮件地址,接着网站会发送一封启用电子邮件到用户设置的电子邮件的邮箱中,并在邮件中提供一个激活或启用的链接,用户单击此链接后,账号正式激活或启用。这些操作的过程只要使用合适的 framework,就可以轻松在自己的 Django 网站中完成。

10.1.1 django-registration-redux 安装与设置

我们要介绍的这个 framework 名为 django-registration,这是一个整合到 Django 网站用户验证机制中最方便的用户电子邮件注册启用模块。因为会使用到电子邮件的发送功能,所以请务必按照前面章节中的介绍完成 mailgun 界面的相关设置。而简便的方式就是按照第 9 堂课的做法,直接把第 9 堂课的程序复制一份再做一些修改。在此我们把 ch09site 复制一份成为 ch10www,接下来介绍的内容就是对此程序进行修改。

网站复制完成后，请以 pip 安装 django-registration，语句如下：

```
pip install django-registration-redux
```

由于此 framework 会运用 Django 原有的 auth 架构，因此要确定在第 9 堂课使用的 auth 用户认证的部分都没有问题。一般来说，这是默认的功能，应该不会有问题才对。安装完毕后，只要做一些设置以及修正，就可以让用户自行在网站上注册，并通过电子邮件启用自己的账号，一切均自动化进行，不需要网站管理员额外执行启用的操作。

在默认的情况下，django-registration-redux 只需要在 settings.py 中的 INSTALLED_APPS 列表中加上'registration'（就如同我们在加入 'mysite' 这个 app 一样），并设置一个常数，用来指定启用码的天数（注册之后可以启用账号的最长期限），这个常数在文件的任何一个地方设置均可：

```
ACCOUNT_ACTIVATION_DAYS = 7
```

一般设置为 7 天，它可以是任意的整数。因为使用的是标准自定义网址，所以在 urls.py 中要加上一行设置，语句如下

```
path('accounts/', include('registration.backends.default.urls')),
```

加上去之后，任何指定到/accounts/的网址都会被送到 registration 检查是否有符合的项，其中重要的网址是/accounts/register，只要浏览这个网址，就会自动进入用户注册的程序，因此这个链接要把它放在 header.html 中，语句如下：

```html
<!-- header.html (ch10www project) -->
    <nav class='navbar navbar-default'>
        <div class='container-fluid'>
            <div class='navbar-header'>
                <div class='navbar-brand' align=center>
                    分享日记
                </div>
            </div>
            <ul class='nav navbar-nav'>
                <li class='active'><a href='/'>Home</a></li>
                {% if username %}
                <li><a href='/userinfo'>个人资料</a></li>
                <li><a href='/post'>写日记</a></li>
                <li><a href='/logout'>注销</a></li>
                {% else %}
                <li><a href='/login'>登录</a></li>
                <li><a href='/accounts/register'>注册</a></li>
                {% endif %}
                <li><a href='/admin'>后台管理</a></li>
            </ul>
        </div>
    </nav>
```

10.1.2 创建 django-registration-redux 所需的模板

当用户单击"注册"按钮后，django-registration 就会开始调用一连串的模板以及相关文本文件，这些是我们要准备好的。所有模板以及文本文件都必须放在 templates 目录下的 registration 文件夹

下，所有需要的模板和文本文件（如果没有准备的话，则会使用系统本身默认的简易英文模板）如表 10-1 所示。

表 10-1 需要的模板和文本文件

模板或文件名	用途说明
registration_form.html	显示注册窗体的网页，默认使用 form 变量作为窗体各字段的内容
registration_complete.html	填写完注册窗体，单击"提交"按钮后显示的信息页面
activation_complete.html	当账号顺利完成启用时会显示的页面
activate.html	当账号启用失败时会显示的页面
activation_email.txt	在发送启用邮件时使用的邮件内容
activation_email_subject.txt	在发送启用邮件时使用的邮件主题

为了让注册的程序可以顺利运行完，以上这几个文件一定要放在 templates\registration 文件夹下，如图 10-1 所示（以 Windows 10 为例）。

图 10-1 建立自动注册功能的文件放置处

这些文件的内容分述如下。第一个会被调用到的文件是 registration_form.html，只要浏览 http://localhost:8000/accounts/register，就会显示此网页，所有内容全部都由我们自行设计，要记得建立一个窗体（加上<form>标签和 submit 按钮），然后把 form 变量显示出来即可。在我们的例子中 registration_form.html 的内容如下：

```
<!-- registration_form.html (ch10www project) -->
{% extends "base.html" %}
{% block title %}注册分享日记{% endblock %}
{% block content %}
<div class='container'>
{% for message in messages %}
    <div class='alert alert-{{message.tags}}'>{{ message }}</div>
{% endfor %}
<div class='row'>
    <div class='col-md-12'>
        <div class='panel panel-default'>
            <div class='panel-heading' align=center>
                <h3>注册分享日记网站</h3>
            </div>
        </div>
    </div>
</div>
<form action='.' method='POST'>
    {% csrf_token %}
```

```
            <table>
                {{ form.as_table }}
            </table>
        <input type='submit' value='注册'><br/>
    </form>
    </div>
{% endblock %}
```

沿用第 9 堂课范例网站的基础模板，首先修正标题，然后把 form.as_table 显示出来即可。在单击 submit 按钮（注册按钮）后，django-registration 会自动把注册的账号写入数据库中（这些操作会自动完成，不需要我们处理），把该账号的 is_active 设置为 False，接着就调用显示 registration_complete.html 网页，因此 registration_complete.html 中不需要使用任何变量，重要的功能就是提醒用户要回到电子邮件的邮箱中去收信，然后单击链接执行账号启用的操作。在此例中我们设计的 registration_complete.html 内容如下：

```
<!-- registration_complete.html (ch10www project) -->
{% extends "base.html" %}
{% block title %}分享日记{% endblock %}
{% block content %}
<div class='container'>
{% for message in messages %}
    <div class='alert alert-{{message.tags}}'>{{ message }}</div>
{% endfor %}
<div class='row'>
    <div class='col-md-12'>
        <div class='panel panel-default'>
            <div class='panel-heading' align=center>
                <h3>感谢你的注册</h3>
                <p>接下来请别忘了到你注册的电子邮件中去启用账号</p>
            </div>
        </div>
    </div>
</div>
</div>
{% endblock %}
```

那么启用邮件的内容是什么呢？由两个文件来决定，分别是 activation_email_subject.txt 和 activation_email.txt。一定要注意这两个文件是纯文本文件而不是 HTML 文件，所以其中不接受任何 HTML 标签命令，只能是一般文字内容以及{{变量名称}}。邮件主题一般比较简单，以本堂课的网站范例而言，只有简单的一句话："感谢你在分享日记，请注册你的账号，这是启用邮件"。另外，activation_email.txt 稍微复杂一些，因为它必须要建立一个链接指向启用账号的网址，所以我们把它的内容设计如下：

```
感谢你的注册
用户：{{ user }}
在网站：{{ site }}注册
你的链接：http://{{ site }}/accounts/activate/{{ activation_key }}
将于{{ expiration_days }}天后到期
```

user、site、activation_key 以及 expiration_days 是 4 个可以用于电子邮件中的变量，分别代表账号名称、网站网址、启用的 Hash 码以及有效期限（天数），只要把这些变量整合到文字叙述中即可。值得注意的是，由于默认的情况下不接受 HTML 标签，因此在设置可链接的网址时没有办法使用<a href='...'>，所幸只要加上 http:// 组合成完整的 URL 格式，大部分的电子邮件阅读网页都会自动把它变成链接。如你所看到的，在网站的网址后加上/accounts/activate/再加上 activation_key 后，此链接就会自动执行账号启用的操作。

剩下的两个文件分别是在启用成功与失败时显示的网页，其中成功的网页 activation_complete 设计如下：

```html
<!-- activation_complete.html (ch10www project) -->
{% extends "base.html" %}
{% block title %}分享日记{% endblock %}
{% block content %}
<div class='container'>
{% for message in messages %}
  <div class='alert alert-{{message.tags}}'>{{ message }}</div>
{% endfor %}
<div class='row'>
    <div class='col-md-12'>
        <div class='panel panel-default'>
            <div class='panel-heading' align=center>
                <h3>账号启用成功，感谢你的注册！</h3>
            </div>
        </div>
    </div>
</div>
</div>
{% endblock %}
```

若启用失败，则会调用 activate.html，内容如下：

```html
<!-- activate.html (ch10www project) -->
{% extends "base.html" %}
{% block title %}分享日记{% endblock %}
{% block content %}
<div class='container'>
{% for message in messages %}
  <div class='alert alert-{{message.tags}}'>{{ message }}</div>
{% endfor %}
<div class='row'>
    <div class='col-md-12'>
        <div class='panel panel-default'>
            <div class='panel-heading' align=center>
                <h3>启用失败，请检查你的启用链接，谢谢。</h3>
            </div>
        </div>
    </div>
</div>
</div>
{% endblock %}
```

如此，就完成电子邮件启用账号流程的自动注册网站了。

10.1.3　整合用户注册功能到分享日记网站

查看一些网站注册的页面，首先是网站注册的窗体，如图 10-2 所示。

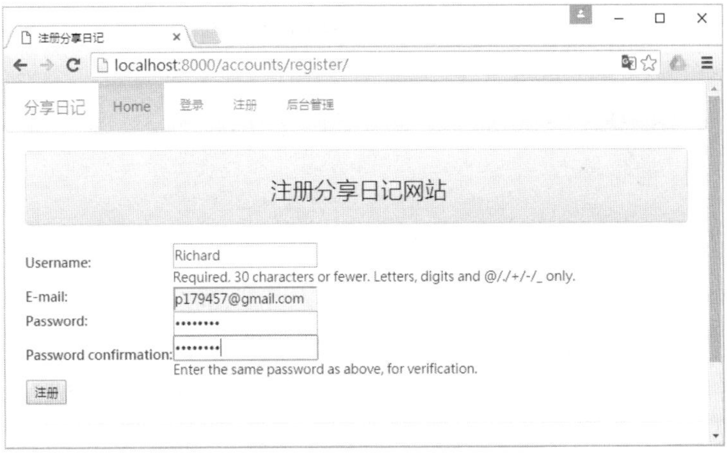

图 10-2　使用 django-registration 的注册页面

单击"注册"按钮后，可以看到提醒用户检查启用电子邮件的屏幕显示页面，如图 10-3 所示。

图 10-3　提醒用户检查启用电子邮件的屏幕显示页面

过一会儿，就可以在设置的电子邮箱中收到图 10-4 所示的启用电子邮件的内容。

图 10-4　启用电子邮件的内容

当用户单击链接后，就会出现账号启用完成的通知，如图 10-5 所示。

图 10-5　网站账号成功启用的信息页面

在启用后,马上可以使用新注册的账号登录网站,如图 10-6 所示。

图 10-6　新账号的登录页面

至此,我们的范例网站就可以开放给用户自由注册了,注册后就可以马上启用,成为更实用的会员制网站。不过,在显示个人资料的时候却没有出现正确的信息,连电子邮件都不行,如图 10-7 所示。

图 10-7　新创建的用户无法显示出正确的个人信息

原因很简单，因为此网站个人资料是存放在 Profile 的数据表中，在之前测试时使用人工的方式建立了第一个用户的 Profile 项，但是新注册的用户并没有执行这个操作，也就是新注册的用户并没有相应的 Profile 数据记录，当然什么都找不到并且无法正确地显示内容。因此，是时候给用户提供自行建立以及修改个人资料的机制了。先在 forms.py 中建立一个 ModelForm，命名为 ProfileForm，语句如下：

```python
class ProfileForm(forms.ModelForm):

    class Meta:
        model = models.Profile
        fields = ['height', 'male', 'website']

    def __init__(self, *args, **kwargs):
        super(ProfileForm, self).__init__(*args, **kwargs)
        self.fields['height'].label = '身高(cm)'
        self.fields['male'].label = '是男生吗'
        self.fields['website'].label = '个人网站'
```

为了能够显示用户信息（命名为 profile）以及修改用的窗体（命名为 profile_form），新版的 userinfo.html 要修改为如下程序代码：

```html
<!-- userinfo.html (ch10www project) -->
{% extends "base.html" %}
{% block title %}分享日记{% endblock %}
{% block content %}
<div class='container'>
{% for message in messages %}
    <div class='alert alert-{{message.tags}}'>{{ message }}</div>
{% endfor %}
<div class='row'>
    <div class='col-md-12'>
        <div class='panel panel-default'>
            <div class='panel-heading' align=center>
                <h3>用户信息</h3>
            </div>
        </div>
    </div>
</div>
<div class='row'>
    <div class='col-md-12'>
        <div class='panel panel-primary'>
            <div class='panel-heading' align=center>
                {{ profile.user.username | upper }}
            </div>
            <div class='panel-body'>
                电子邮件: {{ profile.user.email }}<br/>
                身高: {{ profile.height }} cm<br/>
                性别: {{ profile.male | yesno:"男生,女生"}}<br/>
                个人网站: <a href='{{ profile.website }}'>{{ profile.website }}</a>
            </div>
        </div>
    </div>
```

```
        </div>
        <form name='myname' action='.' method='POST'>
            {% csrf_token %}
            <table>
            {{ profile_form.as_table }}
            </table>
            <input type='submit' value='修改个人资料'>
        </form>
    </div>
{% endblock %}
```

按此内容显示的网页如图 10-8 所示。

图 10-8　新版的用户信息

如图 10-8 所示，在中间显示的用户信息下再加上一个窗体，此窗体为 ProfileForm 的执行实例。在此窗体中只要填入想要修改的数据，窗体就会交由 views.userinfo 处理，并在更新数据后随即显示最新的内容。下面是 views.userinfo 的代码段：

```
@login_required(login_url='/login/')
def userinfo(request):
    if request.user.is_authenticated:
        username = request.user.username
    user = User.objects.get(username=username)
    try:
        profile = models.Profile.objects.get(user=user)
    except:
        profile = models.Profile(user=user)

    if request.method == 'POST':
        profile_form = forms.ProfileForm(request.POST, instance=profile)
        if profile_form.is_valid():
            messages.add_message(request, messages.INFO, "个人资料已存储")
            profile_form.save()
            return HttpResponseRedirect('/userinfo')
        else:
            messages.add_message(request, messages.INFO, '要修改个人资料，每一个
```

字段都要填...')
        else:
            profile_form = forms.ProfileForm()

    return render(request, 'userinfo.html', locals())
```

在此段程序代码中重要的部分是下面这几行：

```
try:
    profile = models.Profile.objects.get(user=user)
except:
    profile = models.Profile(user=user)
```

在程序中，以在前面读取到的 user 执行实例（也就是当前的用户）作为参数，先试着去现有的数据库中寻找，如果找到就把当前的 Profile 实例放在 profile 变量中；如果在数据库中找不到，get 函数会产生一个例外，我们就使用 except 把它拦下来，改为使用 models.Profile(user=user)产生一个新的实例。执行完这几行程序后，就一定会有一个属于登录用户的 Profile 数据项。有了 profile 的数据项后，不仅可以送到 userinfo.html 显示成新的用户信息网页，也可以经由 profile_form = forms.ProfileForm(request.POST, instance=profile)这行语句混合成含有用户信息的 ModelForm 窗体数据，再通过 profile_form.save()执行数据库的存储操作，把用户在窗体中填写的信息再加上当前登录中的用户数据，存储或更新为最新设置信息的数据项。

10.2　Pythonanywhere.com 免费 Python 网站开发环境

接下来要为我们的网站加入第三方网站的验证机制，也就是使用 Facebook、Google+等知名的网站帮助验证用户的身份，如此用户就不需要为了加入我们的网站而另外注册账号和设置密码，这是当前会员网站最流行也是最方便的方式之一。为了方便示范起见，在本节先从如何免费建立含有自有网址的 Django 网站开始。

10.2.1　注册 Pythonanywhere.com 账号

Pythonanywhere.com 是一个让学习者或开发人员可以在线直接编辑以及执行 Python 程序的网站，只要我们的计算机能够上网，就能够在该网站上执行 Python 的 Shell，输入 Python 程序并加以执行。和其他在线编辑 Python 的网站不同的地方在于：Pythonanywhere 还提供 Bash（操作系统终端程序）环境，可以直接在终端程序中操作 Python 以及 Django 程序，功能更加完善，而且提供了 MySQL 服务器和网站发送服务，从开发到上线部署一站搞定，是深受初学 Django 网站的朋友喜欢的服务。

首先浏览 Pythonanywhere.com 网页，如图 10-9 所示。
```

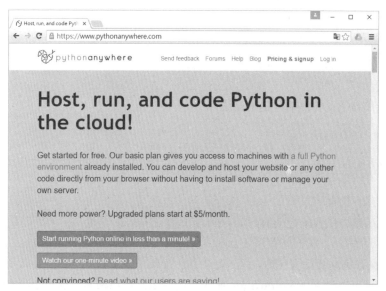

图 10-9　Pythonanywhere.com 首页

也有收费的机制，有兴趣的朋友可以到 Pricing 中查看收费的内容，不过他们也提供了免费的使用项目，同时也提供了一个网站的免费额度，非常适合练习网站使用。第一次使用时请用鼠标单击右上角的 Pricing & signup，如图 10-10 所示。

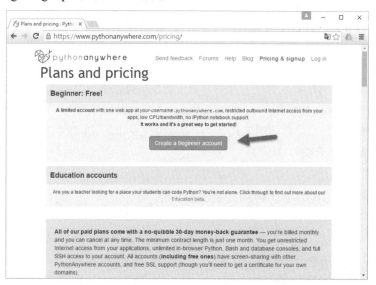

图 10-10　在 Pythonanywhere.com 中创建免费账号

如图 10-10 箭头所指的地方，单击"Create a Beginner account"按钮，进入图 10-11 所示的输入用户资料页面。

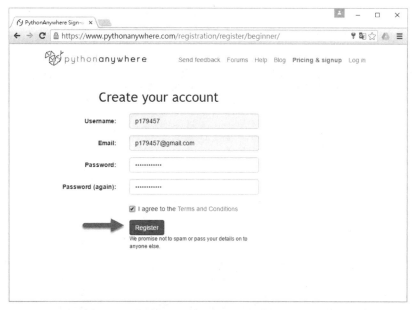

图 10-11　输入注册用的资料

如图 10-11 所示,在输入所有的注册资料后,单击"Register"按钮即可开始注册。特别要注意的是,免费账号的网站名称会以 Username 的名称作为网址名称,因此如果可以,可以直接取想要的网站网址名称(当然主网络域名还是 pythonanywhere.com)。单击注册按钮后,就可以进入图 10-12 所示的页面。

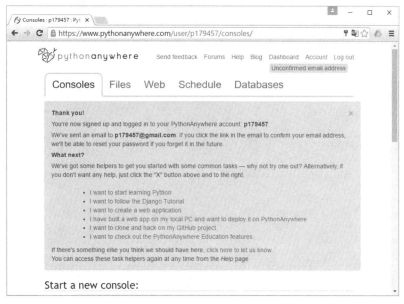

图 10-12　首次注册的说明页面

在图 10-12 中主要说明要到邮箱中去收取邮件以便启用注册的账户,并为新手提供操作说明的文件链接。账户启用后再进入网站,页面就会变成图 10-13 所示的样子。

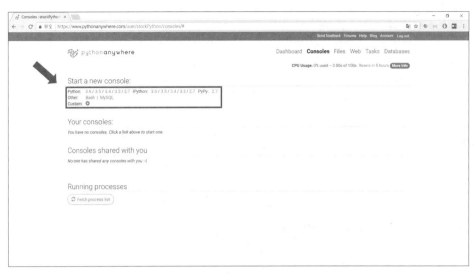

图 10-13　Pythonanywhere.com 主页面

在第一个标签（Consoles）中，我们用方框框起来的地方就是可以使用的 Shell 种类，包括各种版本的 Python Shell，只要单击要练习的 Shell 版本进入环境中即可马上在 Shell 中执行 Python 程序。而最下面那一行还提供了 Bash（Linux Shell，等于是虚拟机的终端程序界面）以及 MySQL 数据库的 Shell，在建立网站时非常方便，因为我们经常要到 Bash 中使用 pip 安装额外的 Python 以及 Linux 模块。

第二个标签（Files）的内容如图 10-14 所示。

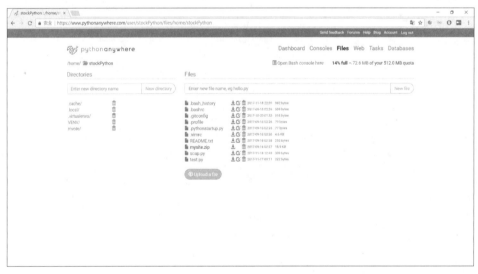

图 10-14　Files 标签的内容

这是以网页的形式显示当前虚拟机中所有文件以及文件夹的内容，这在编辑程序网站的时候非常有用。只要在文字类型的文件（含 Python 程序代码）上单击一下鼠标，就可以打开程序代码编辑器编辑这些程序的内容。至于标签（Web），是设置 Python 网站非常重要的地方，如图 10-15 所示。

第 10 堂　网站用户的注册与管理 | 275

图 10-15　Web 标签的内容

如图 10-15 所示，单击"Add a new web app"按钮，即可开始建立免费网站的步骤（第一个免费），如图 10-16 所示。

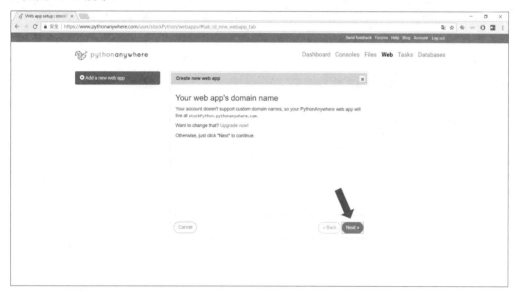

图 10-16　在 Pythonanywhere.com 建立网站的第一个步骤

第一个步骤可以设置 domain 名称，不过免费的账号只能使用自己的账号 ID 当作网址，直接单击"Next"按钮进入下一个步骤，如图 10-17 所示。

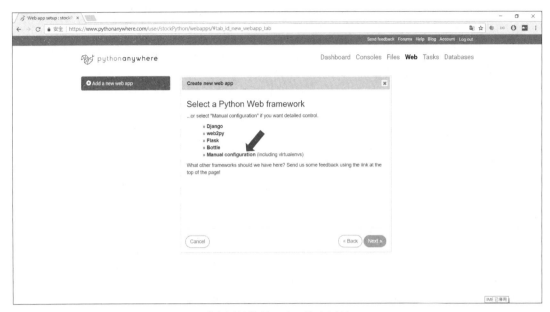

图 10-17　建立网站的第二步，指定网站 framework

在图 10-17 所示的第二个步骤中可以指定要使用的网站 framework，在 Python 中最受欢迎的网站 framework 在此均支持。不过，为了进一步设置，在此我们使用 "Manual configuration"，用手动的方式自行加入 Django Framework。下一步即可设置要使用的 Python 版本，如图 10-18 所示。

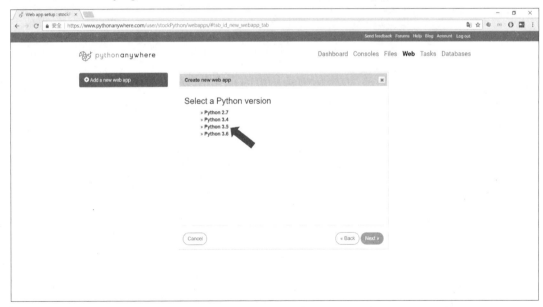

图 10-18　设置网站要使用的 Python 版本

在此我们选用 Python 3.5。选用之后，即可进入最后一步。

如图 10-19 所示，看完说明之后再单击 "Next" 按钮，过一小段时间网站即可建立完成。

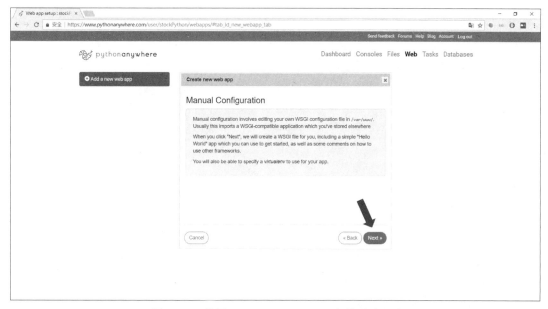

图 10-19　使用 Manual Configuration 之最后说明页

如图 10-20 所示，在自己账号的 id 后面附加上 pythonanywhere.com，即这个免费网站的网址。要注意的是，免费版本的网站只有 3 个月的存续时间。使用浏览器浏览该网址，即可看到图 10-21 所示的网页（如果选用的是现有的 Web Framework，看到的内容会不一样）。

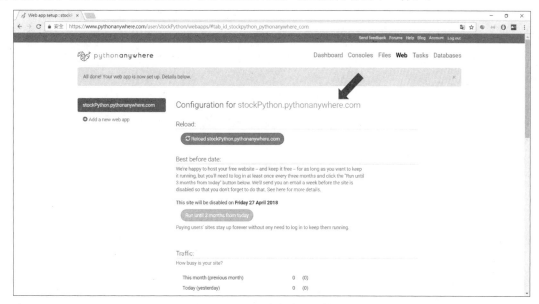

图 10-20　网站建立完成后的页面

图 10-21　选用 Manual Configuration 建立的默认网站首页

10.2.2　在 Pythonanywhere 免费网站中建立虚拟环境以及 Django 网站

在 10.2.1 小节中，我们使用手动的方式建立网站，因此在 Pythonanywhere 帮助建立基本环境后，接下来要以手动的方式通过指令操作安装虚拟环境 virtualenv 和 Django。要执行这些操作，必须回到 Console 标签，即图 10-13 所示的页面，然后进入 Bash 终端程序的环境，接着就如同我们在前面章节中设置虚拟机环境一样，使用 virtualenv 和 pip 指令操作如下：

```
10:27 ~ $ python --version
Python 2.7.6
10:27 ~ $ virtualenv -p /usr/bin/python3.5 VENV
Running virtualenv with interpreter /usr/bin/python3.5
Using base prefix '/usr'
New python executable in /home/stockPython/VENV/bin/python3.5
Also creating executable in /home/stockPython/VENV/bin/python
Installing setuptools, pip, wheel...done.
10:28 ~ $ ls
README.txt  VENV  scap.py  test.py
10:28 ~ $ source VENV/bin/activate
(VENV) 10:29 ~ $ python --version
Python 3.5.2
(VENV) 10:30 ~ $ pip install django==2.0
Collecting django==2.0
  Downloading Django-2.0-py3-none-any.whl (7.1MB)
    100% |████████████████████████████████| 7.1MB 86kB/s
Collecting pytz (from django==2.0)
  Downloading pytz-2017.3-py2.py3-none-any.whl (511kB)
    100% |████████████████████████████████| 512kB 295kB/s
Installing collected packages: pytz, django
Successfully installed django-2.0 pytz-2017.3
```

```
(VENV) 10:34 ~ $ pip freeze
-f /usr/share/pip-wheels
Django==2.0
pytz==2017.3
(VENV) 10:34 ~ $ django-admin --version
2.0
(VENV) 10:35 ~ $
```

操作过程的页面如图 10-22 所示。

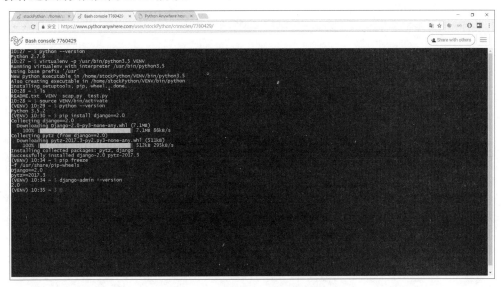

图 10-22　在 Pythonanywhere 的 Console 中安装 Django 的过程

既然在 Bash 中的操作如同虚拟机一样（事实上就是 Ubuntu 16.04 LTS 操作系统），那么网站中需要使用到的 Python Module 也都可以在这个终端程序中安装。当然，要建立一个 Django 的网站，只要使用以下指令就可以启用（假设我们要建立的网站名为 mvote）：

```
(VENV) 10:35 ~ $ django-admin startproject mvote
(VENV) 10:39 ~ $ cd mvote
(VENV) 10:39 ~/mvote $ python manage.py startapp mysite
(VENV) 10:41 ~/mvote $ cd ..
(VENV) 10:41 ~ $ tree mvote
mvote
├── manage.py
├── mvote
│   ├── __init__.py
│   ├── __pycache__
│   │   ├── __init__.cpython-35.pyc
│   │   └── settings.cpython-35.pyc
│   ├── settings.py
│   ├── urls.py
│   └── wsgi.py
└── mysite
    ├── __init__.py
    ├── admin.py
    ├── apps.py
```

```
        ├── migrations
        │   └── __init__.py
        ├── models.py
        ├── tests.py
        └── views.py
4 directories, 14 files
```

建立完毕后，回到 Dashboard 的 Files 标签，如图 10-23 所示。

图 10-23　建立了 Django 的 Project 后的文件列表

在图 10-23 中不仅可以打开任意文件进行编辑的操作，也可以建立文件夹以及把需要的文件上传到任何指定的文件夹中，非常方便。在本堂课中要建立的范例是一个可以通过 Facebook 登录后进行投票的网站 mvote（网址是 http://stockpython.pythonanywhere.com/），因此我们还必须在 mvote 以及 mysite 内建立 templates、static 等文件夹，请读者通过此界面或刚才的 Bash 终端程序界面进行练习。文件夹位置如图 10-24 所示。

图 10-24　建立 templates 等文件夹（一）

第 10 堂　网站用户的注册与管理 | 281

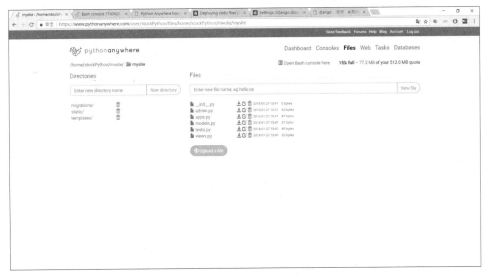

图 10-24　建立 templates 等文件夹（二）

接着打开 settings.py 进行设置的工作，如图 10-25 所示。

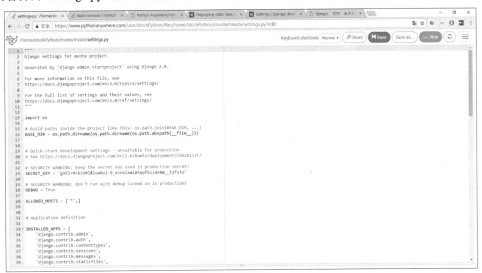

图 10-25　在 pythonanywhere 的 Files 界面中打开 settings.py

注意图 10-25 右上角的按钮，在 "Save" 文件后，别忘了单击最右侧的刷新按钮，此文件的内容才会生效。要修改的内容如同前面几堂课中介绍的一样，包括 templates 和 static files 的设置，在 INSTALLED_APP 中加入'mysite'，以及 ALLOWED_HOSTS 的串行中要加上'*'，并把 DEBUG 设为 False。别忘了，此网站是可以直接在网络上浏览的正式网站。

此外，还包括对于静态文件的设置内容：

```
(... 之前的内容省略 ...)
# Internationalization
# https://docs.djangoproject.com/en/1.8/topics/i18n/

LANGUAGE_CODE = 'zh-Hans'
```

```
TIME_ZONE = 'Asia/Beijing'

USE_I18N = True

USE_L10N = True

USE_TZ = True


# Static files (CSS, JavaScript, Images)
# https://docs.djangoproject.com/en/1.8/howto/static-files/

STATIC_URL = '/static/'
STATICFILES_DIRS = [
    os.path.join(BASE_DIR, 'static'),
]
STATIC_ROOT = '/home/stockPython/mvote/static/'
```

不过,在做完上述设置并刷新网站后,网站的内容并不会变更,因为还没有设置 Web 标签中的内容。请回到 Web 标签,并把页面往下滚动,按照图 10-26 中的内容设置一些参数。

图 10-26　设置 Web 的相关参数之一

在图 10-26 中要设置 Code 所在的文件夹位置,在此例中账号为 stockPython,而使用 django-admin 产生的项目名为 mvote,并使用 python manage.py startapp 产生 mysite 这个 App,请注意文件夹设置的内容,网站才能够顺利地运行。箭头所指的文件在单击后必须加以编辑,把原有的内容全部删除,然后粘贴如下内容才行:

```
# ++++++++++ DJANGO ++++++++++
import os
import sys

path = '/home/stockPython/mvote'
```

```
if path not in sys.path:
    sys.path.append(path)

os.environ['DJANGO_SETTINGS_MODULE'] = 'mvote.settings'
from django.core.wsgi import get_wsgi_application
application = get_wsgi_application()
```

同样，你的账号和笔者的不一样，要调整成自己的版本才行。另外，在 mvote/wsgi.py 中的文件内容也要修正成一样的内容。图 10-26 下方的虚拟机环境设置也要注意账号的名称以及使用 virtualenv 建立的虚拟机环境所用的文件夹（此例为 VENV），请参考之前段落中所做的设置。往下滚动页面，如图 10-27 所示。

图 10-27　设置 Web 的相关参数之二

在图 10-27 中要设置静态文件所使用的位置，请参考图中的内容进行修正。如果这个网站开始需要设置浏览的账号和密码，也可以在这里设置。但是，此账号密码是网站的账号密码，并不是 admin 后台管理网页的密码。admin 后台管理网页的账号密码同样是在 Bash 的终端程序界面中使用指令的方式加以设置，和我们之前的操作方式是一样的。

一般来说，笔者会在这些设置都完成后，在 urls.py 中加上首页的链接以及在 views.py 中加上 index 处理函数，最后回到 Bash 终端程序，使用 python manage.py createsuperuser 建立管理员账号和密码，然后使用 python manage.py migrate（如果要修改或建立 Model，那么要先使用 makemigrations）同步数据库，接着刷新网站，再使用 http://stockpython.pythonanywhere.com 浏览网站查看结果。

10.2.3　建立投票网站的基本架构

在进入 Facebook 账号验证之前，先在此小节建立一个具备 Bootstrap 以及 jQuery 链接的基础网站。把 10.1 节使用的模板文件 base.html、index.html、header.html、footer.html 等上传到 templates

文件夹下，如图 10-28 所示。

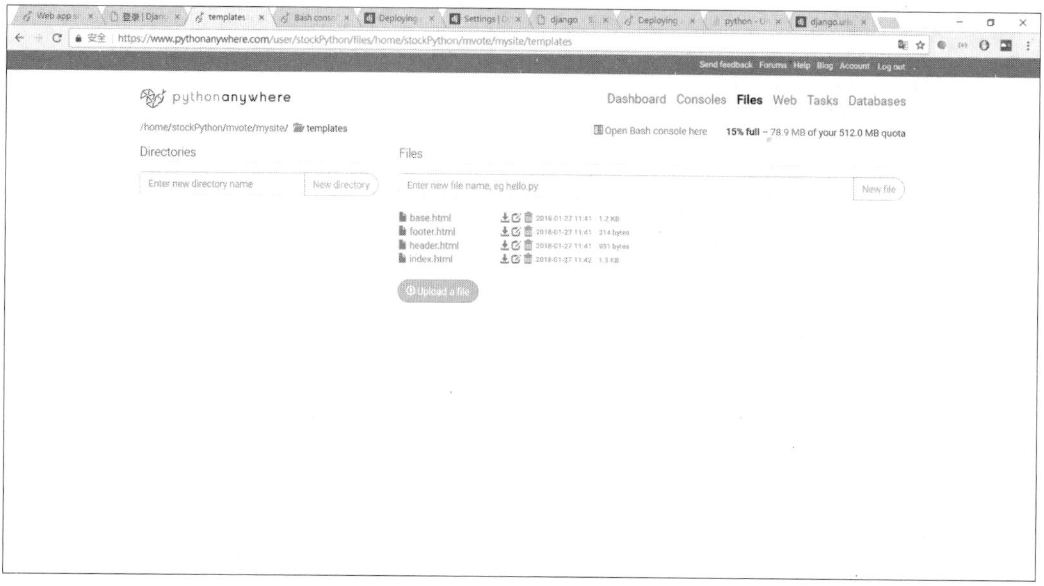

图 10-28　上传现有的模板文件

在 mysite/static 之下建立 images 以及上传 logo.png 文件，并到 Console 中执行 python mange.py collectstatic 让静态文件可以在已部署的网站中生效。接着设置 urls.py 的内容如下：

```
from django.contrib import admin
from django.urls import path
from mysite import views

urlpatterns = [
    path('admin/', admin.site.urls),
    path('', views.index),
]
```

并在 views.py 中加入以下的内容：

```
from django.shortcuts import render

def index(request):
    return render(request, 'index.html', locals())
```

此外，header.html 的内容要修改为：

```
<!-- header.html (mvote project) -->
    <nav class='navbar navbar-default'>
        <div class='container-fluid'>
            <div class='navbar-header'>
                <div class='navbar-brand' align=center>
                    投票趣
                </div>
            </div>
            <ul class='nav navbar-nav'>
                <li class='active'><a href='/'>Home</a></li>
                <li><a href='/accounts/signup'>注册</a></li>
```

```
            <li><a href='/accounts/login'>登录</a></li>
            <li><a href='/accounts/logout'>注销</a></li>
            <li><a href='/admin'>后台管理</a></li>
        </ul>
    </div>
</nav>
```

接着在 Pythonanywhere 的界面中 reload（重载或刷新）网站，再连接到 http://stockPython.pythonanywhere.com，就可以看到网站导入模板的成果了，如图 10-29 所示。

图 10-29　在 Pythonanywhere.com 中顺利启用 Django 网站

为了能够让网站可以接受用户投票，当然要链接数据库的内容，并建立两张数据表，分别用来存储投票议题的 Poll 以及每一个议题的内容项目 PollItem。由于一个 Poll 可以有多个 PollItem，而每一个 PollItem 只属于一个 Poll，因此是一对多的关系，可以在 PollItem 中以 ForeignKey 的方式链接到 Poll 中，此投票网站的 models.py 内容可设计如下：

```
#-*- coding: utf-8 -*-
from django.db import models

class Poll(models.Model):
    name = models.CharField(max_length=200, null=False)
    created_at = models.DateField(auto_now_add=True)
    enabled = models.BooleanField(default=False)

    def __str__(self):
        return self.name

class PollItem(models.Model):
    poll = models.ForeignKey(Poll, on_delete=models.CASCADE)
    name = models.CharField(max_length=200, null=False)
    image_url = models.CharField(max_length=200, null=True, blank=True)
    vote = models.PositiveIntegerField(default=0)
```

```
    def __str__(self):
        return self.name
```

　　Poll 类使用了 name、created_at 以及 enabled 三个数据字段，其中 created_at 的内容可在建立时自动加入，enabled 默认为 False，这个值在网站设计中要不要使用须由网站开发者来决定。如前所述，PollItem 是以 ForeignKey 的方式链接到 Poll 类。另外，PollItem 设计了 name、image_url 以及 vote 三个字段。其中 image_url 用来存储图像的链接网址，而 vote 是投票项的票数。

　　为了简化示范网站的复杂度，在这里先把所有输入投票项的工作交给 admin 网页管理，因此在 admin.py 中要把 models.py 中的类注册到 Admin 中，语句如下：

```
from django.contrib import admin
from mysite import models

class PollAdmin(admin.ModelAdmin):
    list_display = ('name', 'created_at', 'enabled')
    ordering = ('-created_at',)

class PollItemAdmin(admin.ModelAdmin):
    list_display = ('poll', 'name', 'vote', 'image_url')
    ordering = ('poll',)

admin.site.register(models.Poll, PollAdmin)
admin.site.register(models.PollItem, PollItemAdmin)
```

　　在 admin.py 中我们客户化了 admin 管理网页的字段内容，除了增加显示的字段外，也要把显示的字段按照指定的字段内容进行排序以方便管理。

　　此网站至少要有显示投票项和显示投票网页的功能，所以我们规划在首页显示所有可以投票的项，在单击特定的项之后进入投票的页面。此外在投票的页面中，当用户在心仪的选项中单击投票图标时，也要有能够处理票数的网址，故此网站至少要有首页、poll 投票网址以及 vote 计算票数的网址，修改后的 urls.py 如下：

```
from django.contrib import admin
from django.urls import path
from mysite import views

urlpatterns = [
    path('admin/', admin.site.urls),
    path('', views.index),
    path('poll/<int:pollid>', views.poll, name='poll-url'),
    path('vote/<int:pollid>/<int:pollitemid>', views.vote, name='vote-url'),
]
```

　　其中 poll 后面接一个参数，即为要显示的投票项的 ID 编号，而 vote 之后需要有两个参数，分别是投票项的 ID 编号以及该项中投票选项的 ID 编号，这两个网址分别对应 views.poll 和 views.vote 两个处理函数，为了便于在 templates 中列出这两个网址，我们把网址进行了命名，分别是 poll-url 和 vote-url。对应的处理函数编写在 views.py 中，新修改的 views.py 内容如下：

```
#-*- coding: utf-8 -*-
from django.shortcuts import render
from django.shortcuts import redirect
```

```python
from mysite import models
# Create your views here.

def index(request):
    polls = models.Poll.objects.all()
    return render(request, 'index.html', locals())


def poll(request, pollid):
    try:
        poll = models.Poll.objects.get(id = pollid)
    except:
        poll = None
    if poll is not None:
        pollitems = models.PollItem.objects.filter(poll=poll).order_by('-vote')
    return render(request, 'poll.html', locals())


def vote(request, pollid, pollitemid):
    try:
        pollitem = models.PollItem.objects.get(id = pollitemid)
    except:
        pollitem = None
    if pollitem is not None:
        pollitem.vote = pollitem.vote + 1
        pollitem.save()
    target_url = '/poll/{}'.format( pollid)
    return redirect(target_url)
```

在 index 中使用 polls = models.Poll.objects.all() 指令把所有在数据库中的投票项都找出来，然后转送到 index.html 在网页中显示出来。index.html 的内容如下：

```html
<!-- index.html (mvote project) -->
{% extends "base.html" %}
{% block title %}投票趣{% endblock %}
{% block content %}
<div class='container'>
{% for message in messages %}
    <div class='alert alert-{{message.tags}}'>{{ message }}</div>
{% endfor %}
<div class='row'>
    <div class='col-md-12'>
        <div class='panel panel-default'>
            <div class='panel-heading' align=center>
                <h3>欢迎光临投票趣</h3>
                <p>欢迎使用 Facebook 注册/登录你的账号，以拥有投票和制作投票的功能。</p>
            </div>
        </div>
    </div>
</div>
<div class='row'>
{% for poll in polls %}
    {% if forloop.first %}
        <div class='list-group'>
```

```
            {% endif %}
                <a href='{% url "poll-url" poll.id %}'
class='list-group-item'>{{ poll.name }}</a>
        {% if forloop.last %}
            </div>
        {% endif %}
    {% empty %}
        <center><h3>目前并没有活跃中的投票项</h3></center>
    {% endfor %}

        <div class='list-group'>

        </div>
    </div>
</div>
{% endblock %}
```

在 index.html 中使用一条循环指令把所有当前可以使用的投票项以 Bootstrap 的 list-group 形式显示出来，同时在显示每一项时，再以一个链接通过 {% url "poll-url" poll.id %} 的方式把每一个投票项的 ID 编号编进网址栏中，让用户可以通过此链接前往投票的页面。index.html 首页的显示结果如图 10-30 所示。

图 10-30　范例投票网站的首页页面

在 views.Poll 处理函数中，因为网址会传进一个 pollid，以此为依据，以指令 poll = models.Poll.objects.get(id = pollid) 找出数据库中是否有此编号的投票项，如果有，就继续以找到的 poll 去 PollItem 数据表中找出所有指向此 poll 的选项，搜索指令为 pollitems = models.PollItem.objects.filter(poll=poll).order_by('-vote')。除了找出来之外，再以当前的选票为依据从大到小排序。poll 以及 pollitems 这两个变量会被送去 poll.html 中进行网页显示，poll.html 的内容如下：

```
<!-- poll.html (mvote project) -->
```

```
{% extends "base.html" %}
{% block title %}投票趣{% endblock %}
{% block content %}
<div class='container'>
{% for message in messages %}
    <div class='alert alert-{{message.tags}}'>{{ message }}</div>
{% endfor %}
<div class='row'>
    <div class='col-md-12'>
        <div class='panel panel-default'>
            <div class='panel-heading' align=center>
                <h3>{{ poll.name }}</h3>
            </div>
        </div>
    </div>
</div>
{% for pollitem in pollitems %}
    {% cycle "<div class='row'>" "" "" "" %}
    <div class='col-sm-3'>
        <div class='panel panel-primary'>
            <div class='panel panel-heading'>
                {{ pollitem.name }}
            </div>
            <div class='panel panel-body'>
                {% if pollitem.image_url %}
                    <img src='{{ pollitem.image_url }}' width='100%'>
                {% else %}
                    <img src='http://i.imgur.com/Ous4iGB.png' width='100%'>
                {% endif %}
            </div>
            <div class='panel panel-footer' align=center>
                <h4>
                <a href='/vote/{{poll.id}}/{{pollitem.id}}' title='投票'>
                    <span class='glyphicon glyphicon-heart-empty'>
                    </span>
                </a>
                 
                目前票数: {{ pollitem.vote }}</h4>
            </div>
        </div>
    </div>
    {% cycle "" "" "" "</div>"%}
{% endfor %}
</div>
{% endblock %}
```

在前面几堂课的教学内容中，我们以 Bootstrap 的语句通过 Panel 的方式来显示 pollitem 中的几个字段，pollitem.name 放在 Panel 的标题、pollitem.image_url 所转换的图像语句放在 Panel 中，而票数 pollitem.vote 以及投票用的图标放在 Panel 的页尾，由 poll.html 显示出来的网页如图 10-31 所示。

图 10-31　poll.html 的投票网页

为了让用户可以在此页面中投票，我们把投票的图标放在目前票数的左侧，并为此图标加上链接，当用户单击此按钮后，会以 /vote/poll.id/pollitem.id/ 的方式传送到 views.vote 处理函数。在 views.vote 函数中会收到 pollid 和 pollitemid，因为 pollitemid 是独一无二的，所以在找选票的选项时只要使用此 ID 即可找到，找到之后再以 ORM 的数据库标准操作方式，取出 vote 的值加一后再存储。在存储完新的选票值后，用 redirect 的方式把网址转回原来的投票页面。因为我们在查询 pollitems 时进行了排序，所以如果票数的变动影响到了排名，那么显示的选项顺序也会跟着改变。

先完成此网站，确定可正常运行之后再到下一节建立与 Facebook 的账号验证链接机制。

10.3　使用 Facebook 验证账号操作实践

本节将以 django-allauth 来作为网站账号验证的框架。之所以说 django-allauth 是一个框架，主要的原因是它具备了所有账号验证的功能。除了我们在第 10.1 节中介绍的 django-registration 的所有功能外，还几乎包含了市面上所有主要会员网站的第三方验证功能，更特别的是它用数据库的方式简化了新增网站验证的操作流程。如果你打算制作一个全方位功能的第三方验证账号的会员网站，django-allauth 绝对是值得一试的模块。

10.3.1　在 Pythonanywhere 中安装 django-allauth 与设置

由于 django-allauth 是一个不小的框架，虽然安装只要使用 pip install django-allauth 即可，但是

要设置的内容可不少，而它本身也需要许多其他相互支持的模块，因此安装的时间会稍微长一些。在 Pythonanywhere 中要安装此模块，只要到 Bash Console 即可，但是别忘了，在安装之前要确定是否已正确进入虚拟机环境 VENV，如图 10-32 所示。

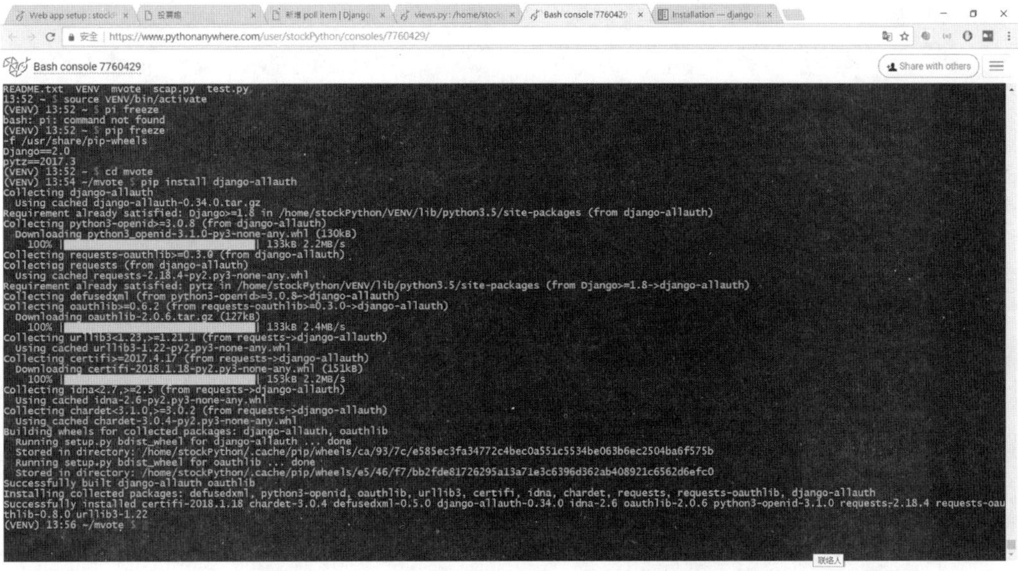

图 10-32　在 Pythonanywhere 中安装 django-allauth

同时，为了让网站可以顺利发送电子邮件，请参考第 8 堂课的内容安装 django-mailgun 模块。首先在 settings.py 中要加入以下的内容（在'mysite'之后的部分）：

```
INSTALLED_APPS = (
    'django.contrib.admin',
    'django.contrib.auth',
    'django.contrib.contenttypes',
    'django.contrib.sessions',
    'django.contrib.messages',
    'django.contrib.staticfiles',
    'mysite',
    'django.contrib.sites',
    'allauth',
    'allauth.account',
    'allauth.socialaccount',
    'allauth.socialaccount.providers.facebook',
)
SITE_ID = 1
LOGIN_REDIRECT_URL = '/'
EMAIL_BACKEND = 'django_mailgun.MailgunBackend'
MAILGUN_ACCESS_KEY = 'key-5**********227e7'
MAILGUN_SERVER_NAME = 'drho.tw'
AUTHENTICATION_BACKENDS = (
    'django.contrib.auth.backends.ModelBackend',
    'allauth.account.auth_backends.AuthenticationBackend',
)
```

其中除了 allauth.socialaccount.providers.facebook 外，也可以把 facebook 换成 twitter 或 github 等几十种不同的网站验证，官方网址中列出了所有支持的网站（http://django-allauth.readthedocs.io/en/latest/installation.html#django）。此外，在 urls.py 中也要加入下面这一行，表示所有在/accounts 后的网址要先到 allauth 中确定有没有处理的函数（包括 login、logout 以及 signup 等）：

```
path('accounts/', include('allauth.urls')),
```

上述设置完成后，需要使用 python manage.py migrate 同步数据库。所有设置工作完成后，再一次进入网站的后台管理网页，就可以看到图 10-33 所示的页面，多出了许多和网站验证设置相关的数据表。

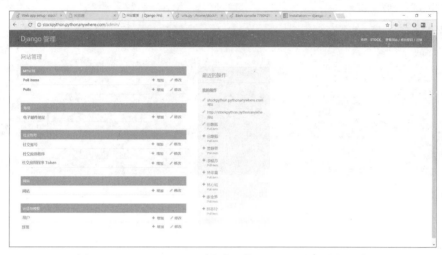

图 10-33　django-allauth 用来建立第三方账号验证的数据表

在这些数据表中，第一个要变更的是 Sites 网站的内容，默认是 example.com，我们要把它改为当前网站的网址（p179457.pythonanywhere.com），如图 10-34 所示。

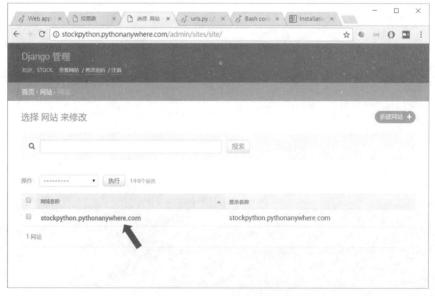

图 10-34　设置网站名称

10.3.2 到 Facebook 开发者网页申请验证机制

我们以 Facebook 为例，请先登录到 Facebook，然后链接到 https://developers.facebook.com/，然后选择新建应用程序，如图 10-35 所示。

图 10-35　在 developers.facebook.com 中新建应用程序

新建应用程序的第一步要先输入应用程序名称和输入电子邮件，如图 10-36 所示，在此例我们命名为 stockPython。

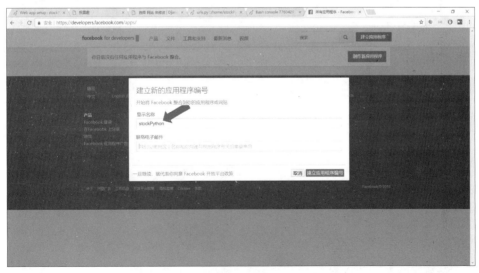

图 10-36　为应用程序输入名称

接着输入电子邮件账号，如图 10-37 所示，然后单击"建立应用程序编号"按钮，即进入如图 10-38 所示的页面，然后选择产品 Facebook 登录。

图 10-37 输入电子邮件账号

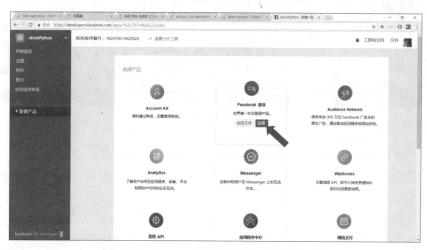

图 10-38 Facebook 应用程序建立完成的页面

在图 10-39 中要选择 Facebook 应用程序所需的类，由于我们的应用程序是网站，所以单击网站类。

图 10-39 选择 Facebook 应用程序类的页面

选择好类之后，接着会有一些教我们如何链接使用 Facebook 应用程序的教学网页，但是我们不需要知道太多的细节，所有的细节 allauth 都会帮助完成，因此可以直接跳过教学页面，直接单击左上方的"控制面板"，进入如图 10-40 所示的页面。

图 10-40　应用程序的控制面板

在图 10-40 中，我们要分别取出应用程序编号和应用程序密钥，并把它们放在 allauth 的数据表中，如图 10-41 所示。

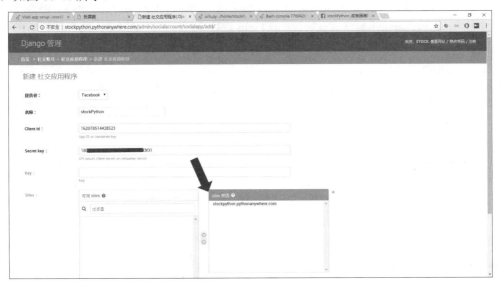

图 10-41　在网站中建立 allauth 需要的社交应用程序数据

如图 10-41 所示，在我们的投票网站的后台管理页面中新增社交应用程序，提供者指定为 Facebook，名称为 stockPython，而 Client ID 就是 Facebook 中的应用程序编号，Secret key 为 Facebook 的密钥，最下方的可用 Sites 别忘了加到右侧窗口中。

此外，加入链接数据后，为了能够顺利让 Facebook 接收我们的网站，在 developers.facebook.com

网页中打开设置的基本数据,在应用程序网络域名及其下方的新增平台处建立一个网站,网址要设置的和我们的网站一样才行,如图 10-42 所示。

图 10-42　在 Facebook 的应用程序设置中加入网站的网址

完成以上步骤后,不需要多余的程序代码,此时 allauth 即可正常运行。因为之前我们已经登录了 admin 管理员网页,所以要先从 http://stockPython.pythonanywhere.com/accounts/logout 注销账号,接着从 http://stockPython.pythonanywhere.com/accounts/signup 进行注册,也可以使用 http://stockPython.pythonanywhere.com/accounts/login 进行登录。不过别担心,这些我们都已经添加到 header.html 中了。如图 10-43 所示,在我们的网站中单击"登录"按钮,即可看到登录的页面,还有 Facebook 的登录链接。

图 10-43　allauth 的默认登录页面

因为我们还没有客户化网页模板，所以页面很简单，不过基本功能已经都具备了。单击 Facebook 链接后，可看到图 10-44 所示的 Facebook 授权页面。

图 10-44　allauth 的 Facebook 授权页面

显然此网站的 Facebook 用户验证功能已经大致完成了。要特别注意的是，到目前为止 Facebook 的应用程序状态仍处于测试阶段，只有开发者自己的 Facebook 账号可以使用，别人没有办法使用 Facebook 登录这个应用程序，也就是说，还要回到 Facebook 的开发者网页，把此应用程序公开发布才行，如图 10-45 所示。

图 10-45　在 Facebook 开发者网页中发布应用程序

10.3.3 在网站中识别用户的登录状态

对于会员网站来说，得知当前用户的登录状态无疑是重要的部分，因为只有知道当前登录的用户，才能显示特定的内容。allauth 为我们建立了账号的注册、登录以及注销的流程，也可以让我们的网站通过 Facebook 取得第三方的验证，那么在用户注册或登录后，要如何得知当前登录的用户是谁呢？

由于 django-allauth 遵循 Django 原有的账号验证方法，因此原本在 Django Authentication System 中使用的内容都可以使用。也就是说，在所有 Template 模板中，可以使用 user.is_authenticated 来判别用户是否为已验证完毕（即是否为已登录状态），而 user.is_active 可以用来查询用户是否为有效的账号。当然，也可以使用 user.username 获取用户名以及 user.email 来获取用户的电子邮件账号等。因此，第一个需要更改的是 header.html，修改为如下代码：

```html
<!-- header.html (mvote project) -->
<nav class='navbar navbar-default'>
    <div class='container-fluid'>
        <div class='navbar-header'>
            <div class='navbar-brand' align=center>
                投票趣
            </div>
        </div>
        {% load account %}
        <ul class='nav navbar-nav'>
            <li class='active'><a href='/'>Home</a></li>
            {% if user.is_authenticated %}
            <li><a href='/accounts/logout'>注销</a></li>
            {% else %}
            <li><a href='/accounts/signup'>注册</a></li>
            <li><a href='/accounts/login'>登录</a></li>
            {% endif %}
            <li><a href='/admin'>后台管理</a></li>
        </ul>
    </div>
</nav>
```

我们的网站可以按照当前的用户登录状态调整显示的菜单内容。此外，我们的网站是希望只有登录的用户才能够进入投票网页，所以在 index.html 中也要加以修改，代码如下：

```html
<!-- index.html (mvote project) -->
{% extends "base.html" %}
{% block title %}投票趣{% endblock %}
{% block content %}
<div class='container'>
{% for message in messages %}
    <div class='alert alert-{{message.tags}}'>{{ message }}</div>
{% endfor %}
<div class='row'>
    <div class='col-md-12'>
        <div class='panel panel-default'>
            <div class='panel-heading' align=center>
                <h3>欢迎光临投票趣</h3>
```

```
                <p>欢迎使用 Facebook 注册/登录你的账号,以拥有投票和制作投票的功能。</p>
            </div>
        </div>
    </div>
</div>
<div class='row'>
{% load account %}
{% for poll in polls %}
    {% if forloop.first %}
        <div class='list-group'>
    {% endif %}
            {% if user.is_authenticated %}
                <a href='{% url "poll-url" poll.id %}' class='list-group-item'>{{ poll.name }}</a>
            {% else %}
                <a href='#' class='list-group-item' title='要登录之后才能够前往投票!'>{{ poll.name }}</a>
            {% endif %}
    {% if forloop.last %}
        </div>
    {% endif %}
{% empty %}
    <center><h3>目前并没有活跃中的投票项</h3></center>
{% endfor %}

    <div class='list-group'>

    </div>
</div>
</div>
{% endblock %}
```

我们在程序中显示投票项的地方加上了判断,如果用户还没有登录,那么就不在投票项加上链接,用户自然就没有办法通过单击投票项进入投票页面了。不过这样还不够,因为没有避免使用网址的方式前往投票。解决方法很简单,只要在网址对应的处理函数前面加上@login_required 修饰词就可以了。修改后的 views.py 如下:

```
from django.shortcuts import render
from django.shortcuts import redirect
from django.contrib.auth.decorators import login_required
from mysite import models
def index(request):
    polls = models.Poll.objects.all()
    return render(request, 'index.html', locals())

@login_required
def poll(request, pollid):
    try:
        poll = models.Poll.objects.get(id = pollid)
    except:
        poll = None
    if poll is not None:
        pollitems = models.PollItem.objects.filter(poll=poll).order_by('-vote')
```

```python
    return render(request, 'poll.html', locals())

@login_required
def vote(request, pollid, pollitemid):
    try:
        pollitem = models.PollItem.objects.get(id = pollitemid)
    except:
        pollitem = None
    if pollitem is not None:
        pollitem.vote = pollitem.vote + 1
        pollitem.save()
    target_url = '/poll/{}'.format( pollid)
    return redirect(target_url)
```

加上了@login_required 后，只要尝试直接通过网址链接到投票页面的操作，都会自动被导向登录页面，并在登录后回到原来尝试要前往的网址。加上了这个功能后，我们之前在 index.html 中的修改就可以删除，也就是还让 index.html 有前往投票页面的链接，因为如果此时用户还没有登录，单击该链接就会直接前往登录页面。在登录完毕后会被导向投票页面，从而完成登录、注册以及投票的整个流程。

除了@login_required 外，因为在注册账号时并未强迫进行电子邮件的验证操作，如果我们希望注册的用户一定要验证电子邮件后才能够进行投票，那么可以在 views.py 的最前面加上：

```python
from allauth.account.decorators import verified_email_required
```

然后在 def poll 以及 def vote 之前加上@verified_email_required，语句如下：

```python
@login_required
@verified_email_required
def poll(request, pollid):
```

在未验证电子邮件的用户打算进入投票页面时，网站会出现提醒要验证电子邮件的页面，如图 10-46 所示。

图 10-46　提醒未验证电子邮件账号的页面

10.3.4 客户化 django-allauth 页面

至此我们已经建立了一个具有 Facebook 账号链接功能的会员网站，所有账号所需要的功能一应俱全，只剩下登录、注销、注册的页面并不美观，因此这个小节中即将说明如何客户化这些显示的网页，以整合到我们的投票网站中。

在安装 django-allauth 的时候，它就为我们安装了一整组的默认模板。这组模板放在虚拟机环境的 site-packages/allauth 下，每一个系统安装的地方可能不太一样，要花时间找一下。以 Pythonanywhere 为例，安装在图 10-47 所示的地方。

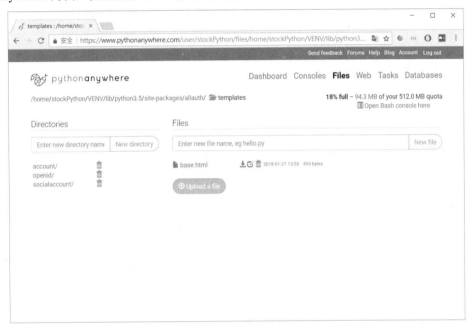

图 10-47 在 Pythonanywhere 中 allauth 默认的模板位置

allauth 会在我们的 templates 下看看有没有这些模板，如果没有就使用默认的；如果有就使用在我们网站中 templates 下的，所以第一步要执行的操作就是把这些模板复制到我们网站的 templates 下。由于我们已经有共享的 base.html 模板了，因此这个文件就不用再复制了，我们只要把 account、openid 和 socialaccount 这 3 个文件夹复制到网站的 templates 下即可，在 Pythonanywhere 中可以到 Bash Console 复制的指令如下：

```
(VENV) 08:54 ~ $ cd mvote/mysite
(VENV) 08:54 ~/mvote $ cp
-R ../../VENV/lib/python3.5/site-packages/allauth/templates/account/ templates
(VENV) 08:55 ~/mvote $ cp
-R ../../VENV/lib/python3.5/site-packages/allauth/templates/openid/ templates
(VENV) 08:55 ~/mvote $ cp
-R ../../VENV/lib/python3.5/site-packages/allauth/templates/socialaccount/ templates
```

此外，为了充分运用到 allauth 的功能，我们也把网站的 header.html 修改如下：

```
<!-- header.html (mvote project) -->
    <nav class='navbar navbar-default'>
```

```
            <div class='container-fluid'>
                <div class='navbar-header'>
                    <div class='navbar-brand' align=center>
                        投票趣
                    </div>
                </div>
                {% load account %}
                <ul class='nav navbar-nav'>
                    <li class='active'><a href='/'>Home</a></li>
                    {% if user.is_authenticated %}
                    <li><a href="{% url 'account_email' %}">修改电子邮件</a></li>
                    <li><a href="{% url 'account_logout' %}">注销</a></li>
                    {% else %}
                    <li><a href="{% url 'account_login' %}">登录</a></li>
                    <li><a href="{% url 'account_signup' %}">注册</a></li>
                    {% endif %}
                    <li><a href='/admin'>后台管理</a></li>
                </ul>
            </div>
        </nav>
```

既然所有模板都已导入我们的 base.html，表示在 accounts 下的所有模板都可以直接加以编辑，加入 Bootstrap 的格式设置。以 logout.html 为例，把它修改如下：

```
{% extends "account/base.html" %}

{% load i18n %}

{% block head_title %}{% trans "Sign Out" %}{% endblock %}

{% block content %}
<div class='container'>
    <div class='row'>
        <div class='panel panel-warning'>
            <div class='panel panel-heading'>
                <h1>{% trans "Sign Out" %}</h1>
            </div>
            <div class='panel panel-body'>
                <h3>{% trans 'Are you sure you want to sign out?' %}</h3>
                <form method="post" action="{% url 'account_logout' %}">
                    {% csrf_token %}
                    {% if redirect_field_value %}
                    <input type="hidden" name="{{ redirect_field_name }}" value="{{ redirect_field_value }}"/>
                    {% endif %}
                    <button type="submit">{% trans 'Sign Out' %}</button>
                </form>
            </div>
        </div>
    </div>
</div>
{% endblock %}
```

基本上就是套用了 Bootstrap 的设置，原有的注销页面如图 10-48 所示。

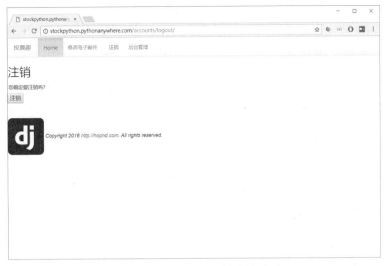

图 10-48　原本 allauth 的注销页面

修改 logout.html 后的页面效果如图 10-49 所示。其他部分就留给读者作为课后练习。

图 10-49　加入 Bootstrap 标记指令的注销页面

10.4　习　　题

1. 请在 Pythonanywhere.com 中注册一个账号并建立本书中的范例网站。
2. 建立 Python 虚拟机环境除了 virtualenv 外,你还听过哪一种？简要说明。
3. 请比较 django-registration 和 django-allauth 的差别以及可能的用途。
4. 请客户化 django-allauth 的模板以完成此网站。
5. 请参考 django-allauth 中的说明,加上你自己在使用的社交网站账号的验证功能。

第 11 堂

社交网站应用实践

在这一堂课中，我们将以第 10 堂课的内容为基础，完成一个实用的投票范例网站，此网站可以提供用户注册、登录以及注销功能，而登录的用户可以在网站上建立自己的投票项目，同时在投票的过程中加上避免重复投票的功能。我们以 django-allauth 框架为基础，给用户提供一般电子邮件账号注册，或直接通过 Facebook、Twitter、Google+ 等登录的功能。

11.1 投票网站的规划与调整

在本节中将先针对网站的功能需求、数据表内容以及关系进行比较简要的分析与规划，以便后续网站的设计工作。一个正式的网站在实际编写程序之前通常都必须有详细的分析、规划以及设计，需求的分析、数据表的设计、网页界面的设计等缺一不可。大型网站如果没有进行分析与设计，等到开始设计程序时才发现问题，通常要花费更多时间和精力才能修正这些问题。

11.1.1 网站功能与需求

本堂课中打算完成的网站主要有以下功能：

- 完整的会员注册、登录、注销以及数据设置功能。
- 能够支持移动设备的浏览。
- 未登录的用户可以查看投票项，但是要参与投票则需要登录会员，并完成电子邮件的验证工作。
- 会员可以参与投票，每日只能对某一投票项投一票，避免恶意刷票的行为。
- 会员可以创建投票项，并提供创建投票项的专用网页。
- 在首页中显示投票项的列表，并在列表中显示目前总票数。
- 在首页具有分页查看的功能。
- 创建投票项的正式会员可以查看投票的摘要结果。

接着，要定义上述功能中所描述的一些名词，如表 11-1 所示。

表 11-1　网站功能中的一些名词定义

名词	说明
一般用户	未登录的浏览者
一般会员	在网站上注册，未提供电子邮件账号、未完成激活或启用账号的会员
正式会员	已验证过电子邮件的会员
投票项 Poll	每一个投票的议题，包括投票内容的标题以及一些不定个数的投票选项
投票选项 PollItem	在每一个投票项中可以选择的选项

此外，网站的功能项说明如表 11-2 所示。

表 11-2　网站的功能说明

网站功能	显示网址	说明
查看投票项	/	在主页列表中显示出当前活跃的投票项(可按热门度或建立的时间来排序)
添加投票项	/addpoll	正式会员可在窗体中添加投票项
添加投票选项	/addpollitem	正式会员可在窗体中添加投票项的选项
删除投票项	/delpoll	正式会员可在此网页中删除投票项
删除投票选项	/delpollitem	正式会员可在此网页中删除投票项中的选项
投票	/poll	在此网页中显示投票项的内容，并提供会员可以在此页面中完成投票的操作
会员账号管理网页	/accounts	所有关于会员账号的操作
后台管理网页	/admin	Django 默认的后台管理网页

网站中各功能区块的关系图如图 11-1 所示。

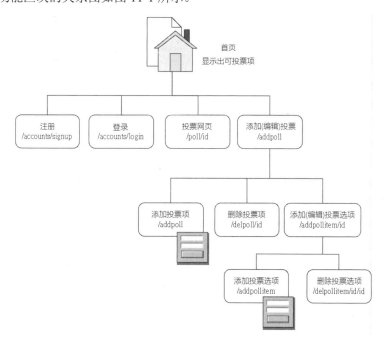

图 11-1　投票网站各功能区块的层次关系图

按照表 11-2 的功能，我们在菜单栏中必须安排相对应的菜单选项。当用户未登录时，菜单选项包括 HOME、登录、注册以及后台管理，登录之后就变成了 HOME、添加（编辑）投票、重设密码、修改电子邮件、注销以及后台管理。这些只要在 header.html 中进行相应的修改即可。

11.1.2　数据表与页面设计

为了完成在 11.1.1 小节中所设置的功能，必须要有一个用户的数据表。在每次登录、投票或创建投票项时，数据表的设计非常重要，而且要小心地规划所使用到的每一个字段。在使用 python manage.py makemigrations 和 python manage.py 后，如果字段或数据表之间的关系有所调整，就要重新执行一次上述两条指令，而且往往存在兼容上的考虑，有时会有一些麻烦。

因为我们的投票网站都要登录会员后才能够使用，因此所有数据都围着 User 这张默认的数据表设置，而这张数据表是系统默认的数据表（使用 from django.contrib.auth.models import User 即可加载使用），不需要另外在 models.py 中设置，我们要做的只是在原有的数据表加上一个字段，使用 ForeignKey 指向 User 数据表即可。本网站各数据表字段之间的关系如图 11-2 所示。

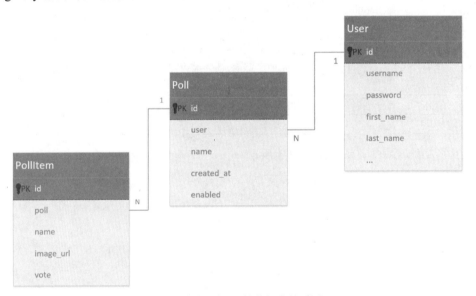

图 11-2　投票网站的数据表关系图

从图 11-2 中可以看出，每一个 User 可以有许多投票项，而每一个投票项（Poll）可以有许多不同的选项（PollItem）。

在页面设计的部分，一进入首页希望能够马上看出所有目前开放的投票项，同时也要显示出每一个投票项当前的总票数以及所有的项数，如图 11-3 所示。

图 11-3　投票网站的首页页面

还没有登录的用户在单击任意一个投票项时，会立刻被转移到登录页面，如图 11-4 所示。

图 11-4　网站的登录页面

读者如果注意到网址的部分，会发现在网址的后段会有一个 next=/poll/3 的标记，这个标记记录着用户是从尝试前往哪一个网站时被转址到登录页面的。此时等用户完成登录后，网站会自动转向该网址以完成用户刚才想要执行的操作，这是 django-allauth 默认的功能。投票页面如图 11-5 所示。

此页面会以 Bootstrap 的 Panel 格式列出所有可以选择的选项，用户可以在爱心符号上单击进行投票，如果此票数会影响到选项的排名，那么投票后页面会重新排序，从票数最多一直排到票数最少。

图 11-5　投票页面

当用户选择"添加（编辑）投票"功能时，会出现图 11-6 所示的添加投票页面。

图 11-6　添加投票项的页面

为了简化程序的页面，在上方的窗体只要建立了文字内容再单击"提交"按钮，此投票项就会立即被加入下方的列表中，而下方的列表附属于登录会员的所有投票项。每一项的前面均有一个垃圾桶符号，单击该符号后此项会立即被删除。单击任意一个投票项，进入添加（编辑）投票项的页面，如图 11-7 所示。

图 11-7　添加和删除投票选项的页面

同图 11-6 一样，在垃圾桶符号上单击即可直接删除该项。因为这个网站的资料非常简单，所以我们可以通过添加或删除这两个操作来取代编辑的工作。

11.1.3　网站的转移

为了方便示范起见，本堂课的范例程序将在笔者位于 DigitalOcean（http://tar.so/do）的账号中开发，在网址注册商使用记录 A 把 IP 地址指向在 DigitalOcean 中的虚拟机上，而在该虚拟机中安装了 Apache2 服务器，部署的方法就如同本书开始的章节中介绍的那样。比较不一样的地方在于：如果要在同一台 DigitalOcean 虚拟机中执行两个以上的 Django 网站（其实其他网站也可以），就要在 Apache 服务器的配置文件中以<VirtualHost>的方式来设置一个新的虚拟网站，这样做，如此虽然在同一个 IP 中的网站，但是因为指定的域名 Domain Name 不一样，就会被 Apache 当作不同的网站处理，从而可以顺利地在一台虚拟机中执行多个不同网址的 Django 网站。

如同本范例，我们的 Apache 配置文件在/etc/apache2/sites-available 的配置文件名称为 000-default.conf，内容如下（以下为简单的范例，各设置值所代表的详细功能，请读者自行前往 Apache 说明文件中查阅 VirtualHost 的部分；除了 DigitalOcean 外，读者使用自己在 Windows 或是 MacOS 创建的虚拟机也可以）：

```
<VirtualHost *:80>
    ServerName tis.min-huang.com
    ServerAdmin skynet@gmail.com
    ErrorLog ${APACHE_LOG_DIR}/error.log
    CustomLog ${APACHE_LOG_DIR}/access.log combined
    Alias /static/ /var/www/tis/staticfiles/
    <Directory /var/www/tis/staticfiles>
```

```
        Require all granted
    </Directory>
    WSGIDaemonProcess tis
python-path=/var/www/tis:/var/www/VENV/lib/python2.7/site-packages
    WSGIProcessGroup tis
    WSGIScriptAlias / /var/www/tis/tis/wsgi.py
    </VirtualHost>

    <VirtualHost *:80>
        ServerName min-huang.com
        ServerAdmin skynet@gmail.com
        ErrorLog ${APACHE_LOG_DIR}/error.log
        CustomLog ${APACHE_LOG_DIR}/access.log combined
        #Include conf-available/serve-cgi-bin.conf
        Alias /static/ /var/www/drhotw/staticfiles/
        <Directory /var/www/drhotw/staticfiles>
            Require all granted
        </Directory>
    WSGIDaemonProcess drhotw
python-path=/var/www/drhotw:/var/www/VENV/lib/python2.7/site-packages
    WSGIProcessGroup drhotw
    WSGIScriptAlias / /var/www/drhotw/drhotw/wsgi.py
    </VirtualHost>

    <VirtualHost *:80>
        ServerName mvote.min-huang.com
        ServerAdmin skynet@gmail.com
        ErrorLog ${APACHE_LOG_DIR}/error.log
        CustomLog ${APACHE_LOG_DIR}/access.log combined
        #Include conf-available/serve-cgi-bin.conf
        Alias /static/ /var/www/mvote/staticfiles/
        <Directory /var/www/mvote/staticfiles>
            Require all granted
        </Directory>
    WSGIDaemonProcess mvote
python-path=/var/www/mvote:/var/www/VENV/lib/python2.7/site-packages
    WSGIProcessGroup mvote
    WSGIScriptAlias / /var/www/mvote/mvote/wsgi.py
    </VirtualHost>
```

上面这个配置文件中总共有 3 个网站，分别是 min-huang.com、mvote.min-huang.com 以及 tis.min-huang.com，请注意它们的设置以及目录放置的位置，只要一切都指定正确，这些网站就可以直接由 Apache2 启动，而不用再使用 python manage.py runserver 这条指令。不过，在编辑网站的过程中，如果编辑的是 Templates 下的文件，通常都会直接生效，但是如果编辑了 urls.py 或 views.py 等内容，则还是要使用 service apache2 restart 重新启动 Apache，网站的内容才会同步更新。当然，修改了 models.py 的内容后，makemigrations 和 migrate 仍然是不可避免要执行的。

特别要注意的是，只要对 000-default.conf 配置文件进行了任何修改，就需要在此虚拟机的终端程序中使用 sudo service apache2 restart 让 Apache2 重新启动，设置的内容才会生效。此外，我们放置网站的文件夹（在此例中分别是/var/www/drhotw、/var/www/mblog 以及/var/www/tis 等）都要使用 sudo chown –R www-data:www-data 指令把该文件夹的拥有者和拥有群组设置为 www-data，如此 Apache2 才能够顺利地存取此网站中的所有数据。

读者也可以在自己的计算机中使用 Ubuntu 虚拟机的方式开发，基本上界面都一样，当然在 Windows 或 Mac OS 操作系统也可以，只不过如果在本地开发，要连接到 Facebook 的时候，就没有办法使用正式的网址了。

如果在修改数据表结构的时候发生了一些错误，那么有可能要到 mysite/migrations 的文件夹下去寻找之前的一些转换过程。在这个文件夹下包含所有做过 makemigrations 的记录，可以很容易地从这些文件的编号中看出变更的顺序以及在每一个阶段中变更的内容。如果有必要，可以直接修改这些内容，然后执行一次 python manage.py makemigrations 和 migrate 就可以反映出修改后的数据表结构。当然，如果不小心把所有内容都改乱了，感觉没有复原的希望，那么把这个文件夹中除了 __init__.py 文件外的所有文件都删除，并删除上一层目录中的 db.sqlite3 数据库文件，等于是所有数据库内容全部重置，重新来过了。

11.2.4 移动设备的考虑

在功能设计中希望我们的网站可以考虑到移动设备的显示。延续前面几个章节的范例，在 base.html 中使用了 Bootstrap 网站的 Framework，只要采用它的 Grid 方式来编排网站，分别考虑 col-lg、col-md、col-sm 以及 col-xs 分配到的格数，基本上就可以在不同的屏幕分辨率下设计网页的编排，详细内容请参考相关书籍。此外可以加上下面这一行设置：

```
<meta name="viewport" content="width=device-width, initial-scale=1">
```

此行设置表示，当发现浏览器的规格是移动设备，就直接以移动设备适合的方式来显示网页的内容，进一步地在后面加上 maximum-scale=1、user-scalable=no，限制这个网页在移动设备上显示时用户没有办法使用页面缩放的功能，这会使得你的网页看起来更像是移动设备上的一个 App。在网站中使用上述指令，通过移动电话浏览网站的结果如图 11-8 和图 11-9 所示。

图 11-8　使用移动电话浏览投票网站 1

图 11-9　使用移动电话浏览投票网站 2

投票网站的 base.html 内容如下：

```html
<!-- base.html (mvote project) -->
<!DOCTYPE html>
<html>
<head>
    <meta charset='utf-8'>
    <meta name="viewport" content="width=device-width, initial-scale=1,maximum-scale=1, user-scalable=no">
    <title>{% block title %}{% endblock %}</title>
<!-- Latest compiled and minified CSS -->
<link rel="stylesheet" href="https://maxcdn.bootstrapcdn.com/bootstrap/3.3.6/css/bootstrap.min.css" integrity="sha384-1q8mTJOASx8j1Au+a5WDVnPi2lkFfwwEAa8hDDdjZlpLegxhjVME1fgjWPGmkzs7" crossorigin="anonymous">

    <!-- Optional theme -->
    <link rel="stylesheet" href="https://maxcdn.bootstrapcdn.com/bootstrap/3.3.6/css/bootstrap-theme.min.css" integrity="sha384-fLW2N01lMqjakBkx3l/M9EahuwpSfeNvV63J5ezn3uZzapT0u7EYsXMjQV+0En5r" crossorigin="anonymous">

    <!-- Latest compiled and minified JavaScript -->
    <script src="https://maxcdn.bootstrapcdn.com/bootstrap/3.3.6/js/bootstrap.min.js" integrity="sha384-0mSbJDEHialfmuBBQP6A4Qrprq5OVfW37PRR3j5ELqxss1yVqOtnepnHVP9aJ7xS" crossorigin="anonymous"></script>
    <script src="https://code.jquery.com/jquery-3.1.0.min.js" integrity="sha256-cCueBR6CsyA4/9szpPfrX3s49M9vUU5BgtiJj06wt/s=" crossorigin="anonymous"></script>
    <style>
    h1, h2, h3, h4, h5, p, div {
        font-family: 微软雅黑;
    }
    </style>
</head>
<body>
{% include "header.html" %}
{% block content %}{% endblock %}
{% include "footer.html" %}
</body>
</html>
```

如同之前对于 base.html 的说明，此文件会导入 header.html 和 footer 这两个模板，此外导入 base.html 的模板文件还必须准备 title 和 content 这两个 block，详细内容在后续的小节中再加以说明。

11.2 深入探讨 django-allauth

经过前一堂课的讨论和教学，相信读者应该已经知道 django-allauth 的好处以及功能强大之处了。只要安装了 django-allauth，就可以通过网站数据设置的方式新增第三方社交网站的 Access Key，然后使用这些网站代为用户验证以完成本网站的会员管理工作，而由于此模块遵循 Django authentication 的机制，因此在网站中可以直接使用默认的用户管理功能，非常方便。

11.2.1　django-allauth 的 Template 标签

在 django-allauth 框架下提供了许多功能，直接通过网址链接过去就可以运用，这些功能包括登录（accounts/login）、注销（accounts/logout）、注册（accounts/signup）、重置密码（accounts/password/reset）等，也就是我们在网页的设计中只要把这些链接加上去就可以了。不过，当然不是像前面那样把固定的网址写出来，而是在模板中使用{% url "account_signup" %}这样的标签来自动产生相对应的网址。django-allauth 提供可以使用的 url 参数，如表 11-3 所示。

表 11-3　django-allauth 提供的 url 参数

url 样式名称	说明
account_signup	注册用网址
account_login	登录网址
account_logout	注销网址
account_change_password	修改密码网址
account_set_password	设置密码网址
account_inactive	账号未激活或启用网页
account_email	设置电子邮件地址网页
account_email_verification_sent	通知已发送验证电子邮件的说明网页
account_confirm_email	查看验证电子邮件的网页
account_reset_password	重置密码网页
account_reset_password_done	完成重置密码网页
account_reset_password_from_key	重置密码用的网址
account_reset_password_from_key_done	通知密码已变更完成的网页

这些都是在模板中任意地方可以直接使用的网址，当然也表示这些功能我们都不用再重新设计，django-allauth 本身就提供这些功能，只要链接过去就可以了。

投票网站的 header.html 就使用这些标签来产生对应功能的网址，语句如下：

```
<!-- header.html (mvote project) -->
    <nav class='navbar navbar-default'>
        <div class='container-fluid'>
            <div class='navbar-header'>
                <div class='navbar-brand' align=center>
                    投票趣
                </div>
            </div>
            {% load account %}
            <ul class='nav navbar-nav'>
                <li class='active'><a href='/'>Home</a></li>
                {% if user.is_authenticated %}
```

```
                <li><a href="/addpoll/">添加(编辑)投票</a></li>
                <li><a href="{% url 'account_reset_password' %}">重设密码</a></li>
                <li><a href="{% url 'account_email' %}">修改电子邮件</a></li>
                <li><a href="{% url 'account_logout' %}">注销</a></li>
            {% else %}
                <li><a href="{% url 'account_login' %}">登录</a></li>
                <li><a href="{% url 'account_signup' %}">注册</a></li>
            {% endif %}
                <li><a href='/admin'>后台管理</a></li>
            </ul>
        </div>
    </nav>
```

11.2.2　django-allauth 的 Template 页面

在第 10 堂课中，简单地提及了可以通过修改 django-allauth 的模板内容达到自定义 django-allauth 网页的目的，要注意的是，如果你发现有些文字的内容在前后都加了 {% trans %} 或 {% blocktrans %}，表示该字符串套用了国际化翻译文件，千万不要随意更改其中的内容、急急忙忙把其中的英文改为中文，因为只要系统的语言文件设置正确，这些内容本来就会被翻译成中文的。本堂课的范例网站在 templates/account 文件夹下的文件结构如下：

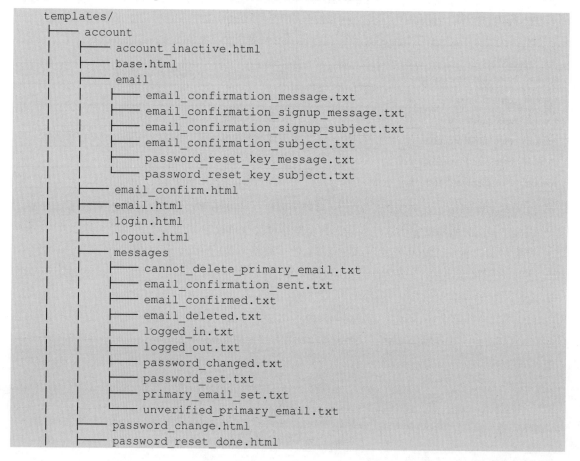

```
|       ├── password_reset_from_key_done.html
|       ├── password_reset_from_key.html
|       ├── password_reset.html
|       ├── password_set.html
|       ├── signup_closed.html
|       ├── signup.html
|       ├── snippets
|       |   └── already_logged_in.html
|       ├── verification_sent.html
|       └── verified_email_required.html
```

在 templates/account 下的所有文件主要就是为 django-allauth 提供显示页面以及电子邮件验证用的模板或文字数据文件，分别说明如表 11-4 所示。

表 11-4　django-allauth 提供的模板或文本文件

模板或文本文件	说明
email/	在此文件夹下的数据为发送给用户电子邮件时会套用到的文字内容
messages/	在此文件夹下的数据文件为在网站完成某一个操作时会在网页上方显示信息时套用的文字内容
base.html	直接对应到上一层的 base.html，也是我们自己准备的基础模板文件，如 11.2.4 小节的内容
account_inactivate.html	显示目前此账号并未启用
email_confirm.html	验证电子邮件网页
email.html	管理电子邮件账号的网页
login.html	登录网页
logout.html	注销网页
password_change.html	变更密码网页
password_reset_done.html	显示已发送重置密码的电子邮件的网页
password_reset_from_key_done.html	显示密码重置完成的网页
password_reset_from_key.html	使用 KEY 重置密码时发生错误时显示的网页
password_reset.html	设置电子邮件并重置密码的网页
password_set.html	设置新密码的网页
signup_closed.html	目前已关闭注册功能
signup.html	注册网页
verifications_sent.html	通知已发送验证的电子邮件的网页
verified_email_required.html	显示需要电子邮件验证网页

由于我们的网站本身已提供具备 Bootstrap 功能的 base.html 模板，而默认时前面的每一个模板都会导入 base.html，因此基本格式已经确定。对我们来说，只要确保把每一个模板原有的设置{% block head_title%}改为{% block title%}，并将{% block content %}中的内容以 Bootstrap 组件来重新安排，就可以得到完美的整合。如果你不满意验证的电子邮件的文字内容，那么可以直接修改 email 文件夹内的文本文件内容。修改后的内容可以对照本范例网址 http://mvote.min-huang.com。

11.2.3 获取 Facebook 用户的信息

还记得在 django-auth 安装后图 10-33 的内容吗？django-allauth 除了安装验证账号所需要的数据表外，还针对社交账号设计了一张数据表，用来存储在此社交账号中所获取的登录用户的信息，放在 extra 中，如图 11-10 所示。

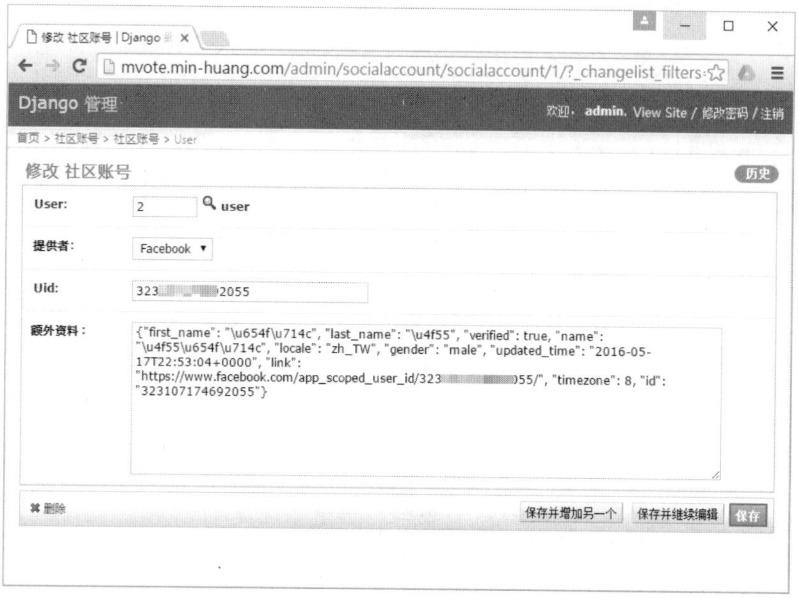

图 11-10　django-allauth 所记录的社交账号数据表

在此表的 extra_data（额外数据）字段中额外的以 JSON 格式记录了许多该用户在 Facebook 中提供的个人信息，我们在 Template 中也可以调用。其中，最有趣的是获取个人的大头像照片，方法如下：

```
<img src='{{user.socialaccount_set.all.0.get_avatar_url}}' width='100'>
```

在以 Facebook 登录的状态下，通过上述指令（放在 index.html 中）就可以显示出用户的个人大头像，再加上下面这行指令取出用户在 Facebook 中的个人姓名：

```
{{user.socialaccount_set.all.0.extra_data.name}}
```

页面看起来如图 11-11 所示。

但是，登录的账号有可能是一般的用户注册账号，并没有链接到 Facebook，所以此段程序代码修改如下：

```
<h3>欢迎光临投票趣</h3>
{% if user.is_authenticated %}
  {% if user.socialaccount_set.all.0.extra_data.name %}
    {{user.socialaccount_set.all.0.extra_data.name}}<br/>
    <img src='{{user.socialaccount_set.all.0.get_avatar_url}}'width='100'>
  {% else %}
    Welcome: {{ user.username }}
  {% endif %}
{% else %}
```

```
<p>欢迎使用 Facebook 注册/登录你的账号，以拥有投票和制作投票的功能。</p>
{% endif %}
```

图 11-11　加上 Facebook 全名和大头像照片的主网页

社交账号可以使用除了姓名和大头像照片外，还有表 11-5 所示的其他内容可以使用。

表 11-5　其他可以使用的模板或文本文件

模板或文本文件	说明
{{ user.socialaccount_set.all.0.uid }}	用户的账号 ID
{{ user.socialaccount_set.all.0.date_joined }}	注册本站的日期时间
{{ user.socialaccount_set.all.0.last_login}}	上次登录本站的日期时间
{{ user.socialaccount_set.all.0. extra_data.name }}	在 Facebook 中的全名
{{ user.socialaccount_set.all.0. extra_data.first_name }}	在 Facebook 中的名字
{{ user.socialaccount_set.all.0. extra_data.last_name }}	在 Facebook 中的姓氏
{{ user.socialaccount_set.all.0. extra_data.link }}	个人在 Facebook 的账号链接
{{ user.socialaccount_set.all.0. extra_data.id }}	用户的账号 ID

11.3　投票网站功能解析

接下来将在本节一步一步地带领读者完成投票网站的所有功能，包括如何在首页显示目前所有的投票项、每一个投票项的选项数目和总票数，以及如何在投票项过多时以分页的方式显示这些投票的内容，当然还包括如何由用户新增、删除投票项和每一个投票项中的选项。

11.3.1 首页的分页显示功能

首页显示出目前所有可用的投票项，而这些项在目前是以创建的日期来作为排序依据的。如果投票项过多时能够对这些项加以分页，这也是许多网站都会使用到的技巧。相信读者一定猜到了，没错，分页功能有现成的模块可以套用。

分页功能是 Django 的一个模块，使用 from django.core.paginator import Paginator 就可以导入使用。它的用法也非常简单，只要把要分页的对象传送给它，并指定多少项数据为一页，就会返回一个实例，可以通过该实例来执行分页的操作。主要的方法函数为 page，也就是假设返回的 instance 名称是 mypage，那么可以通过 mypage.page(no) 指定返回第 no 页的 page 对象，而如果 no 指定的内容是错的，就会产生一个 InvalidPage 的例外错误。除了 page 函数外，还有如表 11-6 所示的几个重要的属性。

表 11-6 Paginator 几个重要的属性说明

Paginator 的属性	说明
no_pages	全部页数
page_range	产生页码的迭代器

前面所提到的 page() 方法函数所返回的 Page 对象，常用的如表 11-7 所示的方法函数。

表 11-7 Page 对象常用的方法函数说明

Page 对象可以使用的方法函数	说明
has_next()	如果有下一页就返回 True
has_previous()	如果有上一页就返回 True
has_other_pages()	如果有上一页或下一页就返回 True
next_page_number()	返回下一页的页码，如果没有下一页就产生 InvalidPage 例外错误
previous_page_number()	返回上一页的页码，如果没有上一页就产生 InvalidPage 例外错误

有了这些工具后，就可以轻松应用在我们的投票网站上了。假设我们打算把所有投票项以 5 个投票为一组，首先在 views.py 中要导入以下模块：

```
from django.core.paginator import Paginator, EmptyPage, PageNotAnInteger
```

然后在 views.index 中修改代码如下：

```
def index(request):
    all_polls = models.Poll.objects.all().order_by('-created_at')
    paginator = Paginator(all_polls, 5)
    p = request.GET.get('p')
    try:
        polls = paginator.page(p)
    except PageNotAnInteger:
        polls = paginator.page(1)
    except EmptyPage:
        polls = paginator.page(paginator.num_pages)
    return render(request, 'index.html', locals())
```

在此程序中我们创建了一个 paginator 对象，它把所有得到的数据内容以 5 个为一页进行分割，然后通过 request.GET.get('p')读取网址中的?p=2 内容，以从网址中得到的数字作为参数，使用 paginator.page(p)取得指定的页数，如果有这一页，就返回一个 polls 的 page 对象。这个对象除了原有的列表数据外，还被附加了一些额外的分页信息，可以被用在 Templates 模板中，用来配合分页的显示，在 index.html 模板的上方必须加上切换页面的内容，语句如下：

```
<div class='row'>
    <button class='btn btn-info'>
        目前是第{{ polls.number }}页</a>
    </button>
    {% if polls.has_previous %}
    <button class='btn btn-info'>
        <a href='?p={{ polls.previous_page_number }}'>上一页</a>
    </button>
    {% endif %}
    {% if polls.has_next %}
    <button class='btn btn-info'>
        <a href='?p={{ polls.next_page_number }}'>下一页</a>
    </button>
    {% endif %}
</div>
```

如此就完成了投票网站首页的分页显示功能了，如图 11-12 所示。

图 11-12　加上分页功能的投票网站

11.3.2　自定义标签并在首页显示目前的投票数

读者可能注意到了，在图 11-12 显示的首页页面中，每一个投票项前面除了此项的标题名称外，还多了总票数以及总项数，这是经过实际计算的结果。基于 MVC 的概念，当然不能在 index.html

这个用于显示的模板中计算，而是在 Python 的程序中计算完成后再把结果放到 index.html 中进行网页显示。

可是，在 views.index 函数中显然没有看到用来计算每一个投票项总投票数和选项数的程序，事实上如果在 views.index 中计算好再提供给 index.html 显示也不方便，等于是要事先针对每一个要显示的项做好计算，再另外打包到列表中，最后到 index.html 中以程序逻辑的方法显示出来，整个复杂度就增加了许多。对于这种情况，最佳解决的方法是使用自定义模板标签。现在先来看看 index.html 是如何运用这些标签的。

```
<div class='row'>
{% load account %}
{% for poll in polls %}
    {% if forloop.first %}
        <div class='list-group'>
    {% endif %}
        <a href='{% url "poll-url" poll.id %}' class='list-group-item'>
            <span class='glyphicon glyphicon-check'></span>
            总票数: {{ poll.id | show_votes }},
            项数: {{ poll.id | show_items }}:
            {{ poll.name }}, added by 【{{poll.user}}】,
            created at {{poll.created_at}}
        </a>
    {% if forloop.last %}
        </div>
    {% endif %}
{% empty %}
    <center><h3>目前并没有活跃中的投票项</h3></center>
{% endfor %}
</div>
```

上述程序片段是在 index.html 中显示 polls 列表的所有投票项内容，以一个循环的方式分别解析出它的名称 name，创建者 user 以及是何时创建的 created_at，最重要的部分是总票数那一行之后的{{ poll.id | show_votes }}以及项数后面那一行{{ poll.id | show_items}}。其中，show_votes 和 show_items 就是我们所说的自定义标签。

我们可以把自定义标签想象成一个在 Template 模板中调用 Python 函数的方法，其中 show_votes 和 show_items 就是函数名称，其中第一个参数就是在"|"符号之前的 poll.id，若还需要第 2 个以及第 3 个参数，则要以"："的方式附加到自定义标签后，就像使用其他默认标签一样。

要在网站中建立自定义标签，就要在网站 App 目录下（本例为 mysite，请注意不是在 templates 下）创建一个 templatetags 文件夹，然后把要创建这些自定义标签的函数放在这个文件夹下，自己命名一个文件（此例为 mvote_extras.py），同时为了要让这个文件夹可以被 Python 视为一个可导入的模块，在同一个文件夹下还要创建一个空的 __init__.py 文件，其文件结构如下：

```
# tree mysite
mysite
├── admin.py
├── forms.py
├── __init__.py
├── migrations
├── models.py
```

```
    ├── static
    │   └── images
    │       └── logo.png
    ├── templates
    │
    ├── templatetags
    │   ├── __init__.py
    │   └── mvote_extras.py
    ├── tests.py
    └── views.py
```

然后把自定义标签的内容放在 mvote_extras.py 中，语句如下：

```
from django import template
from mysite import models

register = template.Library()

@register.filter(name='show_items')
def show_items(value):
    try:
        poll = models.Poll.objects.get(id=int(value))
        items = models.PollItem.objects.filter(poll=poll).count()
    except:
        items = 0
    return items

@register.filter(name='show_votes')
def show_votes(value):
    try:
        poll = models.Poll.objects.get(id=int(value))
        votes = 0
        pollitems = models.PollItem.objects.filter(poll=poll)
        for pollitem in pollitems:
            votes = votes + pollitem.vote
    except:
        votes = 0
    return votes
```

此段程序的重点有两处：第一处是通过导入 template，使用 template.Library()产生一个注册用的对象 register；第二处是使用修饰词@register.filter 的方法把自定义标签注册成模板语言标签的一部分。在此例中我们分别注册了 show_items 和 show_votes，分别用来显示选项数和总投票数，而这两个变量传进来的参数放在 value 自变量中，我们预计传进来的是 Poll 的 id 字段值，通过此 id 即可在程序中找出指定的投票项。有了这一项，如果要计算总项数就非常简单，只要以 models.PollItem.objects.filter(poll=poll).count()一行指令即可完成，因为它等于是使用 poll 的执行实例去找出在 PollItem 中所有 poll 字段是 poll 的项，然后用 count()计算个数，这项个数就是我们要显示的值，使用 return items 的方式返回，items 的内容就会被显示在 index.html 中。

计算总票数比较复杂一些，因为除了必须把所有指定 poll 的选项找出来之外，还必须逐项去加总 vote 字段，最后把 votes 变量返回。

定义了自定义标签后，在使用之前，也就是在 index.html 的前面还要加上{% load mvote_extras %}才能够生效，mvote_extras 如读者想象的，就是我们放在 templatetags 文件夹下的文件名。

11.3.3 使用 AJAX 和 jQuery 改进投票的效果

读者在使用第 10 堂课完成的投票网站时，是否发现每一次投完票后页面都会重新刷新？如果屏幕可以显示所有信息，因为现在的计算机速度够快，重新刷新页面并不会造成困扰，但是如果你把屏幕缩小一点就会发现，在投完票后如果重新刷新页面会使得整个查看的页面又回到页面的最上方。如果投票的对象是在页面下方时，等于是又要使用滚动条往下回到刚才查看的页面位置，非常不方便。

每次投完票就把页面重新刷新显示的原因主要是：在原本的设计中，当用户单击投票按钮时，浏览器会传送一个页面请求到网页服务器上，再交由我们的程序进行处理。而在处理后会重新提交一个网页给浏览器，所以浏览器等于是将获取的新网页页面全部重新显示。

然而，如果不考虑投票结果的实时排序，在单击投票按钮的时候，整个页面会被影响到的内容其实就只有被投票的那项的票数而已，因此我们只要使用 AJAX 让更新这个票数的功能在后台运行，获得更新的票数后再使用 jQuery 程序来变更网页上的票数，就可以实现我们设计的目标了。

AJAX 是 Asynchronous JavaScript and XML 的缩写，简单地说就是一种可以在异步的情况下去服务器提取数据，然后更新部分网页内容的技术。传统的网页在对服务器提交请求后，在接收到网页数据时会以收到的数据重新显示网页的内容，因此所有网页会被重新刷新一遍。但是如果使用 AJAX，对于服务器发送的请求到取得数据的过程均可以在后台运行，不需要重新刷新页面，再加上 jQuery 替换特定 HTML 标记的技巧，就可以在需要的时候更新部分网页内容，避免重新刷新页面所造成的用户阅读网页上的困扰。这种特性在电子商场购物网站将购买的商品加入购物车、计算目前已购商品的价格，以及简易计算或显示局部数据的时候特别有用。对于我们的投票网站来说，在单击投票按钮后只更新票数而不重新刷新整个页面，就是最佳的应用。

在我们的例子中，在前端投票网页的模板 poll.html 中加入 AJAX 和 jQuery 的程序代码，然后在网站的 urls.py 中建立对应的网址，通过这个网址链接到在 views.py 中的响应处理函数，取出 pollitem.id 找出是哪一个选项要被加 1，再返回给 AJAX 的处理函数执行后续更新票数的工作。运行的过程如图 11-13 所示。

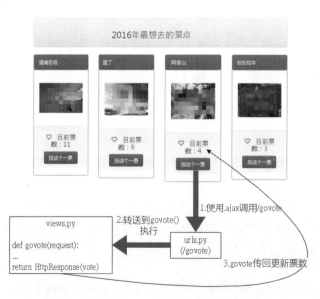

图 11-13 使用 AJAX 技术进行投票的流程

所以，第一步就是在显示投票页面的 poll.html 中加上 AJAX 程序。不过，在执行此功能后别忘了确认在 base.html 中是否已把 jquery 的链接放在 base.html 的最前面，语句如下：

```
<script src="https://code.jquery.com/jquery-3.1.0.min.js"
integrity="sha256-cCueBR6CsyA4/9szpPfrX3s49M9vUU5BgtiJj06wt/s="
crossorigin="anonymous"></script>
```

加上 AJAX 程序代码的 poll.html 如下：

```
<!-- poll.html (mvote project) -->

{% extends "base.html" %}
{% block title %}投票趣{% endblock %}
{% block content %}
<script>
$(document).ready(function() {
{% for pollitem in pollitems %}
    $("#govote-{{pollitem.id}}").click(function(){
        var pollitemid = $("#govote-{{pollitem.id}}").data("itemid");
        $.ajax({
            type: "GET",
            url: "/govote/",
            data: {
                "pollitemid": pollitemid
            },
            success: function(votes) {
                if (votes==0) {
                    alert("无法投票");
                } else {
                    $("#pollitem-id-{{pollitem.id}}").html(votes);
                }
            }
        });
    });
{% endfor %}
});
</script>
<div class='container'>
{% for message in messages %}
    <div class='alert alert-{{message.tags}}'>{{ message }}</div>
{% endfor %}
<div class='row'>
    <div class='col-md-12'>
        <div class='panel panel-default'>
            <div class='panel-heading' align=center>
                <h3>{{ poll.name }}</h3>
            </div>
        </div>
    </div>
</div>
{% for pollitem in pollitems %}
    {% cycle "<div class='row'>" "" "" "" %}
    <div class='col-sm-3'>
        <div class='panel panel-primary'>
            <div class='panel panel-heading'>
```

```
                {{ pollitem.name }}
            </div>
            <div class='panel panel-body'>
                {% if pollitem.image_url %}
                    <img src='{{ pollitem.image_url }}' width='100%'>
                {% else %}
                    <img src='http://i.imgur.com/Ous4iGB.png' width='100%'>
                {% endif %}
            </div>
            <div class='panel panel-footer' align=center>
                <h4>
                <a href='/vote/{{poll.id}}/{{pollitem.id}}' title='投票'>
                    <span class='glyphicon glyphicon-heart-empty'>
                    </span>
                </a>
                 
                目前票数：<span id='pollitem-id-{{pollitem.id}}'>{{ pollitem.vote }}</span></h4>
                <button class='btn btn-primary' id='govote-{{pollitem.id}}' data-itemid='{{pollitem.id}}'>投这个一票</button>
            </div>
        </div>
    </div>
    {% cycle "" "" "" "</div>" %}
{% endfor %}
</div>
{% endblock %}
```

上述程序代码中有几个重点，首先是按钮标签的编码，因为每一个投票项都有自己的 ID，所以为了能够在 jQuery 中顺利识别各个标签，在产生这些标签时需要把 ID 也编码进去，语句如下：

```
<button class='btn btn-primary' id='govote-{{pollitem.id}}' data-itemid='{{pollitem.id}}'>投这个一票</button>
```

每一个按钮 id 除了叫作 govote- 外，在 - 号后也要加上 pollitem.id 的值。另外，再加上 data-itemid，方便在 jQuery 的函数中取出此参数。显示票数的地方也要用 <span></span> 括起来，并取一个含有 id 的名字，同样是为了便于在 jQuery 中显示，语句如下：

```
目前票数：<span id='pollitem-id-{{pollitem.id}}'>{{ pollitem.vote }}</span>
```

而下面这一段产生 jQuery 程序代码和 AJAX 程序代码的片段，则是本小节的重点所在。通过一个 {% for pollitem in pollitems %} 循环把所有的投票选项都加上一个 .click 的事件启动函数，会在该对应的按钮被按下之后开始执行相对应的 AJAX 程序内容。而在产生 AJAX 程序时，也适当地把 pollitem.id 的内容编写进去，以确保每一个按钮处理程序都对应到正确的投票选项。

```
<script>
$(document).ready(function() {
{% for pollitem in pollitems %}
    $("#govote-{{pollitem.id}}").click(function(){
        var pollitemid = $("#govote-{{pollitem.id}}").data("itemid");
        $.ajax({
            type: "GET",
            url: "/govote/",
            data: {
```

```
            "pollitemid": pollitemid
        },
        success: function(votes) {
            if (votes==0) {
                alert("无法投票");
            } else {
                $("#pollitem-id-{{pollitem.id}}").html(votes);
            }
        }
    });
});
{% endfor %}
});
</script>
```

上一段程序代码在实际网页显示后，有多少选项就会产生多少个对应的 jQuery 事件处理函数。在此例中，假设有 4 个选项，那么产生后的实际 jQuery 程序代码如下（你也可以在自己的网站中通过查看源代码功能来查看这些代码）：

```
<script>
$(document).ready(function() {

    $("#govote-5").click(function(){
        var pollitemid = $("#govote-5").data("itemid");
        $.ajax({
            type: "GET",
            url: "/govote/",
            data: {
                "pollitemid": pollitemid
            },
            success: function(votes) {
                if (votes==0) {
                    alert("无法投票");
                } else {
                    $("#pollitem-id-5").html(votes);
                }
            }
        });
    });

    $("#govote-6").click(function(){
        var pollitemid = $("#govote-6").data("itemid");
        $.ajax({
            type: "GET",
            url: "/govote/",
            data: {
                "pollitemid": pollitemid
            },
            success: function(votes) {
                if (votes==0) {
                    alert("无法投票");
                } else {
                    $("#pollitem-id-6").html(votes);
                }
```

```javascript
            });
        });

        $("#govote-7").click(function(){
            var pollitemid = $("#govote-7").data("itemid");
            $.ajax({
                type: "GET",
                url: "/govote/",
                data: {
                    "pollitemid": pollitemid
                },
                success: function(votes) {
                    if (votes==0) {
                        alert("无法投票");
                    } else {
                        $("#pollitem-id-7").html(votes);
                    }
                }
            });
        });

        $("#govote-8").click(function(){
            var pollitemid = $("#govote-8").data("itemid");
            $.ajax({
                type: "GET",
                url: "/govote/",
                data: {
                    "pollitemid": pollitemid
                },
                success: function(votes) {
                    if (votes==0) {
                        alert("无法投票");
                    } else {
                        $("#pollitem-id-8").html(votes);
                    }
                }
            });
        });

    });
</script>
```

AJAX 程序代码调用的实际细节并不在本书讨论的范围内，请读者自行参考相关书籍或资料，其中的重点就是它的符号很烦琐，在输入时一定要注意哪些地方要加分号而哪些地方不用，并且记住所有括号一定要成对出现。

在$.ajax 中，至少需要设置 type、url、data 以及 success。其中 type 可以设置为"POST"或者"GET"，是传送给服务器的协议。另外，url 当然就是要调用的网址，而 data 是设置传送给服务器的数据，就像是以窗体的方式传送一样，而在 data 的冒号后面大多是以 JSON 的格式来设置要传送参数的名字和值，在此范例中名字是"pollitemid"，而值是"var pollitemid = $("#govote-8").data("itemid");"得到的结果。success 中则是设置一个函数，用来解决如果获取数据成功时，要如何处理得到的数据，我们很直接地把数据设置为一个数值，也就是票数，因此找到指定的<span>把内容设置上去即可。因为要调用/govote/，所以当然也要在 urls.py 中加上以下这一行语句：

```
path('govote/', views.govote),
```

并在 views.py 中加上 govote 处理函数，语句如下：

```
@login_required
def govote(request):
    if request.method == "GET" and request.is_ajax():
        pollitemid = request.GET.get('pollitemid')
        try:
            pollitem = models.PollItem.objects.get(id=pollitemid)
            pollitem.vote = pollitem.vote + 1
            pollitem.save()
            votes = pollitem.vote
        except:
            votes = 0
        else:
            votes = 0
        return HttpResponse(votes)
```

在此函数中先检查是否为 AJAX 的调用，如果是，就使用 GET.get 取出参数，使用此参数找出相对应的 pollitem，针对其票数加一之后再存回去，并把最新的票数返回给 AJAX 函数，以便提供给网页来显示，如此就完成了投票效果的改进工作。读者可以参考 http://mvote.min-huang.com 查看效果，在此网页中我们保留了之前旧式的爱心符号投票功能，让读者比较其间的差异。

11.3.4 避免重复投票的方法

至此我们的网站基本上算是完成了，就剩下一个避免重复投票的设计。重复投票有几种不同的处理方式，主要可以分为有账号和没有账号的处理方式。如果一个投票网站不用登录就可以投票，那么要考虑的就是以机器或 IP 位置来处理投票，也就是在投票的时候需要识别当前投票的机器或 IP 是什么，然后加上时间因素来决定此次投票是否有效，这一点主要是以 Session 和 Cookies 作为技术的基础。

但是，本网站的设计是要登录会员后才能够投票，是以会员为基础的，所以避免重复投票的操作就比较简单了，因为只要用户登录，就一定会知道当前投票的会员是谁，我们只要对比数据库就可以设置限制了。

假设我们希望每一个会员针对每一个投票项一天只能投一票，最简单的方式就是建立一个投票记录数据表，上面有用户 ID（此 ID 是唯一的，所以没问题）、投票日以及投票项 ID（此 ID 也是唯一的）就好了。有了这张数据表就可以在每次用户要投票之前先检查一下，如果其中有记录就不能再投票了，如果没有，那么在投完票后写入这笔记录就可以了。在本范例中，加入的数据表如下（models.py）：

```
class VoteCheck(models.Model):
    userid = models.PositiveIntegerField()
    pollid = models.PositiveIntegerField()
    vote_date = models.DateField()
```

如果打算让此数据表可以在后台管理页面中管理，别忘了在 admin.py 中加入此行：

```
admin.site.register(models.VoteCheck)
```

因为是在投票时的检查操作,所以要修改的地方自然就是 views.py 中的 govote 函数(不会重新刷新页面)以及 vote 函数(会重新刷新页面),首先看看 vote 函数中的内容:

```
@login_required
def vote(request, pollid, pollitemid):
    target_url = '/poll/{}'.format( pollid)
    if models.VoteCheck.objects.filter(userid=request.user.id, pollid=pollid, vote_date = datetime.date.today()):
        return redirect(target_url)
    else:
        vote_rec = models.VoteCheck(userid=request.user.id, pollid=pollid,
                        vote_date = datetime.date.today())
        vote_rec.save()
    try:
        pollitem = models.PollItem.objects.get(id = pollitemid)
    except:
        pollitem = None
    if pollitem is not None:
        pollitem.vote = pollitem.vote + 1
        pollitem.save()
    return redirect(target_url)
```

在上面这个程序片段中,我们先以 filter 的方式找出同一个用户在同一天针对同一个投票项是否存在一个记录,如果存在,就直接以 redirect 的方式转址回去,不进行加票的功能;如果不存在此记录,就以.save()新增此记录,以预防下一次的投票行为。

同样的方法在 govote()也可以使用,但是之前我们在使用 AJAX 的时候并未传送 poll.id 值,所以在$.ajax 程序代码中的 data 项要先加上以下数据项:

```
data: {
    "pollitemid": pollitemid,
    "pollid": {{poll.id}},
},
```

接着就可以在 views.py 的 govote 函数中加上重复投票的检查功能,语句如下:

```
@login_required
def govote(request):
    if request.method == "GET" and request.is_ajax():
        pollitemid = request.GET.get('pollitemid')
        pollid = request.GET.get('pollid')
        bypass = False
        if models.VoteCheck.objects.filter(userid=request.user.id, pollid=pollid, vote_date = datetime.date.today()):
            bypass = True
        else:
            vote_rec = models.VoteCheck(userid=request.user.id, pollid=pollid,
                            vote_date = datetime.date.today())
            vote_rec.save()

        try:
            pollitem = models.PollItem.objects.get(id=pollitemid)
            if not bypass:
```

```
                pollitem.vote = pollitem.vote + 1
                pollitem.save()
            votes = pollitem.vote
        except:
            votes = 0
    else:
        votes = 0
    return HttpResponse(votes)
```

和前一段程序代码不一样的地方在于：使用 AJAX 的方式无论如何要返回目前的票数，因此我们就以一个 bypass 布尔变量来决定是否要跳过执行加 1 的操作，也就是一开始把 bypass 设置为 False，然后去检查数据库，如果找到了，就把 bypass 更新为 True，表示要跳过将票数加一的操作，而不是像之前使用转址的方式，请读者自行比较两者之间的差异。

11.3.6　新建 Twitter 账号链接

最后我们打算以新建 Twitter 账号的登录作为本范例网站的收尾工作。因为之前我们的网站已经能够通过 Facebook 进行验证工作，所以要新建 Twitter 的验证工作基本上就简单多了。首先，请到 settings.py 中确定 Twitter 的 App 是否已被加入，语句如下：

```
INSTALLED_APPS = (
    'django.contrib.admin',
    'django.contrib.auth',
    'django.contrib.contenttypes',
    'django.contrib.sessions',
    'django.contrib.messages',
    'django.contrib.staticfiles',
    'mysite',
    'django.contrib.sites',
    'allauth',
    'allauth.account',
    'allauth.socialaccount',
    'allauth.socialaccount.providers.facebook',
    'allauth.socialaccount.providers.twitter',
)
```

接着需要到 Twitter 的应用 App 开发网页中新建一个 App，假设你已有 Twitter 的账号而且已经登录，在连接到 https://apps.twitter.com/app/new 后，就会看到图 11-14 所示的页面。

单击"Create New App"后，会出现图 11-15 所示的页面。

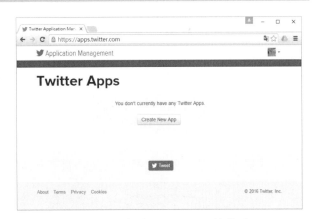

图 11-14　创建 Twitter Apps 的首页

图 11-15　创建 Twitter App 需要填写的内容

如图 11-15 所示，按序填入我们的网站数据，其中 Callback URL 在自己网址后面的格式非常重要，例如 http://[我们的网站网址]/accounts/twitter/login/callback/。最后单击"创建"按钮，网页如图 11-16 所示。

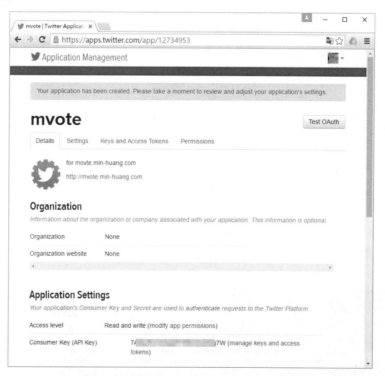

图 11-16　新的 Twitter App 创建完成的页面

单击"Keys and Access Tokens"标签，其中放着我们需要的一些存取 Key 值，如图 11-17 所示。

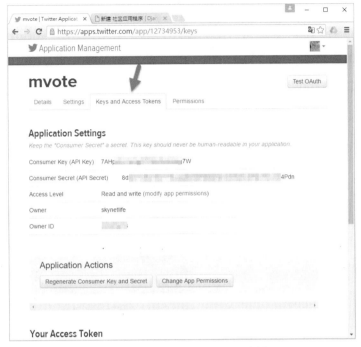

图 11-17　Twitter App 的 Key 资料

如图 11-17 所示，我们需要的是 API Key 和 API Secret 这两个数据。此时即可回到我们的网站后台，将这两个数据填入，如图 11-18 所示。

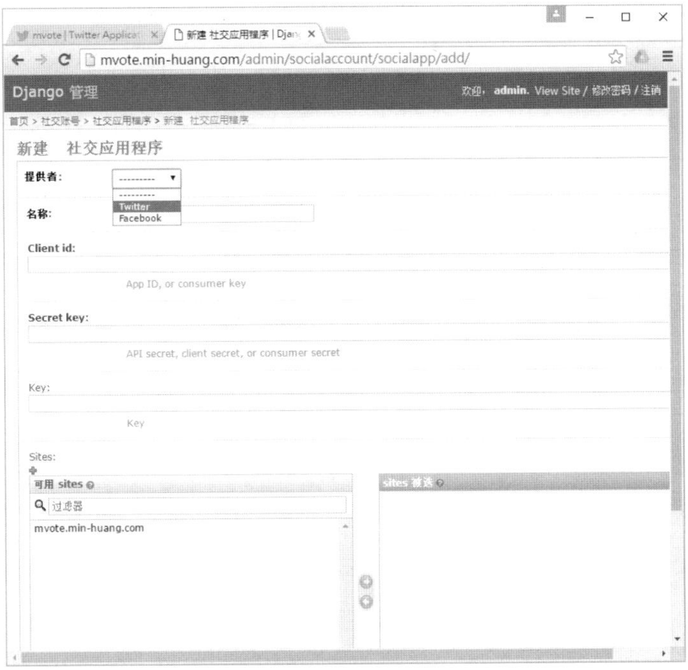

图 11-18　在网站中新建社交应用程序

提供者请选择 Twitter，Client ID 就是刚才的 API Key，而 Secret key 是刚才的 API Secret，填写正确后，把下方可用的网站加入到右侧，再存盘即可。下次使用网站的登录页面时，就会出现图 11-19 所示的页面。

图 11-19　范例网站添加 Twitter 登录选项

单击该链接后，即可自动引导到 Twitter 的授权页面，如图 11-20 所示。

图 11-20　Twitter 的授权页面

在完成授权后，进入网页就可以看到图 11-21 所示的页面。

图 11-21　使用 Twitter 登录网站后的页面

如图 11-21 所示，很棒的是程序代码的部分不用更改，就像 Facebook 一样，可以直接存取到用户在 Twitter 账号的头像和姓名，非常方便。而在登录后，回到后台也可以看到多出来的社交账号内容，如图 11-22 所示。

图 11-22　在网站后台查看社交账号内容

如果读者有兴趣新增其他账号，可以参考 django-allauth 在官方网站上的说明，网址为 http://django-allauth.readthedocs.io/en/latest/providers.html。

11.4 习　　题

1. 在本网站中删除投票项时我们只执行了验证是否为会员的操作，在删除前并未确认要删除的对象是否属于该会员所有。请问什么时候会发生误删的情况？应该如何防止？

2. 我们在数据表中预留了 enabled 的字段，但是都没有使用。请读者使用此字段完成投票项用的管理员审核机制。

3. 请修改第 11.3.1 小节的内容，为网站加上第一页以及最后一页的链接按钮。

4. 在第 11.3.4 小节中请使用 message 的功能，在无法重复投票时显示出适当的信息。

5. 在第 11.3.4 小节用来记录用户投票的数据表会随着网站运行，时间越久数据就越多，请解决此问题。

第12堂

电子商店网站实践

相信大多数读者都有在网上购物的经验,也可能想要自己架设一个电子商店网站。在本堂课中,我们将以上一堂课的网站为基础,打造一个简单版本的迷你小商店,在此小商店中除了有会员验证功能外,也可以分类展示商品,让会员把订购的商品加入购物车,然后下订单,并查看订单的页面完成 PayPal 线上支付的功能。由于在笔者编写本书之时,用来做购物车的 django-cart 模块仍然只支持旧版的 Django,因此本堂课的内容保留以 Django 1.8.x 版来说明范例,读者们在练习时请特别注意。

12.1 打造迷你电商网站

为了示范如何建立网站的电子支付功能,在本节中首先打造一个简单的电子商务网站,然后逐步串接电商网站所需要的功能。同样都是会员制的网站,与之前投票网站不一样的地方在于:所有产品以及客户数据只能够由管理员来管理,而其他会员只能够维护自己本身的数据。此外,电商网站的产品一定要有图像,在本节中我们也会教读者们如何在管理页面中很快地加入媒体文件的管理功能。

12.1.1 复制网站,不要从零开始

就像之前我们介绍过的方法,本节中的网站文件一样是从前一堂课的 mvote 复制过来的,因为此迷你电子商店网站也是放在笔者的 DigitalOcean(http://tar.so/do)账号中,所以第一步就是在 /var/www/ 文件夹下以 cp -R mvote mshop 把所有文件内容都复制一份,接着使用 chown –R www-data:www-data mshop 把此文件夹的拥有者设置为 Apache2,然后还有以下几个步骤要做。

步骤01 到网址注册商处建立子域 mshop.min-huang.com(此为笔者的网址,读者请用自己注

册的），并把 IP 地址指向 DigitalOceacn 的账号 IP，如果读者使用的是学校的 IP，那么指向主机的 IP 即可。

步骤02 更改 /etc/apache2/sites-available/000-default.conf。

步骤03 到管理后台删除不需要的数据表和数据。

步骤04 添加相对应的社交网站 App（在此例中包括 Facebook 和 Twitter）。

步骤05 修改社交网站的 Key 值以及返回网址。

步骤06 修改 model.py 内容，删除之前的数据表，并建立新的数据表。

步骤07 修改 admin.py 的内容以反映数据表的变更。

步骤08 删除 forms.py 的内容。

步骤09 删除 urls.py 中除了 index、admin 以及 accounts 以外的所有样式。

步骤10 删除 veiws.py 中除了 index 以外的所有处理函数，在 index 中也只保留 index.html 网页显示部分程序代码。

步骤11 找出 header.html 和 index.html，把 title 的部分改为"迷你小电商"。

步骤12 执行 python manage.py makemigrations。

步骤13 执行 python manage.py migrate。

步骤14 测试网站的执行。

以上步骤看似烦琐，但是对笔者来说，可以不需要重新安装以及设置 django-allauth 等相关的模块，其实还是很划算的。不过，前提是这两个网站必须在同一台主机中，而且使用的是相同的虚拟机环境，如果都不是，建立还是按照之前说明的步骤重新建立一个网站，但是在建立的时候请特别注意要使用 Django 1.8.x 的版本，这部分留给读者们自行练习。

在此例中，我们把 models.py 和 admin.py 中的内容都删除掉，执行数据库同步时的信息如下：

```
# python manage.py makemigrations
Migrations for 'mysite':
  0005_auto_20160819_0940.py:
    - Remove field user from poll
    - Remove field poll from pollitem
    - Delete model VoteCheck
    - Delete model Poll
    - Delete model PollItem
(VENV) root@myDjangoSite:/var/www/mshop# python manage.py migrate
Operations to perform:
  Synchronize unmigrated apps: staticfiles, allauth, twitter, messages, facebook
  Apply all migrations: account, mysite, sessions, admin, sites, auth, contenttypes, socialaccount
Synchronizing apps without migrations:
  Creating tables...
    Running deferred SQL...
  Installing custom SQL...
Running migrations:
  Rendering model states... DONE
  Applying mysite.0005_auto_20160819_0940... OK
```

如你所看到的，所有数据表从数据库中全部被删除，接下来我们只要建立新的数据表即可。如果一切顺利，再执行网站，就可以看到图 12-1 所示的空白首页，但是已经具备会员管理以及

Facebook 和 Twitter 登录的功能。

图 12-1　从第 11 堂课转移过来的初始网站

12.1.2　建立网站所需要的数据表

接下来如同其他网站一般，第一步是在 models.py 中加入网站所需要的数据表，以及在 admin.py 中注册这些数据表，让我们可以在后台直接管理这些数据表。由于电商网站的特性是只有少数特定的管理人员有权限新增和修改产品数据，在此假设只有一个管理员，因此可以不需要针对这些表格设计输入/输出的窗体，直接让它们在管理网页中编辑即可。第一版的 models.py 的内容如下：

```
#-*- coding: utf-8 -*-
from django.db import models
from django.utils.encoding import python_2_unicode_compatible
from django.contrib.auth.models import User

@python_2_unicode_compatible
class Category(models.Model):
    name = models.CharField(max_length=200);

    def __str__(self):
        return self.name

@python_2_unicode_compatible
class Product(models.Model):
    category = models.ForeignKey(Category, on_delete=models.CASCADE)
    sku = models.CharField(max_length=20)
    name = models.CharField(max_length=200)
    description = models.TextField()
    image = models.URLField(null=True)
    website = models.URLField(null=True)
    stock = models.PositiveIntegerField(default=0)
    price = models.DecimalField(max_digits=10, decimal_places=2, default=0)

    def __str__(self):
        return self.name
```

就如同大部分产品数据一样，首先要有一个"分类"数据表，为简单起见我们只使用了"名称"一个字段。而重点在于"产品"数据表，所有产品数据都至少包含表 12-1 中所列的字段。

表 12-1 "产品"数据表中包含的字段

字段名	说明	数据格式
category	产品所属分类	以 ForeignKey 的方式指向分类数据表
sku	产品编号	CharField(max_length=20)
name	产品名称	CharField(max_length=200)
description	数据描述	TextField()
image	图像网址	URLField(null=True)
website	产品网站	URLField(null=True)
stock	库存数量	models.PositiveIntegerField(default=0)
price	价格	models.DecimalField(max_digits=10, decimal_places=2, default=0)

其中 image 使用 URLField 格式，表示我们要使用的是外部链接的方式显示图像文件。不过，在此例中我们只允许使用一个图像文件，如果每一个产品需要多个图像文件，就要使用第 7 堂课中介绍的方法，把图像文件另外设计成一个数据表，然后让产品类和图像类链接起来就可以了。

接着在 admin.py 中加入这两张数据表，以便 admin 后台的管理。第一版的 admin.py 内容如下：

```python
from django.contrib import admin
from mysite import models

class ProductAdmin(admin.ModelAdmin):
    list_display = ('category', 'sku', 'name', 'stock', 'price')
    ordering = ('category',)

admin.site.register(models.Product, ProductAdmin)
admin.site.register(models.Category)
```

接着使用 python manage.py makemigrations 和 python manage.py migrate 同步数据库文件，即可在管理网页中输入数据。请先输入一个以上的分类，然后输入几笔数据进行测试。有了数据表和数据项，在 views.py 中的 index 就可以编写如下程序进行测试：

```python
def index(request):
    all_products = models.Product.objects.all()
    
    paginator = Paginator(all_products, 5)
    p = request.GET.get('p')
    try:
        products = paginator.page(p)
    except PageNotAnInteger:
        products = paginator.page(1)
    except EmptyPage:
        products = paginator.page(paginator.num_pages)
    
    template = get_template('index.html')
    request_context = RequestContext(request)
    request_context.push(locals())
    html = template.render(request_context)
    return HttpResponse(html)
```

在程序中很直接地以 models.Product.objects.all()取出所有数据项放在 all_products 变量中，接着用第 11 堂课教过的分页技巧，把其中一页数据放在 products，再传送到 index.html 中作为网页显示的内容，也就是在 index.html 中要负责把 products 中所有数据显示出来。第一版的 index.html 的程序代码如下：

```html
<!-- index.html (mshop project) -->
{% extends "base.html" %}
{% block title %}迷你小电商{% endblock %}
{% block content %}
{% load mvote_extras %}
<div class='container'>
    {{today}}
{% for message in messages %}
    <div class='alert alert-{{message.tags}}'>{{ message }}</div>
{% endfor %}
    <div class='row'>
        <div class='col-md-12'>
            <div class='panel panel-default'>
                <div class='panel-heading' align=center>
                    <h3>欢迎光临迷你小电商</h3>
                    {% if user.is_authenticated %}
                        {% if user.socialaccount_set.all.0.extra_data.name %}
                            {{user.socialaccount_set.all.0.extra_data.name}}<br/>
                            <img src='{{user.socialaccount_set.all.0.get_avatar_url}}' width='100'>
                        {% else %}
                            Welcome: {{ user.username }}
                        {% endif %}
                    {% else %}
                        <p>欢迎使用 Facebook 注册/登录你的账号才能购买本站优惠商品（教学测试用）。</p>
                    {% endif %}
                </div>
            </div>
        </div>
    </div>
    <div class='row'>
        <button class='btn btn-info'>
            目前是第{{ products.number }}页</a>
        </button>
    {% if products.has_previous %}
        <button class='btn btn-info'>
            <a href='?p={{ products.previous_page_number }}'>上一页</a>
        </button>
    {% endif %}
    {% if products.has_next %}
        <button class='btn btn-info'>
            <a href='?p={{ products.next_page_number }}'>下一页</a>
        </button>
    {% endif %}
    </div>
    {% load account %}
    {% for product in products %}
```

```
            {% cycle '<div class="row">' '' '' '' %}
        <div class='col-xs-3 col-sm-3 col-md-3'>
            <div class='thumbnail'>
                <img src='{{product.image}}'>
                <div class='caption'>
                    <h4>{{ product.name }}</h4>
                    <p>NT$ {{product.price }}</p>
                    <p>库存：{{product.stock}}</p>
                    <p>{{ product.description }}</p>
                    <button class='btn btn-primary'>放入购物车</button>
                </div>
            </div>
        </div>
            {% cycle '' '' '' '</div>'%}
        {% empty %}
        <div class='row'>
            <div class='col-sm-12' align='center'>
                <h3>此分类目前没有任何商品</h3>
            </div>
        </div>
        {% endfor %}
</div>
{% endblock %}
```

网页的前半部分和第 11 堂课的范例网站几乎一样，后半部用来显示产品信息的部分使用了 Bootstrap 的 thumbnail 组件，在此组件中可以指定一个 <img src> 以及在此 thumbnail 中要使用的标题 caption，通过 caption 的内容分别把产品名称、价格、库存数量和简介都显示出来，最后以一个空的按钮作为收尾。第一版的网站完成结果如图 12-2 所示。

图 12-2　第一版的迷你小电商网站

12.1.3 上传照片的方法 django-filer

由于电子商务网站一定要使用图像,一直把图像放在别的网站上(本书前几堂课的范例是放在 http://imgur.com 中)也不是办法。为了解决这个问题,在本节中给读者介绍一个好用的媒体文件管理套件 django-filer,安装完毕后就可以把图像文件放在自己的网站中了。安装的方法很简单,只要使用 pip 即可,语句如下:

```
pip install django-filer
```

此套件需要 django-mptt、easy-thumbnails、django-polymorphic 以及 Pillow,一般来说都会自动帮助安装好。要使用此套件,还要在 INSTALLED_APPS 中加入以下内容:

```
INSTALLED_APPS = [
    ...
    'easy_thumbnails',
    'filer',
    'mptt',
    ...
]
```

如果需要支持视网膜高分辨率设备,也可以把下面这一行加在 settings.py 中:

```
THUMBNAIL_HIGH_RESOLUTION = True
```

在处理缩略图的部分,则要在 settings.py 中加入以下设置:

```
THUMBNAIL_PROCESSORS = (
    'easy_thumbnails.processors.colorspace',
    'easy_thumbnails.processors.autocrop',
    'filer.thumbnail_processors.scale_and_crop_with_subject_location',
    'easy_thumbnails.processors.filters',
)
```

除此之外,因为上传的文件要指定一个用来存放文件的文件夹,所以在 settings.py 中还要加入文件夹以及显示静态文件时所需要的相关设置,语句如下:

```
FILER_STORAGES = {
    'public': {
        'main': {
            'ENGINE': 'filer.storage.PublicFileSystemStorage',
            'OPTIONS': {
                'location': '/var/www/mshop/media/filer',
                'base_url': '/media/filer/',
            },
            'UPLOAD_TO': 'filer.utils.generate_filename.randomized',
            'UPLOAD_TO_PREFIX': 'filer_public',
        },
        'thumbnails': {
            'ENGINE': 'filer.storage.PublicFileSystemStorage',
            'OPTIONS': {
                'location': '/var/www/mshop/media/filer_thumbnails',
                'base_url': '/media/filer_thumbnails/',
            },
```

```
            },
        },
        'private': {
            'main': {
                'ENGINE': 'filer.storage.PrivateFileSystemStorage',
                'OPTIONS': {
                    'location': '/var/www/mshop/smedia/filer',
                    'base_url': '/smedia/filer/',
                },
                'UPLOAD_TO': 'filer.utils.generate_filename.randomized',
                'UPLOAD_TO_PREFIX': 'filer_public',
            },
            'thumbnails': {
                'ENGINE': 'filer.storage.PrivateFileSystemStorage',
                'OPTIONS': {
                    'location': '/var/www/mshop/smedia/filer_thumbnails',
                    'base_url': '/smedia/filer_thumbnails/',
                },
            },
        },
    },
}
```

在上述设置中，location 是文件真正存放的文件夹地址，而 base_url 是显示时要指定的静态文件网址，以上是笔者在自己的主机中的设置，读者要改为自己的主机地址才能够顺利运行。配合上述静态文件网址设置，在 settings.py 中还要加上以下内容指定 MEDIA_URL 的位置（因为在我们的范例中不会用到 private 的文件，所以只针对 public 的部分进行设置）：

```
MEDIA_URL = '/media/'
MEDIA_ROOT = '/var/www/mshop/media'
```

然后在 urls.py 中加上以下程序代码，才能把上传的图像文件当作静态文件处理：

```
from django.conf import settings
from django.conf.urls.static import static
urlpatterns += static(settings.MEDIA_URL, document_root=settings.MEDIA_ROOT)
```

为了让 filer 项目可以正常运行，在 urls.py 的 urlpattersn 中也要加入以下样式：

```
url(r'^filer/', include('filer.urls')),
```

设置完毕后，要再一次同步数据库 python manage.py migrate，让模块加上需要的数据表。另外，此套件有自己的 CSS 和 JavaScript 静态文件，所以最后还要执行 python manage.py collectstatic 指令，把静态文件再重新刷新一次才行。因为我们的范例网站在 DigitalOcean 主机上执行，所以要以 service apache2 restart 重启网页服务器才会生效。如果读者使用的是 python manage.py runserver 执行服务器，就不需要重启网页服务器了。

如果顺利设置完成，在 admin 管理页面中就会看到多出了两个数据表，如图 12-3 所示。

第 12 堂　电子商店网站实践 | 343

图 12-3　Filer 专用的 2 个数据表

单击 Folders 数据表，就会出现一个完整的文件上传管理界面，如图 12-4 所示。

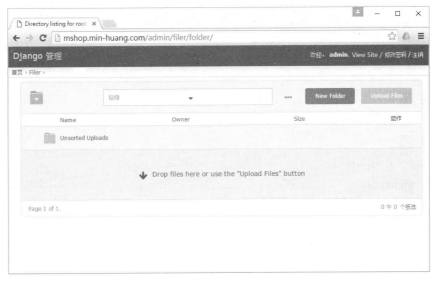

图 12-4　Filer 的文件上传管理界面

在此界面中，可以新建文件夹、上传文件以及删除文件夹和文件等，一开始要先创建至少一个以上的文件夹才可以上传文件。假设我们创建了一个 ebook 文件夹，然后上传文件，会显示如图 12-5 所示的页面。

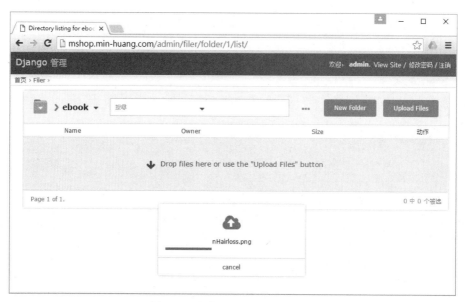

图 12-5　文件上传中的 Filer 页面

所有文件上传完毕后，即可看到所有文件的缩略图，如图 12-6 所示。

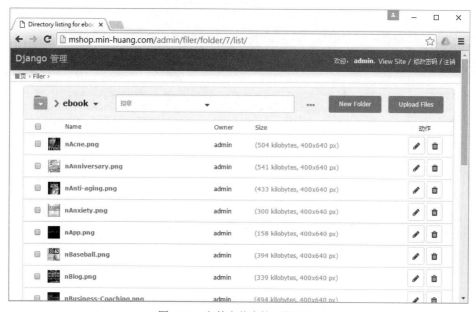

图 12-6　文件上传完毕后的页面

在图像文件的右侧有垃圾桶标志，可以用于删除文件，而单击文件名可以进入编辑，如图 12-7 所示。

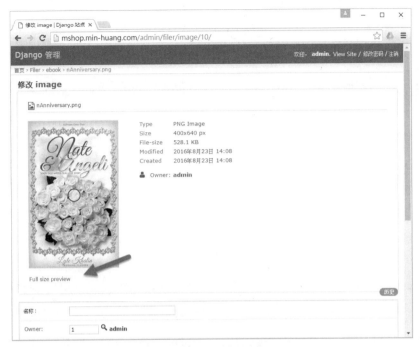

图 12-7　Filer 用于图像文件的编辑

如图 12-7 的箭头所示，单击 "Full size preview" 按钮即可看到全尺寸的图像内容，网址栏上是此文件的链接网址，如图 12-8 所示。

图 12-8　Full size preview 的页面

该网址可以直接拿来放在产品对应的 image 数据字段中。

12.1.4　把 django-filer 的图像文件加到数据表中

如果如 12.1.3 小节所述把图像文件上传之后再把网址贴到产品的图像数据项中，那么过程过于麻烦。其实有更简单的方法，直接把上传图像文件的功能整合到建立产品项目中，那就是使用 Filer 模块所提供的 FilerImageField 字段。回到 models.py 文件中，在文件的最前面加上这一行导入语句：

```
from filer.fields.image import FilerImageField
```

然后把原本在上一节定义 Product 数据表时的 image 字段修改如下：

```
image = FilerImageField(related_name='product_image')
```

再重新 makemigrations 以及 migrate 一次。但是，由于数据结构改了，因此在 makemigrations 时会出现以下询问：

```
# python manage.py makemigrations
You are trying to change the nullable field 'image' on product to non-nullable
without a default; we can't do that (the database needs something to populate existing
rows).
Please select a fix:
 1) Provide a one-off default now (will be set on all existing rows)
 2) Ignore for now, and let me handle existing rows with NULL myself (e.g. because
you added a RunPython or RunSQL operation to handle NULL values in a previous data
migration)
 3) Quit, and let me add a default in models.py
Select an option: 2
Migrations for 'mysite':
 0007_auto_20160823_1450.py:
   - Alter field image on product
```

我们只要选 2，然后回到管理页面把类删除，旧有的数据项就会跟着一起被删除。重新启动 Apache2 服务器，刷新网站并进入添加 Products 的数据项中，就可以看到 image 字段多了上传文件的功能，如图 12-9 所示。

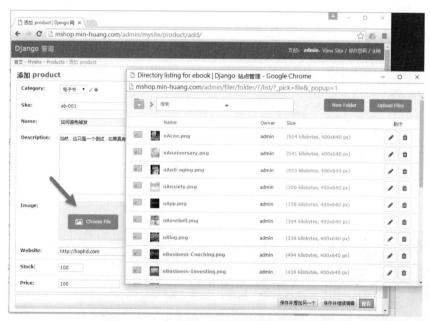

图 12-9　加入 FilerImageField 字段的操作页面

在图 12-9 中单击 "Choose File"，就会弹出另一个文件上传的窗口，从中可以选择现有的文件，也可以上传新的文件，非常方便好用，选好图像文件后的页面如图 12-10 所示。

图 12-10　选择图像文件后的添加产品页面

使用 FilerImageField 后，不同于原来的 image 字段只是一个单纯的网址，现在的 image 是一个 FilerImageField 字段，因此原本在 index.html 中的这一行：

```
<img src='{{product.image}}'>
```

要改为下面这样：

```
<img src='{{product.image.url}}'>
```

主要是因为 image 还有其他参数，说明如表 12-2 所示。

表 12-2　FilerImageField 常用字段说明

FilerImageField 常用字段（假设对象名称为 image）	说明
image.url	图像文件的网址
image.width	图像宽度
image.height	图像高度
image.icons['64']	64×64 的图像文件，在 templates 中要这样用：image.icons.64
image.sha1	图像文件的 SHA1 码，可以用来检查重复性
image.size	图像文件的大小

所以，只要这些简单的变更，就可以在 index.html 中顺利显示出上传的图像文件，甚至显示出和此图像文件相关的信息。

12.2 增加网站功能

以 12.1 节的迷你小电商网站为基础,在本节中继续增加一些网络电子商店常见的功能,包括分类显示产品、增加 PayPal 立即购买按钮、完成客户信息、已购产品的相关链接以及库存管理、批次上传产品数据、购物车功能等。在本节完成后,你将会拥有一个可以运行的简单的电子商务网站。

12.2.1 分类查看产品

在进入本小节练习前,请先在数据库中输入数笔数据,而且至少有两个以上的类(就练习来说,项数越多越好)。在本小节的范例网站中,我们有 2 类产品,分别是电子书和二手手机,每一个类已建立了至少 4 款产品,为了首页版面的整齐,目前在显示产品图像时我们把它换成以 icons.64 的方式显示,同时一开始并不显示产品的描述,而且每 4 个产品 1 页,如图 12-11 所示。

图 12-11 简化后的首页页面

本节中要实现以下拉式菜单的方式显示不同分类的产品项,实现这一目标主要有两个地方要加以修改:首先是在菜单的部分,要修改 header.html 的内容,通过 Bootstrap 来实现下拉式菜单的界面;接着是在 index.html 中加上参数的设置,如果没有任何参数,就显示所有分类的产品。如果加上任意数字,那么该数字就是产品的分类项 ID,所以在 urls.py 中也要进行相应的修改。

在 urls.py 中的修改部分,关于主网页的网址样式修改如下:

```
url(r'^(\d*)$', views.index),
```

如此首页就可以接受任意数字的内容，例如 http://mshop.min-huang.com 表示要显示所有类的产品，而 http://mshop.min-huang.com/1 表示要显示产品分类 id 为 1 的产品，以此类推。views.py 中的 index 修改如下：

```python
def index(request, cat_id=0):
    all_products = None
    if cat_id > 0:
        try:
            category = models.Category.objects.get(id=cat_id)
        except:
            category = None

        if category is not None:
            all_products = models.Product.objects.filter(category=category)

    if all_products is None:
        all_products = models.Product.objects.all()

    paginator = Paginator(all_products, 4)
    p = request.GET.get('p')
    try:
        products = paginator.page(p)
    except PageNotAnInteger:
        products = paginator.page(1)
    except EmptyPage:
        products = paginator.page(paginator.num_pages)

    template = get_template('index.html')
    request_context = RequestContext(request)
    request_context.push(locals())
    html = template.render(request_context)
    return HttpResponse(html)
```

上述修改主要是为 index 处理函数新增一个 cat_id 参数，用来接收用户要浏览的产品类。如果这个值大于 0，就试着去找有没有此 id 的类存在于数据库中。如果有，就依此类找出属于此类的所有产品；如果没有此类，就默认显示所有产品，其他部分和之前的范例网站内容是一样的。为了让客户了解目前显示的产品类，也可以在 index.html 标题的部分加上以下内容：

```html
<h3>欢迎光临迷你小电商<br>【{{category.name | default:"全部产品"}}】</h3>
```

完成了这些修改，就可以顺利地在主网址后面加上任意数字，来测试只显示某一类的产品列表。那么，如何把这些类加到菜单中成为下拉式菜单呢？在 index 函数中要加上这一行把所有类找出来：

```python
all_categories = models.Category.objects.all()
```

接着在 header.html 进行如下编辑：

```html
<!-- header.html (mshop project) -->
    <nav class='navbar navbar-default'>
        <div class='container-fluid'>
            <div class='navbar-header'>
                <div class='navbar-brand' align=center>
```

```
                迷你小电商
            </div>
        </div>
        {% load account %}
        <ul class='nav navbar-nav'>
            <li class='active'><a href='/'>Home</a></li>
            <li class='dropdown'>
                <a class="dropdown-toggle" data-toggle="dropdown" href='#'>
                产品<span class='caret'></span></a>
                <ul class="dropdown-menu">
                    {% for cate in all_categories %}
                        <li><a href='/{{cate.id}}'>{{cate.name}}</a></li>
                    {% endfor %}
                </ul>
            </li>
            {% if user.is_authenticated %}
            <li><a href="/cart/">查看购物车</a></li>
            <li><a href="{% url 'account_reset_password' %}">重设密码</a></li>
            <li><a href="{% url 'account_email' %}">修改电子邮件</a></li>
            <li><a href="{% url 'account_logout' %}">注销</a></li>
            {% else %}
            <li><a href="{% url 'account_login' %}">登录</a></li>
            <li><a href="{% url 'account_signup' %}">注册</a></li>
            {% endif %}
            <li><a href='/admin'>后台管理</a></li>
        </ul>
    </div>
</nav>
```

其中`<li class='dropdown'></li>`片段为重点，此为 Bootstrap3 的下拉式菜单的用法，搭配{% for %}把 all_categories 中所有类的 id 以及 name 都显示出来，并制成网址让用户选择使用。特别要注意的是，下拉式菜单会用到 Bootstrap 自己的 js 文件，也会用到 jQuery 2.x 的文件，这两个文件的链接都要放在 base.html 中。更重要的是，jQuery 的链接一定要放在 Bootstrap.js 的链接前面，而且版本一定不要设错。本范例网站的 base.html 内容如下：

```
    <!-- base.html (mshop project) -->
    <!DOCTYPE html>
    <html>
    <head>
        <meta charset='utf-8'>
        <meta name="viewport" content="width=device-width,
initial-scale=1,maximum-scale=1, user-scalable=no">
        <title>{% block title %}{% endblock %}</title>
    <!-- Latest compiled and minified CSS -->
    <link rel="stylesheet"
href="https://maxcdn.bootstrapcdn.com/bootstrap/3.3.6/css/bootstrap.min.css"
integrity="sha384-1q8mTJOASx8j1Au+a5WDVnPi2lkFfwwEAa8hDDdjZlpLegxhjVME1fgjWPGm
kzs7" crossorigin="anonymous">

    <!-- Optional theme -->
    <link rel="stylesheet"
href="https://maxcdn.bootstrapcdn.com/bootstrap/3.3.6/css/bootstrap-theme.min.
```

```
css"
integrity="sha384-fLW2N01lMqjakBkx3l/M9EahuwpSfeNvV63J5ezn3uZzapT0u7EYsXMjQV+0
En5r" crossorigin="anonymous">

    <script   src="https://code.jquery.com/jquery-2.2.4.min.js"
integrity="sha256-BbhdlvQf/xTY9gja0Dq3HiwQF8LaCRTXxZKRutelT44="
crossorigin="anonymous"></script>

    <!-- Latest compiled and minified JavaScript -->
    <script
src="https://maxcdn.bootstrapcdn.com/bootstrap/3.3.6/js/bootstrap.min.js"
integrity="sha384-0mSbJDEHialfmuBBQP6A4Qrprq5OVfW37PRR3j5ELqxss1yVqOtnepnHVP9a
J7xS" crossorigin="anonymous"></script>

        <style>
        h1, h2, h3, h4, h5, p, div {
            font-family: 微软雅黑;
        }
        </style>
    </head>
    <body>
    {% include "header.html" %}
    {% block content %}{% endblock %}
    {% include "footer.html" %}
    </body>
</html>
```

图 12-12 是加上分类显示后的首页页面。

图 12-12　加上产品分类查看功能的网页

12.2.2 显示详细的产品内容

在 12.2.1 小节中并没有显示产品的详细信息，我们使用链接的方式让每一个被查看的产品可以独占一个页面，方便显示更多产品的细节。为了实现产品内容分别显示的功能，在 urls.py 中需要加上一个 pattern，语句如下：

```python
url(r'^product/(\d+)$', views.product, name='product-url'),
```

接着在 views.py 中增加处理显示产品详细信息的 product 函数，语句如下：

```python
def product(request, product_id):
    try:
        product = models.Product.objects.get(id=product_id)
    except:
        product = None

    template = get_template('product.html')
    request_context = RequestContext(request)
    request_context.push(locals())
    html = template.render(request_context)
    return HttpResponse(html)
```

这个函数很直接地获取产品的编号，然后通过这个编号获取对应的产品对象 product，假设没有这个编号产品，就直接把 product 变量设置为 None。接下来是 product.html，语句如下：

```html
<!-- product.html (mshop project) -->

{% extends "base.html" %}
{% block title %}查看产品细节{% endblock %}
{% block content %}
<div class='container'>
{% for message in messages %}
    <div class='alert alert-{{message.tags}}'>{{ message }}</div>
{% endfor %}
<div class='row'>
    <div class='col-md-12'>
        <div class='panel panel-default'>
            <div class='panel-heading' align=center>
                <h3>{{ product.name | default:"产品编号错误" }}</h3>
            </div>
        </div>
    </div>
</div>
<div class='row'>
    <div class='col-sm-offset-1 col-sm-6'>
        <img src='{{product.image.url}}' width='100%'>
    </div>
    <div class='col-sm-4'>
        <h2>{{product.name}}</h2>
        <h3>售价：{{product.price}}元<br/>
            库存：{{product.stock}}</h3>
        <p>{{product.description | linebreaks }}</p>
    </div>
```

```
</div>
</div>
{% endblock %}
```

在这个模板文件中，我们使用了 Bootstrap 的 Grid 方格系统作为显示产品细节的排版方式。在 Grid 系统中每一行（row）可以细分为 12 栏（col，或列），每次要显示数据的时候可以指定此数据要占几栏的宽度，例如 col-sm-6 表示在 Small 尺寸的屏幕中占 6 栏。以此类推，而 col-sm-offset-1 表示要往右偏移一栏。因此，上述排版表示先往右偏一栏，接着 6 栏的宽度用来显示产品图像，另外 4 栏宽度则显示产品信息，最后空一栏不用，因此等于是左右各缩了一栏的宽度。

有了查看产品细节的功能，在 index.html 中，产品名称的部分要加上链接，语句如下：

```
<h4><a href='{% url "product-url" product.id %}'>{{ product.name }}</a></h4>
```

查看产品细节的网页如图 12-13 所示。

图 12-13　查看产品细节的网页

12.2.3　购物车功能

电子商店的购物车是非常重要的功能,基本上就是使用 Session 的功能识别不同的浏览器用户，使得用户不管是否登录了网站，均能够把想要购买的产品放在某一个地方，之后随时可以显示或修改要购买的产品，等确定了之后再下订单，这个暂存产品的地方是购物车 Cart。

一般来说，要实现购物车使用 Session 为每一个用户创建一个 ID，然后以这个 ID 作为创建每一个购物车的依据。我们希望这个购物车在用户浏览的过程中会保留数据，直到实际完成下单、用户执行清除，或者关闭浏览器为止，因此在 settings.py 中要加上以下语句：

```
SESSION_EXPIRE_AT_BROWSER_CLOSE = True
```

要求在浏览器关闭时 Session 就会失效，购物车的内容自然也就跟着消失了。至于购物车的具体实现已经有现成的模块可以使用，请直接执行 pip 安装，语句如下：

```
pip install django-cart
```

还要在 settings.py 的 INSTALL_APPS 中加入'cart'模块，因为此模块会使用到数据库，所以别忘了执行 python manage.py migrate。购物车主要的功能是增加产品、删除产品以及查看购物车，所以在 urls.py 中增加了 3 个网址样式，分别如下：

```
    url(r'^cart/$', views.cart),
    url(r'^additem/(\d+)/(\d+)/$', views.add_to_cart, name='additem-url'),
    url(r'^removeitem/(\d+)/$', views.remove_from_cart,
name='removeitem-url'),
```

其中 additem 接收 2 个变量，分别是产品编号以及数量，而 remove 接收一个变量（即产品编号），additem 负责把指定的产品编号以及数量加入购物车中，如果购物车已经有此产品就把数量加上去；而 removeitem 是找到指定编号的产品，要把它从购物车中删除。/cart 负责显示购物车中所有的产品于网页中。

购物车主要的实现部分已由 django-cart 模块完成，我们只要使用它的 Cart 类即可，因此在 views.py 中的 add_to_cart 的内容可以简化如下：

```
from cart.cart import Cart
def add_to_cart(request, product_id, quantity):
    product = models.Product.objects.get(id=product_id)
    cart = Cart(request)
    cart.add(product, product.price, quantity)
    return redirect('/')
```

使用 models.Product.objects.get(id=product_id)在数据库中找到指定的产品对象，然后使用 Cart(request)产生一个执行实例放在 cart 变量中，最后使用 cart.add 把产品、价格以及数量加入购物车。而把产品从购物车中删除更为容易，语句如下：

```
def remove_from_cart(request, product_id):
    product = models.Product.objects.get(id=product_id)
    cart = Cart(request)
    cart.remove(product)
    return redirect('/cart/')
```

方法同上，但是改为找到产品之后使用 cart.remove 删除。

由上述两个方法函数可知，要获取购物车的内容其实就是调用 cart = Cart(request)，因此要创建一个处理函数来显示当前购物车中所有产品，也是使用此方式把 cart 变量送到 cart.html 中在网页中显示出来，函数内容如下：

```
@login_required
def cart(request):
    all_categories = models.Category.objects.all()
    cart = Cart(request)
    template = get_template('cart.html')
    request_context = RequestContext(request)
    request_context.push(locals())
    html = template.render(request_context)
    return HttpResponse(html)
```

在函数的第 1 行要准备好所有类的内容供 header.html 显示正确的产品类,而 cart=Cart(request) 这一行就是获取购物车的所有内容,其他部分和一般的处理函数内容没有什么不一样。以下是 cart.html 的程序代码:

```html
<!-- cart.html (mshop project) -->
{% extends "base.html" %}
{% block title %}查看购物车{% endblock %}
{% block content %}
<div class='container'>
{% for message in messages %}
    <div class='alert alert-{{message.tags}}'>{{ message }}</div>
{% endfor %}
    <div class='row'>
        <div class='col-md-12'>
            <div class='panel panel-default'>
                <div class='panel-heading' align=center>
                    <h3>欢迎光临迷你小电商</h3>
                    {% if user.socialaccount_set.all.0.extra_data.name %}
                        {{user.socialaccount_set.all.0.extra_data.name}}<br/>
                        <img src='{{user.socialaccount_set.all.0.get_avatar_url}}' width='100'>
                    {% else %}
                        Welcome: {{ user.username }}
                    {% endif %}
                </div>
            </div>
        </div>
    </div>
    <div class='row'>
        <div class='col-sm-12'>
            <div class='panel panel-info'>
                <div class='panel panel-heading'>
                    <h4>我的购物车</h4>
                </div>
                <div class='panel panel-body'>
                    {% for item in cart %}
                    {% if forloop.first %}
                    <table border=1>
                        <tr>
                            <td width=300 align=center>产品名称</td>
                            <td width=100 align=center>单价</td>
                            <td width=100 align=center>数量</td>
                            <td width=100 align=center>小计</td>
                            <td width=100 align=center>删除</td>
                        </tr>
                    {% endif %}
                        <div class='listgroup'>
                            <div class='listgroup-item'>
                                <tr>
                                    <td>{{ item.product.name }}</td>
                                    <td align=right>{{ item.product.price }}</td>
                                    <td align=center>{{ item.quantity }}</td>
                                    <td align=right>{{ item.total_price }}</td>
                                    <td align=center>
```

```
                              <a href='{% url "removeitem-url"
item.product.id %}'><span class='glyphicon glyphicon-trash'></span></a>
                            </td>
                          </tr>
                        </div>
                      </div>
                      {% if forloop.last %}
                      </table>
                      {% endif %}
                    {% empty %}
                        <em>购物车是空的</em>
                    {% endfor %}
                </div>
                <div class='panel panel-footer'>
                    总计：{{ cart.summary }}元
                </div>
            </div>
        </div>
    </div>
</div>
{% endblock %}
```

在这个网页中，我们使用了 <table></table> 表格来显示购物车的内容，其中 item.product 是产品品类中的实例，而 item.product.price 自然就是此产品的价格，我们可以使用同样的方法把产品类中所有字段都取出来。此外，item.quantity 是购物车中此产品的数量，item.total_price 是此产品的定价以及数量的乘积，也就是价格小计，最后 cart.summary 是整个购物车中所有产品加总之后的价格。那么，购物车中总共有多少产品呢？在 cart.count 中，我们可以在 index.html 中加上以下程序片段：

```
        {% if cart.count > 0 %}
            <em>目前购物车中共有 {{ cart.count }} 款产品</em>
        {% else %}
<p>此购物车为空</p>
        {% endif %}
```

如此在首页中就会随时呈现当前购物车的产品数量摘要。假设我们只想让会员可以购买，那么简单的方法是在 index.html 显示 "放入购物车" 按钮的地方进行设置，语句如下：

```
                    {% if user.is_authenticated %}
                    <button class='btn btn-info' {{ product.stock |
yesno:",disabled"}}>
                        <a href='{% url "additem-url" product.id 1 %}'>放入购物车
</a>
                    </button>
                    {% endif %}
```

此程序片段会检查当前的会员登录状态，只有在已登录的情况下，此按钮才会被显示出来，而且还会检查商品的库存数量。如果数量是 0，就会加上 disabled，让这个按钮可以看见，但是无法使用。图 12-14 是加入购物车功能的主页面。

图 12-14　加入购物车功能的首页页面

单击"查看购物车"按钮时页面显示如图 12-15 所示。

图 12-15　查看购物车的功能页面

完成上述功能后,读者试着操作看看,是否可以顺利地存取购物车的内容,以及价钱是否能够正确地计算。

12.2.4　建立订单功能

有了购物车,接下来是让用户下订单的时候了。正式的电子商场在购物流程以及付款方面有非常多的功能,就初学者的练习而言,重要的是能够把这个购物车转换成网站管理员能接收到的信息,就是我们所谓的下订单。这可以包含两个方面,一方面是把订单的数据存储在数据库中以方便日后的追踪和查询，另一方面是发送电子邮件通知商店管理人以及客户，以了解订单实际的流向。至于在线付款，在下一节内容中再加以讨论。

为了配合订单的内容，网站还需要 2 张订单用的数据表，分别用来记录订单本身的信息 Order，以及订购的产品项列表 OrderItem，其关系如图 12-16 所示。

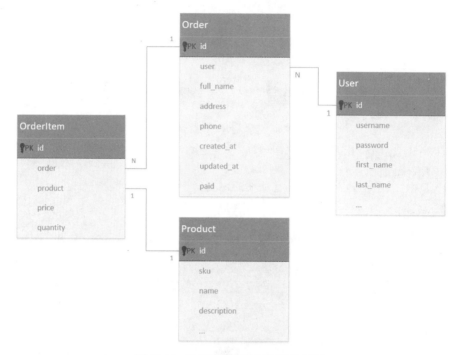

图 12-16　电子商店网站数据表关系图

配合图 12-16 的设计，在 models.py 中加入以下代码：

```python
class Order(models.Model):
    user = models.ForeignKey(User, on_delete=models.CASCADE)
    full_name = models.CharField(max_length=20)
    address = models.CharField(max_length=200)
    phone = models.CharField(max_length=15)
    created_at = models.DateTimeField(auto_now_add=True)
    updated_at = models.DateTimeField(auto_now=True)
    paid = models.BooleanField(default=False)

    class Meta:
        ordering = ('-created_at',)

    def __str__(self):
        return 'Order:{}'.format(self.id)

class OrderItem(models.Model):
    order = models.ForeignKey(Order, on_delete=models.CASCADE, related_name='items')
    product = models.ForeignKey(Product, on_delete=models.CASCADE)
    price = models.DecimalField(max_digits=8, decimal_places=2)
    quantity = models.PositiveIntegerField(default=1)
```

```
    def __str__(self):
        return '{}'.format(self.id)
```

同时为了方便使用管理页面编辑和修改这两张数据表，还必须在 admin.py 中注册这两张数据表，语句如下：

```
admin.site.register(models.Order)
admin.site.register(models.OrderItem)
```

在我们的设计中，会员在查看购物车后，在购物车中决定是否要订购产品，所以这次我们在购物车网页 cart.html 中加入"我要订购"按钮，如图 12-17 所示。

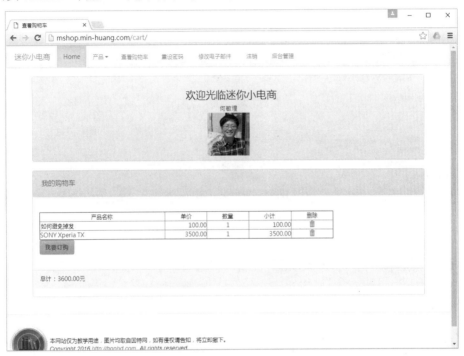

图 12-17　在购物车中加入"我要订购"按钮

因此，在 cart.html 中显示完所有购物车产品后，再加上一个<button>标签即可，语句如下：

```
<button class='btn btn-warning'><a href='/order'>我要订购</a></button>
```

因为此按钮会前往/order 网址，所以在 urls.py 中要加入此网址的样式以及设置处理的函数。同时，顺便加上查看订单的/myorders 网址，语句如下：

```
url(r'^order/$', views.order),
url(r'^myorders/$', views.my_orders),
```

下订单的页面如图 12-18 所示。

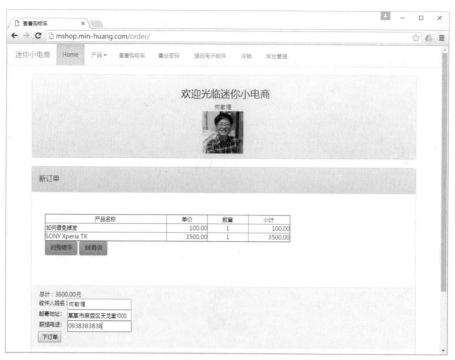

图 12-18　创建新订单的页面

首先显示购物车中所有内容，然后提供两个按钮让会员可以决定是否再到其他网页查看，或者直接填写以下窗体，再单击"下订单"按钮完成订购。因为有窗体，所以在 forms.py 中要先建立一个和 Order 数据模型同步的窗体 OrderForm，语句如下：

```
#-*- coding: utf-8 -*-
from django import forms
from django.forms import ModelForm
from mysite import models

class OrderForm(forms.ModelForm):
    class Meta:
        model = models.Order
        fields = ['full_name', 'address', 'phone']
    def __init__(self, *args, **kwargs):
        super(OrderForm, self).__init__(*args, **kwargs)
        self.fields['full_name'].label = '收件人姓名'
        self.fields['address'].label = '邮件地址'
        self.fields['phone'].label = '联络电话'
```

有了这张窗体类，就可以在 order 处理函数中用简便的方法来处理订单用的窗体属性。在 views.py 中的 order 处理函数的程序代码如下：

```
@verified_email_required
def order(request):
    all_categories = models.Category.objects.all()
    cart = Cart(request)
    if request.method == 'POST':
        user = User.objects.get(username=request.user.username)
```

```python
            new_order = models.Order(user=user)
            form = forms.OrderForm(request.POST, instance=new_order)
            if form.is_valid():
                order = form.save()
                email_messages = "你的购物内容如下：\n"
                for item in cart:
                    models.OrderItem.objects.create(order=order,
                                    product=item.product,
                                    price = item.product.price,
                                    quantity=item.quantity)
                    email_messages = email_messages + "\n" + \
                            "{}, {}, {}".format(item.product, \
                            item.product.price, item.quantity)
                email_messages = email_messages + \
                        "\n 以上共计{}元\nhttp://mshop.min-haung.com 感谢你的订购！".\
                        format(cart.summary())
                cart.clear()
                messages.add_message(request, messages.INFO, "订单已保存，我们会尽快处理。")
                send_mail("感谢你的订购",
                        email_messages,
                        '迷你小电商<ho@min-huang.com>',
                        [request.user.email],)
                send_mail("有人订购产品了",
                        email_messages,
                        '迷你小电商<ho@min-huang.com>',
                        ['skynet@gmail.com'],)
                return redirect('/myorders/')
        else:
            form = forms.OrderForm()

    template = get_template('order.html')
    request_context = RequestContext(request)
    request_context.push(locals())
    html = template.render(request_context)
    return HttpResponse(html)
```

为了避免邮寄通知方面的困扰，在第一行要求执行此函数的必须是已经经过电子邮件验证的账号，如果此账号未经电子邮件验证过，那么在执行下订单的操作前会被 django-allauth 引导至电子邮件验证的步骤。

此函数先使用 cart = Cart(request)把购物车的内容找出来放在 cart 实例变量中，接着按照一般使用窗体的操作技巧获取当前用户填写在窗体中的内容，然后使用 order=form.save()这行命令把订单 Order 存储在数据库中，并取得其实例放在 order 变量中。接下来的循环就是把购物车的内容一个一个拿出来，分别存储在 OrderItem 的数据表中并指向 order。除此之外，我们也顺势使用这个循环建立一个文字字符串 email_messages，让其包含购物车中所有项的内容，以便于发送通知的电子邮件。

全部处理完毕后，使用 cart.clear()清除购物车内容，然后以 Django 的信息系统显示订单存储完成的信息，最后以 send_mail 分别发送给订购者和管理员。order.html 的网页内容如下：

```
<!-- order.html (mshop project) -->
```

```
{% extends "base.html" %}
{% block title %}查看购物车{% endblock %}
{% block content %}
<div class='container'>
{% for message in messages %}
    <div class='alert alert-{{message.tags}}'>{{ message }}</div>
{% endfor %}
    <div class='row'>
        <div class='col-md-12'>
            <div class='panel panel-default'>
                <div class='panel-heading' align=center>
                    <h3>欢迎光临迷你小电商</h3>
                    {% if user.socialaccount_set.all.0.extra_data.name %}
                        {{user.socialaccount_set.all.0.extra_data.name}}<br/>
                        <img src='{{user.socialaccount_set.all.0.get_avatar_url}}' width='100'>
                    {% else %}
                        Welcome: {{ user.username }}
                    {% endif %}
                </div>
            </div>
        </div>
    </div>
    <div class='row'>
        <div class='col-sm-12'>
            <div class='panel panel-info'>
                <div class='panel panel-heading'>
                    <h4>新订单</h4>
                </div>
                <div class='panel panel-body'>
                <div class='panel panel-body'>
                    {% for item in cart %}
                    {% if forloop.first %}
                    <table border=1>
                        <tr>
                            <td width=300 align=center>产品名称</td>
                            <td width=100 align=center>单价</td>
                            <td width=100 align=center>数量</td>
                            <td width=100 align=center>小计</td>
                        </tr>
                    {% endif %}
                        <div class='listgroup'>
                            <div class='listgroup-item'>
                                <tr>
                                    <td>{{ item.product.name }}</td>
                                    <td align=right>{{ item.product.price }}</td>
                                    <td align=center>{{ item.quantity }}</td>
                                    <td align=right>{{ item.total_price }}</td>
                                </tr>
                            </div>
                        </div>
                    {% if forloop.last %}
                    </table>
                    <button class='btn btn-warning'><a href='/cart'>回购物车
```

```
</a></button>
                        <button class='btn btn-warning'><a href='/'>回首页
</a></button>
                        {% endif %}
                    {% empty %}
                        <em>购物车是空的</em>
                    {% endfor %}
                </div>
            </div>
            <div class='panel panel-footer'>
                总计：{{ cart.summary }}元
                <form action='.' method='POST'>
                    {% csrf_token %}
                    <table>
                        {{ form.as_table }}
                    </table>
                    <input type='submit' value='下订单'>
                </form>
            </div>
        </div>
    </div>
</div>
{% endblock %}
```

完成订单后会把网页引导到/myorders/网址，也就是找出当前登录会员的所有订单列表，页面如图 12-19 所示。

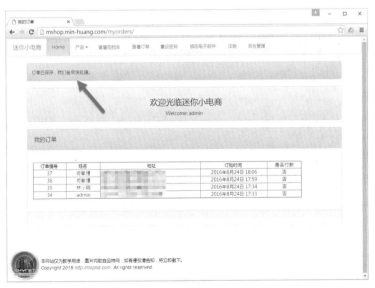

图 12-19　查看我的订单页面

如图 12-19 所示，在页面上方会有订单已保存的通知信息。显示订单的处理函数如下：

```
@login_required
def my_orders(request):
    all_categories = models.Category.objects.all()
    orders = models.Order.objects.filter(user=request.user)
```

```
template = get_template('myorders.html')
request_context = RequestContext(request)
request_context.push(locals())
html = template.render(request_context)
return HttpResponse(html)
```

只要提供 all_categories 和 orders 让 myorders.html 用于网页显示即可，还要注意 orders 使用当前登录中的用户 request.user 来进行过滤，以免把其他人的订单也都显示出来。下面就是 myorders.html 的网页程序代码。

```html
<!-- myorders.html (mshop project) -->
{% extends "base.html" %}
{% block title %}我的订单{% endblock %}
{% block content %}
<div class='container'>
{% for message in messages %}
    <div class='alert alert-{{message.tags}}'>{{ message }}</div>
{% endfor %}
    <div class='row'>
        <div class='col-md-12'>
            <div class='panel panel-default'>
                <div class='panel-heading' align=center>
                    <h3>欢迎光临迷你小电商</h3>
                    {% if user.socialaccount_set.all.0.extra_data.name %}
                        {{user.socialaccount_set.all.0.extra_data.name}}<br/>
                        <img src='{{user.socialaccount_set.all.0.get_avatar_url}}' width='100'>
                    {% else %}
                        Welcome: {{ user.username }}
                    {% endif %}
                </div>
            </div>
        </div>
    </div>
    <div class='row'>
        <div class='col-sm-12'>
            <div class='panel panel-info'>
                <div class='panel panel-heading'>
                    <h4>我的订单</h4>
                </div>
                <div class='panel panel-body'>
                    {% for order in orders %}
                    {% if forloop.first %}
                    <table border=1>
                        <tr>
                            <td width=100 align=center>订单编号</td>
                            <td width=100 align=center>姓名</td>
                            <td width=300 align=center>地址</td>
                            <td width=200 align=center>订购时间</td>
                            <td width=100 align=center>是否付款</td>
                        </tr>
                    {% endif %}
                        <div class='listgroup'>
```

```
                <div class='listgroup-item'>
                    <tr>
                        <td align=center>{{ order.id }}</td>
                        <td align=center>{{ order.full_name }}</td>
                        <td>{{ order.address }}</td>
                        <td align=center>{{ order.created_at }}</td>
                        <td align=center>{{ order.paid | yesno:"是,否
"}}</td>
                    </tr>
                </div>
            </div>
            {% if forloop.last %}
        </table>
            {% endif %}
        {% empty %}
            <em>没有处理中的订单</em>
        {% endfor %}
        </div>
        <div class='panel panel-footer'>
        </div>
    </div>
</div>
</div>
{% endblock %}
```

在执行完订单的保存操作后，下订单的会员会收到如图 12-20 所示的电子邮件，而网站管理员会收到如图 12-21 所示的电子邮件。

图 12-20　会员订购回函

图 12-21　会员订购的管理员通知电子邮件

以上邮寄功能是使用之前课程中介绍的 django-mailgun 模块功能来完成的。

12.3　电子支付功能

在网站上直接让会员可以在线付款要考虑的事项很多，主要是有许多网络安全上的考虑，本书的主要对象为初学者，为了避免内容太过于繁杂，我们简化了许多地方，因此在学习了本章的内容后，如果你需要把自己的电子商店网站上线，那么一定要针对网站安全审慎评估过才行。

12.3.1 建立付款流程

在串接电子支付工具前,要先对自己网站的付款流程做好规划。现在许多和博客网站结合的电子支付工具基本上都是在网络银行上先建立好一个付款的按钮,然后把这个按钮的代码复制下来放在网站中显示,在用户单击此按钮后会立即前往该银行的付款界面进行付款的操作。这样的方法很简单,但是却没有办法做到和购物车相结合,每一个按钮只有一个固定的付款金额,因此如果有很多产品,就必须为每一个产品建立一个按钮,对于同时销售许多商品的全功能型电子商店来说非常不便。

本堂课所介绍的迷你小电商网站本身就具备购物车的功能,此购物车的内容会随着会员的操作而有所变化。当然每一次的金额不一定会是一样的,因此无法使用前段文字中所叙述的付款按钮来进行操作,唯一的方式就是通过 API 的方式和付款网站进行串接,这也是我们在本堂课中的教学内容。

那么何时开始和网站串接进行付款的操作呢?规划的流程如下:

步骤01 会员查看所有产品,在每一个产品的下方均有加入购物车的按钮。

步骤02 在选购好所有需要的商品后,可以使用查看购物车的链接来查看当前在购物车内的产品以及数量,可以在此网页中修改欲购买的产品。

步骤03 在查看购物车的网页中可以单击"订单"按钮,进入建立新订单的网页。

步骤04 在建立新订单的网页中,会员要填入个人联络信息才能够正式把订单放在数据库中。

步骤05 下完订单后会自动引导到查看现有订单的页面,在每一笔未付款的订单后均有一个"付款"按钮。

步骤06 单击"付款"按钮后,再一次查看详细的订购内容,然后使用在线付款的按钮进行付款的操作。

按照上述步骤,相应的执行页面(包括查看购物车内容的网页)如图 12-17 和图 12-18 所示。执行完图 12-18 后,页面要转换到查看订单的网页,如图 12-22 所示。

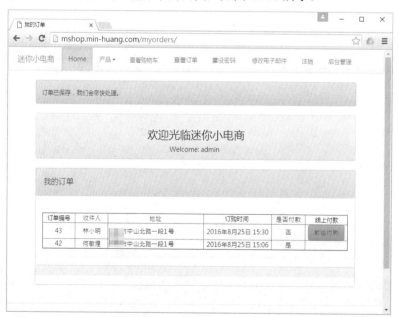

图 12-22　查看订单的网页

和图 12-19 不一样的地方在于后面多加上了"前往付款"按钮，也就是新增了一个"在线付款"字段，然后判断 order.paid 变量的内容，如果不是 True 就建立一个<button>标签，并建立到/payment 网址的链接，并以 order.id 为此网址的参数。其主要的修改如下：

```
<div class='panel panel-body'>
    {% for order in orders %}
    {% if forloop.first %}
    <table border=1>
        <tr>
            <td width=100 align=center>订单编号</td>
            <td width=100 align=center>收件人</td>
            <td width=300 align=center>地址</td>
            <td width=200 align=center>订购时间</td>
            <td width=100 align=center>是否付款</td>
            <td width=100 align=center>在线付款</td>
        </tr>
    {% endif %}
        <div class='listgroup'>
            <div class='listgroup-item'>
                <tr>
                    <td align=center>{{ order.id }}</td>
                    <td align=center>{{ order.full_name }}</td>
                    <td>{{ order.address }}</td>
                    <td align=center>{{ order.created_at }}</td>
                    <td align=center>{{ order.paid | yesno:"是,否"}}</td>
                    <td align=center>
                        {% if not order.paid %}
                        <button class='btn btn-warning'>
                            <a href='/payment/{{order.id}}/'>前往付款</a>
                        </button>
                        {% endif %}
                    </td>
                </tr>
            </div>
        </div>
    {% if forloop.last %}
    </table>
    {% endif %}
    {% empty %}
        <em>没有处理中的订单</em>
    {% endfor %}
</div>
```

所有未付款的订单都会有一个"前往付款"按钮，单击该按钮后即可看到图 12-23 所示的订单明细摘要的页面，以及执行在线付款的按钮（此例为 PayPal）。

由于已经知道订单的编号以及付款的金额，因此此时的按钮等于是临时订制的付款按钮，它可以把项目、订单编号以及付款金额正确地传送给在线支付网站以完成付款的操作，而在付款完成后，此笔订单也会被标注为已付款（paid=True），方便商店管理员的核账工作。在确定此流程后，接下来根据两种不同的在线付款网站进行串接的说明。

图 12-23　在线付款的页面

12.3.2　建立 PayPal 付款链接

PayPal 几乎是通行全球的在线支付服务，有不少网络用户拥有 PayPal 账号可以进行在线付款，涉外的电子商店网站支持 PayPal 也是非常重要的功能。同样地，PayPal 在 Django 中也有现成的模块可以使用，叫作 django-paypal，同样是以 pip 安装即可，语句如下：

```
pip install django-paypal
```

接着在 settings.py 的 INSTALLED_APPS 区块中加入'paypal.standard.ipn'，同时在 settings.py 中把 PAYPAL_TEST 常数先设置为 True，表示此付款机制要作为测试之用，等日后上线后再把它设置为 False 即可，另外还有一个 PAYPAL_REVEIVER_EMAIL 常数要设置为收款的 PayPal 电子邮件账号。设置完成后，要使用 python manage.py migrate 执行数据库的同步操作。

urls.py 要加入以下网址样式，以便接收来自 PayPal 网站的付款过程完成通知。

```
url(r'^paypal/', include('paypal.standard.ipn.urls')),
```

除此之外，还要加上另外 3 个网址，分别用来处理账务、显示完成付款和取消付款操作的相关操作以及信息，语句如下：

```
url(r'^payment/(\d+)/$', views.payment),
url(r'^done/$', views.payment_done),
url(r'^canceled/$', views.payment_canceled),
```

views.payment.done 没有什么特别之处，主要就是在会员完成 PayPal 的付款流程后会回到的页面，一般都是显示感谢的信息，语句如下：

```
@csrf_exempt
def payment_done(request):
    template = get_template('payment_done.html')
```

```
    request_context = RequestContext(request)
    request_context.push(locals())
    html = template.render(request_context)
    return HttpResponse(html)
```

由于此网址是由 PayPal 调用的，会遭遇到 CSRF 的问题，因此我们需要在 views.py 的开头先导入以下修饰词，并把@csrf_exempt 加在 payment_done 函数之前。

```
from django.views.decorators.csrf import csrf_exempt
```

同样地，payment_canceled 也是一样的，语句如下：

```
@csrf_exempt
def payment_canceled(request):
    template = get_template('payment_canceled.html')
    request_context = RequestContext(request)
    request_context.push(locals())
    html = template.render(request_context)
    return HttpResponse(html)
```

至于 payment_done.html，代码如下：

```
<!-- payment_done.html (mshop project) -->
{% extends "base.html" %}
{% block title %}Pay using PayPal{% endblock %}
{% block content %}
<div class='container'>
{% for message in messages %}
    <div class='alert alert-{{message.tags}}'>{{ message }}</div>
{% endfor %}
    <div class='row'>
        <div class='col-md-12'>
            <div class='panel panel-default'>
                <div class='panel-heading' align=center>
                    <h3>欢迎光临迷你小电商</h3>
                    {% if user.socialaccount_set.all.0.extra_data.name %}
                        {{user.socialaccount_set.all.0.extra_data.name}}<br/>
                        <img src='{{user.socialaccount_set.all.0.get_avatar_url}}' width='100'>
                    {% else %}
                        Welcome: {{ user.username }}
                    {% endif %}
                </div>
            </div>
        </div>
    </div>
    <div class='row'>
        <div class='col-sm-12'>
            <div class='panel panel-info'>
                <div class='panel panel-heading'>
                    <h4>从 PayPal 付款成功</h4>
                </div>
                <div class='panel panel-body'>
                    感谢你的支持，我们会尽速处理你的订单。
                </div>
                <div class='panel panel-footer'>
```

```
                </div>
            </div>
        </div>
    </div>
</div>
{% endblock %}
```

payment_canceled.html 基本上內容和 payment_done.html 是一樣的，只是呈現的信息不太相同，語句如下：

```
...略...
    <div class='row'>
        <div class='col-sm-12'>
            <div class='panel panel-info'>
                <div class='panel panel-heading'>
                    <h4>你剛剛取消了 PayPal 的付款</h4>
                </div>
                <div class='panel panel-body'>
                    <p>請再次檢查你的付款，或是返回<a href='/myorders/'>我的訂單</a>選用其他付款方式。</p>
                </div>
                <div class='panel panel-footer'>
                </div>
            </div>
        </div>
    </div>
在
...略...
```

真正的重點在於如何在網站上完成使用 PayPal 付款的工作，此工作主要分成兩大部分：第一部分是建立含有正確資料的付款按鈕；第二部分是在會員完成付款操作後，隨即更新資料庫中該筆訂單的付款狀態。先來看第一部分，此部分的主要內容寫在 views.payment 中，代碼如下：

```
@login_required
def payment(request, order_id):
    all_categories = models.Category.objects.all()
    try:
        order = models.Order.objects.get(id=order_id)
    except:
        messages.add_message(request, messages.WARNING, "訂單編號錯誤，無法處理付款。")
        return redirect('/myorders/')
    all_order_items = models.OrderItem.objects.filter(order=order)
    items = list()
    total = 0
    for order_item in all_order_items:
        t = dict()
        t['name'] = order_item.product.name
        t['price'] = order_item.product.price
        t['quantity'] = order_item.quantity
        t['subtotal'] = order_item.product.price * order_item.quantity
        total = total + order_item.product.price
        items.append(t)
```

```
        host = request.get_host()
        paypal_dict = {
            "business": settings.PAYPAL_REVEIVER_EMAIL,
            "amount": total,
            "item_name": "迷你小电商货品编号:{}".format(order_id),
            "invoice": "invoice-{}".format(order_id),
            "currency_code": 'USD',
            "notify_url": "http://{}{}".format(host, reverse('paypal-ipn')),
            "return_url": "http://{}/done/".format(host),
            "cancel_return": "http://{}/canceled/".format(host),
        }
        paypal_form = PayPalPaymentsForm(initial=paypal_dict)
        template = get_template('payment.html')
        request_context = RequestContext(request)
        request_context.push(locals())
        html = template.render(request_context)
        return HttpResponse(html)
```

此段程序代码分成 2 个部分，前半段的目的在于通过输入的订单编号找出订单的明细，然后使用一个循环把它放在 items 变量列表中，同时顺便计算出总金额，然后放在 total 中。后半段的目的在于使用已知的信息建立相对应的 PayPal 按钮。建立 PayPal 按钮的方法很简单，就是填写 paypal_dict 字典的内容，然后使用此字典建立 paypal_form 窗体，而要建立此窗体，就要使用 django-paypal 提供的 PayPalPaymentForm 类，因此在 views.py 的前面也要导入这个类才行。另外，因为用到了 settings.py 中的常数，所以也要导入 settings，语句如下：

```
from django.conf import settings
from paypal.standard.forms import PayPalPaymentsForm
from django.core.urlresolvers import reverse
```

至于 paypal_dict 字典的内容，说明如表 12-3 所示。

表 12-3 paypal_dict 字典的内容说明

key	说明	程序中的内容
business	收款人的电子邮件，也就是站长在 PayPal 的收款账号，设置在 settings.py 中的常数	settings.PAYPAL_REVEIVER_EMAIL
amount	收款金额	total
item_name	此产品名称	"迷你小电商货品编号:{}".format(order_id)
invoice	发票编号，中间的 "-" 不要漏掉，那是用来分隔订单编号用的符号	"invoice-{}".format(order_id)
currency_code	货币编码，ISO-4217 标准	'USD'
notify_url	付款状态通知用网址，使用 reverse 获取 django-paypal 设置的网址	"http://{}{}".format(host, reverse('paypal-ipn'))
return_url	过程完毕返回网址	"http://{}/done/".format(host)
cancel_return	取消付款返回网址	"http://{}/canceled/".format(host)

通过 paypal_form = PayPalPaymentsForm(initial=paypal_dict) 产生出一个实例 paypal_form，此变量被送到 payment.html 中显示在网页后，就会产生正确的付款按钮。payment.html 的内容如下：

```html
<!-- payment.html (mshop project) -->
{% extends "base.html" %}
{% block title %}选择你的付款方式{% endblock %}
{% block content %}
<div class='container'>
{% for message in messages %}
    <div class='alert alert-{{message.tags}}'>{{ message }}</div>
{% endfor %}
    <div class='row'>
        <div class='col-md-12'>
            <div class='panel panel-default'>
                <div class='panel-heading' align=center>
                    <h3>欢迎光临迷你小电商</h3>
                        {% if user.socialaccount_set.all.0.extra_data.name %}
                            {{user.socialaccount_set.all.0.extra_data.name}}<br/>
                            <img src='{{user.socialaccount_set.all.0.get_avatar_url}}' width='100'>
                        {% else %}
                            Welcome: {{ user.username }}
                        {% endif %}
                </div>
            </div>
        </div>
    </div>
    <div class='row'>
        <div class='col-sm-12'>
            <div class='panel panel-info'>
                <div class='panel panel-heading'>
                    <h4>在线付款（订单编号：{{order.id}}）</h4>
                </div>
                <div class='panel panel-body'>
                    {% for item in items %}
                    {% if forloop.first %}
                    <table border=1>
                        <tr>
                            <td width=300 align=center>产品名称</td>
                            <td width=100 align=center>单价</td>
                            <td width=100 align=center>数量</td>
                            <td width=100 align=center>小计</td>
                        </tr>
                    {% endif %}
                        <div class='listgroup'>
                            <div class='listgroup-item'>
                                <tr>
                                    <td>{{ item.name }}</td>
                                    <td align=right>{{ item.price }}</td>
                                    <td align=center>{{ item.quantity }}</td>
                                    <td align=right>{{ item.subtotal }}</td>
                                </tr>
                            </div>
                        </div>
                    {% if forloop.last %}
                    </table>
                    {% endif %}
```

```
                    {% empty %}
                        <em>此订单是空的</em>
                    {% endfor %}

                    {{ paypal_form.render }}
                </div>
                <div class='panel panel-footer'>
                    NT$:{{ total }}元
                </div>
            </div>
        </div>
    </div>
</div>
{% endblock %}
```

此文件中最重要的程序代码为此行：{{ paypal_form.render }}，通过 render 会产生出正确金额的 PayPal 付款按钮，如此就可以完成图 12-23 所示的页面。此时，只要会员单击此按钮，过一小段时间后，就会被引导至 PayPal 官网中进行付款的操作，如图 12-24 所示。

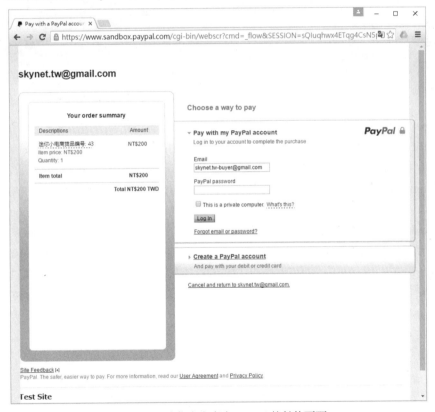

图 12-24　迷你小电商在 PayPal 的付款页面

不过，到目前为止我们只做了前半部分，也就是建立正确的付款按钮工作，在会员完成付款后，我们还要再处理有订单的数据内容，也就是把对应的这张订单注明为已付款，这一点非常重要，请看下一小节的说明。

12.3.3 接收 PayPal 付款完成通知

PayPal 在处理完在线付款流程后会另外送一个 HTTP 数据给我们的网站，这也是为什么我们在 paypal_dict 中要指定一个 notify_url 的原因。django-paypal 使用 Django 的 signal 机制来传送这个通知给我们，因此我们要在开始指定一个处理这个信号的函数，当发现 django-paypal 转发此 signal 的时候可以立即处理，也就是判断该付款是否已完成，如果没有问题，就找出指定编号的订单记录，然后把该订单的 paid 字段设置为 True 再加以保持。为了确保我们设置的监听函数可以被系统加载且能保持在运行状态，我们把这个处理函数另外存储为一个名为 signal.py 的文件，也是放在 mysite 文件夹中和 views.py 同一位置，其内容如下：

```python
from mysite import models
from paypal.standard.models import ST_PP_COMPLETED
from paypal.standard.ipn.signals import valid_ipn_received

def payment_notification(sender, **kwargs):
    ipn_obj = sender
    if ipn_obj.payment_status == ST_PP_COMPLETED:
        order_id = ipn_obj.invoice.split('-')[-1]
        order = models.Order.objects.get(id = order_id)
        order.paid = True
        order.save()

valid_ipn_received.connect(payment_notification)
```

django-payapl 使用的信号叫作 valid_ipn_received，因此除了定义要处理的函数名为 payment_notification 外，也要在本文件的最后一行以 valid_ipn_received.connect(payment_notification) 的方式把此函数注册到接收此信号的处理函数中。当 PayPal 传送信息过来时，此函数就会被调用，并可以通过 ipn_obj=sender 的方式获取信息的对象，通过此对象的属性得知其中的内容，所有的内容在 PayPal 的开发者网站（https://developer.paypal.com/webapps/developer/docs/classic/ipn/integration-guide/IPNandPDTVariables/）中有详细的说明。理论上，为了安全起见我们应该检查更多项看看是否符合，但是为了简化示范的内容，我们仅仅检查了其中的 payment_status 是否为 ST_PP_COMPLETED，如果是表示在 PayPal 的付款操作已完成且无误，则我们在过程中就先从 invoice 中拆解出订单编号，然后根据此编号把该笔订单找出来，使用 order.paid=True 设置为已付款，然后保持该笔记录，就算是大功告成了。

那么，如何确保此函数在网站开始的时候就能够加载呢？我们用了以下技巧，首先在同一个文件夹下创建一个 apps.py 的文件，内容如下：

```python
from django.apps import AppConfig
class PaymentConfig(AppConfig):
    name = 'mysite'
    verbose_name = 'Mysite'

    def ready(self):
        import mysite.signal
```

ready 函数可以用来做应用程序初始化工作，一般来说都会在这个函数中注册 signal，因此我们在这个函数中把刚刚定义的信号处理函数加载。此外，在 mysite 的 __init__.py 中加入下面这行指令：

```
default_app_config = 'mysite.apps.PaymentConfig'
```

确保我们在应用程序初始化加载 mysite 的时候，可以把自定义的应用程序环境设置成也能够加载自定义的工作，如此再重载整个应用程序时，就可以正确地收到并处理来自于 PayPal 的通知了。

12.3.4 测试 PayPal 付款功能

经过以上设置，我们的网站已经可以正确地接收订单并使用 PayPal 收款了，但是要如何测试呢？总不能直接拿别人的账号来做交易测试吧？别担心，在 PayPal 的开发者网站（https://developer.paypal.com/）中可以设置测试专用的账号，当然必须要先有 PayPal 的一般账号才行。前往该网站后，使用原本的 PayPal 账号登录后，就会进入如图 12-25 所示的页面。

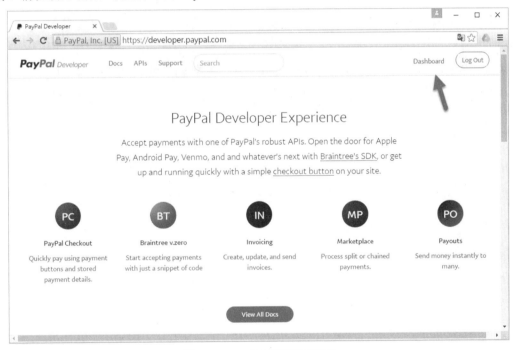

图 12-25　PayPal 的开发者网站

请按图 12-25 箭头的指示前往 Dashboard，如图 12-26 所示。

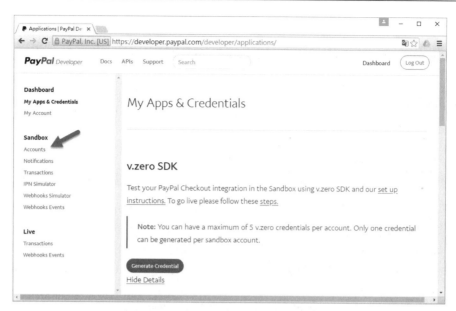

图 12-26　PayPal 开发者网站的 Dashboard

在左侧的 Sandbox 标签组中有一个 Accounts 链接，就是实时申请测试用账号的地方，在申请后，一般可以有 2 个账号可供测试，如图 12-27 所示。

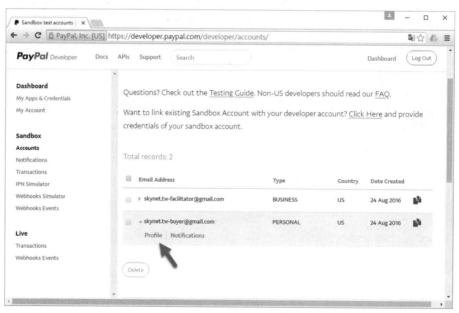

图 12-27　Paypal Sandbox 的测试账号

在这里我们使用个人账号 skynet.tw-buyer@gmail.com，请单击此账号下的 Profile，如图 12-28 所示。

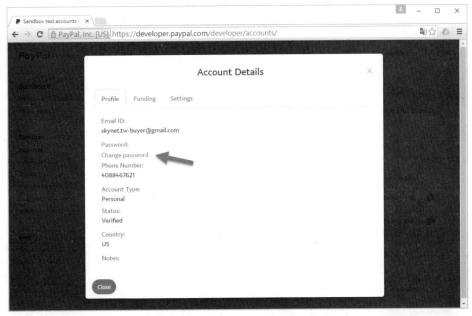

图 12-28　测试账号的 Profile 标签内容

第一步要先设置此账号使用的密码，接着前往 Settings 标签，如图 12-29 所示。

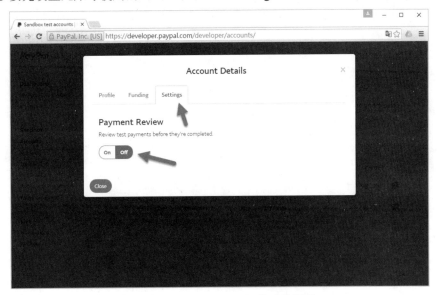

图 12-29　Payment Review 的功能设置

在图 12-29 的页面中把 Payment Review 的功能设置为 Off，如此在付款完毕后才会立刻成为完成状态。在这些设置完成后，就可以在我们的迷你小电商网站中进行付款的操作，如图 12-30 所示。

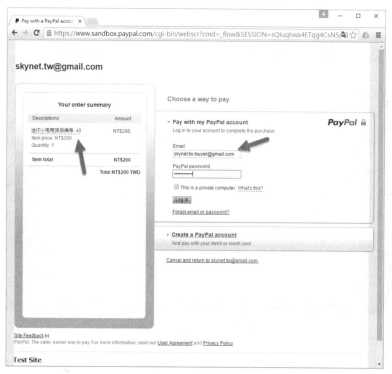

图 12-30　在付款的页面中使用 Sandbox 测试账号

此时把测试账号和密码输入进去，同样可以完成登录，出现如图 12-31 所示的付款预览页面。

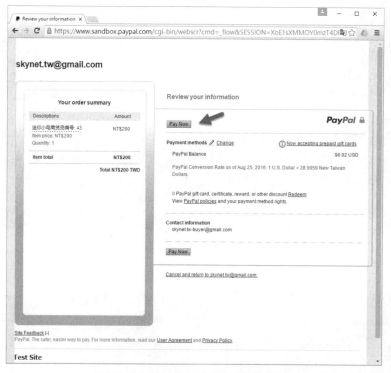

图 12-31　测试账号付款前的预览页面

单击"Pay Now"按钮后，其他过程和 PayPal 付款过程都是一样的，等引导到我们网站的时候，会呈现付款完成的感谢页面，这是我们之前在 payment_done.html 中所提供的内容，如图 12-32 所示。

图 12-32　付款成功的感谢页面

此时再回到查看订单的地方，就可以看到订单已被设置为已付款状态了，如图 12-33 所示。

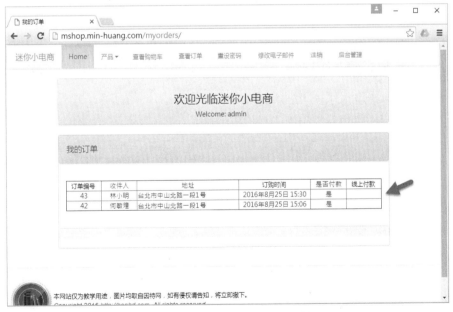

图 12-33　付款完成后订单页面的样子

那么想知道此张订单在客户端中看起来的样子吗？没问题，只要前往 Sandbox 页面即可（请注意网址是 https://www.sandbox.paypal.com），如图 12-34 所示。

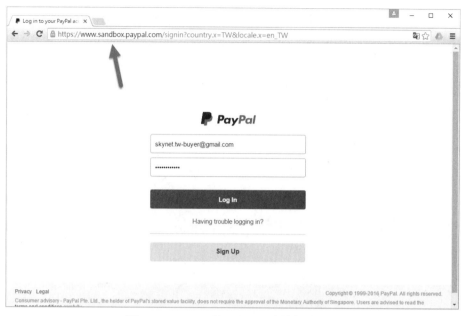

图 12-34　PayPal 的 Sandbox 账号专用网站

使用刚才的测试账号和密码登录，就可以看到所有测试订单的样子，如图 12-35 所示。

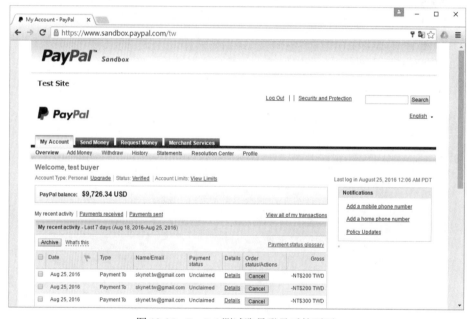

图 12-35　PayPal 测试账号登录后的页面

其中的内容基本上就和正常的 PayPal 账号功能一样，用来进行交易测试非常方便。当然，在页面中的 9726.34 美金是假的，那是 PayPal 给测试账号使用的虚拟金额。

本堂课建立的示范网站为 http://mshop.min-huang.com，读者可以自行前往测试其功能。此外，在本书提供下载的压缩文件夹中也有此网站的所有程序代码，但是有关 mailgun 等服务的 key 会被删除，所以读者在使用压缩文件夹中的程序代码时请使用自己的信息，补上后才能够正常执行。

12.4 习　　题

1. 请把分类查看的菜单改为使用侧边栏的方式来完成。
2. 请为范例网站中的详细产品信息加上 MarkDown 标记的功能。
3. 请试着删除价钱的小数点。
4. 在第 12.2.3 小节中如何实现"避免错误的产品编号被加入购物车"这个功能？
5. 在第 12.2.3 小节的网站中只要把某一产品加入购物车就会直接回首页，请问这样会造成什么样的困扰？如何解决？

第 13 堂

全功能电子商店网站 django-oscar 实践

经过第 12 堂课的学习后，我们已经有能力建立一个简单的会员制电子商店了。然而一个能够实际上线的电子商店网站要注意的事项不是简单几个章节就能够介绍完的，所幸这些复杂的工作已经有人帮我们做了，只要下载并做一些客户化的修改，一个全功能的电子商店网站就可以轻松完成，而这套使用 Django 制作的全功能电子商店网站就是 Django-Oscar。

13.1 Django 购物网站 Oscar 的安装与使用

研究过电子购物车网站的朋友一定看过 OpenCart、osCommerce、Magento 等使用 PHP 制作的免费电子商场网站，几乎每一个都是功能齐备且独霸一方。在 Django 中也有类似的商城网站，那就是 Oscar。我们将在本节中简要地介绍这个使用 Django 制作的全功能电子商场项目 Oscar。

13.1.1 电子购物网站模板

第 12 堂课中我们花了很多时间编写程序代码，好不容易打造了一个具有购物车功能以及可以在线付款的电子商店网站，尽管勉强可以使用，但是还缺少了很多功能，例如送货的方式就没有可以选用的地方，而且在购物车中也不可以修改单个产品的数量，以及当用户完成付款后，我们并没有针对产品的库存数量加以调整等。有许多功能可以增加，但是如果这些功能都是想到后再加上去，最后会变得好像补丁一样，可能会让数据库的内容过于杂乱，最终因为数据表设计失当而无法有效增加新功能。

为了避免这种情况发生，笔者建议最好的方式是去找些 Open Source 的电子购物网站模板，例如 OpenCart、osCommerce、Magento、Prestashop 等，实际安装一次执行看看，在前端和后端操作的过程中，观察它们商品上架、结账、后台管理等流程，以及查看在数据库中的数据表如何设计等作为参考，让你的网站在开始时就可以做好足够完整的规划，使网站的开发更加顺利。以 OpenCart 为例，安装后到 phpMyAdmin 观察它的数据表，如图 13-1 所示。

竟然多达 115 张数据表，从这些数据表的名称以及内容就可以看出一个商用完整的大型购物车网站大概的内容，对于要制作的网站就会知道规划的方向。至于在每一张数据表中存储的内容，也可以参考它们的设计方向，例如图 13-1 数据表中的 oc_customer 客户数据表，其中各个字段的名称以及类型如图 13-2 所示。

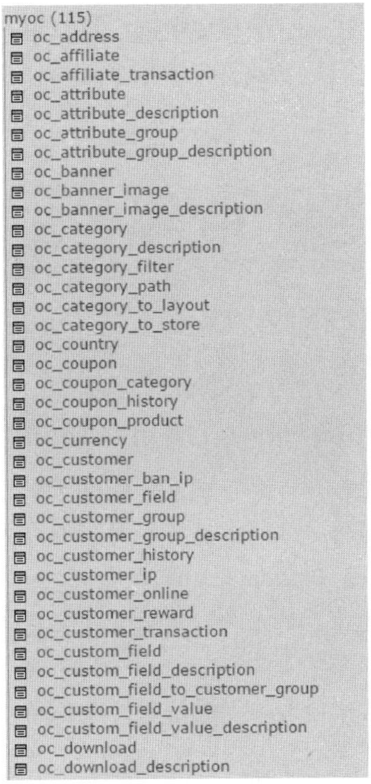

图 13-1　OpenCart 的数据表部分

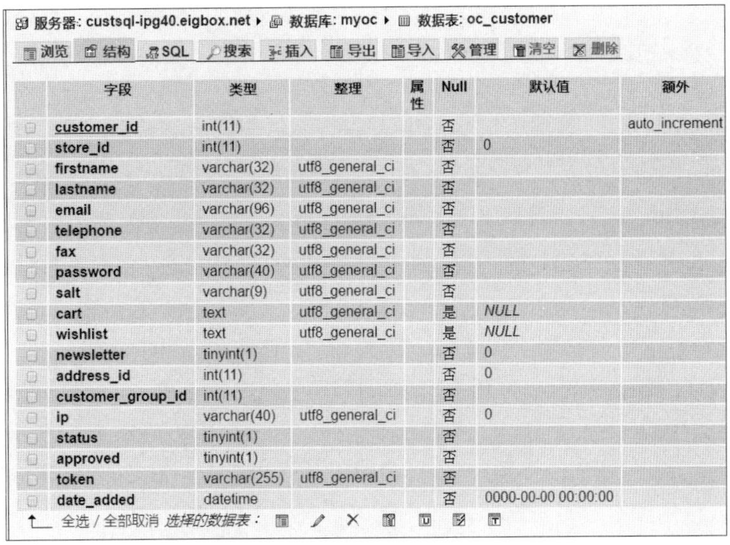

服务器: custsql-ipg40.eigbox.net ▸ 数据库: myoc ▸ 数据表: oc_customer

浏览　结构　SQL　搜索　插入　导出　导入　管理　清空　删除

字段	类型	整理	属性	Null	默认值	额外
customer_id	int(11)			否		auto_increment
store_id	int(11)			否	0	
firstname	varchar(32)	utf8_general_ci		否		
lastname	varchar(32)	utf8_general_ci		否		
email	varchar(96)	utf8_general_ci		否		
telephone	varchar(32)	utf8_general_ci		否		
fax	varchar(32)	utf8_general_ci		否		
password	varchar(40)	utf8_general_ci		否		
salt	varchar(9)	utf8_general_ci		否		
cart	text	utf8_general_ci		是	NULL	
wishlist	text	utf8_general_ci		是	NULL	
newsletter	tinyint(1)			否	0	
address_id	int(11)			否	0	
customer_group_id	int(11)			否		
ip	varchar(40)	utf8_general_ci		否	0	
status	tinyint(1)			否		
approved	tinyint(1)			否		
token	varchar(255)	utf8_general_ci		否		
date_added	datetime			否	0000-00-00 00:00:00	

全选 / 全部取消　选择的数据表：

图 13-2　OpenCart 客户数据表的字段内容

有了这些资料可以参考，要建立自己的商务网站是否就更容易一些呢？

13.1.2　Django Oscar 购物车系统测试网站安装

Django 也有许多功能完备的购物车系统，其中最具名气的是 Oscar，官网网址为 http://oscarcommerce.com/，不过一般会直接前往安装文件网址（https://django-oscar.readthedocs.io/en/latest/）查看最新的说明文件。在官方网站的说明中，Oscar 的主要特色如下：

- 支持各种商品模式，包括下载的商品、订阅的商品以及内含子商品的商品等。
- 可客户化商品的内容。
- 可以支持超过 2000 万种商品。
- 对于同一商品可以设置多个不同的供货商。
- 可以在网站中设置促销区块。
- 支持礼品券。

- 购物网站专用的完整功能网站后台（另外设计的，不同于 admin 后台）。
- 支持更复杂的订购流程。
- 支持多种在线支付网关。

Oscar 有两种安装方式，一种是快速建立测试用的沙盒模式（Sandbox）的 Oscar 购物网站，另一种是创建 Django 项目，然后把 Oscar 功能加入项目中。为了快速体验 Oscar 的功能，我们先使用第一种方式在短短几十分钟内建立一个网站来试用。

要在 Windows 环境下建立 Oscar 会有一些麻烦，所以建议读者在 Linux 的环境中执行。到 Linux 环境（别忘了本书之前教大家设置的 Ubuntu 虚拟主机）中启动终端程序后执行以下指令（别忘了使用 root 的权限）：

```
apt-get install python-dev
git clone https://github.com/django-oscar/django-oscar.git
virtualenv oscar
source oscar/bin/activate
cd django-oscar
make
sites/sandbox/manage.py migrate
sites/sandbox/manage.py runserver <yourip>:8000
```

建立虚拟机环境非常重要，因为 Oscar 会安装很多模块，如果没有使用虚拟机环境，有些模块可能就会影响当前的项目，进而导致别的项目网站运行不正常。如果在同一台主机上需要执行许多不同的网站，建立虚拟机环境就非常重要。事实上，最好的情况就是每一个网站都要使用不同的虚拟机环境，而在 Apache 服务器上部署网站的时候，只要在 000-default.conf 文件中的 WSGIDaemonProcess 项中把虚拟机环境的 Python 执行位置设置好即可，每一个网站都可以指定自己的版本。

此外，请注意<yourip>是虚拟机的 IP 地址，如果上述指令执行后没有错误的信息，那么就可以使用浏览器查看这个网址，可以看到图 13-3 所示的首页页面。

图 13-3　Oscar 测试网站的首页页面

在网址后面加上 admin 即可进入其后台，默认的账号是 superuser，密码是 testing，当然也可以自己使用 python manage.py createsuperuser 创建新的管理员账号。进入后可以看到非常多的数据表，如图 13-4 所示。

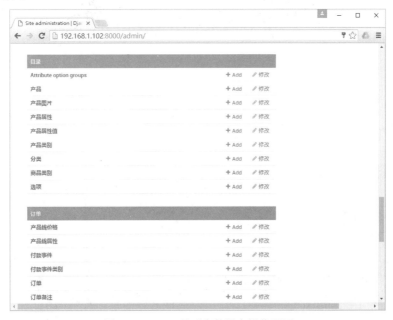

图 13-4　Oscar 的后台数据表操作界面

读者可以自行操作此网站并熟悉其前后端的操作流程，以作为自己设计网站时的参考，或者直接修改此网站的内容。不过真正管理电子商店后台的并不是 Django 默认的 admin 后台，而是在 Oscar 另外建立的专门放电子商店管理用的 Dashboard 仪表板。登录管理员账号后进入网站首页，在右上角即可看到前往仪表板的选项，仪表板的页面如图 13-5 所示。

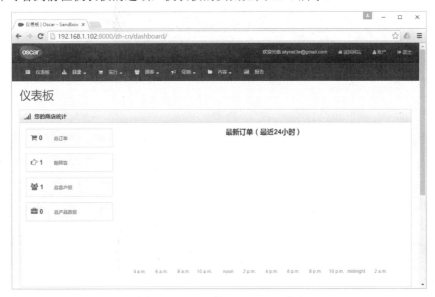

图 13-5　Oscar 的 Dashboard 页面

在使用 Oscar 开始建立自己的电子商店前，读者可以自行在此网站上操作及使用，以熟悉其操作流程和设计逻辑，并在设计自己的电子商店时随时回来此范例网站进行比较。

13.2　建立 Oscar 的应用网站

在 13.1 节中建立的只是一个测试用的网站，并不能直接上线，有许多地方也不适合修改，而本节将以建立 Django 项目网站的方式把 Oscar 纳入我们的项目中，并加以客户化，建立一个可以真正上线使用的电子商店网站。本节内容可以直接在读者的虚拟主机中操作，但是务必使用 virtualenv 重新启动一个新的虚拟机环境，当然也可以直接在 DigitalOcean（http://tar.so/do）把网站放到 Apache2 服务器环境中，让网站可以直接使用。

13.2.1　安装前的准备

为了完整示范此电子商店，接下来的操作以把一个网站直接上架到网络主机上为例来介绍完整的操作流程。如果读者有兴趣，也可以照着步骤操作一遍，在操作完毕后读者将会有一个可以在因特网上运行的实用电子商店网站。笔者使用的环境简要说明如表 13-1 所示。

表 13-1　笔者使用的环境简要说明

项目	选用平台或厂商	说明
网址	ZHHosting，http://tar.so/dns	主网址在 ZHHosting 购买，读者可以在任何地方购买网址，只要能够使用 A 记录设置到指定的网址即可。笔者选用此网站的原因是他们的网址常有促销价格，第一年的费用经常不到 20 元人民币，非常适合用来练习
网址管理	DNDSimple，http://tar.so/dnsimple	每个月 5 美元可以管理最多 5 个网址，笔者选用此服务的原因是它的记录更新非常快，几乎是只要把 DNS 记录一更新马上就可以生效，同时它也提供 API 功能，是本书第 14 堂课介绍的重点
主机	DigitalOcean，http://tar.so/do	要能够执行 Django 项目，一定要是 VPS 等级的虚拟主机才行，也就是可以在主机商那里建立一个 Ubuntu 的虚拟机，该环境和实际的 Ubuntu 操作系统几乎一样，而且就算是最低等级的每个月 5 美元的方案，也都有一个专用的 IP 地址，非常划算

笔者的建议是：如果预算上许可，可以按照本书使用的方式开始你的网站练习；如果预算不许可，或者暂时不想花费任何费用，可以选择不购买网址，在自己的计算机中使用虚拟机的方式用 IP 链接并测试你的网站，但是在 Apache 设置时，就不能使用不同的域名来分辨不同的网站了。至于内部 IP，其实也可以通过 ngrok 的服务取得一个可以让外部链接的网址，方法可以参考这篇网络文章：http://hophd.com/ngrok-share-www/。

当然如果你是学生，并可以在校内取得自己专用的对外 IP，那么折中方案是购买一个自己喜欢的网址（反正这个网址可以跟随你很久，像笔者就直接把自己名字的网址 min-huang.com 买下来，以后在哪里都可以用），然后使用学校的 IP 建立 Ubuntu 操作系统并加以设置，把网址指向该 IP 即可。

13.2.2 建立网站的域名

笔者使用的网络域名是 min-huang.com，这次要建立的网站名称为 shop，因此网站的正式网络域名应为 shop.min-huang.com。由于在 go.zhhosting.com 购买了网络域名，但是要在 DNSimple 中托管，因此在 go.zhhosting.com 的 DNS 设置处把 4 台 DNS 都指向 DNSimple，分别是 ns1.dnsimple.com、ns2.dnsimple.com 等，接着到 DNSimple.com 的 DNS 记录设置处把在 DigitalOcean 中购买的主机 IP 设置上去，如图 13-6 所示。

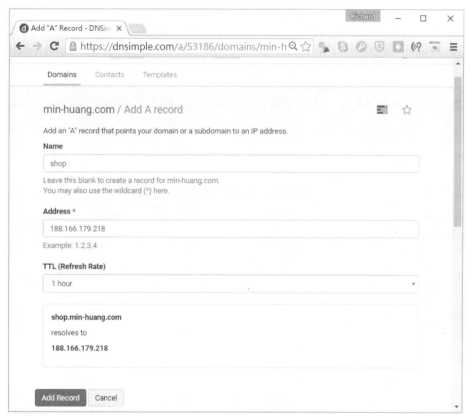

图 13-6　DNSimple 设置 DNS 的 A 记录的页面

单击"Add Record"按钮后，马上就会生效了。回到 DNSimple 的 DNS 设置列表处查看一下，如图 13-7 所示。

读者应该可以发现，这些记录全都指向同一个 IP，事实上笔者使用了一个在 DigitalOcean 中购买的主机，同时执行了本书所需要的范例网站。这些网站可以是 Django 的网站，也可以是 PHP 制作而成的网站，甚至是静态的 HTML 网站，只要在 Apache2 服务器的配置文件中正确地设置即可，请看下一小节的说明。

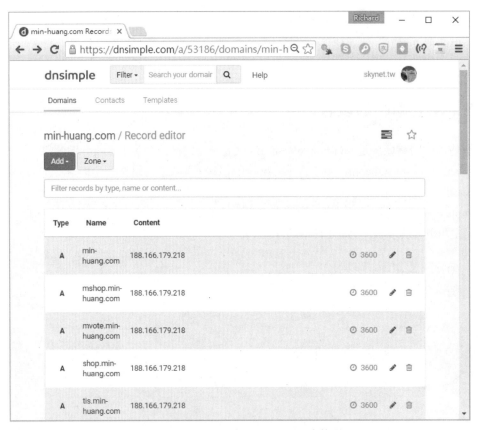

图 13-7　DNSimple 的 DNS 记录列表摘要

13.2.3　调整 Apache2 配置文件

在 Ubuntu 16.04 的操作系统中，主要的网页服务器一般都使用 Apache2，使用以下指令即可安装完成（以 Apache 2 的环境为例）：

```
#apt-get update
#apt-get upgrade
#apt-get install apache2 libapache2-mod-wsgi
```

Apache2 有一个配置文件，其位置在/etc/apache2/sites-available 下，名称为 000-default.conf，只要打开这个文件，建立一个新的 VirtualHost 区块即可。如果你使用的是 IP 地址链接本网站，就直接在主区块中设置，不需要建立 VirtualHost。

简单地说，VirtualHost 就是在本网站主机中只有一个 IP 地址（此例为 188.166.179.218），上面执行了一个 Apache 网页服务器，但是我们打算在此主机上建立多个不同网址（域名为 Domain Name）的网站（假设是 shop.min-huang.com、mvote.min-huang.com、edube.xyz 等，这些域名的 IP 设置指向 188.166.179.218），当客户端在他自己的浏览器网址栏输入上述其中一个网站的时候（例如 shop.min-huang.com），这个请求送到位于主机 IP188.166.179.218 的 Apache 服务器时，Apache 服务器就会根据网站的域名（此例为 shop.min-huang.com）决定使用在 000-webhost.conf 中相对应的 VirtualHost 设置区块来执行这个请求。在此例中，我们建立的 VirtualHost 区块如下：

```
<VirtualHost *:80>
    ServerName shop.min-huang.com
    ServerAdmin skynet@gmail.com

    ErrorLog ${APACHE_LOG_DIR}/error.log
    CustomLog ${APACHE_LOG_DIR}/access.log combined

    Alias /static/ /var/www/shop/staticfiles/
    <Directory /var/www/shop/staticfiles>
        Require all granted
    </Directory>
    WSGIDaemonProcess shop
python-path=/var/www/shop:/var/www/VENVSHOP/lib/python2.7/site-packages
    WSGIProcessGroup shop
    WSGIScriptAlias / /var/www/shop/shop/wsgi.py
</VirtualHost>
```

其中在 VirtualHost 的后面加上*:80 表示此网站接收来自任何网址对于 80 端口的请求,也就是一般网页服务器的标准通信端口,然后在 ServerName 处指定要接收的主要网站网址,在此例为 shop.min-huang.com,所以只要是浏览此网站的请求都会以此区块中设置的内容来执行。

有关 ErrorLog 和 CustomLog 网站的浏览记录,读者可以自行决定每一个网站要存储的位置,默认是在/var/log/apache2 下的*.log 文件中,如果网站的执行发生了一些错误不容易排除或调试,也可以来这里看看实际连接时发生的问题。

Alias 这一行设置了网址的别名,接下来下面的<Directory>设置用来确定网站的静态文件可以存取的权限。重要的设置是最后面的 3 行,第一行 WSGIDaemonProcess 设置要执行此网站的 Python 所在位置以及 Django 网站的位置,是放在/var/www 下的 shop 文件夹,所以自然要设置为/var/www/shop。另外,虚拟机环境的 site-package 位置也不能设置错误,不同的虚拟机环境都不一样,和 Python 的版本也有关系。而 WSGIProcessGroup 和 WSGIScriptAlias 也是按照网站项目的位置进行调整。此配置文件变更后,需要以如下指令重新启动 Apache2 设置才会生效:

```
# service apache2 restart
```

如果设置上存在错误,这时会得到错误信息,要更正后才有办法启动 Apache。因为我们的网站放在/var/www/shop 中,因此要在/var/www 下执行以下调整文件夹权限的指令:

```
# chown -R www-data:www-data shop
```

此时,我们的 Django 网站可以不需要以 python manage.py runserver 来启动了,而是在用户通过浏览器时,Apache 直接到指定的目录去调用相关的程序来执行。

13.2.4 建立 Django Oscar 购物网站项目

接下来的步骤是建立 Django 网站项目,第一个步骤是建立一个虚拟机环境,这个步骤和 13.2.3 小节的设置要配合好才行。请使用以下指令(在本例中要把网站建立在/var/www 文件夹下,而且使用的是 Ubuntu 16.04 中默认的 Python 2.7.x 版本,并指定使用 Django 1.11.x 的最高版本(安装时指定为"<2.0"即可),因为在笔者编写本书的时候,django-oscar 还不支持 Django 2.0,它只支持到 1.11 版本):

```
# apt-get install libjepg-dev
# virtualenv VENVSHOP
# source VENVSHOP/bin/activate
(VENVSHOP)# pip install "django<2.0"
(VENVSHOP)# django-admin startproject shop
(VENVSHOP)# pip install django-oscar
(VENVSHOP)# pip install django-compressor
(VENVSHOP)# cd shop
(VENVSHOP)# python manage.py startapp mysite
```

以上步骤把 Django-oscar 框架安装到虚拟机环境中，但是在 settings.py 和 urls.py 中都要进行相应的设置才能够让安装进来的 Oscar 正式被启用。所有在 settings.py 和 urls.py 中进行的设置官方网站上都有说明，在此直接把修改后的版本列出，读者可以按照自己主机的文件夹内容进行修正，以下为修改之后的 settings.py（此文件是在 MacOS 环境下使用 Python 2.7.10 和 Django 1.11.12 所制作出来的文件，不同的操作系统环境需要有些许不同的调整，请特别注意）下为修改之后的 settings.py：

```
"""
Django settings for shop project.

Generated by 'django-admin startproject' using Django 1.11.12.

For more information on this file, see
https://docs.djangoproject.com/en/1.11/topics/settings/

For the full list of settings and their values, see
https://docs.djangoproject.com/en/1.11/ref/settings/
"""

import os
from oscar.defaults import *
from oscar import OSCAR_MAIN_TEMPLATE_DIR
from oscar import get_core_apps

# Build paths inside the project like this: os.path.join(BASE_DIR, ...)
BASE_DIR = os.path.dirname(os.path.dirname(os.path.abspath(__file__)))


# Quick-start development settings - unsuitable for production
# See https://docs.djangoproject.com/en/1.11/howto/deployment/checklist/

# SECURITY WARNING: keep the secret key used in production secret!
SECRET_KEY = 'jrf^pcwk_zs%w@q#3qtkg)pb@nivs_a2-bkrplyq+pn(94h^r_'

# SECURITY WARNING: don't run with debug turned on in production!
DEBUG = True

ALLOWED_HOSTS = []


# Application definition

INSTALLED_APPS = [
```

```python
    'django.contrib.admin',
    'django.contrib.auth',
    'django.contrib.contenttypes',
    'django.contrib.sessions',
    'django.contrib.messages',
    'django.contrib.staticfiles',
    'mysite',
    'compressor',
    'django.contrib.sites',
    'django.contrib.flatpages',
    'widget_tweaks',
] + get_core_apps()

SITE_ID = 1

MIDDLEWARE = [
    'django.middleware.security.SecurityMiddleware',
    'django.contrib.sessions.middleware.SessionMiddleware',
    'django.middleware.common.CommonMiddleware',
    'django.middleware.csrf.CsrfViewMiddleware',
    'django.contrib.auth.middleware.AuthenticationMiddleware',
    'django.contrib.messages.middleware.MessageMiddleware',
    'django.middleware.clickjacking.XFrameOptionsMiddleware',
    'oscar.apps.basket.middleware.BasketMiddleware',
    'django.contrib.flatpages.middleware.FlatpageFallbackMiddleware',
]

HAYSTACK_CONNECTIONS = {
    'default': {
        'ENGINE': 'haystack.backends.simple_backend.SimpleEngine',
    },
}

HAYSTACK_CONNECTIONS = {
    'default': {
        'ENGINE': 'haystack.backends.solr_backend.SolrEngine',
        'URL': 'http://127.0.0.1:8983/solr',
        'INCLUDE_SPELLING': True,
    },
}

ROOT_URLCONF = 'shop.urls'

TEMPLATES = [
    {
        'BACKEND': 'django.template.backends.django.DjangoTemplates',
        'DIRS': [
            os.path.join(BASE_DIR, 'templates'),
            OSCAR_MAIN_TEMPLATE_DIR
            ],
        'APP_DIRS': True,
        'OPTIONS': {
            'context_processors': [
                'django.template.context_processors.debug',
                'django.template.context_processors.request',
```

```python
                'django.contrib.auth.context_processors.auth',
                'django.contrib.messages.context_processors.messages',

                'oscar.apps.search.context_processors.search_form',
                'oscar.apps.promotions.context_processors.promotions',
                'oscar.apps.checkout.context_processors.checkout',
                'oscar.apps.customer.notifications.context_processors.notifications',
                'oscar.core.context_processors.metadata',
            ],
        },
    },
]

AUTHENTICATION_BACKENDS = (
    'oscar.apps.customer.auth_backends.EmailBackend',
    'django.contrib.auth.backends.ModelBackend',
)

WSGI_APPLICATION = 'shop.wsgi.application'


# Database
# https://docs.djangoproject.com/en/1.11/ref/settings/#databases

DATABASES = {
    'default': {
        'ENGINE': 'django.db.backends.sqlite3',
        'NAME': os.path.join(BASE_DIR, 'db.sqlite3'),
        'ATOMIC_REQUESTS': True,
    }
}


# Password validation
# https://docs.djangoproject.com/en/1.11/ref/settings/#auth-password-validators

AUTH_PASSWORD_VALIDATORS = [
    {
        'NAME': 'django.contrib.auth.password_validation.UserAttributeSimilarityValidator',
    },
    {
        'NAME': 'django.contrib.auth.password_validation.MinimumLengthValidator',
    },
    {
        'NAME': 'django.contrib.auth.password_validation.CommonPasswordValidator',
    },
    {
        'NAME': 'django.contrib.auth.password_validation.NumericPasswordValidator',
    },
]
```

```python
# Internationalization
# https://docs.djangoproject.com/en/1.11/topics/i18n/

LANGUAGE_CODE = 'zh-Hans'

TIME_ZONE = 'Asia/Beijing'

USE_I18N = True

USE_L10N = True

USE_TZ = True


# Static files (CSS, JavaScript, Images)
# https://docs.djangoproject.com/en/1.11/howto/static-files/

STATIC_URL = '/static/'
MEDIA_URL = '/media/'
STATICFILES_DIRS = [
    os.path.join(BASE_DIR, 'static'),
]
STATIC_ROOT = os.path.join(BASE_DIR, 'staticfiles')
```

因为尚属于开发阶段，为了方便检测，DEBUG 还是保留为 True 的设置，打算把网站正式上线使用时还有许多地方都要加以调整以维护网站的安全性。以下是修改过的 urls.py：

```python
"""shop URL Configuration

The `urlpatterns` list routes URLs to views. For more information please see:
    https://docs.djangoproject.com/en/1.11/topics/http/urls/
Examples:
Function views
    1. Add an import:  from my_app import views
    2. Add a URL to urlpatterns:  url(r'^$', views.home, name='home')
Class-based views
    1. Add an import:  from other_app.views import Home
    2. Add a URL to urlpatterns:  url(r'^$', Home.as_view(), name='home')
Including another URLconf
    1. Import the include() function: from django.conf.urls import url, include
    2. Add a URL to urlpatterns:  url(r'^blog/', include('blog.urls'))
"""
from django.conf.urls import url, include
from django.contrib import admin
from oscar.app import application

urlpatterns = [
    url(r'^i18n/', include('django.conf.urls.i18n')),

    # The Django admin is not officially supported; expect breakage.
    # Nonetheless, it's often useful for debugging.
    url(r'^admin/', include(admin.site.urls)),
```

```
    url(r'', include(application.urls)),
]
```

这两个文件设置完成之后,再执行以下的指令同步数据库(在同步的过程中如果出现错误,则有可能是一些套件未被安装进去,请按照错误提示信息,安装必要的套件):

```
(VENVSHOP)# pip install pysolr
(VENVSHOP)# cd /var/www/shop
(VENVSHOP)# python manage.py makemigrations
(VENVSHOP)# python manage.py migrate
(VENVSHOP)# pip install pycountry
(VENVSHOP)# python manage.py oscar_populate_countries --no-shipping
```

后面两行的目的是加入各个国家或地区的信息,并默认采取不运送到该国家或地区的设置,届时再进行调整即可。经过以上的设置后再使用 service apache2 restart 重新启动一次 Apache 服务器,然后通过浏览器连接到此网址(此例为 http://shop.min-huang.com),就可以顺利地出现 Oscar 默认的网站页面了,如图 13-8 所示。

图 13-8　使用自己的网址建立的 Oscar 电子商店网站页面

确定网站可以正常执行后,第一步是到 admin 后台去把网站的网址变更一下。使用之前通过 cratesuperuser 设置的管理员账号和密码登录网站 admin 后台,找到"网站"数据表,如图 13-9 所示。

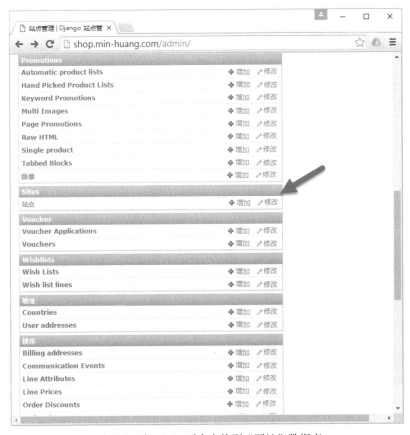

图 13-9　在 admin 后台中找到"网站"数据表

单击进入后会先看到原先默认的 example.com，如图 13-10 所示。

图 13-10　修改 example.com 的网址内容

请把它改为这个网站的实际网址，在此范例为 shop.min-huang.com。接着是修改可以运送的国家或地区，如图 13-11 所示。

图 13-11　修改商品可运送国家或地区的设置

打开 Countries 数据表后，以搜索的方式找出中国台湾 Taiwan 的数据项，然后进行图 13-12 所示的修改，别忘了箭头所指的地方一定要设置为启用才会生效。

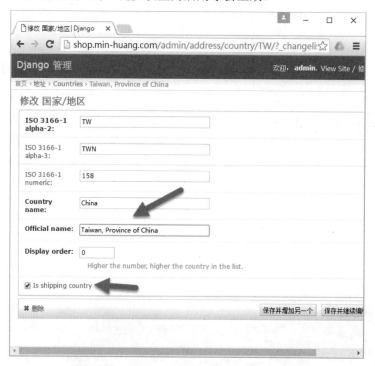

图 13-12　设置可运送国家或地区的选项内容

13.2.5 加上电子邮件的发送功能

购物车网站的重要功能之一就是电子邮件的发送功能，不管使用的是哪一个环境，都可以按照本书第 8.2.4 节中介绍的 mailgun，轻松地让我们的网站项目具有电子邮件的发送功能。方法很简单，就是在虚拟机环境中再以 pip install django-mailgun 安装模块，然后把下面的 3 个参数放到 settings.py 中，再重新启用一次 Apache 服务器就可以了。

```
EMAIL_BACKEND = 'django_mailgun.MailgunBackend'
MAILGUN_ACCESS_KEY = 'key-558**************227e7'
MAILGUN_SERVER_NAME = 'drho.tw'
```

当然，上面的数据需要自己申请才行，设置完成后，请单击右上角的 Login or register 链接，可以到会员注册和登录页面，如图 13-13 所示。

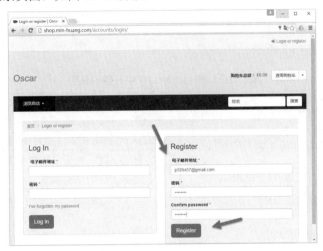

图 13-13　Oscar 网站的登录和注册功能

在此页面中输入一个用于注册的电子邮件地址并设置密码，再单击 Register 按钮，此时网站会立即把此电子邮件加入成为会员，如图 13-14 所示。

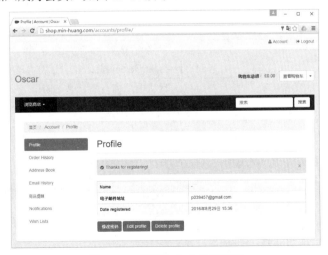

图 13-14　顺利加入会员的页面

同时还会发送一封欢迎注册的电子邮件，如图 13-15 所示。

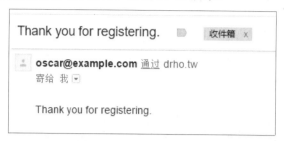

图 13-15　感谢注册的信息

13.2.6　简单地修改 Oscar 网站的设置

Oscar 网站提供了许多参数可以直接在 settings.py 中设置，不需要额外更改任何程序代码，这些设置比较简单，如表 13-2 所示。

表 13-2　在 settings.py 中设置的参数

常数	说明
OSCAR_SHOP_NAME	商店的名称，也可以使用中文，如果使用中文，settings.py 别忘了要设置为 utf-8 的编码，字符串类型
OSCAR_SHOP_TAGLINE	商店的副标题，也是字符串类型，默认是空字符串
OSCAR_RECENTLY_VIEWED_PRODUCTS	最近浏览商品的显示数量，数量类型
OSCAR_PRODUCTS_PER_PAGE OSCAR_OFFERS_PER_PAGE OSCAR_REVIEWS_PER_PAGE OSCAR_NOTIFICATIONS_PER_PAGE OSCAR_EMAILS_PER_PAGE OSCAR_ORDERS_PER_PAGE OSCAR_ADDRESSES_PER_PAGE OSCAR_STOCK_ALERTS_PER_PAGE OSCAR_DASHBOARD_ITEMS_PER_PAGE	所有和分页时每一页要显示的数量有关的参数，数值类型
OSCAR_FROM_EMAIL	发送电子邮件时的 from 电子邮件账号，默认值是 oscar@example.com，字符串类型
OSCAR_DEFAULT_CURRENCY	默认的币值，默认是 GBP，字符串类型

其他设置牵涉到订单的操作流程，读者可自行参阅官方网站上的说明。在本例中，开始只针对以下几个部分进行设置：

```
OSCAR_SHOP_NAME = '我的小店'
OSCAR_FROM_EMAIL = 'service@shop.min-huang.com'
OSCAR_DEFAULT_CURRENCY = 'USD'
```

经由以上的设置，基本上已经可以顺利地为网站添加各种商品，开始后续的测试工作。而要在此网站新增商品有一定的步骤，其流程如下：

步骤01 添加供货商 Fullfilment/Partners。
步骤02 添加类。
步骤03 添加商品种类。
步骤04 添加商品。

回到仪表板，添加供货商的选项位置如图 13-16 所示。

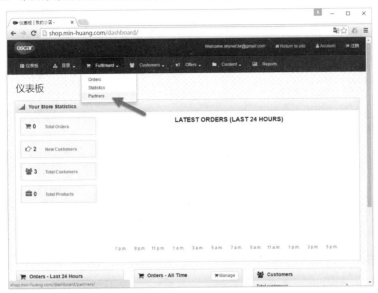

图 13-16　添加供货商的目录所在位置

一般来说，此 Partners 就是提供此商品的上游厂商，接下来要添加的类是本商店中所有商品的分层式分类，商品种类用来描述此商品的特性，这些分类项在把商品上架时需要进行设置。添加这些内容的目录如图 13-17 所示。

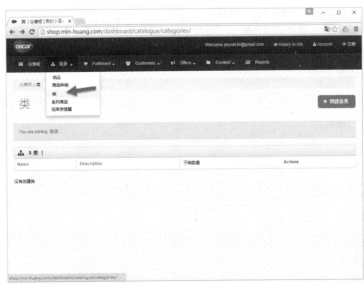

图 13-17　和上架商品相关的选项

有了类、商品类以及供货商后就可以在目录选项中选择添加的商品，如图 13-18 所示。

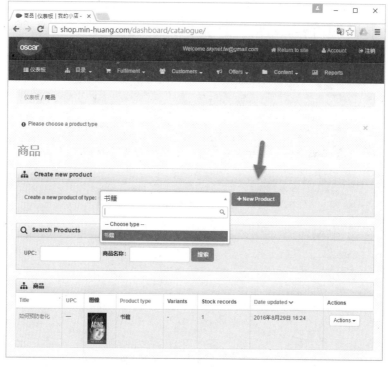

图 13-18　先选商品类再添加商品

如图 13-18 所示，单击"+New Product"按钮后，会出现如图 13-19 所示的添加商品的详细数据设置页面。

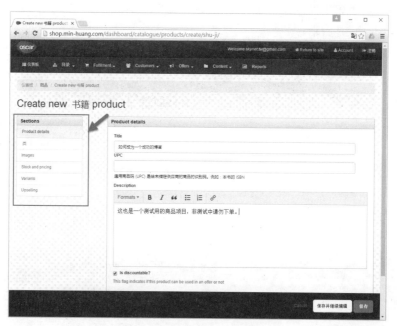

图 13-19　添加商品的设置页面

就如同普通的全功能购物车后台一样，在添加商品的时候也有许多项目可以设置，因为这些项目是在不同的分页中设置，因此为了避免由换页造成的数据遗失，可以随时单击"保存并继续编辑"按钮，如图 13-20 所示。

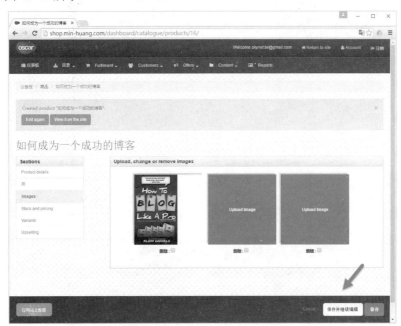

图 13-20　在添加图像文件后，用"保存并继续编辑"按钮把图像文件上传

请读者先添加数个商品到数据库中，以方便接下来的测试操作。

13.2.7　增加 PayPal 在线付款功能

在默认情况下，Oscar 网站并没有为我们串接在线付款的功能，因此为了完成在线结账付款的功能，我们还需要把 django-oscar-paypal 模块加到电子商店网站中。请执行以下指令：

```
pip install django-oscar-paypal
```

在 settings.py 的 INSTALLED_APP 区块中加上 'paypal' 这个 App，然后执行数据库的同步操作：

```
python manage.py migrate
```

django-oscar-paypal 使用的验证方式是传统的 NVP/SOAP API apps 连接方式，在你的网站正式使用 PayPal 电子支付时，要先在 PayPal 网站申请新的 App 需要的验证数据才行，不过在测试网站的时候并不需要这么麻烦，只要前往本书第 12.3.4 小节找到测试账号，把它的数据复制下来使用即可，如图 13-21 所示。

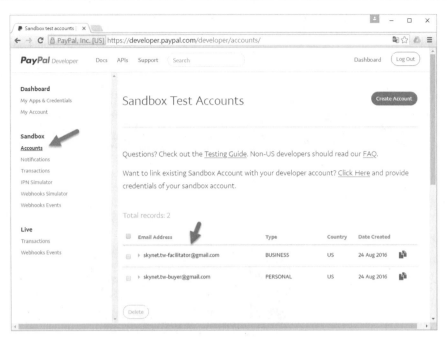

图 13-21　找到 sandbox 的 BUSINESS 测试账号

接下来打开 BUSINESS 账号的 Profile，并单击 API Credentials 标签，就可以看到图 13-22 所示的页面。

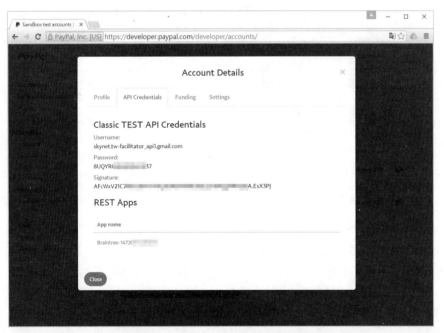

图 13-22　BUSINESS 账号的认证数据

包括 Username、Password、Signature 这 3 个数据，就是等一会儿要放在 settings.py 中的内容。需要加在 settings.py 的主要参数如下：

```
PAYPAL_API_USERNAME = 'skynet-facilitator_api1.gmail.com'
```

```
PAYPAL_API_PASSWORD = '8UQYRG******GD37'
PAYPAL_API_SIGNATURE = 'AFcWxV21C7**************A.EsX3PJ'

PAYPAL_SANDBOX_MODE = True
PAYPAL_CURRENCY = 'USD'
PAYPAL_BRAND_NAME = 'My SHOP'
PAYPAL_CALLBACK_HTTPS=False
```

其中前面 3 个就是 sandbox 测试账号所使用的内容，在正式上线时要以向 PayPal 申请的内容来代替。接着设置为沙盒测试模式，然后设置币值使用的是 USD 美元，以及加上自己的商店名称 'My SHOP'，而且因为我们的网站目前并不是运行在 SSL 下，所以最后还要把 PAYPAL_CALLBACK_HTTPS 设置为 False，返回网站的时候才能够指向正确的页面。至于 urls.py 也要修改如下：

```
from django.conf.urls import include, url
from django.contrib import admin
from oscar.app import application
from django.conf import settings
from django.conf.urls.static import static

urlpatterns = [
    url(r'^i18n/', include('django.conf.urls.i18n')),
    url(r'^admin/', include(admin.site.urls)),
    url(r'^checkout/paypal/', include('paypal.express.urls')),
    url(r'', include(application.urls)),
] + static(settings.MEDIA_URL, document_root=settings.MEDIA_ROOT)
```

主要就是把 checkout/paypal 那一行加进去，在完成 PayPal 付款操作时才会顺利地返回到正确的地址。最后，为了让 PayPal 付款按钮可以放在购物车页面中，请在 templates 文件夹下创建一个文件夹 oscar/basket/partials/，在此文件夹下添加一个 basket_content.html 文件，其内容如下：

```
{% extends 'oscar/basket/partials/basket_content.html' %}
{% load i18n %}
{% load url from future %}

{% block formactions %}
<div class="form-actions">
    {% if anon_checkout_allowed or request.user.is_authenticated %}
        <a href="{% url 'paypal-redirect' %}"><img src="https://www.paypal.com/en_US/i/btn/btn_xpressCheckout.gif" align="left" style="margin-right:7px;"></a>
    {% endif %}
    <a href="{% url 'checkout:index' %}" class="pull-right btn btn-large btn-primary">{% trans "Proceed to checkout" %}</a>
</div>
{% endblock %}
```

这是把额外的 PayPal 结账按钮添加到购物车网页的方法。重新启动 Apache 后再进入我们的范例商店网站，任意选购一些商品后再查看购物车，在购物车的右下方即可看到 PayPal 的结账按钮，如图 13-23 所示。

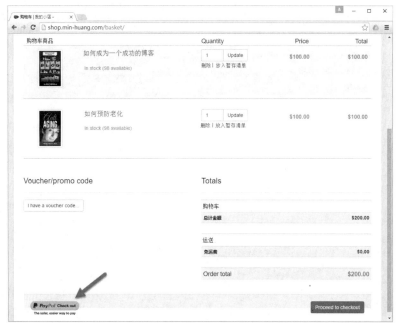

图 13-23　加上 PayPal 结账功能的购物车页面

如图 13-23 所示，单击"PayPal Check out"按钮后，就会被导引到 PayPal 网站上的结账页面，如图 13-24 所示。

图 13-24　PayPal 的结账页面

和第 12 堂课所使用的方法不一样的地方在于：此方法会列出所有商品数据以及明细，左上角也会使用我们的商店名称。此外，在使用 PayPal 的测试账号登录后，页面会更改为图 13-25 所示的样子。

图 13-25 PayPal 结账页面的第二阶段

如图 13-25 中箭头所指的地方，此处消费者可以自行输入运送地址以及加注 note。在单击 Continue 按钮后就会回到网站的 Checkout 页面，刚才输入的这些数据会被显示在网页上让消费者再次确认，如图 13-26 所示。

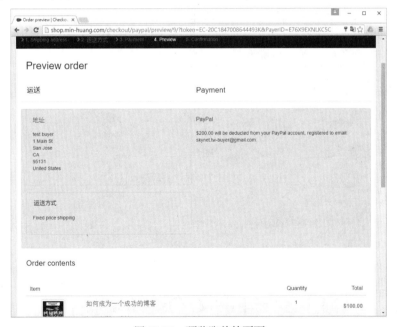

图 13-26 预览账单的页面

在账单预览的页面中检查完没有问题之后，到页面的最下方单击"Place order"后才算是正式完成付款以及结账的操作，完成后的页面如图 13-27 所示。

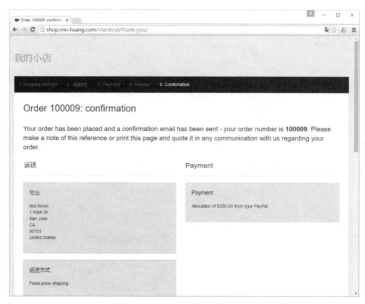

图 13-27　完成订单后的查看页面

当然此时也会发送一个订单完成通知给消费者，内容如图 13-28 所示。

图 13-28　订单完成后的通知电子邮件内容

13.3　自定义 Oscar 网站

在 13.2 节中，我们只是简单地配合原有的网站修改了一些参数让网站符合需求，然而既然是自行建立的网站，我们应该有更大的修改弹性才对。在本小节中，我们将介绍 Django-Oscar 网站中更多可以自行修改编辑的功能。

13.3.1 建立自己的 templates，打造客户化的外观

如同我们在前一小节（第 13.2.7 节）设计的购物车网页，我们的内容中，在购物车网页中增加了单击 PayPal 结账按钮时要调用的方法，Django Oscar 默认只要在 templates/oscar 下所有和原本系统中同名的模板文件均会被优先采用，因此要客户化每一个网页使用同样的方法就可以了。当我们使用 pip install django-oscar 安装时，所有 templates 会被复制一份到虚拟机环境目录的 lib 文件夹下。以我们的范例网站为例，因为使用的虚拟机环境名称为 VENVSHOP，所以要使用以下指令把所有默认的 templates 全部复制到网站的 templates 目录下。

```
cp -R /var/www/VENVSHOP/lib/python2.7/site-packages/oscar/template/* /var/www/shop/templates
```

之后再到网站目录的 templates 文件夹下，即可看到以下目录结构：

```
templates
├── 403.html
├── 404.html
├── 500.html
├── base.html
├── basket
│   ├── basket.html
│   ├── messages
│   │   ├── addition.html
│   │   ├── line_restored.html
│   │   ├── line_saved.html
│   │   ├── new_total.html
│   │   ├── offer_gained.html
│   │   └── offer_lost.html
│   └── partials
│       ├── basket_content.html
│       ├── basket_quick.html
│       └── basket_totals.html
├── catalogue
│   ├── browse.html
│   ├── category.html
│   ├── detail.html
│   ├── partials
│   │   ├── add_to_basket_form_compact.html
│   │   ├── add_to_basket_form.html
│   │   ├── add_to_wishlist.html
│   │   ├── gallery.html
│   │   ├── product.html
│   │   ├── review.html
│   │   └── stock_record.html
│   └── reviews
│       ├── partials
│       │   └── review_stars.html
```

```
│   │           ├── review_detail.html
│   │           ├── review_form.html
│   │           ├── review_list.html
│   │           └── review_product.html
├── checkout
│   ├── checkout.html
│   ├── gateway.html
│   ├── layout.html
│   ├── nav.html
│   ├── payment_details.html
│   ├── preview.html
│   ├── shipping_address.html
│   ├── shipping_methods.html
│   ├── thank_you.html
│   ├── user_address_delete.html
│   └── user_address_form.html
├── customer
│   ├── address
│   │   ├── address_delete.html
│   │   ├── address_form.html
│   │   └── address_list.html
│   ├── alerts
│   │   ├── alert_list.html
│   │   ├── emails
│   │   │   ├── alert_body.txt
│   │   │   ├── alert_subject.txt
│   │   │   ├── confirmation_body.txt
│   │   │   └── confirmation_subject.txt
│   │   ├── form.html
│   │   └── message.html
│   ├── anon_order.html
│   ├── baseaccountpage.html
│   ├── email
│   │   ├── email_detail.html
│   │   └── email_list.html
│   ├── emails
│   │   ├── base.html
│   │   ├── base.txt
│   │   ├── commtype_email_changed_body.html
│   │   ├── commtype_email_changed_body.txt
│   │   ├── commtype_email_changed_subject.txt
│   │   ├── commtype_order_placed_body.html
│   │   ├── commtype_order_placed_body.txt
│   │   ├── commtype_order_placed_subject.txt
│   │   ├── commtype_password_changed_body.html
│   │   ├── commtype_password_changed_body.txt
│   │   ├── commtype_password_changed_subject.txt
│   │   ├── commtype_password_reset_body.html
│   │   ├── commtype_password_reset_body.txt
│   │   ├── commtype_password_reset_subject.txt
│   │   ├── commtype_registration_body.html
```

```
│   │           ├── commtype_registration_body.txt
│   │           ├── commtype_registration_sms.txt
│   │           └── commtype_registration_subject.txt
│   ├── history
│   │   └── recently_viewed_products.html
│   ├── login_registration.html
│   ├── notifications
│   │   ├── detail.html
│   │   └── list.html
│   ├── order
│   │   ├── order_detail.html
│   │   └── order_list.html
│   ├── partials
│   │   └── nav_account.html
│   ├── profile
│   │   ├── change_password_form.html
│   │   ├── profile_delete.html
│   │   ├── profile_form.html
│   │   └── profile.html
│   ├── registration.html
│   └── wishlists
│       ├── wishlists_delete.html
│       ├── wishlists_delete_product.html
│       ├── wishlists_detail.html
│       ├── wishlists_form.html
│       └── wishlists_list.html
├── dashboard
│   ├── base.html
│   ├── catalogue
│   │   ├── category_delete.html
│   │   ├── category_form.html
│   │   ├── category_list.html
│   │   ├── category_row_actions.html
│   │   ├── messages
│   │   │   └── product_saved.html
│   │   ├── product_class_delete.html
│   │   ├── product_class_form.html
│   │   ├── product_class_list.html
│   │   ├── product_delete.html
│   │   ├── product_list.html
│   │   ├── product_row_actions.html
│   │   ├── product_row_image.html
│   │   ├── product_row_stockrecords.html
│   │   ├── product_row_title.html
│   │   ├── product_row_variants.html
│   │   ├── product_update.html
│   │   └── stockalert_list.html
│   ├── comms
│   │   ├── detail.html
│   │   └── list.html
│   ├── index.html
```

```
│   │       ├── layout.html
│   │       ├── login.html
│   │       ├── offers
│   │       │   ├── benefit_form.html
│   │       │   ├── condition_form.html
│   │       │   ├── metadata_form.html
│   │       │   ├── offer_delete.html
│   │       │   ├── offer_detail.html
│   │       │   ├── offer_list.html
│   │       │   ├── progress.html
│   │       │   ├── restrictions_form.html
│   │       │   ├── step_form.html
│   │       │   └── summary.html
│   │       ├── orders
│   │       │   ├── line_detail.html
│   │       │   ├── order_detail.html
│   │       │   ├── order_list.html
│   │       │   ├── partials
│   │       │   │   └── bulk_edit_form.html
│   │       │   ├── shippingaddress_form.html
│   │       │   └── statistics.html
│   │       ├── pages
│   │       │   ├── delete.html
│   │       │   ├── index.html
│   │       │   ├── messages
│   │       │   │   └── saved.html
│   │       │   └── update.html
│   │       ├── partials
│   │       │   ├── alert_messages.html
│   │       │   ├── form_field.html
│   │       │   ├── form_fields.html
│   │       │   ├── form_fields_inline.html
│   │       │   ├── form.html
│   │       │   ├── pagination.html
│   │       │   ├── product_images.html
│   │       │   └── stock_info.html
│   │       ├── partners
│   │       │   ├── messages
│   │       │   │   └── user_unlinked.html
│   │       │   ├── partner_delete.html
│   │       │   ├── partner_form.html
│   │       │   ├── partner_list.html
│   │       │   ├── partner_manage.html
│   │       │   ├── partner_user_form.html
│   │       │   ├── partner_user_list.html
│   │       │   └── partner_user_select.html
│   │       ├── promotions
│   │       │   ├── delete.html
│   │       │   ├── delete_pagepromotion.html
│   │       │   ├── form.html
│   │       │   ├── handpickedproductlist_form.html
```

```
│   │       ├── page_detail.html
│   │       ├── pagepromotion_list.html
│   │       └── promotion_list.html
│   ├── ranges
│   │   ├── messages
│   │   │   ├── range_products_saved.html
│   │   │   └── range_saved.html
│   │   ├── range_delete.html
│   │   ├── range_form.html
│   │   ├── range_list.html
│   │   └── range_product_list.html
│   ├── reports
│   │   ├── index.html
│   │   └── partials
│   │       ├── offer_report.html
│   │       ├── open_basket_report.html
│   │       ├── order_report.html
│   │       ├── product_report.html
│   │       ├── submitted_basket_report.html
│   │       ├── user_report.html
│   │       └── voucher_report.html
│   ├── reviews
│   │   ├── review_delete.html
│   │   ├── review_list.html
│   │   └── review_update.html
│   ├── shipping
│   │   ├── messages
│   │   │   ├── band_created.html
│   │   │   ├── band_deleted.html
│   │   │   ├── band_updated.html
│   │   │   ├── method_created.html
│   │   │   ├── method_deleted.html
│   │   │   └── method_updated.html
│   │   ├── weight_band_delete.html
│   │   ├── weight_band_form.html
│   │   ├── weight_based_delete.html
│   │   ├── weight_based_detail.html
│   │   ├── weight_based_form.html
│   │   └── weight_based_list.html
│   ├── table.html
│   ├── users
│   │   ├── alerts
│   │   │   ├── delete.html
│   │   │   ├── list.html
│   │   │   ├── partials
│   │   │   │   └── alert.html
│   │   │   └── update.html
│   │   ├── detail.html
│   │   ├── index.html
│   │   ├── table.html
│   │   ├── user_row_actions.html
```

```
|   |       └── user_row_checkbox.html
|   └── vouchers
|       ├── voucher_delete.html
|       ├── voucher_detail.html
|       ├── voucher_form.html
|       └── voucher_list.html
├── error.html
├── flatpages
|   └── default.html
├── layout_2_col.html
├── layout_3_col.html
├── layout.html
├── login_forbidden.html
├── offer
|   ├── detail.html
|   ├── list.html
|   └── range.html
├── partials
|   ├── alert_messages.html
|   ├── brand.html
|   ├── ellipses_pagination.html
|   ├── extrascripts.html
|   ├── footer_checkout.html
|   ├── footer.html
|   ├── form_field.html
|   ├── form_fields.html
|   ├── form_fields_inline.html
|   ├── form.html
|   ├── google_analytics.html
|   ├── google_analytics_transaction.html
|   ├── image_input_widget.html
|   ├── mini_basket.html
|   ├── nav_accounts.html
|   ├── nav_checkout.html
|   ├── nav_primary.html
|   ├── pagination.html
|   └── search.html
├── promotions
|   ├── automaticproductlist.html
|   ├── baseproductlist.html
|   ├── default.html
|   ├── handpickedproductlist.html
|   ├── home.html
|   ├── image.html
|   ├── multiimage.html
|   ├── rawhtml.html
|   └── singleproduct.html
├── README.rst
├── registration
|   ├── password_reset_complete.html
|   ├── password_reset_confirm.html
```

```
    │   ├── password_reset_done.html
    │   └── password_reset_form.html
    └── search
        ├── indexes
        │   └── product
        │       └── item_text.txt
        ├── partials
        │   ├── facet.html
        │   └── pagination.html
        └── results.html
```

这里面就是所有可以修改的模板内容，因为是模板指令，所以在修改后不需要重新启动 Apache 服务器即可马上生效，可以随时根据网站的需求增加或减少显示的内容。此外，考虑到国际化的因素，在此系统中大部分字符串都是以 i18n 的方式呈现，也就是在文件中要看到以下内容：

```
{% trans "Order preview" %}
```

如果打算维持多语言的特性，那么请勿直接把该字符串修改为中文，使用 13.3.2 小节介绍的方式去修改翻译文件里面的字符串才是正确的方法。但是，如果你确定这个网站只会使用在中文的环境中，那么也可以选择不使用 i18n 的方法，直接用中文把其中的内容取代即可。

在这些文件中，base.html 几乎是所有文件都会导入的基础配置文件，按照笔者的习惯，都会在 base.html 的<head>标签下加上以下<style>设置：

```
<style>
  h1, h2, h3, h4, h5, h6, p, div {
      font-family:微软雅黑;
  }
</style>
```

如此可以确保在有微软雅黑字体的计算机中可以使用比较好看的字体来取代原先默认的字体。接着可以修改的文件是负责网站门面的 promotions/home.html，这原本是设置用来显示促销信息的地方，也是进入网站后看到的第一个页面，默认的 Oscar 网站并未实现这一页，因此整个首页看起来空空的，我们可以在这个文件中加上一些固定要显示在首页的信息。但是在此之前，由于原本的网站的主菜单默认是打开状态而且没有办法收起来，这会影响到主页左侧字段的显示，因此要先把负责显示菜单的 partials/nav_primary.html 中大约第 38 行和第 39 行的内容修改如下：

```
<li class="dropdown active">
    <a href="#" class="dropdown-toggle" {% if expand_dropdown %} data-toggle="dropdown"{% endif %}>
```

如此一来，菜单开始时就会是收合的状态，需要使用鼠标单击后才会打开。这样就可以编辑 promotions/home/html 的内容和想要显示在首页的内容，因为默认情况下它使用的是 layout_2_col.html，也就是两栏式的设置，所以要编辑的内容就是{% block column_left %}和{% block content %}这两个区块。假设我们打算在网站左侧字段使用一个小区块用来显示店家的地图，可以前往 Google Map 网站获取内嵌网站用的<iframe> HTML 代码，接着使用在前面几堂课的技巧以<div class='panel'>的方式放到网站中，其他包括要内嵌 YouTube 以及 Google AdSense 广告码等也都是使用相同的方式。修改后的 home.html 内容如下：

```
{% extends "layout_2_col.html" %}
```

```
{% load i18n %}

{% block navigation %}
    {% include "partials/nav_primary.html" with expand_dropdown=1 %}
{% endblock %}

{% block header %}{% endblock %}

{% block column_left %}
<table>
    <tr>
        <td>
            <div class='panel panel-warning'>
                <div class='panel panel-heading'>
                    <h3>最新消息</h3>
                </div>
                <div class='panel panel-body'>
                    <p>
                        欢庆开学，即日起凡在本店购书满100元以上，即免运费。
                    </p>
                </div>
                <div class='panel panel-footer'>
                    <em>截止日：2016/12/31</em>
                </div>
            </div>
        </td>
    </tr>
    <tr>
        <td>
            <div class='panel panel-info'>
                <div class='panel panel-heading'>
                    <h3>本店地址</h3>
                </div>
                <div class='panel panel-body'>
                    <iframe src="https://www.google.com/maps/embed?pb=!1m18!1m12!1m3!1d3682.492640658839!2d120.34805411501405!3d22.635413785150387!2m3!1f0!2f0!3f0!3m2!1i1024!2i768!4f13.1!3m3!1m2!1s0x346e1b319d8b9d47%3A0x904f4108ed16fc38!2z5by15aeQ6J2m5LuB5rC06aSD54mb6IKJ6bq1!5e0!3m2!1szh-TW!2stw!4v1472545810920" width="100%" frameborder="0" style="border:0" allowfullscreen></iframe>
                </div>
                <div class='panel panel-footer'>
                    <em>电话：07-749-xxxx</em>
                </div>
            </div>
        </td>
    </tr>
</table>
{% endblock %}

{% block content %}
<div class='panel panel-primary'>
    <div class='panel panel-heading'>
```

```
        <h1>欢迎光临【我的小店】</h1>
    </div>
    <div class='panel panel-body'>
        <iframe width="100%" height="315"
src="https://www.youtube.com/embed/hgIfZz8STLk" frameborder="0"
allowfullscreen></iframe>
    </div>
    <div class='panel panel-footer'>
        <script async src="//pagead2.googlesyndication.com/pagead/js/
adsbygoogle.js"></script>
<!-- photo.madoupt.com -->
<ins class="adsbygoogle"
    style="display:inline-block;width:728px;height:90px"
    data-ad-client="ca-pub-9059544252653595"
    data-ad-slot="9433375637"></ins>
<script>
(adsbygoogle = window.adsbygoogle || []).push({});
</script>
    </div>
</div>
{% endblock content %}
```

在上述程序代码中，我们在左侧边栏使用<table>建立两个 Bootstrap 的 Panel 组件，第一个 Panel 放置网站的最新消息，第二个 Panel 放置 Google Map 的内嵌码。为了让地图的宽度可以符合网站的排版，内嵌码的 width 要设置为 100%，height 不用指定。另外，在 content 这个 block 中是在 Panel 的 body 中嵌入 YouTube 视频，在 footer 中嵌入 Google AdSense 的广告代码。

此外，整个网站中还有一个 footer.html 可以修改，此文件在 partials 文件夹下，我们也可修改如下：

```
{% load i18n %}
<footer class="footer container-fluid">
    {% block footer %}
        {% comment %}

            Could be used for displaying links to privacy policy, terms of service,
etc.
            We have a CSS class defined:
                <ul class="footer_links inline">
                    ...
                </ul>
        {% endcomment %}
        <div class='panel panel-info'>
            <h4>本网站的内容均为教学示范之用，请勿下单购买。笔者网站：<a
href='http://hophd.com'>http://hophd.com</a></h4>
        </div>
    {% endblock %}
</footer>
```

记得 HTML 码要放在{% comment %}外面才会生效。全部修改后的网站主页面如图 13-29 所示。其他部分就由读者自由发挥了。

图 13-29 修改首页内容后的范例商店网站

13.3.2 网站的中文翻译

django-oscar 支持多语言，很不幸的是截止笔者撰写本书的时候，中文的翻译进度只到 10%，最新的进度可到此网站中查看：https://www.transifex.com/codeinthehole/django-oscar/。不过，除了等待原项目的翻译外，我们也可以自行使用本地的文件进行个性化的翻译工作。首先，在网站的 settings.py 中指定要用的翻译文件：

```
LOCALE_PATHS = [
  os.path.join(BASE_DIR, 'locale'),
]
```

然后在网站的文件夹中（在此例为/var/www/shop）执行以下指令：

```
(VENVSHOP) # mkdir i18n locale
(VENVSHOP) # ln -s /var/www/VENVSHOP/lib/python2.7/site-packages/oscar i18n/oscar
(VENVSHOP) # python manage.py makemessages --symlinks --locale=zh_CN
```

在 locale/zh_CN/LC_MESSAGES/文件夹下就会有一个等待翻译的文件 django.po，可以打开此文进行编辑，自行翻译中英文对照的部分再存盘，最后使用以下指令进行编译文件的操作。

```
(VENVSHOP) # python manage.py compilemessages
```

执行完上述指令后会更新 django.mo 以供网站在翻译字符串时使用，重新启动 Apache 服务器后即可生效，其实也挺方便的。如果读者有需要，也可以到笔者的网站找到翻译后的文件，对照之后参考修改即可。

其他客户化的功能已超出本书的范围，请有兴趣的读者自行参考 Django-Oscar 项目的说明文件网页：https://django-oscar.readthedocs.io/en/releases-1.2/index.html，也可直接查看在第 13.1 节中建立的测试网站 Sandbox 的内容，按照其内容来修改自己的网站。

13.4 习 题

1．请使用第 13.2.3 小节介绍的 Apache 设置方式，建立至少两个以上的虚拟网站(VirtualHost)。

2．在使用第 13.3.1 小节中的方法后，购物车中的 PayPal 付款按钮反而不能显示出来，请参考第 13.2.7 小节的内容再把它加回去。

3．请比较说明第 13.2.7 小节使用的 PayPal 付款方法和第 12.3 节介绍的内容有什么不一样？

4．请按照本堂课的教学，建立一个可以销售至少 10 种商品的电子商店。

5．使用 Django 的电子商店项目除了 django-oscar 外，请再举出一例并比较两者之间的差异。

第 14 堂

使用 Mezzanine 快速打造 CMS 网站

曾经使用过 WordPress 架设网站且具有相当经验的读者，一定会对 WordPress 快速打造网站的特性印象深刻，只要我们的系统中具备 Apache、MySQL 以及 PHP 的执行环境，几乎只要把系统文件在特定的文件夹中解压缩，再进行一些简单的设置后就可以让网站实时上线，让我们立即拥有全功能的 CMS 网站。其实，在 Python 的开发社区中也有许多人在做这方面的努力，Mezzanine 就是其中的佼佼者，在这一堂课中就来实际练习一下，看看打造这类的 CMS 网站是否可以节省我们开发网站的时间。

14.1 快速安装 Mezzanine CMS 网站

在这一小节中，我们先让来了解一下什么是 Mezzanine，以及如何快速地在自己的系统中安装 Mezzanine 网站，并进行简易的设置，以体验 Mezzanine 的威力。

14.1.1 什么是 Mezzanine

了解 Mezzanine 最好的方式除了实际安装这个系统之外，就是前往它的官网，看看它们的自我介绍。Mezzanine 官网的网址是：http://mezzanine.jupo.org/，在官网介绍中的第一句话，开宗明义就这样说："Mezzanine is a powerful, consistent, and flexible content management platform"，简单地说就是一个具有威力、稳定以及弹性的内容管理平台。它是架设在 Django 框架基础之上的一个 Django app，提供了内容管理系统所需要的许多功能，有些人也把它看作是以 Python 为基础的 WordPress 类型的网站系统，只是有许多的功能和设计方向不太一样。但是，在它的范例网站中，有许多被用于是博客（使用 Mezzanine 作为网站的网址列表：http://mezzanine.jupo.org/docs/overview.html#sites-using-mezzanine）。在网站列出的特性中，笔者将比较重要的列示如下（完整的特色请参阅官网）：

- 阶层式页面导览
- 帖文编排
- 拖曳式调整页面的顺序
- 所见即所得（WYSIWYG）的编辑功能
- 支持 HTML5 窗体
- 支持电子商店购物车模块（Cartridge）
- 可配置的控制台
- 具有标签功能
- 有免费以及付费高级的项目主题可供选择
- 用户账号具有电子邮件验证功能
- 超过 35 国语言的翻译版本，可以用于多语言的网站
- 可以在 Facebook 或 Twitter 上分享
- 每一页或每一篇帖文均可自定义模板
- 整合了 Bootstrap
- 提供客户化内容形态的 API
- 可以和第三方的 Django 应用无缝整合
- 多设备检测以及对应的模板处理
- 一个步骤就可以从其他的博客引擎进行迁移
- 自动化的网站上架功能
- 支持 Akismet 垃圾留言过滤等等

在笔者编写本书时，Mezzanine 的最新版本是 4.2.3，尚未支持 Django 2.0，因此在安装时要特别注意版本之间的差异。

14.1.2　安装 Mezzanine

在这一小节中就以 Windows 10 操作系统来进行示范说明安装 Mezzanine 的过程以及注意事项。在 Windows 10 操作系统中执行 Python 的最佳选择就是前往 Anaconda（网址：https://anaconda.org/）安装整个套件包（或称为软件包），安装完毕之后就可以拥有完整的 Python 开发环境，在 Windows 程序集中也会有一个 Anaconda Prompt 的专用命令提示符的环境，如图 14-1 所示。

在此环境中，首先切换到想要存储网站的目录（在此以 c:\mezzanine 为例），第一步先使用 virtualenv 创建一个虚拟环境并启用它（如果不能使用 virtualenv，请使用 pip install virtualenv 指令安装这个虚拟环境的套件）：

```
(C:\ProgramData\Anaconda3) C:\mezzanine>virtualenv mycms
Using base prefix 'c:\\programdata\\anaconda3'
New python executable in C:\mezzanine\mycms\Scripts\python.exe
Installing setuptools, pip, wheel...done.
```

```
(C:\ProgramData\Anaconda3) C:\mezzanine>mycms\Scripts\activate

(mycms) (C:\ProgramData\Anaconda3) C:\mezzanine>
```

图 14-1　Anaconda Prompt 的命令提示符环境

接着使用 pip install mezzanine 来安装所有 Mezzanine 网站需要的套件，如图 14-2 所示。

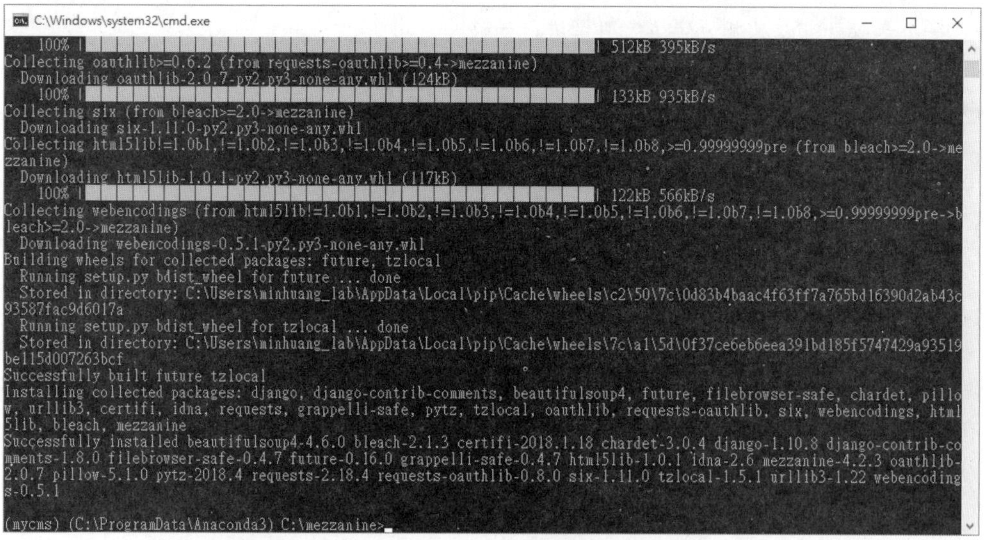

图 14-2　执行完 pip install mezzanine 的屏幕显示画面

如果使用的是 Ubuntu 操作系统，可能还会需要再安装以下的套件：

```
# apt-get install libjpeg8 libjpeg8-dev
# apt-get build-dep python-imaging
```

如果使用的是 MacOS 的操作系统，则可能需要再安装以下的套件：

```
$ brew install libjpeg
```

如果安装了以上的套件之后在执行上还是有一些问题，通常在错误提示信息中都会说明少了什么套件，那么再安装那些找不到的套件即可。

接下来就可以使用 mezzanine-project mysite 来创建一个叫做 mysite 的网站项目（mysite 这个名称可以被替换成自己想要用的网站名称），创建完成之后的目录结构如图 14-3 所示。

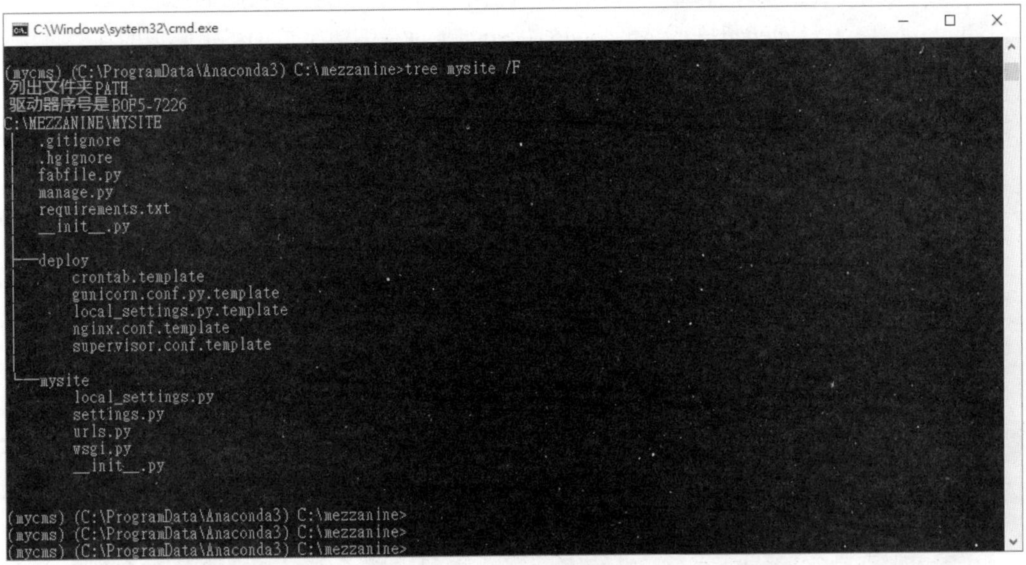

图 14-3　mezzanine-project 创建的网站目录结构

请切换到该目录中（在此例为 mysite），执行 python manage.py createdb，开始创建许多需要在网站中使用到的数据表，并询问创建网站所需的相关信息，首先是网站的 IP 和端口，如下：

```
A site record is required.
Please enter the domain and optional port in the format 'domain:port'.
For example 'localhost:8000' or 'www.example.com'.
Hit enter to use the default (127.0.0.1:8000):
```

对于这些问题，在测试的网站中请直接按下【Enter】键使用默认值即可。接下来是用户名称、电子邮件账号和密码，请输入想要设置的内容，如下：

```
Creating default account ...

Username (leave blank to use 'minhuang_lab'): admin
Email address: skynet@gmail.com
Password:
Password (again):
Superuser created successfully.
Installed 2 object(s) from 1 fixture(s)
```

下一个问题是询问我们是否需要安装示范用的页面以及相关的内容，为了方便练习，请直接回答 yes，如下：

```
Installed 2 object(s) from 1 fixture(s)

Would you like to install some initial demo pages?
Eg: About us, Contact form, Gallery. (yes/no): yes
```

```
Creating demo pages: About us, Contact form, Gallery ...

Installed 16 object(s) from 3 fixture(s)
```

至此，就安装完毕了。不过，在使得你的网站能够被浏览之前，在 settings.py 中还要进行一个设置上的调整，就是在 ALLOWED_HOSTS 设置值中加上允许浏览此网站的网址（请使用程序编辑器如 Sublime Text、Notepad++或 Anaconda 的 Spyder 进行编辑），如果怕麻烦的话，直接设置成 '*'，如下所示：

```
ALLOWED_HOSTS = ['*']
```

最后执行 python manage.py runserver，即可进入网站服务启用模式，执行结果如图 14-4 所示。

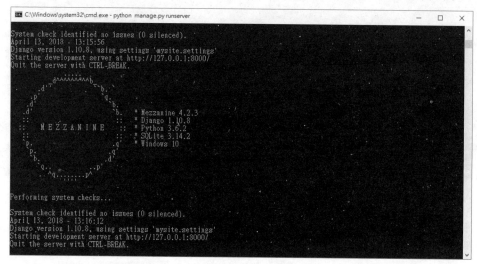

图 14-4　Mezzanine 的执行结果

此时使用浏览器前往网址 http://localhost:8000，即可看到如图 14-5 所示的页面。

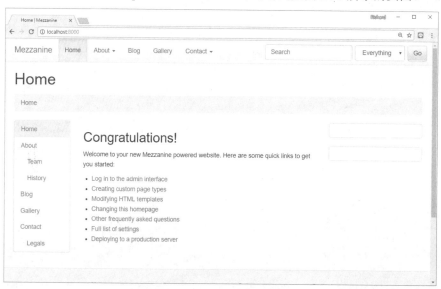

图 14-5　Mezzanine 默认的首页页面

第 14 堂　使用 Mezzanine 快速打造 CMS 网站 | 423

如你所见，一个全功能的网站不需要太多的步骤就完成了。因为之前已经创建了管理员账号和密码，所以只要在网址后面加上 /admin 即可看到如图 14-6 所示的登录页面。如果你忘记了密码，再执行一次 python manage.py createsuperuser 即可。

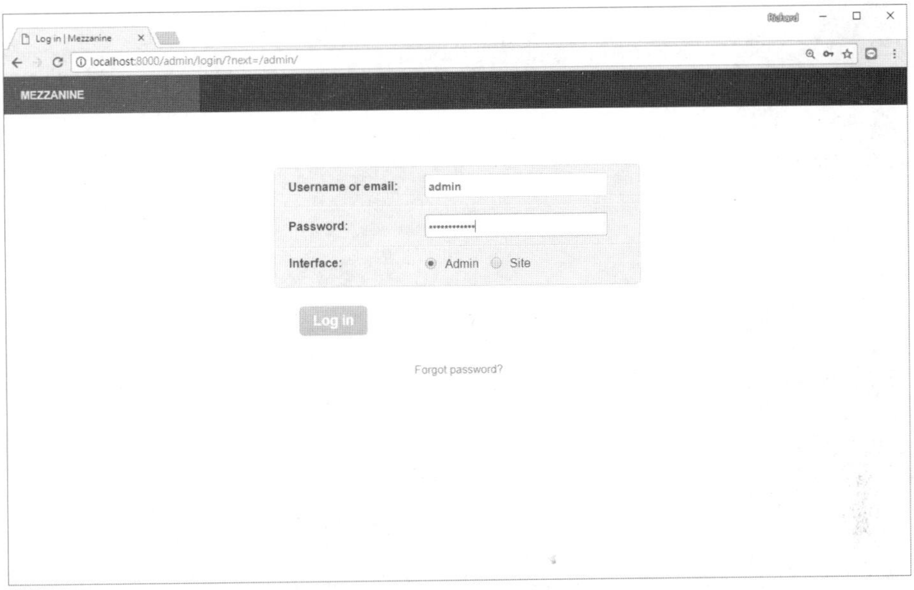

图 14-6　管理员登录页面

在使用之前设置的账号和密码登录之后，即可看到如图 14-7 所示的仪表板（Dashboard，或称为控制盘），如果读者曾经使用过 WordPress，应该会觉得有点像是简约版的 WordPress 控制台。

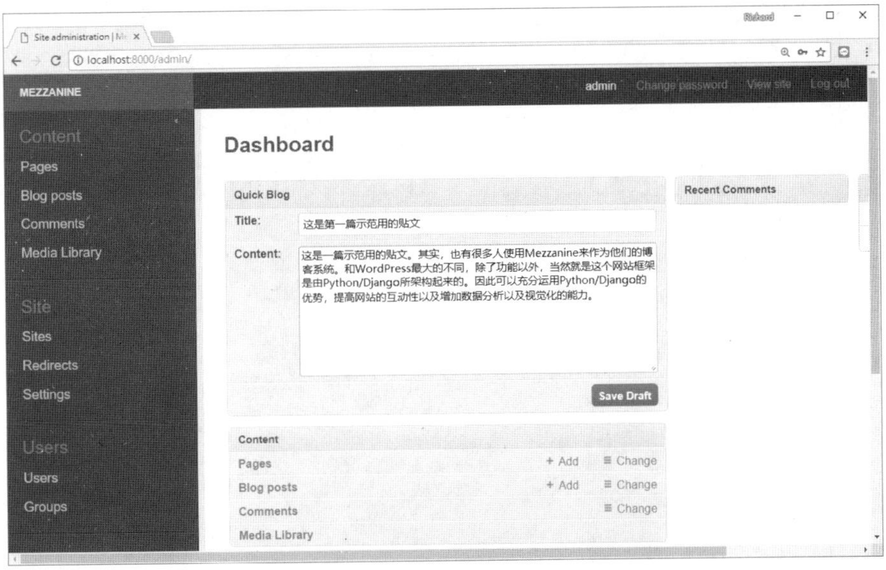

图 14-7　Mezzanine 默认的 Dashboard 操作界面

由于 Dashboard 的操作界面很直观，因此在此不再累述，请读者自行练习。页面中间最明显之处就是可以张帖文章的地方，只要键入帖文的标题（Title）以及内容（Content），再单击"Save Draft"按钮就可以让文章变成草稿，如图 14-8 所示。

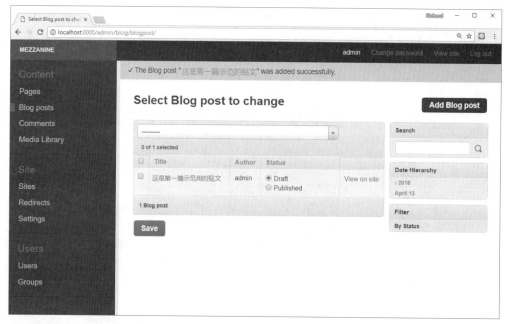

图 14-8　在默认的情况下，帖文开始会被保存成草稿

然后在图 14-8 所示的页面中，再把"Status"的选项改为"Published"，再单击"Save"按钮就可以把帖文实际贴到网站中。在文章张贴完成之后，回到网站首页，单击菜单上的"Blog"选项，就可以看到如图 14-9 所示的页面，和一般简约版的博客系统没有两样。

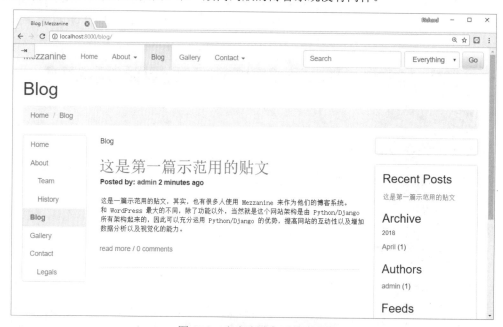

图 14-9　文章张贴之后的页面

一个好的 CMS 系统最棒的地方当然是可以自由地更换版面以及增加额外的功能，在下一节中将说明有关于 Mezzanine 主题的部分。

14.1.3 安装 Mezzanine 主题

在官网中有一个免费 Mezzanine 主题的链接，这是一个在 GitHub 上的项目，网址是 https://github.com/thecodinghouse/mezzanine-themes，其网页如图 14-10 所示。

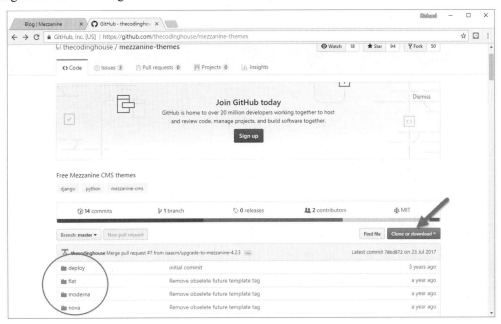

图 14-10 免费的 Mezzanine 主题项目页面

在图 14-10 的页面中，用圆圈框起来的地方就是主题的名称，安装的方式是先把这整个项目下载下来（单击"Clone or download"按钮，箭头指向的地方）。下载完成之后得到一个压缩文件，先进行解压缩，会解压缩出如图 14-11 所示的目录结构。

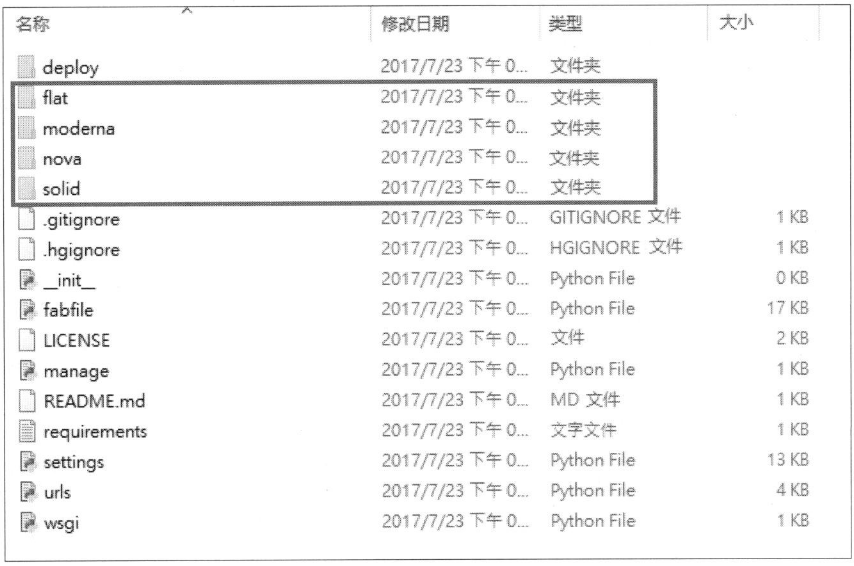

图 14-11 免费主题解压缩之后的目录结构和文件

如图 14-11 所示，在框线中的几个文件夹就是主题所需要的文件夹，请把这几个文件夹都复制到我们的网站主目录之下就可以了，如图 14-12 所示。

图 14-12　复制了主题的主网站目录结构

接着打开 settings.py，找到 INSTALLED_APPS 变量，把想要启用的主题设置好，如下程序代码所示，我们把 4 个主题都设置好并加上注释号，而只把想要启用的主题前面的注释号删除，下面的例子是套用 "nova" 这个主题：

```
INSTALLED_APPS = (
    #"flat",
    #"moderna",
    #"solid",
    "nova",
    "django.contrib.admin",
    "django.contrib.auth",
    "django.contrib.contenttypes",
    "django.contrib.redirects",
    "django.contrib.sessions",
    "django.contrib.sites",
    "django.contrib.sitemaps",
    "django.contrib.staticfiles",
    "mezzanine.boot",
    "mezzanine.conf",
    "mezzanine.core",
    "mezzanine.generic",
    "mezzanine.pages",
    "mezzanine.blog",
    "mezzanine.forms",
    "mezzanine.galleries",
    "mezzanine.twitter",
    # "mezzanine.accounts",
    # "mezzanine.mobile",
)
```

把 settings.py 存盘之后，再刷新一次浏览器，首页页面就变成如图 14-13 所示的样子。

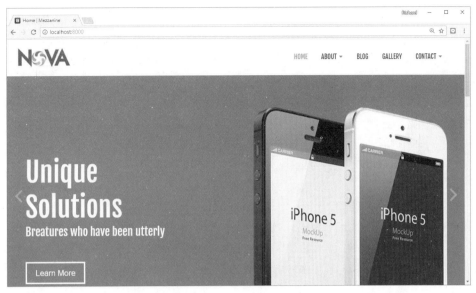

图 14-13　套用 Nova 主题之后的首页页面的外观

进入博客系统后，还需要做一些排版上的调整，如图 14-14 所示。

图 14-14　套用 Nova 主题之后的博客页面的外观

在套用了主题之后，网页的页面是不是更有质感了呢！在官网上还有许多使用 Mezzanine 系统的网站主题项目链接可以引用，也有人在网络上销售高级的付费主题项目，有兴趣的读者可以去看看。

14.1.4　Mezzanine 网站的设置与调整

对于中国的用户而言，网站安装完成时，第一个想到要调整的就是要把网站中文化。在官网中既然声称已有超过 35 种语言的翻译版本，自然不会遗漏中文的，因此，要把网站中文化的方法就非常简单了。不过，在这里要特别强调的是，网站的文章、标题以及所有的内容本来就可以输入中文，因此不做中文化也可以创建中文博客，发布中文帖文，这是没有问题的，我们在这里说明的中文化，主要是要对网站的管理界面以及内置的显示信息，让它本来显示的英文信息或提示改为对应的中文内容。如果读者对于英文界面没有什么特别的障碍，其实不做中文化也可以。

要修正网站的基本设置，基本上都是要编辑 settings.py 这个文件，请打开这个文件，找出下面这一行，把原本的 False 改为 True：

```
USE_I18N = True
```

接着是设置时区，修改以下这一行，本来是'UTC'，请改为'Asia/Beijing'：

```
TIME_ZONE = 'Asia/Beijing'
```

语言的部分，请找出下面这一行，把原本的"en"改为"zh-cn"，如是要使用的是简体中文，则请改为"zh-hans"，注意 "zh-hant" 表示的是繁体中文：

```
LANGUAGE_CODE = "zh-cn"
```

最后一个步骤是找出网站支持的语言对应的设置，加入中文的部分，如下所示，同样地，如果要使用的是简体中文，则在"zh-cn"的部分别忘了改为"zh-hans"：

```
LANGUAGES = (
    ('en', _('English')),
    ('zh-cn', _(u'简体中文')),
)
```

因为在 settings.py 中输入了中文，别忘了在程序代码的最前面一行加上 utf-8 编码的设置。修改完毕存盘重新启动服务之后，再一次进入网站的管理页面 http://localhost:8000/admin，就可以看到如图 14-15 所示的后台管理界面，许多的文字就已经被自动切换成中文信息了。

图 14-15　中文界面的仪表板（或控制盘）

读者也可以看一下网址的部分，已经自动地被加上了语言代码的网址了，也就是说，如果我们再一次切换了语言，别忘了要重新访问网站 http://localhost:8000/admin，再进一次管理页面，以免出现找不到网页的错误。

14.2 使用 Mezzanine 建立电子商店网站

在 14.1 节中我们已经完成了一个具有 CMS 能力的博客网站了，如果我们想要假设一个电子商店，在前面几堂课中我们为电子商店网站编写了非常多的程序，也进行了许多的设置，不过，这些情况在 Mezzanine 都不复存在了，因为只需要安装一个购物车"外挂"就可以了。

14.2.1 安装电子购物车套件与建立网站

Mezzanine 中有许多第三方套件可以直接套用在 Mezzanine 网站上，套用后就为网站添加了许多的功能，其中大家可能最感兴趣的就是在网站上添加电子购物车的功能。所有支持 Mezzanine 的第三方套件网址为：http://mezzanine.jupo.org/docs/overview.html#third-party-plug-ins，电子购物车套件就放在第一个，安装的方式如下（在建立网站之前，要先安装好 mezzanine）：

```
pip install mezzanine
pip install -U cartridge
```

安装时会花上一些时间，因为它会额外再安装一些相关联的套件。在套件全部安装完毕之后，就可以使用以下的命令开始建立你的电子商店网站（在这里我们使用的网站名称是 myshop）：

```
mezzanine-project -a cartridge myshop
cd myshop
python manage.py createdb
```

在建立的过程中，系统会有一些询问包括管理员账号和密码、电子邮件账号以及是否需要加入范例数据等问题，读者可以根据自己的需求回答这些问题。安装的过程如图 14-16 所示。

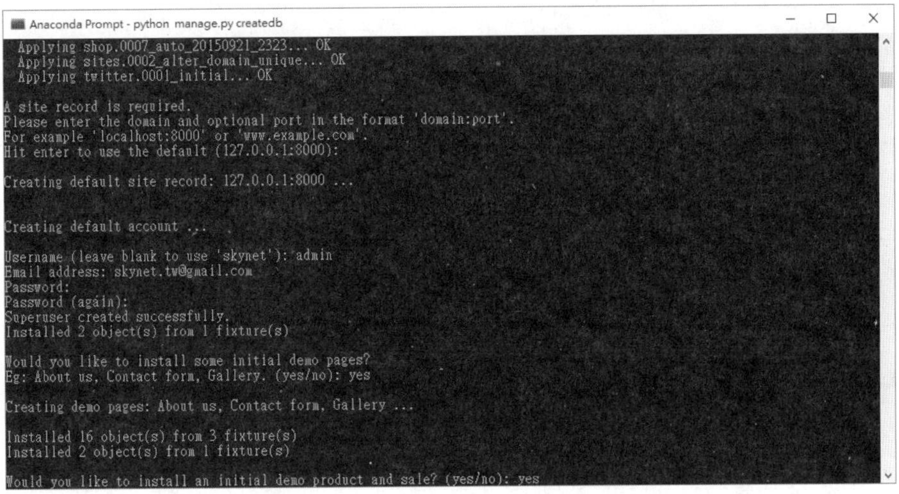

图 14-16　安装 Mezzanine 电子商店的过程

在网站开始启动之前，如同 14.1 节中所说明的，要修改一下 settings.py 文件中的 ALLOWED_HOSTS 以及中文翻译的设置部分，修改完毕之后，即可使用以下的命令启动网站：

```
python manage.py runserver
```

如果一切设置顺利的话，即可在终端程序中看到如图 14-17 所示的网站启动页面。

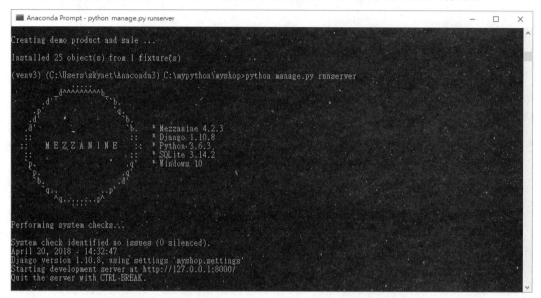

图 14-17　在 Windows 10 中 Mezzanine 电子商店网站的启动页面

此时可用浏览器前往 http://localhost:8000 查看网站的外观，如图 14-18 所示。

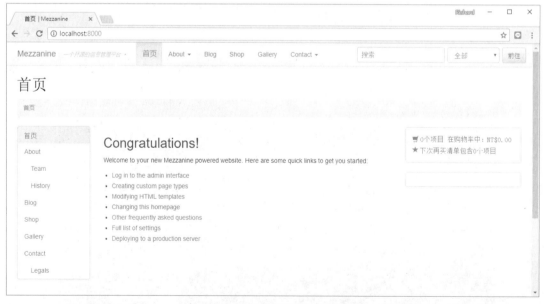

图 14-18　电子商店网站页面的外观

和图 14-5 的内容比较一下就会发现，在网页上多了 Shop 的链接，同时在页面的右侧多了一个购物车的摘要界面。

和博客网站方式一样,在网址后面加上 /admin 即可进入后台管理页面,添加了购物车的功能,后台如图 14-19 所示。

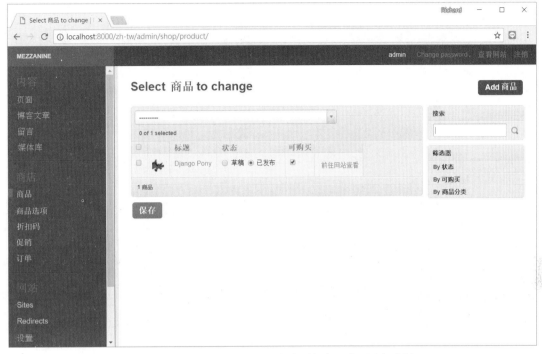

图 14-19　添加了 Cartridge 购物车功能之后的网站仪表板

从网页中的内容就可以看到,多出了商品的相关设置功能,至于如何操作,就留给读者自行研究了。

14.2.2　自定义 Mezzanine 网站的外观

Mezzanine 基本上就是一个使用 Django 的 App,就像是之前我们在建立简约型的 Django 网站一样,使用 python manage.py startapp <<mysite>>所创建出来的 mysite 是一样的意思。因此,在使用 Mezzanine 所建立出来的网站中,我们同样可以使用这种方式去创建一些 App,再把功能添加到这个网站中,或是通过 Mezzanine 所提供的一些现成的类,使用继承的方式在现有的架构之下添加或客户化想要的功能或自定义帖文形态,这些方法在官网的说明文件(http://mezzanine.jupo.org/docs/)中都有详细的介绍,有兴趣的读者可以自行前往研究。

对初学者来说,最简单的方式就是通过改变 templates 的内容来改变网站的外观或是在网页上添加一些元素。但是,在刚安装好的 Mezzanine 网站目录下并不能看到 templates 相关的文件和目录,需要执行以下的命令才会出现 templates 相关的文件和目录:

```
python manage.py collecttemplates
```

顺利执行完毕之后,就可以在网站的主目录中看到 templates 这个文件夹了,如图 14-20 所示。

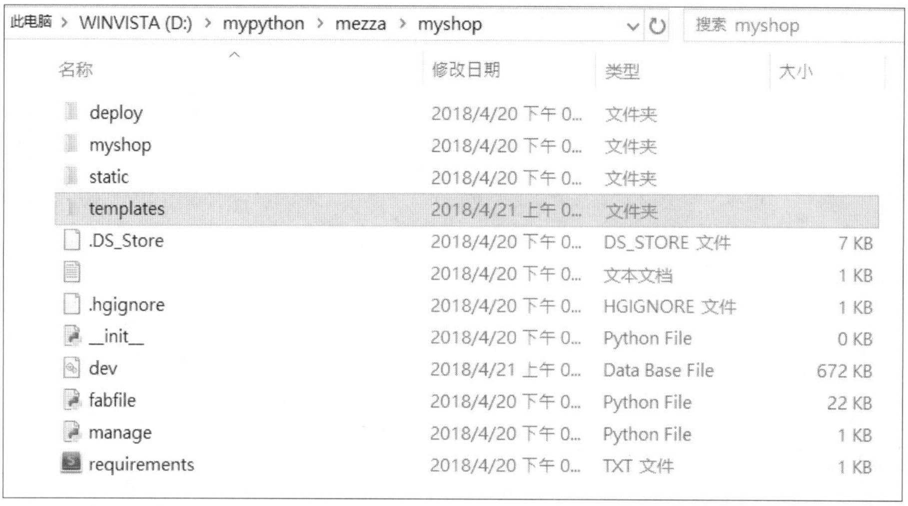

图 14-20　Mezzanine 电子商店网站的目录结构

在 tempaltes 目录中存放着所有网站中会使用到的模板，如下：

```
(mycms) (d:\Anaconda3_5.0) D:\mypython\mezza\myshop>cd templates
(mycms) (d:\Anaconda3_5.0) D:\mypython\mezza\myshop\templates>dir
 磁盘 D 中的盘区是 WINVISTA
 卷的序列号是：　5ACE-070E

 D:\mypython\mezza\myshop\templates 的目录

2018/04/21  上午 08:22    <DIR>          .
2018/04/21  上午 08:22    <DIR>          ..
2018/04/21  上午 08:22    <DIR>          accounts
2018/04/13  上午 06:42             5,075 base.html
2018/04/21  上午 08:22    <DIR>          blog
2018/04/21  上午 08:22    <DIR>          email
2018/04/21  上午 08:22    <DIR>          errors
2018/04/21  上午 08:22    <DIR>          generic
2018/04/21  上午 08:22    <DIR>          includes
2018/04/13  上午 06:42             1,274 index.html
2018/04/21  上午 08:22    <DIR>          pages
2018/04/13  上午 06:42             1,519 search_results.html
2018/04/21  上午 08:22    <DIR>          shop
2018/04/21  上午 08:22    <DIR>          twitter
               3 个文件          7,868 字节
              11 个目录  3,907,227,648 字节可用
```

base.html 是网站最基本的设置以及网页架构的所在，而 index.html 顾名思义就是网站的首页文件，打开 index.html 的内容，再对照一下网站的首页（图 14-5），我们可以看得出来首页的主要内容都是来自于 index.html 文件。对我们来说，要修改网站的外观，第一步当然就是修改 index.html 的内容，假设语句修改如下：

```
{% extends "base.html" %}
{% load i18n %}
```

```
{% block meta_title %}{% trans "Home" %}{% endblock %}
{% block title %}{% trans "Home" %}{% endblock %}

{% block breadcrumb_menu %}
<li class="active">{% trans "Home" %}</li>
{% endblock %}


{% block main %}
{% blocktrans %}
<h2>太棒了,这是我们的第一个Mezzanine网站</h2>
<p>
    详细的内容,请参考官网:<a href='http://mezzanine.jupo.org/docs/'>http://mezzanine.jupo.org/docs/</a>的说明文件
</p>
<ul>
    <li><a href="/admin/">登录管理后台</a></li>
    <li><a href="https://minhuang.net">笔者网站</a></li>
</ul>
<center>
看个新闻吧<br/>
<iframe width="480" height="320" src="https://www.youtube.com/embed/RkgHSqdMCCI" frameborder="0" allow="autoplay; encrypted-media" allowfullscreen></iframe>
</center>
{% endblocktrans %}
{% endblock %}
```

首页的画面就会变成如图 14-21 所示的样子。

图 14-21　自定义 index.html 的网页外观

如果觉得网页的字体不好看想要修改为微软雅黑呢？很简单,只要在 base.html 中的</style>标记之前加上以下的 CSS 设置就可以了:

```
<style>
h1, h2, h3, h4, h5, h6, body, div, p, span {
    font-family:微软雅黑;
}
</style>
```

同时仔细观察 base.html，它使用了大量的 Bootstrap 语句构建出网页的架构，包含了页首、菜单、内容、侧边栏以及页尾等，而这些内容都会被套用到整个网站的浏览流程中，例如页首、菜单、左侧边等在浏览的过程中都会一直显示。如果需要显示一些信息，则把这些信息加到 base.html 中即可。例如，想要在网站的上方建立一个视频滚动条的效果，我们前往一个提供免费试用的视频滚动条制作网站：https://www.cincopa.com/，免费注册并建立一个视频滚动条效果之后，获取嵌入网页用的程序代码，把它放到<body>标签之后，navbar 标签之前，程序语句如下（嵌入用的程序代码来自于 cincopa.com）：

```
(base.html 的内容，以上省略)
<body id="{% block body_id %}body{% endblock %}">

    <div id="cp_widget_71c08568-f7b2-45c8-9565-b679e3686714">...</div><script type="text/javascript">
    var cpo = []; cpo["_object"]
="cp_widget_71c08568-f7b2-45c8-9565-b679e3686714"; cpo["_fid"] = "AcEAuPuwtyR4";
    var _cpmp = _cpmp || []; _cpmp.push(cpo);
    (function() { var cp = document.createElement("script"); cp.type =
"text/javascript";
    cp.async = true; cp.src =
"//www.cincopa.com/media-platform/runtime/libasync.js";
    var c = document.getElementsByTagName("script")[0];
    c.parentNode.insertBefore(cp, c); })(); </script><noscript><span>New Gallery
2018/4/21</span><span>cameramake</span><span>
Apple</span><span>height</span><span> 960</span><span>focallength</span><span>
3.99</span><span>exposuretime</span><span>
0.05882353</span><span>alt</span>:<span> 170</span><span>lat</span>:<span>
57.728747</span><span>long</span>:<span>
12.941883</span><span>width</span><span>
1280</span><span>originaldate</span><span> 4/19/2017 6:55:03
PM</span><span>fnumber</span><span> 1.8</span><span>cameramodel</span><span>
iPhone 7 Plus</span><span>focallength</span><span>
4.6</span><span>flash</span><span> 16</span><span>cameramake</span><span>
Sony</span><span>height</span><span> 450</span><span>fnumber</span><span>
2</span><span>exposuretime</span><span>
0.01</span><span>camerasoftware</span><span>
PhotoScape</span><span>originaldate</span><span> 8/30/2017 3:06:20
PM</span><span>width</span><span> 800</span><span>cameramodel</span><span>
D6653</span><span>originaldate</span><span> 1/1/0001 6:00:00
AM</span><span>width</span><span> 1477</span><span>height</span><span>
1108</span></noscript>

    <div class="navbar navbar-default navbar-fixed-top" role="navigation">
(以下略)
```

保存之后，在我们的网页中就植入此效果了，如图 14-22 所示。

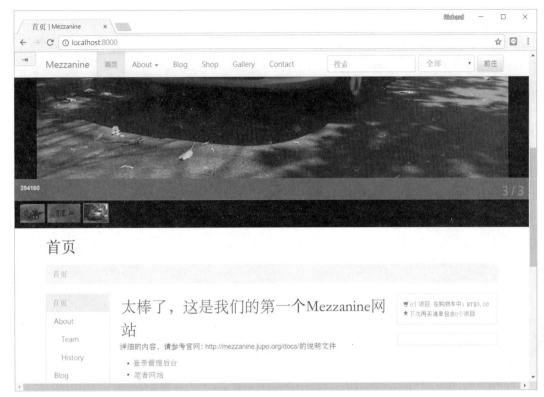

图 14-22　在 base.html 加上视频滚动条的效果

从以上的介绍可知，只要掌握每一个 template 的特性以及显示的场合，我们就可以很轻松地给网站进行布局以及调整外观。

14.3　在 Heroku 部署 Mezzanine 网站

到目前为止，我们的网站都还是在命令提示符中使用 python manage.py runserver 指令启动并提供服务，使用这种方式只能在自己的计算机中测试网站。真正要让别人可以从远程计算机的浏览器来浏览这个网站，还需要把它部署到主机上才行。

如同在本书第 3.2 节中的说明，Heroku 提供了 5 个免费的网站额度可以使用，只要经过一些简单的设置，可以把本地的网站程序代码部署到 Heroku 的主机上，而且还可以拥有 HTTPS 的网址，非常适合初学者使用，我们就在这一节中介绍如何把 14.2 节中建立的网站部署到 Heroku 中。本节的范例网站为：https://mezzmyshop.herokuapp.com/，读者可以前往这个网站先看看成果。

和本书第 3.2 节中不一样的地方是，在本节中将以 Windows 的环境来作为网站开发的平台。对于第一次使用的读者，在 Windows 中要另外安装 Git（网址：https://git-scm.com/downloads）以及 Heroku CLI（网址：https://devcenter.heroku.com/articles/heroku-cli），安装完成之后，建议还是通过 Anaconda Prompt 进入命令提示符以方便操作，而在修改程序代码的部分，使用 Notepad ++、Sublime Text 2/3 或者 Spyder 都可以。

假设目前的环境和 14.2 节中完成的网站相同，请确保网站使用 python manage.py runserver 可以顺利运行，在同一个虚拟环境中为了能够让网站可以运行在 Heroku 的主机上，还需要安装一些额外的套件，以下是笔者使用的：

```
beautifulsoup4==4.6.0
bleach==2.1.3
Cartridge==0.12.0
certifi==2018.1.18
chardet==3.0.4
dj-database-url==0.5.0
dj-static==0.0.6
Django==1.10.8
django-contrib-comments==1.8.0
filebrowser-safe==0.4.7
future==0.16.0
grappelli-safe==0.4.7
gunicorn==19.7.1
html5lib==1.0.1
httplib2==0.11.3
idna==2.6
Mezzanine==4.2.3
mezzanine-slideshows==0.3.2
oauthlib==2.0.7
Pillow==5.1.0
psycopg2==2.7.4
PyPDF2==1.26.0
pytz==2018.4
reportlab==3.4.0
requests==2.18.4
requests-oauthlib==0.8.0
six==1.11.0
static3==0.7.0
tzlocal==1.5.1
urllib3==1.22
webencodings==0.5.1
whitenoise==3.3.1
xhtml2pdf==0.2.2
```

读者可以直接把上面的内容放到 requirements.txt 中，并通过 pip install -r "requirements.txt" 安装这些套件（其实其中大部分都是在安装 Mezzanine 时被顺带安装进去的），别忘了这个文件要被放在网站的根目录下。除了 requirements.txt 这个文件之外，还需要一个告诉 Heroku 主机要如何开始执行你的网站的配置文件，它的名字为 Procfile，这个配置文件也要和 requirements.txt 放在一起，它的内容如下（在此例中我们的网站名称是 myshop）：

```
web: gunicorn myshop.wsgi --log-file -
```

还有一个 runtime.txt 的文本文件，其内容是要执行的 Python 版本号，如下：

```
python-3.6.2
```

这个网站的目录结构如图 14-23 所示。

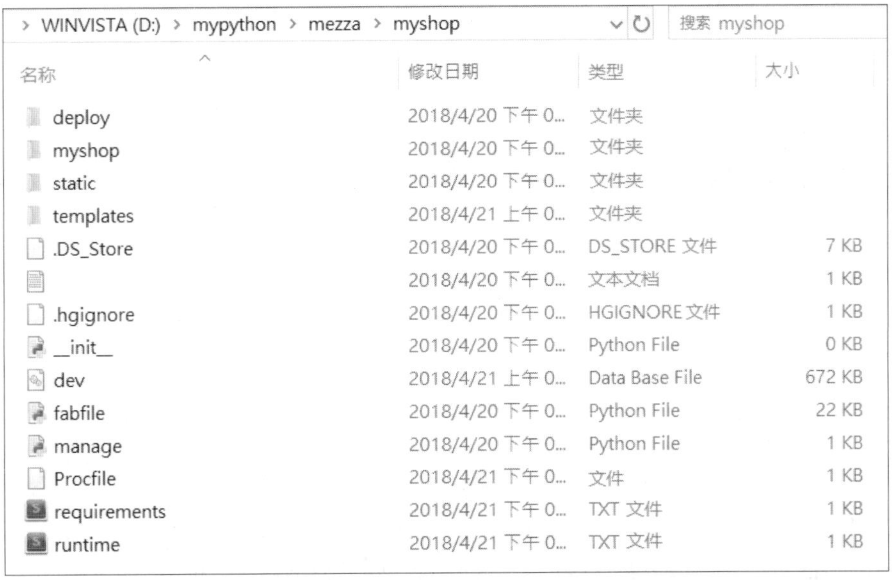

图 14-23 要部署的网站的根目录及其内容

有几个文件需要修改，第一个是用来执行网站应用程序的 wsgi.py，其内容修改如下：

```
"""
WSGI config for myshop project.

It exposes the WSGI callable as a module-level variable named ``application``.

For more information on this file, see
https://docs.djangoproject.com/en/1.10/howto/deployment/wsgi/
"""

import os
from django.core.wsgi import get_wsgi_application
from dj_static import Cling
from mezzanine.utils.conf import real_project_name

os.environ.setdefault("DJANGO_SETTINGS_MODULE",
                "%s.settings" % real_project_name("myshop"))

application = Cling(get_wsgi_application())
```

settings.py 中有许多的地方需要修改（ALLOWED_HOSTS 和 DEBUG 在 14.3 节中应该都已经正确设置了）。在文件的起始处加上 import dj_database_url，数据库的设置要修改如下：

```
DATABASES = {
    "default": {
        "ENGINE": "django.db.backends.postgresql_psycopg2",
        "NAME": "",
        "USER": "",
        "PASSWORD": "",
        "HOST": "",
        "PORT": "",
    }
```

}
```

在 settings.py 的文件末尾处加上以下的设置：

```
SECRET_KEY = os.environ.get('SECRET_KEY')
DATABASES['default'] = (
    dj_database_url.config() or
    DATABASES['default']
)
SECURE_PROXY_SSL_HEADER = ('HTTP_X_FORWARDED_PROTO', 'https')
```

保存 settings.py 的上述修改后，就可以开始执行在 Heroku 上的部署操作。读者还要先在自己的文件夹（在此例为 myshop）下开始使用 git 吗？步骤如下：

```
git init
git add .
git commit -m "myshop project first commit"
```

git init 只要执行一次就好了，之后如果文件有任何的改变，都别忘了要执行后面的两条指令一次，这样更新后的数据才会被放到文件库中以便之后上传到 Heroku 主机中。接着执行指令：

```
heroku login
```

以登录到 Heroku 网站。如果之前已经使用过 Heroku，也可以使用指令 heroku list 来获知当前在账号中启用了多少个网站，以下是笔者账号的操作示范：

```
(mycms) (d:\Anaconda3_5.0) D:\mypython\mezza\myshop>heroku list
=== skynet@gmail.com Apps
mezzmyshop
mvotevote
myhblog
mymblog
skynetlinebot
```

如果没有超过 5 个（免费额度），即可使用 heroku create 创建新的网站。如果你在 create 之后指定了网站的名称，只要此网站名称没人使用即可自行设置，笔者使用以下的指令来创建网站：

```
heroku create mezzmyshop
```

创建完毕之后，以如下的方式设置你的 git 本地文件库和 heroku 主机的文件库的链接，如下：

```
heroku git:remote -a mezzmyshop
```

要注意的是：网站的 SECRET_KEY 这个常数，在配置文件中我们使用了这一行：

```
SECRET_KEY = os.environ.get('SECRET_KEY')
```

意思是让 Heroku 主机到环境变量中取用，因此还需要使用以下的指令来设置 Heroku 网站中的 SECRET_KEY（在 Windows 的命令提示符中输入以下的命令）：

```
heroku config:set SECRET_KEY="你的 SECRET_KEY"
```

别担心，Mezzanine 网站的 SECRET_KEY 是放在另外一个文件 local_settings.py 中，它看起来像是以下的格式：

```
2gmivef__w9_x9+i0f#s^7=w)82=1j!43!fl8(reg!a77p=rmq
```
```

请注意，每一个网站的 SECRET_KEY 都不一样，要用自己的才行。在全部的文件设置完毕之后，就可以执行以下的指令进行部署：

```
git push heroku master
```

按下【Enter】键之后，就会看到一连串的信息一直在滚动，图 14-24 是最后成功上传网站文件的屏幕显示页面。

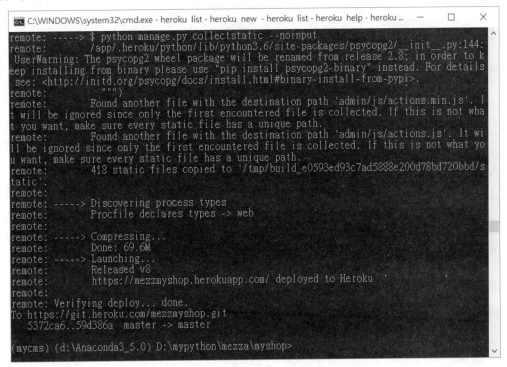

图 14-24　成功上传网站文件后的屏幕显示页面

如果收到了错误的信息，请回到之前的设置再看看哪里拼写错了。如果是第一次部署网站，还有几个初始化的操作，如下：

```
heroku ps:scale web=1
heroku run python manage.py createdb
```

上面第一行的目的是启用网站，第二行是创建网站的初始化数据表，在创建数据表的过程中就如同我们之前在本地进行初始化一样，有几个询问用户设置的操作。如果需要创建管理员账号和密码，可使用以下的命令：

```
heroku run python manage.py createsuperuser
```

如果一切都顺利执行的话，就可以使用 heroku open 或者直接使用网址：https://mezzmyshop.herokuapp.com 来浏览我们建立好的网站。如果不幸出现了执行错误的页面，可以通过 heroku logs -t 这个指令来查看网站的错误信息，另外 heroku run python manage.py 也可以执行许多 Django 提供的命令，例如执行 heroku run python manage.py shell，就可以直接连接到 Heroku 主机上的网站的 Python Shell，以方便进行调试和测试，执行的过程如下：

```
    (mycms) (d:\Anaconda3_5.0) D:\mypython\mezza\myshop>heroku run python
manage.py shell
    Running python manage.py shell on mezzmyshop... up, run.2857 (Free)
/app/.heroku/python/lib/python3.6/site-packages/psycopg2/__init__.py:144:
UserWarning: The psycopg2 wheel package will be renamed from release 2.8; in order
to keep installing from binary please use "pip install psycopg2-binary" instead.
For details see:
<http://initd.org/psycopg/docs/install.html#binary-install-from-pypi>.
    """)
    Python 3.6.2 (default, Jul 31 2017, 23:13:36)
    [GCC 5.4.0 20160609] on linux
    Type "help", "copyright", "credits" or "license" for more information.
    (InteractiveConsole)
>>>
```

通过 heroku run bash 指令可以进入网站主机的 Bash shell，就像是通过 SSH 远程连接到主机一样，也非常方便，读者可以灵活使用。

14.4 习　　题

1. 请安装 Mezzanine 网站，在其上建立至少 5 篇文章，并完成主题的更换。
2. 请自行参考 Mezzanine 官方网站上的说明文件，安装一个第三方套件。
3. 查看 base.html 的内容，请修改 Bootstrap 的设置，为网站中间显示内容的地方加上具有阴影的框线。
4. 请在 Heroku 上建立一个 Mezzanine 的网站。
5. 请在 Ubuntu 的 Apache 服务器上建立 Mezzanine 网站。

第 15 堂

名言佳句产生器网站实践

再来一个练习。我们经常会在网络上看到 xx 产生器，通过一张图像和文字的结合，可以搭配出一些有趣的效果和话题，而其原理并不难，只不过是在网站中放了一些事先准备好的背景图像，让网友自行输入文字，再把图文整合在一起放在网站上供网友下载。在这一堂课中，我们就来实现这样的一个网站。

15.1 建立网站前的准备

这也是一个全新的网站，但是仍然可以沿用一些现有的程序代码以节省时间。基本上我们还是从建立一个新的虚拟机环境开始，然后安装 Django 以及必要的图像处理模块。另外，名言佳句需要使用一些图像以及字体文件，这些都要事先准备好，放在可以让程序存取的地方。

15.1.1 准备网站所需的素材

我们的网站设计希望可以在首页以随机选取的方式从网站的文件夹中挑选 6 张现成的名言佳句图像显示出来，如图 15-1 所示。

这些图像文件要放在 static/quotepics 文件夹下，以数字 1.jpg 开始命名，看有多少张图像，该数字就有多大。笔者的范例文件共准备了 87 张，因此到时候使用随机数的时候最大的数值就是 87。为了练习这个网站，图像请读者先自行准备好。至于要到哪里去找，可以用搜索引擎找到一大堆图像，但是要注意授权的问题，如果是有 cc0 授权的图像就可以安心使用了，这个网址做了一个专有的搜索界面：http://cc0.wfublog.com/2015/04/high-quality-cc0-photo- collection.html。

图 15-1　名言佳句产生器网站的首页

拿到需要的图像后，为了避免处理上的麻烦，尽量事先使用图像处理软件把所有尺寸大小都调整或过滤一遍，到时用来产生最终结果会比较容易。因为所有图像文件存放在 static 文件夹下都属于静态文件，所以在网站上线使用前要执行 python manage.py collectstatic 指令，然后才可以看到这些图像文件。

除了图像外，要放在图像中的中文字体也需要有字体文件才能够使用。读者可以使用自己购买的 .ttf 字体文件，或者到网络上去查找免费的中文字体文件并下载备用。笔者在这里使用的是王汉宗免费字体，在网络上搜索就可以找到下载点了。

15.1.2　图文整合练习

有了图像文件和字体文件后，可以先来练习是否能够在你的系统中正确地把字体嵌入图像文件中。在这里使用的是本书前面课程中说明的 Ubuntu 16.04 虚拟机，所以 Python 的版本是 3.5。假设我们用的图像文件是 'cat_quote.jpg'，字体文件名称是 'wt014.ttf'，这两个文件和程序文件 genpic.py 都放在同一个文件夹中。

请先使用 pip install pillow 安装好 PIL 图像处理模块，然后开始测试程序内容。下面这个程序是让我们把指定的文字（msg）放在图像文件中，并以 output.jpg 为名存放在同一个文件夹中：

```
# coding: utf-8
from PIL import Image, ImageDraw, ImageFont

msg = u"这是你的命, \n\n 不要再混了, \n\n 我正在看着你! \n\nI Am Watching YOU"
font_size = 48
fill = (0,0,0,255)
```

```
image_file = Image.open('cat_quote.jpg')
im_w, im_h = image_file.size
im0 = Image.new('RGBA', (1,1))
dw0 = ImageDraw.Draw(im0)
font = ImageFont.truetype('wt014.ttf', font_size)
fn_w, fn_h = dw0.textsize(msg, font=font)

im = Image.new('RGBA', (fn_w, fn_h), (255,0,0,0))
dw = ImageDraw.Draw(im)
dw.text((0,0), msg, font=font, fill=fill)
image_file.paste(im, (30, 50), im)
image_file.save('output.jpg')
```

制作出来的图像如图 15-2 所示。

图 15-2 使用 genpic.py 制作出来的文件

这个程序默认以 msg 变量中的内容来作为要附加到图像上的文字。开始先以 Image.open 打开要作为背景的图像文件存放在 image_file 中，接着以 im0 配合 dw0，也就是以 Image 和 ImageDraw 结合的方式先打开一个大小为(1,1)的图像 Buffer，产生一个 ImageFont 的字体 Buffer。通过 dw0.textsize 函数的使用即可得到文字 Buffer 变成图像后的大小，以此尺寸来产生一个大小正好的图像 Buffer 并把文字贴上去，得到一个只有文字的图像 im，再把 im 粘贴到开始打开的背景文件的指定位置，最后把此文件存储在 output.jpg 中即可。

不知道读者有没有注意到，在显示 output.jpg 时使用浏览器浏览了网址 http://gen.min-huang.com/media/output.jpg 的结果，表示/media 这个网址是经过特别设置的，只要把文件放到网站的 media 文件夹下就可以被显示出来，而不需要经过 python manage.py collectstatic 的步骤，这是针对网站媒体上传文件专门设置的。也就是除了在 settings.py 中要设置 MEDIA_URL 和 MEDIA_ROOT 外，在 urls.py 中也要有一行设置才行，语句如下：

```
urlpatterns += static(settings.MEDIA_URL, document_root=settings.MEDIA_ROOT)
```

完整的设置内容请参考 15.1.3 小节的说明。在确定能够在自己的主机或虚拟机执行上述操作后，接下来我们将以此程序为基础建立一个可以让用户上传图像以及指定文字并帮助产生名言佳句图像的网站。

15.1.3 建立可随机显示图像的网站

为了不影响其他网站项目，在这个范例网站中我们另外使用 virtualenv 建立一个虚拟机环境，重新在此虚拟机环境中安装所需要用到的模块。当然包括 Django 以及用来处理图像文件的 pillow，这些都只要使用 pip install 就可以完成。安装的指令如下：

```
# virtualenv VENVGEN
# source VENVGEN/bin/activate
(VENVGEN) # pip install "django==2.0"
(VENVGEN) # pip install pillow
(VENVGEN) # django-admin startproject gen
(VENVGEN) # cd gen
(VENVGEN) # python manage.py startapp mysite
(VENVGEN) # mkdir static
(VENVGEN) # mkdir media
(VENVGEN) # cd mysite
(VENVGEN) # mkdir templates
(VENVGEN) # mkdir static
```

接着把第 14 堂课网站的 base.html、header.html、index.html 以及 footer.html 复制到 templates 文件夹下。然后在 settings.py 文件中加上 mysite，并设置 templates 的 DIR，同时别忘了把静态文件和媒体文件变更为以下设置：

```
LANGUAGE_CODE = 'zh-CN'

TIME_ZONE = 'Asia/Beijing'

USE_I18N = True

USE_L10N = True

USE_TZ = True

STATIC_URL = '/static/'
STATICFILES_DIRS = [
    os.path.join(BASE_DIR, 'static'),
    os.path.join(BASE_DIR, 'media'),
]
MEDIA_URL = '/media/'
MEDIA_ROOT = 'media'
STATIC_ROOT = 'static'
```

首页就要以随机的方式显示 6 个目前已经在网站中的名言佳句图像文件，所以在 urls.py 中也要加以设置，代码如下：

```
from django.contrib import admin
from django.urls import path
from django.conf import settings
from django.conf.urls.static import static
```

```
from mysite import views

urlpatterns = [
    path('admin/', admin.site.urls),
    path('', views.index),
]

urlpatterns += static(settings.MEDIA_URL, document_root=settings.MEDIA_ROOT)
```

最后一行是为了让 media 内的图像文件可以不经过 python manage.py collectstatic 的步骤直接显示。如上述程序片段显示的,在 views.py 中定义了 index 作为显示网站首页页面的函数,其内容如下:

```
import random
from django.contrib import messages
def index(request):

    messages.get_messages(request)

    pics = random.sample(range(1,87),6)

    return render(request, 'index.html', locals())
```

在这个函数中,我们使用 random.sample(range(1,87),6) 来产生一个由 6 个随机数组成的列表内容,而且这些内容的随机数都在 1~87 之间,这个列表以 pics 变量传送到 index.html 中。因此在 index.html 中只要设法让这些数字变成在 static 文件夹中的网址即可,其内容如下:

```
<!-- index.html (gen.min-huang.com project) -->
{% extends "base.html" %}
{% block title %}名言佳句图片产生器{% endblock %}
{% block content %}
<div class='container'>
{% for message in messages %}
    <div class='alert alert-{{message.tags}}'>{{ message }}</div>
{% endfor %}
{% load static %}
{% static "" as base_url %}
    <div class='row'>
        <div class='col-md-12'>
            <div class='panel panel-primary'>
                <div class='panel-heading' align=center>
                    <h3>名言佳句图片产生器</h3>
                </div>
                <div class='panel-body'>
                    {% for pic in pics %}
                        {% cycle "<div class='row'>" "" "" %}
                            <div class='col col-sm-4'>
                                <div calss='panel panel-default'>
                                    <div class='panel-heading'>
                                        {{ pic }}
                                    </div>
                                    <div class='panel-body'>
                                        <img src="{{ base_url }}/quotepics/{{pic}}.jpg" width="100%">
```

```html
                    </div>
                </div>
            </div>
            {% cycle "" "" "</div>" %}
        {% endfor %}
            </div>
            </div>
        </div>
        </div>
    </div>
{% endblock %}
```

在这个程序中有一个特别要注意的地方,这是在前面几堂课中还没有介绍过的技巧。首先要使用静态文件,一开始当然是使用 {% load static %},这个部分已经知道了。然而,当我们想要让 pic 变量成为网址中的参数时,就需要把 static 的写法稍微改一下。我们的目的是让所有图像文件放在 static/quotepics/文件夹下,而每一个图像文件都是以数字 1~87 来作为文件名,最后以 .jpg 的文件扩展名结尾。当我们拿到一个数字变量 pic 时,不管它的内容是多少,希望组合出来的网址为 static/{{pic}}.jpg。如果以传统的 static 网址写法就不能办到,首先使用别名指令 {% static "" as base_url %} 把"static """设置为 base_url,然后使用以下指令达到我们的目的:

```html
<img src="{{ base_url }}/quotepics/{{pic}}.jpg" width="100%">
```

header.html 是从别的网站复制过来的,所以也要修改一下:

```html
<!-- header.html (gen.min-huang.com project) -->
    <nav class='navbar navbar-default'>
        <div class='container-fluid'>
            <div class='navbar-header'>
                <div class='navbar-brand' align=center>
                    PICS GEN
                </div>
            </div>
            <ul class='nav navbar-nav'>
                <li class='active'><a href='/'>Home</a></li>
                <li><a href='/gen/'>产生器</a></li>
            </ul>
        </div>
    </nav>
```

完成上述操作和设置后,你的网站就可以在每次刷新后再显示另外 6 张图像了。

15.2 产生器功能的实现

在这一节中,我们要让用户可以输入一段文字,然后把这段文字和默认的图像整合并显示出来,让用户浏览或下载。为了让网站更有趣,可以准备多张图片以供选择,同时还可以设置一些字号、位置等参数,让图像的变化更加多样化。

15.2.1 建立产生器界面

在本小节中希望能够产生如图 15-3 所示的页面。

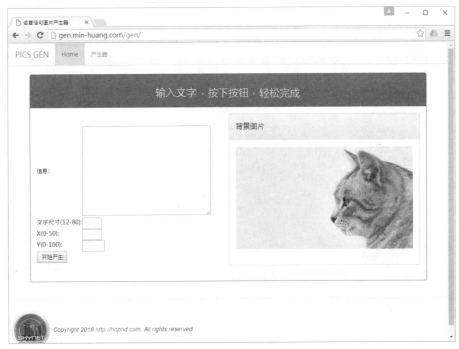

图 15-3　名言佳句图片产生器的页面

因为在单击菜单中的"产生器"选项后才会产生，所以在 urls.py 中要有相对应的网址样式，语句如下：

```
path('gen/', views.gen),
```

由此样式可知其处理函数名称为 gen，因此在 views.py 中就要创建一个 gen 函数，代码如下：

```
from mysite import forms
def gen(request):
    messages.get_messages(request)

    if request.method=='POST':
        pass
    else:
        form = forms.GenForm()

    return render(request, 'gen.html', locals())
```

在此函数中，我们以 froms.GenFrom()来产生一个参数用的窗体，表示之前要在 forms.py 中创建一个具有这些数据字段的窗体类，代码如下：

```
#coding: utf-8
from django import forms

class GenForm(forms.Form):
```

```
    msg = forms.CharField(label='信息', widget=forms.Textarea)
    font_size = forms.IntegerField(label='文字尺寸(12-80)', min_value=12, max_value=80)
    x = forms.IntegerField(label='X(0-50)', min_value=0, max_value=50)
    y = forms.IntegerField(label='Y(0-100)', min_value=0, max_value=100)
```

在此窗体的设置中，我们希望信息可以是多行的文本块字段，因此别忘了使用 widget=forms.Textarea 的方式去改变 CharField 会在网页中产生的输入字段种类。开始我们以信息、文字尺寸以及要贴上文字左上角的(x, y)坐标来作为参数。gen.html 的内容如下：

```
<!-- gen.html (gen.min-huang.com project) -->
{% extends "base.html" %}
{% block title %}名言佳句图片产生器{% endblock %}
{% block content %}
<div class='container'>
{% for message in messages %}
    <div class='alert alert-{{message.tags}}'>{{ message }}</div>
{% endfor %}
{% load static %}
{% static "" as base_url %}
    <div class='row'>
        <div class='col-md-12'>
            <div class='panel panel-primary'>
                <div class='panel-heading' align=center>
                    <h3>输入文字，按下按钮，轻松完成</h3>
                </div>
                <div class='panel-body'>
                    <table width='100%'>
                    <tr>
                        <td width='50%'>
                            <form action='.' method='POST'>
                                <table>
                                {% csrf_token %}
                                {{form.as_table}}
                                <tr><td>
                                    <input type='submit' value='开始产生'>
                                </td></tr>
                                </table>
                            </form>
                        </td>
                        <td>
                            <div class='panel panel-default'>
                                <div class='panel-heading'>
                                    <h4>背景图片</h4>
                                </div>
                                <div class='panel panel-body'>
                                 <img src="{% static "backimages/back1.jpg"%}" width='100%'>
                                </div>
                            </div>
                        </td>
                    </table>
                </div>
            </div>
```

```
            </div>
        </div>
    </div>
</div>
{% endblock %}
```

此文件主要的架构复制自 index.html，主要的修改是 panel-body 中的内容。我们使用一个隐形的表格把 panel-body 区分成左右两个部分，右侧只显示要被作为背景的图像文件，供用户参考，在开始阶段并不打算让用户选择不同的图像，因此就固定使用同一张图像。

左侧放置窗体的位置，因为已用 forms.GenForm() 产生了一个窗体实例变量 form，所以只要使用 {{form.as_table}} 将窗体产生出来即可。因为是以表格的形式显示，而目前的内容也是在表格的单元格内，所以在操作上要小心，以免整个排版大乱。同样地，在 {{form.as_table}} 的外围除了要加上 <table> </table> 标签外，也别忘了加上 <form action> 标签并放置一个 submit 的 <input> 按钮。

15.2.2　产生唯一的文件名

在实现接下来的程序前还有一个很重要的地方，就是当我们从窗体处收到参数，然后根据这些参数产生合并后的图像并打算加以存储时，别忘了这是一个网站应用程序。同一个时间可能会有不同的人也在使用这个网站执行同样的操作，不能固定以 output.jpg 来作为输出的文件，因为这样也许会存取到别人正在处理的文件而造成错误，因此每次在产生文件之前，一定要取得唯一的文件名才行。

产生唯一的文件名的方法有很多，可以自己动手，也可以导入别人做好的模块，在此我们选择后者，直接安装以下模块：

```
pip install django-uuid-upload-path
```

之后在程序代码中先使用 from uuid_upload_path import uuid 导入 uuid 函数，然后执行 uuid() 后就可以得到一个像 "u'U5xaR8qKSX-jWg5oPdAInQ'" 这样的字符串，在该字符串的后面串接上 '.jpg' 扩展名就可以了。这个产生出来的文件在保持后也要放在变量中传送到 html 文件，让用户可以链接到这个图像文件，以便看到产生后的内容。

15.2.3　开始合并随后产生图像文件

解决了唯一文件名的问题后，就可以把在第 15.1.2 小节中测试的程序创建成一个在 Django 网站中的函数，代码如下：

```
import os
from django.conf import settings
from PIL import Image, ImageDraw, ImageFont
from uuid_upload_path import uuid

def mergepic(msg, font_size, x, y):
    fill = (0,0,0,255)
    image_file = 
Image.open(os.path.join(settings.BASE_DIR,'mysite/static/backimages/back1.jpg'
))
```

```
    im_w, im_h = image_file.size
    im0 = Image.new('RGBA', (1,1))
    dw0 = ImageDraw.Draw(im0)
    font = ImageFont.truetype(os.path.join(settings.BASE_DIR,'wt014.ttf'),
font_size)
    fn_w, fn_h = dw0.textsize(msg, font=font)

    im = Image.new('RGBA', (fn_w, fn_h), (255,0,0,0))
    dw = ImageDraw.Draw(im)
    dw.text((0,0), msg, font=font, fill=fill)
    image_file.paste(im, (x, y), im)
    saved_filename = uuid()+'.jpg'
    image_file.save(os.path.join(settings.BASE_DIR,"media", saved_filename))
    return saved_filename
```

把这个函数命名为 mergepic 放在 views.py 中，它总共接收 3 个参数，分别是信息的内容、字体的大小以及要把文字粘贴在相对于图像左上角的(x, y)坐标位置。image_file 放置的是要被合并的背景文件，这个文件默认是放在 static/backimages 中的 back1.jpg，因为我们的 Python 程序在系统执行时可以存取本机的任何位置，只要确定文件在哪一个文件夹即可。我们在文件的开头导入了 settings.py，可以从 settings 变量的 BASE_DIR 得知当前网站在主机的文件夹，把此文件夹附加上 static/backimages/back1.jpg 就可以取得这个文件了，后面在取得字体文件以及设置要输出的文件位置时也是使用同样的方法。

程序的倒数第 3 行 saved_filename = uuid() + '.jpg' 如 15.2.2 小节所说明的可以取得唯一的文件名，之后也是使用 os.path.join 函数把 saved_filename 合并到本网站的 media 文件夹中，这个函数最后要返回 saved_filename，也就是保存的文件名，以便主控文档用于建立链接。

有了 mergepic 函数，在函数 gen 中只要把窗体中得到的变量拿来调用这个函数即可，修改后的 gen 函数如下：

```
def gen(request):
    messages.get_messages(request)

    if request.method=='POST':
        form = forms.GenForm(request.POST)
        if form.is_valid():
            saved_filename = mergepic(request.POST.get('msg'),
                           int(request.POST.get('font_size')),
                           int(request.POST.get('x')),
                           int(request.POST.get('y')))
    else:
        form = forms.GenForm()

    return render(request, 'gen.html', locals())
```

在 15.2.2 小节放置 pass 的地方改为产生出窗体的执行实例，接着检查窗体的内容是否为有效的，如果是，就把窗体中的每一个字段都提取出来送到 mergepic 函数，因为后面 3 个变量接收的是整数，所以要使用 int()先转换一下类型，函数调用完成后，传回来的文件名也是放在 saved_filename 中，到 gen.html 中再去把链接显示出来。

也就是说，在 gen.html 中，首先要检查 saved_filename 中是否有内容，如果有，表示刚产生完文件，因此要把这个文件显示出来；如果它是空的，就要显示空的窗体，让用户可以填入数据再产生图像。gen.html 变更后的内容如下：

```
<!-- gen.html (gen.min-huang.com project) -->
{% extends "base.html" %}
{% block title %}名言佳句图片产生器{% endblock %}
{% block content %}
<div class='container'>
{% for message in messages %}
    <div class='alert alert-{{message.tags}}'>{{ message }}</div>
{% endfor %}
{% load static %}
{% static "" as base_url %}
    <div class='row'>
        <div class='col-md-12'>
            <div class='panel panel-primary'>
            {% if saved_filename %}
                <div class='panel-heading' align=center>
                    你的成果
                </div>
                <div class='panel-body' align=center>
                    <script>
                    function goBack() {
                        window.history.back();
                    }
                    </script>
                    <button onclick="goBack()">回上一页重新设置</button><br/>

                    <img src="/media/{{saved_filename}}" width='100%'>
                </div>
            {% else %}
                <div class='panel-heading' align=center>
                    <h3>输入文字，按下按钮，轻松完成</h3>
                </div>
                <div class='panel-body'>
                    <table width='100%'>
                        <tr>
                            <td width='50%'>
                                <form action='.' method='POST'>
                                <table>
                                {% csrf_token %}
                                {{form.as_table}}
                                <tr><td>
                                    <input type='submit' value='开始产生'>
                                </td></tr>
                                </table>
                                </form>
                            </td>
                            <td>
                                <div class='panel panel-default'>
                                    <div class='panel-heading'>
                                        <h4>背景图片</h4>
                                    </div>
                                    <div class='panel panel-body'>
                                        <img src="{% static "backimages/back1.jpg"%}" width='100%'>
```

```
                            </div>
                        </div>
                    </td>
                </table>
            </div>
        {% endif %}
        </div>
    </div>
</div>
{% endblock %}
```

至此，用户就可以在我们的网站中填入数据或资料了，如图15-4所示。

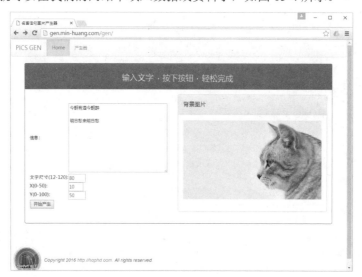

图15-4　网站提供用户输入要整合的文字信息

当用户单击"开始产生"按钮后就会切换到另一个显示的方式，如图15-5所示。

图15-5　显示合并后图像的网页

在图 15-5 的上方我们使用 Javascript 建立了一个"回上一页重新设置"按钮，单击此按钮后即可回到刚才那个页面，修改数据后再重新产生，使用起来非常方便。所有产生出来的文件目前都被放在 media 文件夹中，如图 15-6 所示。

图 15-6　所有产生的图像文件都会被保留下来

15.2.4　准备多个背景图像文件以供选择

网站很有趣，不过只有一个图像文件会显得单调，在这一小节中我们把多个图像文件选择的功能加到网站中。请读者自行到网络上去寻找更多图像文件备用。为了排版方便，建议寻找差不多大小的图像文件，并且使用图像处理软件进行整理过。在此范例中，笔者总共准备了 5 个文件，分别命名为 back1.jpg~back5.jpg，放在 static/backimages 文件夹中，内容如下：

```
(VENVGEN) root@myDjangoSite:/var/www/gen# tree mysite/static/backimages
mysite/static/backimages
├── back1.jpg
├── back2.jpg
├── back3.jpg
├── back4.jpg
└── back5.jpg

0 directories, 5 files
```

虽然都是使用同样的命名原则，但是这次介绍的技巧并不需要文件名相似，只要是放在同一个文件夹就可以了。因为我们要使用 glob.glob 寻找此文件夹中文件的文件名并拿出来使用，而且是使用动态产生的方式放到窗体中，所以在这里面有几个文件，只要是 .jpg 的文件，都会被拿来作为背景图像文件的选择，非常方便。

这一小节要制作的界面如图 15-7 所示，在窗体的最下方多了一个可以切换背景图像文件的下拉式菜单。

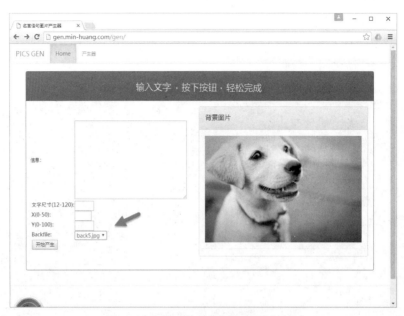

图 15-7　加上更换背景图像的网站功能

通过 jQuery 的运用，右侧的图像可以在用户改变菜单内容时跟着改变。在说明如何制作 jQuery 功能之前，先来看一下如何动态地在窗体类中产生一个下拉式的<select>菜单。新版本的 forms.py 如下：

```
#coding: utf-8
from django import forms
import os

class GenForm(forms.Form):
    msg = forms.CharField(label='信息', widget=forms.Textarea)
    font_size = forms.IntegerField(label='文字尺寸(12-120)', min_value=12, max_value=120)
    x = forms.IntegerField(label='X(0-200)', min_value=0, max_value=200)
    y = forms.IntegerField(label='Y(0-200)', min_value=0, max_value=200)

    def __init__(self, backfiles, *args, **kwargs):
        super(GenForm, self).__init__(*args, **kwargs)
        self.fields['backfile'] = forms.ChoiceField(
            choices=[(os.path.basename(bf), os.path.basename(bf)) for bf in backfiles]
        )
```

重要的是最后几行 __init__ 函数，如果读者们还有印象，在 Python 的类定义中，类名称括号中所指的就是这个类的父类，在此例中我们设计的 GenForm 就是继承 forms.Form 这个类而来的。在 GenForm 中 self 指的就是自己，而 super 指的是父类，__init__ 是类的构造函数，只要这个类一产生实例就会被立即调用执行。

所以上述程序的原理是当 GenForm 类被要求产生一个实例时，就先执行这里的 __init__，而在这个构造函数中我们多用了一个参数 backfiles，这是放置在 backimages 文件夹下所有图像文件名称的一个列表变量。我们把其他 3 个默认的参数直接一模一样地先调用父类（super 那一行），接着在自己的构造函数中以 fields 动态地产生一个 forms.ChoiceField 字段——backfile，然后把收到的 backfiles 以 for 循环一个一个拆开，放到 ChoiceField 的字段选项中，而且因为 backfiles 中存放的是绝对路径，所以要使用 os.path.basename 取得文件名后再送到 ChoiceField 中显示。

有了这个窗体后，在 views.py 中的 gen 函数就要改为如下的样子：

```
import glob
def gen(request):
    messages.get_messages(request)
    backfiles = glob.glob(os.path.join(settings.BASE_DIR,'mysite/static/backimages/*.jpg'))
    if request.method=='POST':
        form = forms.GenForm(request.POST)
        saved_filename = mergepic(request.POST.get('backfile'),
                                  request.POST.get('msg'),
                                  int(request.POST.get('font_size')),
                                  int(request.POST.get('x')),
                                  int(request.POST.get('y')))
    else:
        form = forms.GenForm(backfiles)

    return render(request, 'gen.html', locals())
```

在函数的第 2 行以 glob.glob 函数取得在 static/backimages 中所有 jpg 的文件名并放到 backfiles 中，之后在产生 form 时记得把 backfiles 作为参数传送到 formsGetForms 中才行。因为多了一个背景文件作为参数，所以 mergepic 的调用也多了一个 backfile 的自变量，在 mergepic 中也要处理不同的背景文件，代码如下：

```
def mergepic(filename, msg, font_size, x, y):
    fill = (0,0,0,255)
    image_file = Image.open(os.path.join(settings.BASE_DIR,'mysite/static/backimages/', filename))
    im_w, im_h = image_file.size
    im0 = Image.new('RGBA', (1,1))
    dw0 = ImageDraw.Draw(im0)
    font = ImageFont.truetype(os.path.join(settings.BASE_DIR,'wt014.ttf'), font_size)
    fn_w, fn_h = dw0.textsize(msg, font=font)

    im = Image.new('RGBA', (fn_w, fn_h), (255,0,0,0))
    dw = ImageDraw.Draw(im)
    dw.text((0,0), msg, font=font, fill=fill)
    image_file.paste(im, (x, y), im)
    saved_filename = uuid()+'.jpg'
    image_file.save(os.path.join(settings.BASE_DIR,"media", saved_filename))
    return saved_filename
```

最后是新版 gen.html 的内容：

```
<!-- gen.html (gen.min-huang.com project) -->
{% extends "base.html" %}
{% block title %}名言佳句图片产生器{% endblock %}
{% block content %}
```

```html
<div class='container'>
{% for message in messages %}
    <div class='alert alert-{{message.tags}}'>{{ message }}</div>
{% endfor %}
{% load static %}
{% static "" as base_url %}
<script>
$(document).ready(function() {
    $('#id_backfile').change(function() {
        $('#show_back_image').html('<img src="' + '/static/backimages/'+
            $(this).find(':selected').val() + '" width="100%">');
    });
});
</script>
    <div class='row'>
        <div class='col-md-12'>
            <div class='panel panel-primary'>
            {% if saved_filename %}
                <div class='panel-heading' align=center>
                    你的成果
                </div>
                <div class='panel-body' align=center>
                    <script>
                    function goBack() {
                        window.history.back();
                    }
                    </script>
                    <button onclick="goBack()">回上一页重新设置</button><br/>

                    <img src="/media/{{saved_filename}}" width='100%'>
                </div>
            {% else %}
                <div class='panel-heading' align=center>
                    <h3>输入文字,按下按钮,轻松完成</h3>
                </div>
                <div class='panel-body'>
                    <table width='100%'>
                        <tr>
                            <td width='50%'>
                                <form action='.' method='POST'>
                                    <table>
                                    {% csrf_token %}
                                    {{form.as_table}}
                                    <tr><td>
                                        <input type='submit' value='开始产生'>
                                    </td></tr>
                                    </table>
                                </form>
                            </td>
                            <td>
                                <div class='panel panel-default'>
                                    <div class='panel-heading'>
                                        <h4>背景图片</h4>
                                    </div>
                                    <div class='panel panel-body'
```

```
id='show_back_image'>
                                    <img src="{% static "backimages/back1.jpg"%}" width='100%'>
                                </div>
                            </div>
                        </td>
                    </table>
                </div>
            {% endif %}
            </div>
        </div>
    </div>
</div>
{% endblock %}
```

为了增加网站的互动性，我们在显示背景图像文件的<div class='panel panel-body' id='show_back_image'>标签中多加了一个 id，即 show_back_image，然后在文件中增加以下 jQuery 程序代码：

```
<script>
$(document).ready(function() {
    $('#id_backfile').change(function() {
        $('#show_back_image').html('<img src="' + '/static/backimages/'+
            $(this).find(':selected').val() + '" width="100%">');
    });
});
</script>
```

这段程序代码的目的在于监听 id 为 id_backfile 的<select>标签，如果有了改变，就把改变的值拿出来并放在$(this).find(':selected').val()中，它的内容就是文件名，以此数据为中心，前后加上要显示正确图像文件的字符串，然后把 id 是 show_back_image 的<div>标签的内容换掉，如此就可以在不需要后端程序代码的情况下直接置换图像文件，而不会影响用户在窗体中输入的内容，这个技巧经常被用于有互动的网页中，读者可以好好运用。

经由以上程序代码的调整后，以后不管你在 static/backimages 文件夹中有几个 jpg 文件，都可以全部自动拿来使用，而不需要修改程序中任何代码。

为了应对各种不同的图像需要，显示文字的范围变得更加宽广，所以(x, y)值的数字限制也大幅增加，最后的执行结果如图 15-8 所示。

图 15-8　增加可切换背景文件后的执行结果

15.3 自定义图像文件功能

在这一节中,我们进一步地让用户可以上传自己的文件,并且可以执行图文整合的功能。不过,由于上传文件除了具有安全风险外,也有可能因为用户上传不适当的图像而造成困扰,因此要实现这一类功能必须要经过验证的会员才可以使用。

15.3.1 加入会员注册功能

添加会员注册功能最快的方式是使用 django-registration 加上 django-mailgun 的邮件发送功能,请直接使用本书第 14 堂课的范例网站来进行修改,复制其 header.html 的内容,修改如下:

```html
<!-- header.html (gen.min-huang.com project) -->
    <nav class='navbar navbar-default'>
        <div class='container-fluid'>
            <div class='navbar-header'>
                <div class='navbar-brand' align=center>
                    PICS GEN
                </div>
            </div>
            <ul class='nav navbar-nav'>
                <li class='active'><a href='/'>Home</a></li>
                <li><a href='/gen/'>产生器</a></li>
                {% if user.is_authenticated %}
                    <li><a href='/vip/'>自定义背景图片功能</a></li>
                    <li><a href='/accounts/logout'>注销</a></li>
                {% else %}
                    <li><a href='/accounts/login'>登录</a></li>
                    <li><a href='/accounts/register'>注册</a></li>
                {% endif %}
            </ul>
        </div>
    </nav>
```

然后把所有在 templates/registration 的模板文件复制过来再进行修改。当然要启用它们的功能,执行 pip install django-registration 和 pip install django-mailgun、在 settings.py 放置 Mailgun 的账号与密码以及在 urls.py 放置 django-registration 所需的网址样式等都是不可少的,详细内容请参考第 14 堂课的介绍。如果已经完成了会员网站的功能,就可以进入下一小节开始为网站增加自定义上传图像文件的功能了。

15.3.2 建立上传文件的界面

在 Django 上传文件的方法其实很简单,主要就是建立一个上传文件用的窗体 UploadForm(当然可以用任何名字)类,然后像其他窗体一样显示在网页上。当用户单击 Submit 按钮时,就可以把其中传回来的数据保存成文件。在此之前,先来确定一下要使用的网页界面。把 header.html 改一下，加上/vip 的链接，代码如下：

```
<!-- header.html (gen.min-huang.com project) -->
    <nav class='navbar navbar-default'>
        <div class='container-fluid'>
            <div class='navbar-header'>
                <div class='navbar-brand' align=center>
                    PICS GEN
                </div>
            </div>
            <ul class='nav navbar-nav'>
                <li class='active'><a href='/'>Home</a></li>
                <li><a href='/gen/'>产生器</a></li>
                {% if user.is_authenticated %}
                    <li><a href='/vip/'>自定义图片功能</a></li>
                    <li><a href='/accounts/logout'>注销</a></li>
                {% else %}
                    <li><a href='/accounts/login'>登录</a></li>
                    <li><a href='/accounts/register'>注册</a></li>
                {% endif %}
            </ul>
        </div>
    </nav>
```

上传图像文件为 VIP 功能，页面如图 15-9 所示。

图 15-9　具备上传图像文件功能的网页

如图 15-9 中箭头所指的地方，在原先设置参数的窗体上方多加了两个按钮，左边的"选择文件"按钮用来选择要上传的文件，右边的"变更图片"按钮用来开始上传并变更背景图片。

在界面上看起来只增加了两个按钮，其实多加了一个专门用来上传文件的窗体，这和原先设置参数的是两个完全不一样的窗体，而且因为我们可以自定义背景，所以设置参数的窗体也和 15.3.1 小节使用的窗体不同，并不提供背景图像的下拉选项。

因此，等于是在本网页中要实现两个新的窗体，而且在处理函数时要能够识别用户用鼠标单击的是哪一个窗体的按钮，上传图像文件和设置参数进行图像文件和文字合并的处理方式是完全不一样的。

首先，窗体文件 forms.py 中多了两个窗体类，代码如下：

```
class CustomForm(forms.Form):
    msg = forms.CharField(label='信息', widget=forms.Textarea)
    font_size = forms.IntegerField(label='文字尺寸(12-120)', min_value=12, max_value=120)
    x = forms.IntegerField(label='X(0-400)', min_value=0, max_value=400)
    y = forms.IntegerField(label='Y(0-600)', min_value=0, max_value=600)

class UploadForm(forms.Form):
    file = forms.FileField()
```

第一个 CustomForm(forms.Form)和之前的类似，但是取消了自动产生背景图像文件下拉式选项的功能，而第二个 UploadForm(forms.Form) 是专门用来处理上传文件用的窗体。为了顺利把这两个窗体显示在网页上，假设 UploadForm 在 views.py 中产生出来的实例变量是 upload_form，而 CustomForm 产生出来的实例变量是 form，那么在 vip.html 中是这样安排的（别忘了要到 urls.py 中建立网址和处理函数的对应）：

```
<!-- vip.html (gen.min-huang.com project) -->
{% extends "base.html" %}
{% block title %}名言佳句图片产生器 VIP{% endblock %}
{% block content %}
<div class='container'>
{% for message in messages %}
  <div class='alert alert-{{message.tags}}'>{{ message }}</div>
{% endfor %}
{% load static %}
{% static "" as base_url %}
</script>
    <div class='row'>
        <div class='col-md-12'>
            <div class='panel panel-primary'>
            {% if saved_filename %}
                <div class='panel-heading' align=center>
                    你的成果
                </div>
                <div class='panel-body' align=center>
                    <script>
                    function goBack() {
                        window.history.back();
                    }
                    </script>
                    <button onclick="goBack()">回上一页重新设置</button><br/>

                    <img src="/media/{{saved_filename}}" width='100%'>
                </div>
            {% else %}
                <div class='panel-heading' align=center>
                    <h3>VIP 自定义背景图片功能</h3>
```

```html
            </div>
            <div class='panel-body'>
                <table width='100%'>
                    <tr>
                        <td width='50%'>
                            <div class='panel panel-default'>
                                <div class='panel-heading'>
                                    变更背景图片文件
                                </div>
                                <div class='panel-body'>
                                    <form action='.' method='POST' enctype="multipart/form-data">
                                        {% csrf_token %}
                                        <table>
                                            <tr>
                                                <td>
                                                    {{ upload_form.as_p }}
                                                </td><td>
                                                    <input type='submit' value='变更图片' name='change_backfile'>
                                                </td>
                                            </tr>
                                        </table>
                                    </form>
                                </div>
                            </div>

                            <form action='.' method='POST'>
                                <table>
                                {% csrf_token %}
                                {{form.as_table}}
                                <tr><td>
                                    <input type='submit' value='开始产生'>
                                </td></tr>
                                </table>
                            </form>
                        </td>
                        <td style='vertical-align:top;'>
                            <div class='panel panel-default'>
                                <div class='panel-heading'>
                                    <h4>背景图片</h4>
                                </div>
                                <divclass='panel panel-body'>
                                {% if custom_backfile %}
                                    <img src="/media/{{ custom_backfile }}" width='100%'>
                                {% else %}
                                    <img src="{% static "backimages/back1.jpg"%}" width='100%'>
                                {% endif %}
                                </div>
                            </div>
                        </td>
                    </table>
```

```
            </div>
          {% endif %}
        </div>
      </div>
    </div>
  </div>
{% endblock %}
```

我们用下面这段程序来放置第一个上传文件用的窗体。

```
<form action='.' method='POST' enctype="multipart/form-data">
  {% csrf_token %}
  <table>
    <tr>
      <td>
      {{ upload_form.as_p }}
      </td><td>
      <input type='submit' value='变更图片' name='change_backfile'>
      </td>
    </tr>
  </table>
</form>
```

在这个窗体中最重要的地方是我们把 submit 按钮取名为 'change_backfile'（使用 name 属性），而这个名字在 views.py 中处理的时候会被拿来识别哪一个窗体的按钮被鼠标单击了。此外，在 <form>标签中，中间的属性 enctype="multipart/form-data"也一定要加以设置，如此才会被要上传文件数据的窗体使用。

在显示要被处理的背景图像时，我们使用了下面这段程序代码：

```
{% if custom_backfile %}
  <img src="/media/{{ custom_backfile }}" width='100%'>
{% else %}
  <img src="{% static "backimages/back1.jpg"%}" width='100%'>
{% endif %}
```

在网站程序中使用了 custom_backfile 来存放要被处理的背景图像文件名，如果有就使用变量内的内容作为显示的图像；如果没有，就使用默认的 back1.jpg，两者放置的文件夹并不一样，这是要注意的地方。

15.3.3 上传文件的方法

那么要如何上传文件呢？请看以下 vip 处理函数的程序代码（附上 view.py 最前面所有用到的 import）：

```
# coding: utf-8
from django.http import HttpResponse
from django.shortcuts import redirect
from django.contrib import messages
from django.conf import settings
import random, os
from mysite import forms
from PIL import Image, ImageDraw, ImageFont
```

```python
from django.contrib.auth.decorators import login_required
from uuid_upload_path import uuid
import glob

@login_required
def vip(request):
    messages.get_messages(request)
    custom_backfile = None
    if 'custom_backfile' in request.session:
        if len(request.session.get('custom_backfile')) > 0:
            custom_backfile = request.session.get('custom_backfile')

    if request.method=='POST':
        if 'change_backfile' in request.POST:
            upload_form = forms.UploadForm(request.POST, request.FILES)
            if upload_form.is_valid():
                custom_backfile = save_backfile(request.FILES['file'])
                request.session['custom_backfile'] = custom_backfile
                messages.add_message(request, messages.SUCCESS,"文件上传成功! ")
                return redirect('/vip/')
            else:
                messages.add_message(request, messages.WARNING,"文件上传失败! ")
                return redirect('/vip/')
        else:
            form = forms.CustomForm(request.POST)
            if custom_backfile is None:
                back_file = os.path.join(settings.BASE_DIR,
'mysite/static/backimages/back1.jpg')
            else:
                back_file = os.path.join(settings.BASE_DIR, 'media',
custom_backfile)
            saved_filename = mergepic(back_file,
                                     request.POST.get('msg'),
                                     int(request.POST.get('font_size')),
                                     int(request.POST.get('x')),
                                     int(request.POST.get('y')))
    else:
        form = forms.CustomForm()
        upload_form = forms.UploadForm()

    template = get_template('vip.html')
    request_context = RequestContext(request)
    request_context.push(locals())
    html = template.render(request_context)
    return HttpResponse(html)
```

这个程序要处理的重点如下：

- 检查当前的 Session 内容是否曾经被设置过自定义背景图像的文件名 custom_backfile？如果有，就取出来使用；如果没有，就把 custom_backfile 变量设置为 None。
- 检查是否是以 POST 的 request 进到此函数,如果不是,就分别产生 form 和 upload_form 窗体，接着前往 vip.html 显示网页。
- 如果是以 POST 的 request 进来的,就先判断是否为上传图像文件的窗体 (以在窗体中有没有

'change_backfile' 名称进行判断，在 15.3.2 小节中有说明），如果是，就执行文件上传的处理，否则就进行参数设置和图像合并文字的处理工作。

文件上传的程序片段如下：

```
upload_form = forms.UploadForm(request.POST, request.FILES)
if upload_form.is_valid():
    custom_backfile = save_backfile(request.FILES['file'])
    request.session['custom_backfile'] = custom_backfile
    messages.add_message(request, messages.SUCCESS,"文件上传成功！")
    return redirect('/vip')
else:
    messages.add_message(request, messages.WARNING,"文件上传失败！")
    return redirect('/vip/')
```

此程序片段的重点在于发现了要上传文件数据时真正执行接收数据以及保存文件的程序是放在 save_backfile(request.FILES['file'])函数中的，函数的内容如下：

```
def save_backfile(f):
    target = os.path.join(settings.BASE_DIR,"media", uuid()+'.jpg')
    with open(target, 'wb') as des:
        for chunk in f.chunks():
            des.write(chunk)
    return os.path.basename(target)
```

第一行先定义要放置的文件名和位置，我们同样以 uuid()来产生唯一的文件名，在取得网站文件夹位置之后就把这个文件编到 media 文件夹下，让此文件可以马上被显示出来。上传的文件数据则是以 chunk（数据块）的方式一块一块拿进来并以 write 函数存储到磁盘驱动器中，当然在完成文件的存储后，要把此文件名返回到调用它的程序，以便后续的处理。

在主程序中（view.py 中的 vip 函数）收到被保存的刚刚上传的新文件名就要立刻把它放到 Session 中，这样这个文件的名称就可以在用户后续的操作中被保存下来，在创建名言佳句文件时被当作背景图像来处理，当然也会被持续地显示在/vip 网页中，直到用户上传另一张图像为止。

15.3.4 实时产生结果

如果被鼠标单击的按钮中没有'change_backfile'这个名称，就表示用户要用现在显示在页面上的图像文件作为背景图像，同时以新输入的参数作为要合并名言佳句图像的内容，执行合并的工作。

和 15.2 节合并的程序有些不一样的地方在于：如果只使用系统原有的在 static/backimages 文件夹下的文件，不管选择哪一个文件，文件夹都是同一个。所以在传送参数合并时，只传送文件名就可以了，但是现在多了可上传自定义图像文件的功能，上传的客户化文件要放在 media 文件夹中，位于不同的文件夹。因此为了避免困扰，在这里我们把合并用的函数 mergepic 改为只接受完整路径的文件，也就是在收到文件名后直接使用，不再另外处理，代码如下：

```
def mergepic(image_file, msg, font_size, x, y):
    fill = (0,0,0,255)
    image_file = Image.open(image_file)
    im_w, im_h = image_file.size
    im0 = Image.new('RGBA', (1,1))
```

```
        dw0 = ImageDraw.Draw(im0)
        font = ImageFont.truetype(os.path.join(settings.BASE_DIR,'wt014.ttf'),
font_size)
        fn_w, fn_h = dw0.textsize(msg, font=font)

        im = Image.new('RGBA', (fn_w, fn_h), (255,0,0,0))
        dw = ImageDraw.Draw(im)
        dw.text((0,0), msg, font=font, fill=fill)
        image_file.paste(im, (x, y), im)
        saved_filename = uuid()+'.jpg'
        image_file.save(os.path.join(settings.BASE_DIR,"media", saved_filename))
        return saved_filename
```

那么原本在 gen 函数中的调用也要在这之前就先把完整的路径加好，语句如下：

```
back_file = os.path.join(settings.BASE_DIR,
                         'mysite/static/backimages/',
                         request.POST.get('backfile'))
```

至于在 vip 函数中调用 mergepic 之前，要先判断用来合并的背景图像文件是使用用户上传的还是要使用默认的，代码如下：

```
            form = forms.CustomForm(request.POST)
            if custom_backfile is None:
                back_file = os.path.join(settings.BASE_DIR,
'static/backimages/back1.jpg')
            else:
                back_file = os.path.join(settings.BASE_DIR, 'media',
custom_backfile)
                saved_filename = mergepic(back_file,
                                 request.POST.get('msg'),
                                 int(request.POST.get('font_size')),
                                 int(request.POST.get('x')),
                                 int(request.POST.get('y')))
```

如此在/vip 网页中，用户就可以随时上传自定义的背景图像文件，或者使用默认的图像文件，而且因为我们使用 Session 保留上传文件名的关系，所以这个文件会一直保留到用户关闭浏览器或注销账号为止，和 Session 的存活时间是一样的。图 15-10 和图 15-11 是执行的结果。

图 15-10　上传自定义文件后，再填入要合并的文字

图 15-11　合并后的结果

同样地，这个网站也被放在 http://gen.min-huang.com 中，以供读者自行练习时参考。

15.4 习　　题

1. 请加上置换文字颜色的功能。
2. 随着网站的执行，产生出来的图像文件会越来越多，请问应该如何处理？
3. 在自定义上传图像的功能时，请在图像文件的下方显示出此图像的宽高各是多少像素，以便用户可以作为设置文字位置时的参考。
4. 请加上把文字靠右、居中的功能。
5. 请为合并文字加上阴影效果。

第 16 堂

课程回顾与你的下一步

在第 15 堂课中我们陆续构建了博客网站、投票网站、电子商店、二级网络域名管理网站以及名言佳句产生器等各种各样的网站,也学会了许多通过 Django 制作网站的技巧和把网站部署在不同平台上的方法,那么当你打算把这些网站实际上线供网友们使用时还有哪些地方需要注意呢?想要进一步提升网站功能时应该朝哪一个方向研究呢?在这堂课中,笔者将以 SSL 申请与设置以及程序单元测试为例,提出一些建议和流程供读者参考。

16.1　善加运用网站资源

在经过了这么多课程以及建立了许多范例网站后,相信一定会发现笔者在这些范例网站中用了相当多的第三方模块和套件,以及其他热心的网友制作好的模块,使用 pip install 安装后经过简单的设置,就可以直接整合到我们的网站中,这些模块包括 django-registration、django-allauth、django-oscar、django-cart、django-simple-captcha、django-filer、django-mailgun 等。由于 Python 已经是目前业界最受欢迎的程序设计语言之一,而贡献自己开发的模块和方法又非常容易,因此在网络上早已累积了大量且好用的套件和模块可以拿来使用,只要知道模块名称,在百度或 Google 上搜索一下就可以找到说明,再用 pip install 安装到自己的网站中,非常简单。

然而同类型的模块、某些应用上有哪些可以使用的模块以及各模块之间目前发展的现况如何呢?没问题,除了通过百度或 Google 搜索外,也有热心的网友提供了相关信息甚至开发了相关数据让大家参考和比较,有两个这样的网站分别是 Django Package (https://djangopackages.org/) 和 Awesome Django (https://gitlab.com/rosarior/awesome-django)。不止可以在这两个网站上搜索查询某一个特定的模块,想知道网站有什么样的功能,也可以到这两个网站上找找看。Awesome Django 网站的首页如图 16-1 所示。

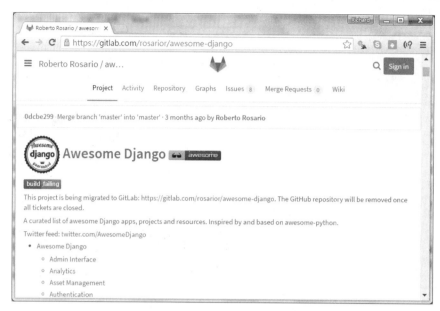

图 16-1　Awesome Django 在 GitHub 上的项目网页

从网页的架构可以看出，它是以分类的方式列出 Django 正在进行中且还不错的项目供网友参考。以用户验证 Authentication 的功能为例，用鼠标单击此类后，可以看到图 16-2 所示的相关套件项目。

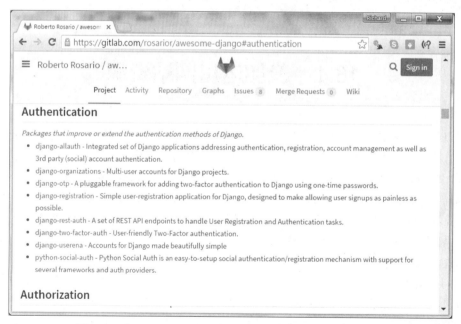

图 16-2　在 Awesome Django 网站中列出的 Authentication 套件

在图 16-2 中可以看到，除了之前我们使用过的 django-allauth 和 django-registration 外，还有好几个不错的项目也可以参考使用，这些项目对于有意快速建立多功能网站的读者来说，可以省下非常多的时间。而 Django Packages 更进一步地提供了搜索的页面，如图 16-3 所示。

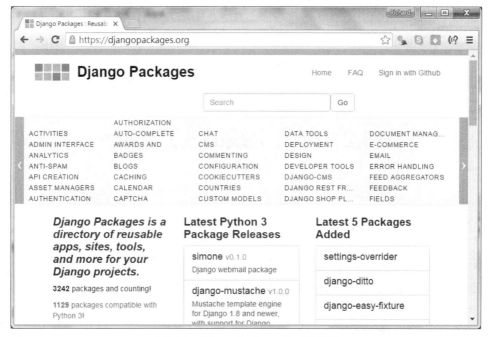

图 16-3　Django Packages 网站的首页

不仅在 Django Packages 中可以使用关键词的方式去搜索有没有相关功能的 Django 套件，在它的分类项目中还会针对每一个套件的相关信息做一些比较，对于不太知道要使用哪一个套件的读者来说非常方便。以电子商务 E-COMMERCE 功能类为例，可以参考图 16-4。

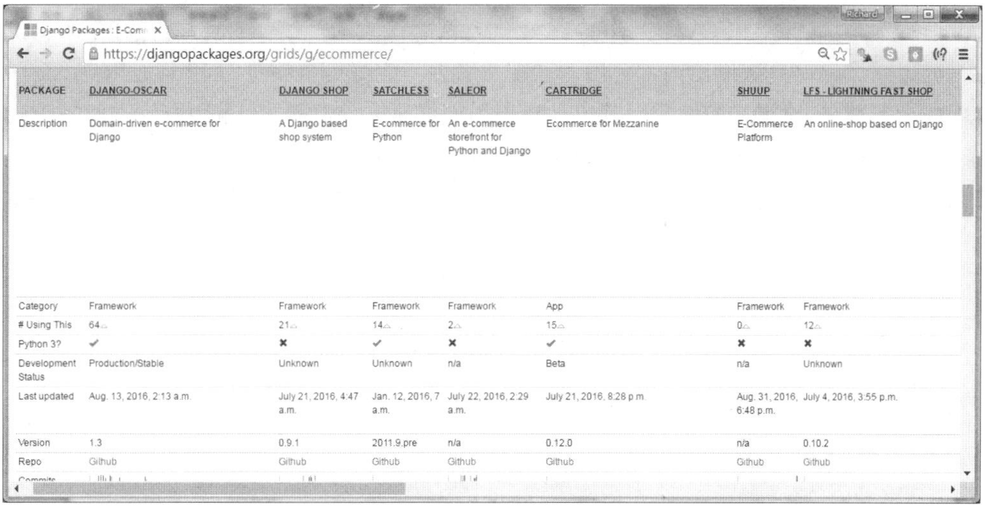

图 16-4　Django Packages 网站关于套件功能的比较表

清晰的表格让我们可以马上找出比较成熟或较多人使用的套件，以及这个套件目前使用的 Python 语言版本，减少网站开发者自行测试的时间。

当然，除了上述的两个网站外，Python 的所有套件几乎都可以应用在网站的设计上，而这也是使用 Django 制作网站的优势。对于熟悉 Python 的程序开发者来说，把现有的 Python 套件运用到 Django 网站中，只要注意对于主机空间的操作，以及在输入输出的部分由浏览器的模板网页显示和窗体输入，其他部分就大同小异了，因此在制作网站时如果有什么功能在上述网站中找不到，那么别忘了原有 Python 中丰富的套件也都可以拿来使用。

最后，Django 的官方网站（https://www.djangoproject.com/）总是有最新和完整的说明，要深入了解网站的运行原理以及学习更多技巧，这也是一定要去认真阅读的地方。

16.2　部署上线的注意事项

就像开车上路一样，"安全"永远是最重要的一项指标。网站只要一上线，就等于是进入了火线，如果没有适当的保护机制，最终一定会毁于黑客的炮火！不管你的网站是大是小，流量是多是少，黑客的扫描永远是没有差别的，只要扫得到就黑得到！所以，在实际部署网站开放使用前，一定要按照官网上的说明一步一步地核查完毕。以下是几个网站部署前的检查建议：

- 按照 Django 官网建议的设置逐一确定设置，始终运用 Django 设计的安全措施。
- 要确定不同执行环境可能存在的差异。
- 启用可选用的安全措施。
- 启用执行性能优化的设置。
- 启用可以提供错误报告的机制。

第一点最重要的设置是把 settings.py 中的 DEBUG 设置为 False，以避免网站在执行发生错误或找不到页面时把系统的相关信息显示在浏览器的页面中，给他人提供可乘之机。而在把 DEBUG 设置为 False 后，接下来 ALLOWED_HOSTS 中的常数要设置为 "*"，允许所有 IP 都可以连接到此网站（如果这个网站是限制给内部使用的，那么就要指定好可以浏览的 IP 群是哪些）。在没有把 DEBUG 设置为 False 前，如果我们以一个找不到的页面去浏览网站，就会看到类似图 16-5 所示的页面（以第 15 堂课的 http://gen.min-huang.com 网站为例）。

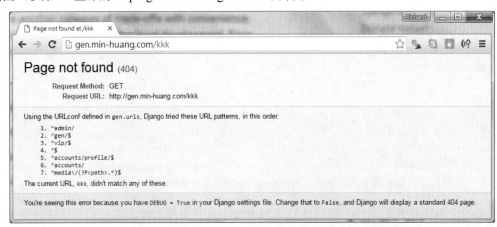

图 16-5　DEBUG=True 找不到页面时所显示的页面

但是，如果我们把 DEBUG 设置为 False，网址出现的页面就会变成图 16-6 所示的样子，完全不显示任何信息。

第 16 堂　课程回顾与你的下一步 | 471

图 16-6　DEBUG=False 找不到页面时所显示的页面

如果我们在 templates 文件夹下定义了一个 404.html 网页，代码如下：

```
<!-- 404.html (gen.min-huang.com project) -->
{% extends "base.html" %}
{% block title %}名言佳句图片产生器{% endblock %}
{% block content %}
<div class='container'>
    <div class='row'>
        <div class='col-md-12'>
            <div class='panel panel-primary'>
                <h2>找不到你要的网页</h2>
            </div>
        </div>
    </div>
</div>
{% endblock %}
```

这等于是自定义的 404 页面，当有这个文件而且又发生 404 错误时，如图 16-7 所示的页面就会被显示出来了。

图 16-7　自定义 404 错误页面显示的样子

除了 404.html 外，一般的网站至少还必须制作 500.html（server error）、403.html（HTTP Forbidden）以及 400.html（bad request）才够用，让前来浏览的网友知道你的网站在不正常的情况下究竟发生了什么事，以及建议下一步应该如何做。

在 settings.py 中还有一个常数 SECRET_KEY，这是 Django 用来建立一些安全性机制的一个大的随机数值，对于网站来说这是一个非常重要的常数，不能外泄。平时放在 settings.py 中，一般来说没有机会被取走，但是大部分网站开发者会把网站程序代码放在程序代码文档库中，就如同我们在本书开始介绍的 Bitbucket、GitHub 等网站，或者公司内部网站数据库中，如果在这些地方没有保护好你的程序代码，那么此网站就会陷入风险之中。因此，一般建议在网站打算发布的时候，将这个值放在你的主机系统中，也就是把这个值和程序代码保存的地方分开放置，以进一步确保安全性。放置的方法主要有两种（假设你是这台主机的唯一拥有者，否则还要考虑如何避免其他用户存取此环境变量值的问题），一种是放在主机的环境变量中，在 settings.py 中改为用以下方式来取得 SECRET_EKY：

```
import os
SECRET_KEY = os.environ['SECRET_KEY']
```

当然，如果你在同一台主机中有多个网站，那么在设置这个值的时候也要加以区分。另一个方法是放在主机的系统文件中，然后以打开文件的方式来取得，语句如下：

```
with open('/etc/secret_key.txt') as f:
    SECRET_KEY = f.read().strip()
```

同样地，因为我们在一台主机中架设了多个网站，所以在放置 SECRET_KEY 时会再加上文件夹名称以便识别，例如之前的 http://gen.min-huang.com 会设置如下：

```
with open('/etc/gen.min-huang.com/secret_key.txt') as f:
    SECRET_KEY = f.read().strip()
```

如此把 SECRET_KEY 放在自己的主机而不是在别人的程序代码库中，至少可以负责自己网站的安全性，不用担心因为别人的网站遭黑客攻击而影响到我们的网站安全。同样的方法也适合用来保护本网站所有需要用到的安全密码，例如我们在之前的范例网站中使用的 DNSimple 账号和密码以及 mailgun 所使用的 ACCESS_KEY 等，mailgun 的设置如下：

```
ACCOUNT_ACTIVATION_DAYS = 7
EMAIL_BACKEND = 'django_mailgun.MailgunBackend'
with open('/etc/mailgun_access_key.txt') as f:
    MAILGUN_ACCESS_KEY = f.read().strip()
MAILGUN_SERVER_NAME = 'drho.tw'
```

还有数据库的设置，如果使用到 MySQL 这类服务器，也会用到相关的链接账号以及密码的设置，全部可以用此方法来保存隐私数据，甚至可以统一把这些数据以 .json 的格式存储成 1 个文件，读取一次后再分别拿来设置，也是非常方便的做法。

16.3　SSL 设置实践

最后一点是关于 SSL（Secure Socket Layer）的 HTTPS 加密传输协议的应用，在正式的商业网站这几乎是必要的选项，因为使用 HTTP 传输时所有内容并不会被加密，任何"有心人士"只要在网络中执行一些数据包探测的应用程序就可以轻松地提取这些传输的内容，这些内容包括所有传送的 API Access key、SECRET_KEY、csrf_token 等。等于是我们在主机端保护了半天，但是在传输的时候没有加密，那么三两下就被"有心人士"拿走，然后伪造一些假的 request，这些对于黑客们并不是很难的事情，这也是 SSL 重要的原因。

SSL 在你的网站和用户的浏览器之间建立可信任的加密传输，使用的是非对称密钥的方式，也就是主机端会提供一把公钥（Public Key）给浏览器。浏览器在收到这把公钥时用它来加密自己要传送的数据，服务器在收到加密过的数据后再以自己的私钥（Private Key，和之前那把 Public Key 是成对的）解开数据，通过这样的机制来建立彼此间的 SSL 通信。然而，当浏览器在收到网站主机送来的公钥时，如何能够相信这把钥匙的持有者是一个负责任的管理人呢？有的网站在浏览时会出现数字证书错误的信息，这时浏览的人就要自行判断是否要信任这个网站，决定要不要继续浏览。

如果每一个网站都需要用户在浏览的时候自行决定要不要相信对方，这会造成非常大的困扰，这也是"数字证书认证中心"存在的目的。数字证书认证中心是一个第三方的公正单位，它们本身负责接受网站管理员的申请，并负有验证网站身份的责任。当网站的管理员向数字证书认证中心提出申请，在经过验证的流程后会得到一组公钥/私钥（Public Key/Private Key），把这组钥匙安装在主机中，设置好网页服务器和网站。之后当用户浏览此网站并以 SSL 连接时，浏览器在收到公钥后会自动向数字证书认证中心询问此密钥的持有者是否可以信任，在验证无误后即可建立 SSL 链接，让传输的过程更加安全。

以前数字证书认证中心数量少而且认证的过程都是以人工审核的，非常严谨，以至于一个网站一年的认证费用在数千元人民币以上，让个人网站以及小公司望而却步。但是现在有一些国际级的公司在成立数字证书认证中心后通过自动化审核的机制简化证书的验证流程，再扩大推广的范围，使得证书一年的费用大幅下降，在有些促销的网站甚至一年只要不到 10 美元的费用，对于小商家或个人网站非常有吸引力，只可惜这些目前都还是境外的网站，要以信用卡或 PayPal 付款，而且界面大多是英文，对英文实在不行的朋友来说是一件很有挑战的工作。中国台湾地区的主机网（http://go.zhhosting.com）提供了每年 24.02 美元的证书，算是折衷且划算的选择，也是笔者购买 SSL 证书的地方。下面以这个主机网购买和设置证书为例，按照流程一步一步说明。

首先前往该主机网的首页，如图 16-8 所示。

图 16-8　在 zhHosting 主机网购买 SSL 证书的地方

图 16-8 是 zhHosting 网站的首页，在"安全"的下拉菜单中即可看到 SSL 证书的购买选项，用鼠标单击后，网页显示如图 16-9 所示。

图 16-9　网站的证书价格

一般小型或个人的网站只要选用最低价格的 Positive SSL 方案即可，它可以设置一个网站的 SSL（子域也被视为一个网站），如果你的网站因为他们的管理疏失而造成损失，最多可赔偿的金额是 10 000 美元。单击"现在购买"按钮，即可进入如图 16-10 所示的页面。

图 16-10　在购买证书前要先输入域名

在图 16-10 中要输入需要使用 SSL 的网站的域名，在这里我们以之前的范例网站 mshop.min-huang.com 为例，输入后单击"继续结账"按钮，就会进入图 16-11 所示的页面。

第 16 堂　课程回顾与你的下一步 | 475

图 16-11　购物车的内容

在购物车中可以查看价格是否正确，并且在此页注册成为会员，以会员的身份登录才能够下单购买。登录后的页面如图 16-12 所示。

图 16-12　订单完成后的结账页面

由于此网站是中国台湾地区代理的，因此可以选择左侧的在线支付（可使用信用卡或 PayPal）自动完成订单，或者单击右侧的"线下支付"按钮，然后以邮局转账的方式转账，转账完毕后发一个邮件告知它们由人工的方式审核启用。人工支付的方式和汇款的账号在登录"我的账户"后把订单找出来会有说明，如图 16-13 所示，其实也会把订单发到电子邮件的邮箱中。

图 16-13　线下支付的说明

订单的电子邮件账号如图 16-14 所示。

图 16-14　订单的电子邮件

在支付完订单后，登录 zhHosting 主机网的"我的账号"页面，找到"罗列搜索订单"选项，如图 16-15 所示。

图 16-15　登录 zhHosting 主机网的首页

在单击列出的所有订单后，网页显示如图 16-16 所示（笔者在这个网站购买了不少非常便宜的网址和主机项目）。

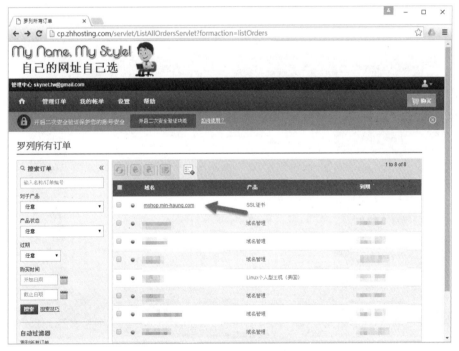

图 16-16　所有的订单列表

找到 SSL 的订单后，单击鼠标进去即可看到图 16-17 所示的页面。

图 16-17　SSL 证书的管理页面

购买证书后，数字证书认证中心并不会主动发证书给我们，还需要申请和设置才行。所以，当我们单击图 16-17 中箭头所指的"签发证书"链接时，会先出现图 16-18 所示的页面。

图 16-18　要求提供签发证书所需的 CSR 数据

在图 16-18 中要求我们提供网站的 CSR 数据，这个数据是在主机产生的。回到我们的主机，先创建/etc/apache2/ssl 用来存储产生证书用的文件，然后执行 openssl 指令，要输入的参数以及执

行的过程如下:

```
root@myDjangoSite:~# openssl req -new -newkey rsa:2048 -nodes -keyout
/etc/apache2/ssl/mshop.min-huang.com.key -out
/etc/apache2/ssl/mshop.min-huang.com.csr
Generating a 2048 bit RSA private key
..............................................................+++
............................................+++
writing new private key to 'mshop_min-huang_com.key'
-----
You are about to be asked to enter information that will be incorporated
into your certificate request.
What you are about to enter is what is called a Distinguished Name or a DN.
There are quite a few fields but you can leave some blank
For some fields there will be a default value,
If you enter '.', the field will be left blank.
-----
Country Name (2 letter code) [AU]:CN
State or Province Name (full name) [Some-State]:Taiwan
Locality Name (eg, city) []:Tainan
Organization Name (eg, company) [Internet Widgits Pty Ltd]:MSHOP
Organizational Unit Name (eg, section) []:
Common Name (e.g. server FQDN or YOUR name) []:mshop.min-huang.com
Email Address []:skynet@gmail.com

Please enter the following 'extra' attributes
to be sent with your certificate request
A challenge password []:yourpassword
An optional company name []:
```

执行上述指令会有一些询问的问题,包括所在省市、公司或组织名称等,回答完问题后就算完成。完成之后会有 2 个文件:mshop_min-huang_com.key 和 mshop_min-huang_com.csr,后者的内容就是我们要填在图 16-18 中的 CSR 数据。复制进去后单击 "下一个" 按钮,打开如图 16-19 所示的页面。

图 16-19　设置网址的联系人电子邮件

在图 16-19 中填入接收数据的电子邮件账号，这个账号必须是由此网址所组成的，或者是这个网络域名拥有者（从 WHOIS 中可查到）的电子邮件地址，它们应该从这个部分来判断你是否为网址的所有人，如果一切都输入正确，就可以单击"发送申请到证书提供商"按钮，如果数据无误，会看到图 16-20 所示的页面。

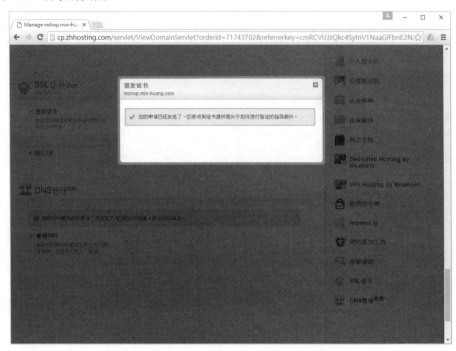

图 16-20　成功提交证书申请的通知页面

接下来就可以到电子邮件的邮箱中收取一个认证用的激活或启用链接，如图 16-21 所示。

图 16-21　认证用户身份的激活或启用邮件

在图 16-21 的激活或启用邮件中有一组验证码，复制该验证码后单击上方的链接，就会前往验证用的网页，如图 16-22 所示。

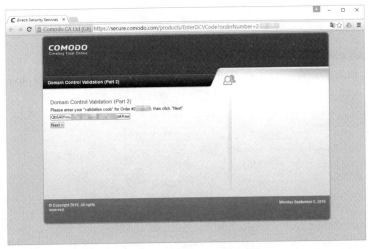

图 16-22　验证用户身份用的网页

从图 16-22 中可以知道，原来 zhHosting 主机网使用的证书商是著名的 COMODO。在验证完毕后，过不了多久就可以收到设置网站用的证书文件了，两封电子邮件如图 16-23 所示。

图 16-23　收到设置 SSL 网站用的文件以及设置说明

其中有一个附件是.zip 的压缩文件，把它上传到我们的主机，然后在/etc/apache2/ssl 中解压缩以便备用，详细的设置方法在 COMODO（附在邮件中的链接）的网站中均有说明，如图 16-24 所示。

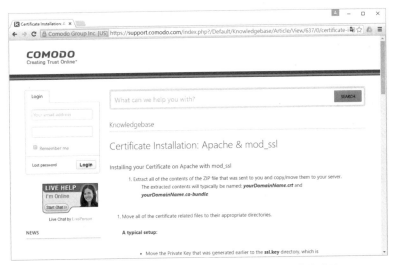

图 16-24　COMODO 数字证书认证中心网站的说明网页

不过我们买的证书是简易版，所以设置并不复杂，以 Ubuntu 16.04+Apache2 为例，先启用 apache2 的 SSL 功能，语句如下：

```
a2enmod ssl
service apache2 restart
```

然后打开/etc/apache2/sites-available/default-ssl.conf 文件进行编辑，把适当的文件数据加上去，代码如下（以下为精简的设置，只要设置两个文件就可以了，分别是 mshop_min-huang_com.crt 和 mshop_min-huang_com.key，此文件设置后面的内容都是原先的默认值）：

```
<IfModule mod_ssl.c>
    <VirtualHost _default_:443>
        ServerName mshop.min-huang.com
        ServerAdmin skynet@gmail.com

        Alias /static/ /var/www/mshop/staticfiles/
        <Directory /var/www/mshop/staticfiles>
            Require all granted
        </Directory>

        WSGIDaemonProcess mshop
python-path=/var/www/mshop:/var/www/VENV/lib/python2.7/site-packages
        WSGIProcessGroup mshop
        WSGIScriptAlias / /var/www/mshop/mshop/wsgi.py

        ErrorLog ${APACHE_LOG_DIR}/error.log
        CustomLog ${APACHE_LOG_DIR}/access.log combined


        SSLEngine on

        SSLCertificateFile /etc/apache2/ssl/mshop_min-huang_com.crt
        SSLCertificateKeyFile /etc/apache2/ssl/mshop_min-huang_com.key

        <FilesMatch "\.(cgi|shtml|phtml|php)$">
            SSLOptions +StdEnvVars
        </FilesMatch>
        <Directory /usr/lib/cgi-bin>
            SSLOptions +StdEnvVars
        </Directory>

        BrowserMatch "MSIE [2-6]" \
            nokeepalive ssl-unclean-shutdown \
            downgrade-1.0 force-response-1.0
        BrowserMatch "MSIE [17-9]" ssl-unclean-shutdown

    </VirtualHost>
</IfModule>
```

上述文件存盘后，要记得到 000-default.conf 中把原来属于 mshop.min-huang.com 的设置注释掉（或删除），最后执行以下指令：

```
a2ensite default-ssl.conf
service apache2 restart
```

这样就大功告成了，使用 https://mshop.min-huang.com 浏览我们的网站可以发现，网站有绿色锁头的 SSL 标志了，而证书管理单位把它们的认证标签提供给我们自由用于网站的显眼处，以强化网友的信心，结果如图 16-25 所示。

图 16-25　提供 SSL 以及标志的 mshop.min-huang.com 网站

有了 SSL 后，别忘了 settings.py 中的两个相关的参数要设置为 True，分别是 CSRF_COOKIE_SECURE 和 SESSION_COOKIE_SECURE。其他还有一些网站在 SSL 上的设置细节，请读者自行参考相关数据，你也可以使用以下指令为网站做安全性的检查：

```
python manage.py check --deploy
```

除了购买现有的证书之外，现在市面上也出现了一些免费的证书如 Let's Encrypt（网址：https://letsencrypt.org/）等，有需要的读者可以自行前往参考官网上的说明。

16.4　程序代码和网站测试的重要性

有一句话是这么说的："不管你的系统有多么坚固，永远存在一个笨蛋会毁了它"。因此在网站项目正式上线前，甚至应该说是在规划和设计的时候，就必须有足够的设计文件和测试计划让所有可能的问题被提前发现，以降低网站的开发成本。仅就测试的部分来说，大致有以下几种测试种类。

- 单元测试：针对程序的每一个功能单元或函数的测试。一般来说，单元测试是程序设计人员在编写程序的时候就要一起做的测试。有时是在网站或程序项目需要改写或重建时编写适当的单元测试，以确保修改后的程序会和原来的程序实现一样的功能。

- 整合测试：各个单元和系统之间的功能整合，逐步确认可使用原先规划的界面正确地整合，执行预期的工作和得到预期的结果。
- 功能测试：根据当初规划的文件（包括 User Interface、System Requirements、Use Cases 等）逐步执行，确定系统是否可以达到规划时的目标。
- 回归测试：针对所有功能测试项目、操作组合等以自动化的方式不断重复测试，以确保在各种条件下系统可以正常地操作并实现预定的功能。在开发的过程中各个版本也可以随时加入测试，验证并提升系统的可靠性。
- 压力测试：以系统化的方式测试并探讨目标系统的功能极限，以及在高强度的工作负荷下，系统可能出现的运行瓶颈和风险。读者只要在网站部署后执行压力测试的工具，就可以大致了解网站的极限在哪里了。

以上每一项测试都有其原理、固定的实施过程和工具，在大型网站项目中，测试的部分是由专人或转职的部门来进行的，以避免网站程序设计人员对自己的程序代码检测的盲点。不过，对于初学者来说，小型网站大概进行到单元测试，如果可以，再请资深的前辈协助进行程序代码审查（Code Review）。

在 Django 中执行单元测试和在 Python 中使用单元测试的方法差不多，几乎所有在 Python 中可以使用的单元测试在 Django 中都可以使用，官方网站的说明网址为 https://docs.djangoproject.com/ja/1.10/topics/testing/overview/。我们以 http://gen.min-huang.com 名言佳句产生器网站为例，在此网站中有一个函数是用来产生图像的，其内容如下：

```
def mergepic(image_file, msg, font_size, x, y):
    fill = (0,0,0,255)
    image_file = Image.open(image_file)
    im_w, im_h = image_file.size
    im0 = Image.new('RGBA', (1,1))
    dw0 = ImageDraw.Draw(im0)
    font = ImageFont.truetype(os.path.join(settings.BASE_DIR,'wt014.ttf'), font_size)
    fn_w, fn_h = dw0.textsize(msg, font=font)

    im = Image.new('RGBA', (fn_w, fn_h), (255,0,0,0))
    dw = ImageDraw.Draw(im)
    dw.text((0,0), msg, font=font, fill=fill)
    image_file.paste(im, (x, y), im)
    saved_filename = uuid()+'.jpg'
    image_file.save(os.path.join(settings.BASE_DIR,"media", saved_filename))
    return saved_filename
```

函数 mergepic 预期送入一个 image_file 的网址以及一个信息 msg、字号 font_size 以及要贴上的（x, y）坐标，执行图像文件合并后，返回产生的图像文件名称。我们可以在 mysite 文件夹下找到一个 tests.py 文件，打开后输入以下程序代码：

```
from django.test import TestCase
from views import mergepic

class mergepicCase(TestCase):

    def test_full_path(self):
```

```python
        self.assertRegexpMatches(
            mergepic("/var/www/gen/media/Jva-IHrMRzGqurlRLcWIBg.jpg",
                "Test Message",
                24,
                10, 10),
            ".+\.jpg")

    def test_just_file(self):
        self.assertRegexpMatches(
            mergepic("Jva-IHrMRzGqurlRLcWIBg.jpg",
                "Test Message",
                24,
                10, 10),
            ".+\.jpg")
```

在这个单元测试码中默认执行 2 个测试，其中一个是以完整的文件名调用的，另一个只有文件没有路径。在测试的那一行我们以 assertRegexMatches 按照 RegularExpression 正则表达式规则去验证，看看返回值是否为任意字符开头且以 .jpg 结尾的字符串（也就是检查是否返回了一个图像文件名）。本程序存储完毕后，以 python manage.py test 执行，可以看到如下结果：

```
(VENVGEN) root@myDjangoSite:/var/www/gen# python manage.py test
Creating test database for alias 'default'...
.E
======================================================================
ERROR: test_just_file (mysite.tests.mergepicCase)
----------------------------------------------------------------------
Traceback (most recent call last):
  File "/var/www/gen/mysite/tests.py", line 19, in test_just_file
    10, 10),
  File "/var/www/gen/mysite/views.py", line 101, in mergepic
    image_file = Image.open(image_file)
  File "/var/www/VENVGEN/local/lib/python2.7/site-packages/PIL/Image.py", line 2280, in open
    fp = builtins.open(filename, "rb")
IOError: [Errno 2] No such file or directory: 'Jva-IHrMRzGqurlRLcWIBg.jpg'

----------------------------------------------------------------------
Ran 2 tests in 0.034s

FAILED (errors=1)
Destroying test database for alias 'default'...
```

果然执行了两个测试，但是在执行 test_just_file 时发生了错误，并把错误的信息显示出来，意思是找不到输入的文件。也就是说，这个函数如果在发生找不到文件的情况时会出现错误信息，这并不是理想的情况，为了避免这种情况，我们可以把 mergepic 函数修改一下，代码如下：

```python
def mergepic(image_file, msg, font_size, x, y):
    fill = (0,0,0,255)
    try:
        image_file = Image.open(image_file)
    except:
        image_file = Image.open(os.path.join(settings.BASE_DIR,
'static/backimages/back1.jpg'))
    im_w, im_h = image_file.size
```

```
        im0 = Image.new('RGBA', (1,1))
        dw0 = ImageDraw.Draw(im0)
        font = ImageFont.truetype(os.path.join(settings.BASE_DIR,'wt014.ttf'),
font_size)
        fn_w, fn_h = dw0.textsize(msg, font=font)

        im = Image.new('RGBA', (fn_w, fn_h), (255,0,0,0))
        dw = ImageDraw.Draw(im)
        dw.text((0,0), msg, font=font, fill=fill)
        image_file.paste(im, (x, y), im)
        saved_filename = uuid()+'.jpg'
        image_file.save(os.path.join(settings.BASE_DIR,"media", saved_filename))
        return saved_filename
```

加上一个例外检查后，让函数可以在发现 Image.open 发生错误时，改去打开默认的背景图像。改完后存盘，再执行一次测试，结果如下：

```
(VENVGEN) root@myDjangoSite:/var/www/gen# python manage.py test
Creating test database for alias 'default'...
..
----------------------------------------------------------------------
Ran 2 tests in 0.054s

OK
Destroying test database for alias 'default'...
```

信息显示 OK，表示通过测试，也表示我们设计的两个输入的 TestCase（测试案例）可以被受测试的函数顺利地执行。用此方法，读者可以自行针对想要测试的函数设计各种预期的输入和输出，如此在持续开发程序的同时也可以避免许多不该犯的错误。

16.5　其他 Python 框架

只有 Django 可以架网站吗？当然不是！市面上使用 Python 为基础的网站 Framework 非常多，在网页 https://wiki.python.org/moin/WebFrameworks 中有非常详细的列表。Django 不用说，目前仍然是最受欢迎的 Python Framework。而 Flask 因为架构小、弹性高且上手快，也有不少支持者，甚至在有些场合（例如 Raspberry Pi 操作系统中由于资源有限）使用的人比 Django 还多。此外，像 web2py 直接把网站的设计变成一个后台的管理界面，在浏览器的界面中管理和编辑网站中各个文件，使得这个项目也有不少支持者。在了解了 Django 的设计架构后，读者也可以去看看其他 Python 网站框架文件，一定会有不少收获。毕竟在计算机界中，没有唯一的最佳解，最适合的就是最好的。

16.6　你的下一步

本书到此已到了尾声，希望所有内容能够对想要使用 Python 架设网站的读者有所帮助。笔者从中学的时候开始写 Apple II 上的 BASIC 程序，一路上接触过各种各样的程序设计语言，从 Assembly、Forth、C/C++、Pascal、Perl、PHP、Java 等一直到现在大力推广的 Python，真的觉得 Python 是一个起步最快、应用面最广、可以马上获得成就感的程序设计语言的开发环境，再加上 Django 框架的加入，对于 Python 来说更是如虎添翼，使得初学者可以在非常短的时间内就可以做出一个有趣的网站来。

然而，建立网站的细节非常多，有些时候只是少打一个标点符号（尤其是 jQuery，要对付那么多括号和符号，需要非常大的耐心才行）或拼错一个字母（配置文件）就让网站好长一段时间不能执行某些特定功能，只有身处其中才能知道其中的苦以及解决问题后的乐。

现在，很多人需要在网络上建立属于自己的 Style 和履历资产，除了在 YouTube、Facebook、博客留下你的足迹外，拥有一个或一些属于自己的网站（尤其是以自己的名字命名的网址更酷）以及作品，绝对会有加分的效果，就算不求点什么，至少也可以把你的智慧结晶贡献给网友！因此，在读完本书的同时，如果你还没有开始设计以及规划属于你自己的网站空间，赶快去申请属于自己的账号和主机，开始动手把你心里的点子都通过 Python/Django 把它们实现出来吧！